# L'INVENTION DE LA COULEUR PAR LES LUMIÈRES

AURÉLIA GAILLARD

# L'INVENTION DE LA COULEUR PAR LES LUMIÈRES

*De Newton à Goethe*

PARIS
LES BELLES LETTRES
2024

*Ouvrage publié avec le soutien financier de l'Institut universitaire de France porté par Aurélia Gaillard de l'Université Bordeaux Montaigne.*

*L'orthographe des citations des éditions anciennes sauf mention explicite a été modernisée.*


*95 boulevard Raspail 75006 Paris.*
*www.lesbelleslettres.com*

*ISBN : 978-2-251-45616-4*

# Introduction

J'ai une expérience particulière des couleurs : lorsque je parle ou imagine des phrases, les mots apparaissent en couleurs. Celles-ci sont principalement portées par les voyelles : pas exactement avec les mêmes associations que dans le célèbre poème des *Voyelles* de Rimbaud, « A noir, E blanc, I rouge, U vert, O bleu », mais néanmoins avec une certaine proximité, pour moi, c'est *A* rouge, *E* blanc cassé, *I* jaune, *U* vert, *O* bleu et même *Y* jaune moutarde.

Mes voyelles « déteignent » aussi sur les consonnes voisines et se désaturent à leur contact (*A* suivi de *N* devient un rouge pâle tirant sur un brun). Juxtaposées, elles produisent de nouvelles teintes, parfois semblables aux mélanges pigmentaires (*O* et *I* dans « moire » par exemple sont violacés), ou de nouvelles brillances (*A* et *I* accolés ont un bord commun d'un rouge et jaune vifs). Enfin, la position compte et fait varier l'intensité des couleurs comme le ferait un accent tonique. Ceci fait de moi ce que l'on nomme communément une personne neuro-atypique avec une synesthésie « graphème-couleur » (la plus courante). Nabokov, l'écrivain le plus connu sans doute à présenter ce type d'association et le plus doué à la décrire, restitue dans son autobiographie toute la complexité de ces sensations combinées dont la grammaire varie néanmoins d'un individu à l'autre : « Le *a* long de l'alphabet anglais (sauf indication contraire, c'est à cet alphabet que je pense en écrivant ce qui suit) a pour moi la coloration du bois patiné, mais un *a* français évoque l'ébène polie. Ce groupe de noires comprend aussi le *g* dur (caoutchouc vulcanisé) et le *r* (un chiffon noir de suie qu'on déchire). Le *n* bouillie d'avoine, le *l* nouille molle, et le miroir à main au dos ivoire du *o*, voilà pour les blancs[1]. »

Cette caractéristique neurologique fait ainsi de moi sans doute à la fois la plus et la moins compétente pour écrire sur les couleurs : la plus compétente parce que je vis dans un univers intérieur constamment coloré, la moins parce que ma perception des termes de couleur est complexe. Lus, ils réfèrent à la couleur qui leur est communément associée ; pensés, dans leur tracé mental, ils en diffèrent : par exemple lorsque je le lis dans un texte, le mot « rose » auquel je consacre un chapitre, renvoie à la teinte rose du monde extérieur, celle des images, de la nature ou des objets roses ; lorsque je l'imagine, il est d'un bleu profond. Ainsi, « ma » réalité n'est pas celle partagée par le plus grand nombre, elle a une « différente texture », comme l'écrit le neurologue Richard

E. Cytowic[2]. Mais cette différence même m'a conduite, dans mon domaine de spécialité scientifique, à être particulièrement attentive aux termes employés comme à leur absence et à la liaison de ceux-ci avec une représentation, un savoir ou une pratique : la présence du rose dans la nature ou la peinture avant le XVIIIe siècle, n'implique pas nécessairement notre conception du « rose », terme de couleur qui n'apparaît précisément qu'au cours de ce même siècle. On peut penser aussi à la fameuse promotion du bleu depuis la fin du Moyen Âge mise au jour par Michel Pastoureau : avant, la notion de bleu manquait alors même qu'existaient plusieurs termes en grec et en latin pour désigner un éventail de couleurs sombres (*kyaneos*) ou désaturées (*glaukos*) pouvant être assimilées à des bleus[3]. On le sait[4] : l'œil ne voit pas ce que le cerveau ne connaît pas. Si l'on préfère : avant que la couleur ne devienne une manière de penser le monde (plus concrètement et trivialement, de découper, classer, organiser la réalité), on ne voyait pas ce que nous désignons par couleur ou teinte.

Si l'on veut faire une histoire des couleurs, il faut donc également faire une histoire de la perception de celles-ci, en mettant en rapport les mots, les concepts et les choses – voir ne va pas sans concevoir, catégoriser, nommer et aussi manier, pratiquer.

C'est dans cette perspective que l'âge des Lumières en Occident devient si spécifique et que je tiens ce siècle pour celui de l'*invention* de la couleur.

## De Newton à Goethe : ce qu'inventer la couleur veut dire

Les deux figures illustres qui « encadrent » ce long XVIIIe siècle coloriste, Newton avec les expériences qu'il mène sur la lumière dès la fin des années 1660 et Goethe avec son *Traité des couleurs* (1808), sont, d'une certaine façon, trompeuses. Ni l'un ni l'autre n'a « découvert » la couleur : Newton n'a pas « découvert » la nature hétérogène de la lumière blanche ni Goethe le phénomène de la perception des couleurs. Aussi importantes soient leurs œuvres pour l'étude des couleurs, il faut s'entendre sur les termes. De la même façon que « Colomb n'a pas découvert l'Amérique » mais l'a « inventée » puisque c'est du seul point de vue des Européens que l'on peut parler de découverte et qu'il n'y a pas non plus d'identité entre ce qu'on désigne comme étant découvert et ce qui préexistait[5], Newton n'a pas « trouvé » la couleur, mais l'a « fabriquée » : non seulement parce que la nature de la couleur n'est pas uniquement physique mais surtout parce que l'expérience du prisme n'en a pas précédé la théorie, c'est une expérience construite pour vérifier une hypothèse. Ce qui est nouveau, c'est le *regard* porté par Newton sur la couleur[6]. On pourrait en effet poser la question de la « découverte » newtonienne autrement : à partir de quel moment, Newton est-il devenu une figure originelle de la théorie des couleurs, « notre Newton » ? Pourquoi, quand et comment la « fiction » construite par Newton (le récit fictionnel de l'expérience du prisme telle que racontée dans la lettre adressée à la Royal Society, le 6 février 1672) est-elle devenue le récit fondateur d'un nouveau champ ?

Par « invention », j'entends donc la construction de ce champ, chromatique, qui met en relation et en réseau tous les savoirs et pratiques de la couleur et qui est la condition même de sa visibilité : à la lettre, sans ce champ, *on ne voit pas les couleurs* car on ne les catégorise pas comme couleurs, elles ne font pas partie de notre modèle de connaissance (et donc de catégorisation) de la réalité.

De très nombreux travaux ont montré que dans l'univers gréco-romain mais aussi dans d'autres aires culturelles, la couleur, au contraire, était d'abord une texture, l'aspect d'une surface. Adeline Grand-Clément a étudié comment chez les Grecs anciens, la couleur était une « peau-couleur », comment *khrôma* (la teinte) dérivait de *khrôs* (la peau humaine, le teint) et comment la couleur était d'abord perçue comme une modification de la peau, une *coloration*[7]. Le latin, également, pense les couleurs non en termes de teinte mais de clarté et de lumière : il compte deux termes pour désigner ce que nous nommons blanc ou noir selon une opposition entre mat (*albus*, blanc mat ; *ater*, noir mat) et brillant (*candidus*, blanc brillant, *niger*, noir brillant). Il ne s'agit pas ici de reprendre la vieille thèse évolutionniste selon laquelle les Grecs par exemple auraient été « aveugles » aux couleurs[8] mais bien de garder à l'esprit que ce que nous nommons « couleur » et que les Lumières « inventent », c'est d'abord la teinte.

Les études sur l'évolution sémantique des termes de couleur des langues européennes montrent en effet la progression de la notion de teinte au détriment de celle de clarté[9]. L'approche ethnolinguistique qui a mis en évidence une triade chromatique de base (blanc-noir-rouge) s'appuie également sur la teinte, mais ce n'est pas tant l'apparition des couleurs dans un ordre déterminé suivant l'évolution des sociétés[10] qui fait question que le modèle même de catégorisation des couleurs dans la langue[11]. L'ethnologue David Turton dans une étude sur les couleurs chez un peuple du Sud-Est éthiopien, les Mursi, montre que leur façon de reconnaître et de nommer les couleurs est liée à un système de référence où le bétail occupe une place décisive : il n'y a pas ainsi d'équivalence avec « nos » termes de couleur mais une déclinaison de mots désignant toute une gamme de bruns, jaunâtres, rougeâtres, de gris cendrés et bleutés ; un terme désigne par exemple des couleurs non disjointes qui se distinguent uniquement par un aspect glacé et lustré. Ainsi, écrit-il, on ne parle pas *de la couleur* mais *au moyen de la couleur*. La couleur est toujours intégrée à un système d'échanges dans lequel elle a plus ou moins d'importance, c'est-à-dire d'*efficacité*[12]. La couleur peut ainsi être perçue comme une propriété relationnelle de l'homme – ou de l'animal – à son environnement[13]. La percevoir, la nommer, répond à des tâches vitales qui diffèrent d'une société à l'autre. Si, pour reprendre le mot de Goethe, « on ne peut parler de la couleur avec un aveugle[14] », ce n'est pas parce qu'un aveugle ne voit pas les couleurs mais parce qu'il ne les connaît pas, qu'elles ne font pas partie de son mode d'intelligibilité du monde et qu'elles ne lui servent à rien, il n'en est sans doute pas de même pour un aveugle qui ne le serait pas de naissance.

Le XVIII<sup>e</sup> siècle est donc l'âge où s'invente véritablement la couleur parce que s'y renouvellent et s'y réunissent pour la première fois des discours, des savoirs, des pratiques et des termes, une langue, qui ne touchent plus seulement, de façon sectorisée et réduite, des savants et des « connaisseurs » (peintres, teinturiers et autres praticiens de la couleur) mais un nouveau public d'amateurs et toute une société mondaine de plus en plus mondialisée.

## Désir de couleur, couleurs désirables

Qualifié « d'oasis » ou de « parenthèse colorée » par les historiens de la couleur[15], le XVIIIe siècle a en effet un rapport privilégié et même unique, avec celle-ci. Dès les années 1670, en Europe et dans des domaines aussi variés que la teinture, la physique ou l'art de peindre, un champ de la couleur s'impose : celle-ci devient objet de débats, d'expériences, mais aussi de désir et de plaisir. La politique colbertiste en direction des arts décoratifs avec la réorganisation de la manufacture royale des Gobelins (1667) comme, en amont de la chaîne tinctoriale et de tissus, la création en 1664 de la Compagnie (coloniale) française pour le commerce des Indes orientales qui débouche sur la folie de la mode des cotonnades indiennes colorées, rencontre la valorisation du coloris en peinture, progressivement adoptée à l'Académie royale de peinture et de sculpture au début du XVIIIe siècle après une intense « Querelle » et les expériences de Newton mais également presque simultanément de Boyle[16]. Il y a plus qu'un intérêt renouvelé pour la couleur, il y a un véritable désir de couleur qui traverse la société.

Un texte aussi sec que les *Instructions générales pour la teinture des laines* en 1671 pose pour préalable que « toutes les choses visibles se distinguent et se rendent désirables par la couleur[17] » et rejoint par là les conceptions les plus novatrices en peinture à la même époque, celles de Roger de Piles pour lequel le tableau a pour vocation de plaire au spectateur et de le séduire grâce à son coloris. De façon plus amusante mais révélatrice, un de ces contes de fées à la mode à la fin du XVIIe siècle met en scène un prince égaré dans un bois qui succombe non à la *saveur* mais à la *couleur* d'une pomme : « Il marcha longtemps ; et comme il s'était échauffé, il fut ravi de trouver des pommes dont *la couleur lui fit plaisir*[18]. »

Le XVIIIe siècle est ainsi à la fois l'âge de la conceptualisation de la couleur, de sa mathématisation, de sa racialisation[19], d'un début de sexualisation, et de la multiplication matérielle des couleurs avec un élargissement de la palette et l'apparition de nouvelles teintes aussi présentes dans notre monde contemporain que le rose.

Apparemment, rien de radicalement nouveau, pourrait-on dire. Depuis l'époque gréco-romaine, il existe une longue tradition, aristotélicienne, arabe, scolastique, de traités sur la couleur, mais aussi de manuels techniques et de livres de recettes (de secrets tinctoriaux) : aux XIe et XIIe siècles, le *Liber de coloribus* attribué à Héraclius ou la *Mappae clavicula* ; au XVIe siècle, le *Plictho de l'arte de tentori* de Giovanventura Rosetti, sans parler des longs développements sur la chromatique dans le discours artistique, de Léonard de Vinci ou de Ludovico Dolce, des essais de nomenclature comme le *Petit traité des couleurs latines (De coloribus libellus)* de Telesio (1528) ou encore des traités d'héraldique ou de civilité sur la symbolique amoureuse des couleurs[20]. Plus proche de notre objet, le XVIIe siècle est d'ailleurs déjà marqué par un renouvellement des savoirs théoriques et pratiques sur la couleur, lié aux recherches optiques et aux nouvelles théories de la vision qui en découlent, et produit des œuvres aussi différentes que celles de Descartes, Grimaldi, Hooke et Athanasius Kircher[21].

Pourtant, les savoirs et pratiques de la couleur à la fin de ce même siècle et surtout au suivant subissent une complète mutation et recomposition : l'époque des Lumières se distingue en effet par l'intensité et surtout la *concomitance* de débats scientifiques, philosophiques, esthétiques sur les couleurs et par l'extraordinaire développement des couleurs dans la vie quotidienne via les progrès de la teinturerie, de la circulation des matières colorantes ou des inventions chimiques[22].

Nouveauté également, peut-être même la plus décisive : les savoirs auparavant partagés et sectorisés s'étendent, circulent entre les domaines et entre les aires culturelles jusqu'à constituer un « champ » unifié, un domaine commun (à défaut d'être consensuel) de connaissances. Ce champ, pour s'établir, construit alors ses propres outils, linguistiques, visuels, structurels : une nomenclature, des figurations, sphères, prismes, pyramides, palettes, tableaux et autres nuanciers. Enfin, le meilleur indice de cette mutation décisive est sans doute la façon dont la langue se met à accueillir les couleurs : un vocabulaire transdisciplinaire de la couleur, attentif aux nuances les plus subtiles, se constitue. Les termes de couleurs ne sont plus cantonnés à la langue technique des manuels de teinturerie ou de peinture en miniature, mais entrent dans la langue commune, celle de la presse, grande pourvoyeuse de néologismes, et de la littérature. L'imaginaire se colore.

## Des chapeaux hauts « comme des pots à beurre » (1666) au « petit ruban couleur de rose et argent » (1765) et jusqu'à la couleur « impossible » (1788)

Les romans du XVII^e siècle mentionnent la beauté et la « magnificence » des « ajustements », quelques blondeurs, blancheurs, pâleurs ou rougeurs mais les seules véritables couleurs d'un roman au potentiel aussi coloré que la *Princesse de Clèves* (1678) de Marie-Madeleine de La Fayette avec ses longues évocations de la cour sont celles, emblématiques et symboliques, que portent les dames de la cour et leurs amants[23]. Même dans la veine des romans « comiques » réalistes, un roman aussi abondant en descriptions de mode que *Le Roman bourgeois* d'Antoine Furetière (1666) omet les mentions de couleur dans ses énumérations au profit des formes : c'est là qu'on trouve des chapeaux hauts « comme des pots à beurre » ou plats « comme des cales » (bonnets d'homme) et des chausses « plissées en avant ou arrière », des bas de soie également plissés « sur le bas de la jambe[24] ».

Un siècle plus tard, au contraire, Jean-Jacques (Rousseau), dans *Les Confessions*, vole un « petit ruban couleur de rose et argent » à M^elle^ Pontal et découvre « quelque chose de bleu » dans une haie (une pervenche). Jacques le fataliste, chez Diderot, offre à Denise des jarretières de soie « chamarrées de blanc, de rouge et de bleu ». Le même Diderot compare le décousu d'une conversation à la couleur jaune ou trouve certaine pelouse dans les tableaux qu'il commente *trop verte*. Chez Bernardin de Saint-Pierre, les marchands déploient devant Virginie à l'Île de France (l'île Maurice actuelle) des « étoffes de soie de la Chine, des lampas découpés à jour, des damas d'un blanc satiné, d'autres d'un vert de prairie, d'autres d'un rouge à éblouir ». Apatéon, le héros obsessionnel du *Pied de Fanchette* (1776-1800) de Rétif de la Bretonne s'émeut devant un « soulier rose moiré, avec un talon vert, et des mules vertes moirées, avec un talon rose » et le jeune Werther de Goethe s'immortalise dans son frac bleu et gilet jaune avec des culottes assorties[25].

Par ailleurs, dans les romans du XVII^e^ siècle, quand des termes de couleur apparaissent tels ce pourpoint « feuille-morte » ou ces souliers de satin « incarnadin couverts de dentelle d'or, et d'argent » que portent les personnages d'un récit peu connu (*Le Gascon extravagant* d'Onésime de Claireville, 1637), ils ne sont généralement que les accessoires discrets d'une description des coupes et des formes et le support d'un discours à finalité soit critique soit élogieuse. Ce pourpoint feuille-morte est ainsi complété par une longue énumération à vocation satirique comprenant un « busc [un corset] qui descendait sur le nombril », orné de « soixante et dix aunes de tavelle [ruban][26]», etc. Ailleurs, l'évocation des décors et vêtements somptueux, avec ou sans mention de couleur, est signe de magnificence, c'est-à-dire que l'un comme l'autre usage ont d'abord une fonction symbolique et font de la couleur *une valeur*. Au XVIII^e^ siècle, la mode des formes devient une mode des couleurs et même des termes de couleur, dont on se met à savourer les infinies nuances. Un nouveau type de journal justement apparaît, le magazine de mode, particulièrement friand de ce type d'évocations, mêlant goût de la couleur et saveur des termes de couleur. Par exemple, le *Magasin des modes nouvelles françaises et anglaises* décrit la mode en 1788 des habits sombres à l'aide d'un jubilatoire camaïeu de gris-bruns-noirs : « c'est le puce foncé, c'est le suie de cheminée, c'est le boue de Paris, c'est l'impossible, c'est le carmélite, c'est le vert-bouteille, c'est le plume de corbeau, c'est le col de canard, c'est le bleu-noir, c'est le vert-noir, et c'est le noir lui-même[27] ». Les mentions de couleur font « tache » ou rythme ; elles usent d'un langage plastique. On n'est plus alors dans le symbolique mais dans l'esthétique, plus dans la signification et la *valeur* portée par la couleur mais d'abord dans l'effet visuel, c'est-à-dire dans ce que nous considérons désormais comme la *couleur*.

Pour le dire autrement : le XVIII^e^ siècle est le moment, dans l'Occident, où la couleur *surgit*. La couleur devient un outil pour penser le monde, s'y situer, l'habiter et aussi en jouir. La valorisation de la couleur est une donnée indissociable de la nouvelle culture des apparences qui se met en place avec l'affirmation de l'individualité et la naissance de la mode[28]. Ce surgissement d'un champ de la couleur à l'époque des Lumières témoigne alors d'une rupture épistémologique dans la façon de se penser et de penser le monde : la couleur devient un marqueur visuel et un outil à la fois de connaissance et de discrimination. Elle devient un modèle de représentation du monde mais aussi de vie, un modèle et une *mode*, une façon d'être au monde. Au XVIII^e^ siècle, on pense mais aussi on *habite* la couleur, en couleurs. Cette nouvelle conception et prise de conscience de la couleur accompagne alors un nouveau rapport au monde pour lequel celle-ci est à la fois un instrument de connaissance (le voir coloré) mais aussi une expérience sensible (le vivre en couleurs). C'est en ce sens que les Lumières *inventent la couleur*.

Ainsi, ma perspective, transdisciplinaire, opère un déplacement d'objet et d'enjeu par rapport aux approches historiennes, scientifiques ou philosophiques des couleurs : il ne s'agit pas de se demander *ce que sont les couleurs*, si elles sont ou non par exemple des propriétés du monde, ni *quels usages* en ont été faits[29] ni *ce qu'elles signifient* ou *symbolisent*, mais quel est leur mode d'apparition et comment *elles surgissent*. Dans la vie quotidienne, dans les images, dans la langue, quand et où peut-on dire qu'il y a une conscience de la couleur ? À quel moment est-on dans un monde qui se représente comme coloré ? Et, question corollaire : quelle conséquence cela a-t-il ? Si les couleurs ne sont pas symboliques, si elles ne signifient pas, quelle fonction ou quel pouvoir ont-elles ? Quels sont leurs effets ?

# *Concevoir*
# *Savoirs et pratiques de la couleur*

# 1
# Au temps du partage des savoirs et des pratiques de la couleur

Ce qui caractérise la connaissance et la pratique que les hommes et les femmes du XVII^e siècle ont de la couleur est en premier lieu leur sectorisation : « Laissons de côté le débat des philosophes qui recherchent les origines premières des couleurs. Qu'importe en effet au peintre de savoir comment une couleur est produite par le mélange de ce qui est poreux et de ce qui est dense, ou bien du chaud et du sec avec le froid et l'humide[1] ? » écrit, en 1435, Leon Battista Alberti, sur lequel nous reviendrons. Ce geste de séparation des domaines qu'effectue l'humaniste de la Renaissance illustre bien le partage des savoirs et des pratiques qui reste de mise jusque dans le dernier tiers du XVII^e siècle : d'un côté, les philosophes, de l'autre, les peintres. Il ne s'agit pas, pour ceux-ci de contester ceux-là, la doctrine aristotélicienne médiévale n'est pas remise en question, mais l'intérêt – et par là l'objet théorique – est déplacé : Alberti entend parler *en peintre* des couleurs.

Le champ chromatique à la fin de l'âge classique est alors divisé en trois ou quatre grands domaines, celui de la philosophie et de la science, celui des pratiques des coloristes (peinture en miniature, teinturerie), celui du discours sur la peinture tel qu'il s'élabore justement à partir d'Alberti et du Quattrocento. Enfin, un dernier domaine s'est dégagé au cours du Moyen Âge, l'emblématique et le symbolique avec les « blasons des couleurs », les traités de civilité sur la symbolique amoureuse des couleurs et, même s'il occupe une place originale, le lexique des couleurs latines (*Libellus de coloribus*, 1528) de Telesio.

On peut ainsi retracer de nombreuses « histoires » de la couleur avant le XVIII^e siècle, celle des philosophes, des naturalistes, des peintres, des coloristes ou encore des philologues.

## La tradition aristotélicienne

Gérard Simon, dans son livre magistral sur l'optique de l'Antiquité, *Le Regard, l'Être et l'Apparence*, a montré combien la radicale différence de conception de la vision entre l'Antiquité et le XVII^e siècle conditionnait le discours philosophique sur l'optique et par là sur la lumière et les couleurs : aucun de nos concepts, écrit-il, rayon, image, visible, vision binoculaire, objet, sujet, n'est transposable dans les textes de l'Antiquité et du

Moyen Âge[2]. Dès lors, le discours sur la couleur ne peut faire l'économie d'une théorie de la vision ni de l'image.

Les conceptions antiques de la vision diffèrent, en effet, des nôtres, sur deux points essentiels : la distinction entre voir et être vu et le sens de propagation de la vue. La couleur reposait sur l'hypothèse d'un « rayon visuel » (et non lumineux) qu'on trouve chez Platon (*Timée*, 358 av. J.-C.) : le regard émet des rayons visuels qui, *partant de l'œil*, viennent frapper un objet. Le phénomène physiologique (persistance rétinienne, image consécutive quand le regard fixe un objet brillant, traverse un voile coloré) est pensé comme un phénomène physique (absorption de radiations lumineuses par un écran ou un obstacle)[3]. Non seulement le sens de propagation diffère du nôtre mais la conception même de la « vision » qui ne dissocie pas le regard (la vue) de la chose vue (le visible) nous est profondément étrangère. Dans la pensée mythique grecque, voir et être vu, lumière et vision, et de façon générale, tout ce qui relève de la coupure entre objet et sujet, le sentant et le senti, sont assimilés[4]. Dans les théories optiques antiques qui en héritent (d'Euclide à Ptolémée au IIe siècle), Gérard Simon remarque que nous traduisons par « rayon » visuel ce qui pourrait tout aussi bien se traduire par « feu » de la vue ou du regard : ces traits de feu sont des « voyants-visibles » ; les yeux de l'homme voyant rendent visible ce qu'ils voient, par opposition aux yeux « éteints » de l'aveugle[5]. Il y a continuité et imprégnation entre le flux visuel et ce qu'il voit. Gérard Simon cite un passage de Ptolémée expliquant ce phénomène de la coloration de la vue : « Il est donc manifeste que la vue connaît la couleur par une coloration qui survient en elle ; et que par exemple elle connaît le blanc parce qu'elle blanchit, le noir parce qu'elle noircit, et ainsi de suite pour les couleurs intermédiaires[6]. » La sensation de couleur se produit donc par coloration et illumination du rayonnement visuel : « au sens propre, le regard se colore de ce qu'il atteint[7] ». La pensée antique, qui est celle de la similitude (le semblable agit sur le semblable) et non de la causalité, lie ainsi étroitement lumière, couleur et regard.

L'historien des sciences pointe également l'absence de la prise en compte du « corps » chez les Anciens : absence de l'organe dans le rapport du sens à la sensation, absence de toute anatomie de l'œil, sans parler des nerfs ni du cerveau, absence y compris dans les explications touchant les « erreurs » ou les défauts de la vision – myopie, presbytie, cataracte – non différenciés des illusions d'optique. C'est dans ce cadre conceptuel que s'inscrivent les théories antiques et médiévales de la couleur, qui, par l'intermédiaire de l'enseignement scolastique, durent jusqu'à l'âge classique, même si le cadre commun ne doit faire oublier ni la divergence des penseurs (Aristote s'oppose, par exemple, à l'idée de Platon de la sensation de couleur provoquée par un contact du rayon visuel) ni celle des théories chez un même penseur (Aristote s'oppose dans certains de ses écrits à l'idée d'un rayon visuel mais pas dans son explication des couleurs de l'arc-en-ciel) ni bien sûr le fait que l'optique a largement été refondée bien avant le XVIIIe siècle : avec la théorie d'une réception de la lumière entrant dans l'œil (et non plus du flux visuel sortant de l'œil) ou avec la prise en compte progressive de l'anatomie de l'œil à partir de Galien (131-201) et surtout d'Ibn al-Haytham (alors connu sous le nom d'Alhazen) (965-1039). Toutefois notre propos n'est pas de faire l'histoire des théories optiques et de la couleur avant le XVIIIe siècle mais de rendre compte d'un socle commun de connaissances à un moment donné (les années 1670) : socle qui s'appuie sur une « vulgate » aristotélicienne.

Ce que l'on peut reconstituer des théories d'Aristote sur la couleur se trouve pour l'essentiel dans deux textes, « De la Sensation et des sensibles » (*De Sensu*) et le chapitre du traité *De l'Âme* intitulé « La Vue et le visible[8] », auxquels il faut ajouter son explication de l'arc-en-ciel contenue dans *Les Météorologiques*[9]. Par ailleurs, dans la perspective qui est la nôtre d'établir le substrat philosophique à partir duquel pensent les auteurs depuis le Moyen Âge jusqu'à la fin du XVIIe siècle, il convient également de prendre en compte un ouvrage connu sous le titre *De Coloribus*, intégré au corpus aristotélicien médiéval puis édité au début du XVIe siècle en Italie et sans doute rédigé par l'un des disciples d'Aristote, Théophraste (v. 371-288 av. J.-C.) ou par son successeur Straton[10].

Chez Aristote, la couleur est primordiale dans la mesure où elle seule caractérise véritablement le visible. Les autres données perçues par la vue peuvent également l'être par d'autres sens, notamment par le toucher ou le goût qui est une autre sorte de toucher. Seule la couleur est véritablement indissociable du visible : « L'objet de la vue, c'est le visible. Or le visible est, en premier lieu, la couleur » ; « Le visible, en effet, est couleur[11] ». La théorie aristotélicienne de la couleur s'inscrit alors dans une conception générale de l'univers et repose sur la notion de « diaphane ». Le cosmos est composé de deux régions, le Ciel et les astres (monde supralunaire) et la Terre (monde sublunaire) ; de quatre éléments pour la Terre (eau, feu, terre, air) et d'un cinquième pour le Ciel, l'éther, qui entre dans la région de la Terre et s'insinue dans les différents corps ; l'éther s'appelle alors le « diaphane[12] ». La théorie des quatre éléments terrestres s'accompagne également d'une théorie des quatre qualités élémentaires : le chaud, le froid, le sec et l'humide. Aristote associe deux des quatre qualités élémentaires à chacun des éléments : le feu au sec et au chaud, l'air au chaud et à l'humide, l'eau à l'humide et au froid, la terre au froid et au sec.

Ainsi, les corps composés, avec les qualités élémentaires qui leur sont propres, contiennent du diaphane en plus ou moins grande quantité. Celui-ci étant, par ailleurs, transparent, il faut le soleil ou une autre source lumineuse pour qu'il produise de la couleur, mais *les couleurs sont dans les objets*. Aristote distingue alors le diaphane « en acte » et le diaphane « en puissance »[13]. Dans l'obscurité, le diaphane n'est qu'en puissance et les corps sont invisibles ; seule la lumière permet de « l'actualiser ». La couleur est ainsi obtenue grâce à quatre composants : un objet coloré, un milieu intermédiaire transparent (l'éther ou le diaphane), de la lumière et un œil. On peut donc dire que, pour Aristote, la couleur, c'est *l'actualisation du diaphane présent dans tous les corps composés selon les qualités élémentaires qui leur sont propres*. D'où l'importance par exemple de l'humidité dans le changement des couleurs des plantes et des animaux qui s'obtient soit par cuisson/concoction soit par chaleur innée. Ce qu'Alberti résume donc, on l'a vu, par : « une couleur est produite par le mélange de ce qui est poreux et de ce qui est dense, ou bien du chaud et du sec avec le froid et l'humide ».

Dans une telle conception, le noir représente la privation de couleur (diaphane en puissance) et le blanc la plus grande actualisation du diaphane : la lumière apparaît blanche par elle-même mais au travers du diaphane apparaissent d'autres couleurs. Celles-ci sont alors ordonnées suivant une échelle de proportion (combinaisons avec plus ou moins de diaphane) : « Ainsi, le diaphane, à proportion de sa présence dans les corps – il est présent dans tous les corps à des degrés divers –, fait que ceux-ci participent à la couleur[14]. » Le noir et le blanc sont ainsi à la fois la limite des couleurs et les couleurs fondamentales à partir desquelles se produisent les autres couleurs. Le blanc et le noir sont les deux seules couleurs simples et toutes les autres, qui naissent d'un mélange de blanc et de noir, sont dites composées. Concernant la genèse de celles-ci, Aristote, après avoir envisagé plusieurs hypothèses (juxtaposition du blanc et du noir, superposition), tranche pour un véritable mélange (non des couleurs mais des corps composés de diaphane) : « Les couleurs seront multiples parce que les corps qui se mêlent admettent de multiples proportions dans leur mélange réciproque [...][15]. » Aussi ne retient-il pas finalement l'explication « picturale » qu'il assimile à la superposition, c'est-à-dire l'apparence que les couleurs prennent les unes au travers des autres : « Ainsi font parfois les peintres, lorsqu'ils appliquent une couleur sur une autre couleur plus vive, comme ils veulent représenter quelque chose qui apparaît dans l'eau ou dans l'air[16]. » Le philosophe détermine alors un ordre linéaire des couleurs, de la plus grande à la plus petite actualisation du diaphane, c'est-à-dire un ordre qui suit le cours du jour, du lever au coucher du soleil. Il réduit ainsi le nombre des couleurs intermédiaires entre le blanc et le noir à cinq. L'ordre des « sept » couleurs devient alors : blanc, jaune, rouge, violet, vert, bleu et noir.

La perspective du *De Coloribus* est un peu différente : le principe explicatif central du diaphane y est quasi absent alors que la théorie élémentaire est omniprésente. Les couleurs sont, en fait, celles des éléments *à leur état pur* :

> Les couleurs simples sont celles qui accompagnent les éléments, c'est-à-dire le feu, l'air, l'eau et la terre. En eux-mêmes, l'air et l'eau sont blancs par nature, le feu et soleil sont jaunes. La terre aussi est blanche par nature, mais elle offre des couleurs variées en raison des imprégnations qu'elle subit. C'est ce qu'on voit clairement dans le cas de la cendre : lorsque l'humidité qui l'imbibe a été éliminée par la combustion, elle devient blanche, mais pas complètement, parce qu'elle est imprégnée de fumée qui est noire[17].

Est ainsi modifiée la répartition entre couleurs simples et composées : les simples sont le blanc et le jaune tandis que le noir n'est pas la couleur d'un élément mais celle de la transformation d'un élément en un autre. La démonstration du tison qui brûle, qui permet de mettre en évidence la présence des quatre éléments et d'expliquer la couleur blanche ou cendrée de la terre, circule pendant tout le Moyen Âge et se retrouve encore aussi bien chez Léonard de Vinci[18] que chez Du Bartas (*La Semaine ou création du monde*, 1578) : « Cela se voit à l'œil dans le brûlant tison/Son feu court vers le ciel sa natale maison/ Son air vole en fumée : en cendre chet [choit] sa terre/Son eau bout dans ses nœuds[19]. »

Une transmission dynamique du corpus aristotélicien (ou pseudo-aristotélicien) a été assurée pendant tout le Moyen Âge latin et arabe par l'intermédiaire d'exégètes comme Ibn Rochd de Cordoue (connu sous le nom d'Averroès) au XII^e siècle. C'est sur ce substrat que s'édifient les savoirs scolastiques, substrat largement débattu, commenté, infléchi, complété par les pensées arabes et chrétiennes qui convergent notamment dans les travaux de Robert Grossetête, premier chancelier de l'université d'Oxford à sa fondation (1224), qui fait de la philosophie naturelle la clef de compréhension de la parole divine[20] et analyse l'arc-en-ciel et les couleurs dans cette perspective, distinguant notamment le *lux* (la lumière divine, primordiale, l'Un) et le *lumen* (sa manifestation dont le soleil visible est l'expression la plus évidente). La lumière (*lumen*) possède ainsi une nature quadripartite composée par le soleil, les couleurs, l'intelligence et la lumière primordiale (*lux*). Se distinguent alors des couleurs « véritables » et des couleurs incolores (le noir, le gris, le blanc). Cette pensée, ou plutôt ces pensées scolastiques, dans toute leur variété et leur complexité, constituent un cadre théorique qui persiste pendant la Renaissance italienne et française et une très large partie du XVII^e siècle. L'imprimerie a, de fait, assuré la diffusion des œuvres et commentaires d'Aristote, de Ptolémée, de Grossetête, etc. La première édition imprimée de l'œuvre d'Aristote s'est faite à Venise dès 1495. Les manuels scolastiques des XVI^e et XVII^e siècles, tout en proposant à chaque fois une pensée originale, véhiculent alors une sorte de socle commun aristotélicien : la *Physiologiae peripateticae* de Johannes Magirus (1597) était ainsi le manuel scolaire de Newton à Cambridge[21].

Un autre manuel, à destination de la jeunesse, les *Tableaux accomplis de tous les arts libéraux* de Christophe de Savigny, publié une première fois en 1587 et réédité au début du XVII^e siècle, propose une synthèse pédagogique sous forme de planches accompagnées de textes explicatifs des différents savoirs. Dans une perspective encyclopédique humaniste, l'auteur utilise un système de figuration des connaissances combinant cercle et arbre (voir p. 190) : la planche illustrant l'optique opère alors, pour les couleurs, deux subdivisions, une principale entre le blanc, le noir et quatre autres couleurs, et une seconde répartissant ces dernières encore en deux groupes suivant qu'elles s'approchent le plus du blanc (le jaune) et du noir (le bleu) ou qu'elles s'en éloignent (le rouge et le vert) **(fig. 1)**. L'explication est tout entière aristotélicienne : s'appuyant sur la définition de départ du traité *De l'Âme* (la couleur est le propre de la vue), elle reprend l'idée selon laquelle les couleurs s'ordonnent suivant une échelle de proportion à partir des deux couleurs, appelées ici, « simples » (non composées), le blanc et le noir ; les quatre couleurs « principales » étant des composés à des degrés divers de celles-ci. Comme chez Aristote, le terme « mêlé » ou « composé » ne désigne pas un mélange pigmentaire, il s'agit d'un composé *des corps* et qualités élémentaires. Si le vert est bien un composé de jaune et de bleu chez Savigny, ceci ne résulte en rien d'un mélange fait à la palette mais, comme chez le philosophe, d'une actualisation par la lumière des différentes matières élémentaires[22].

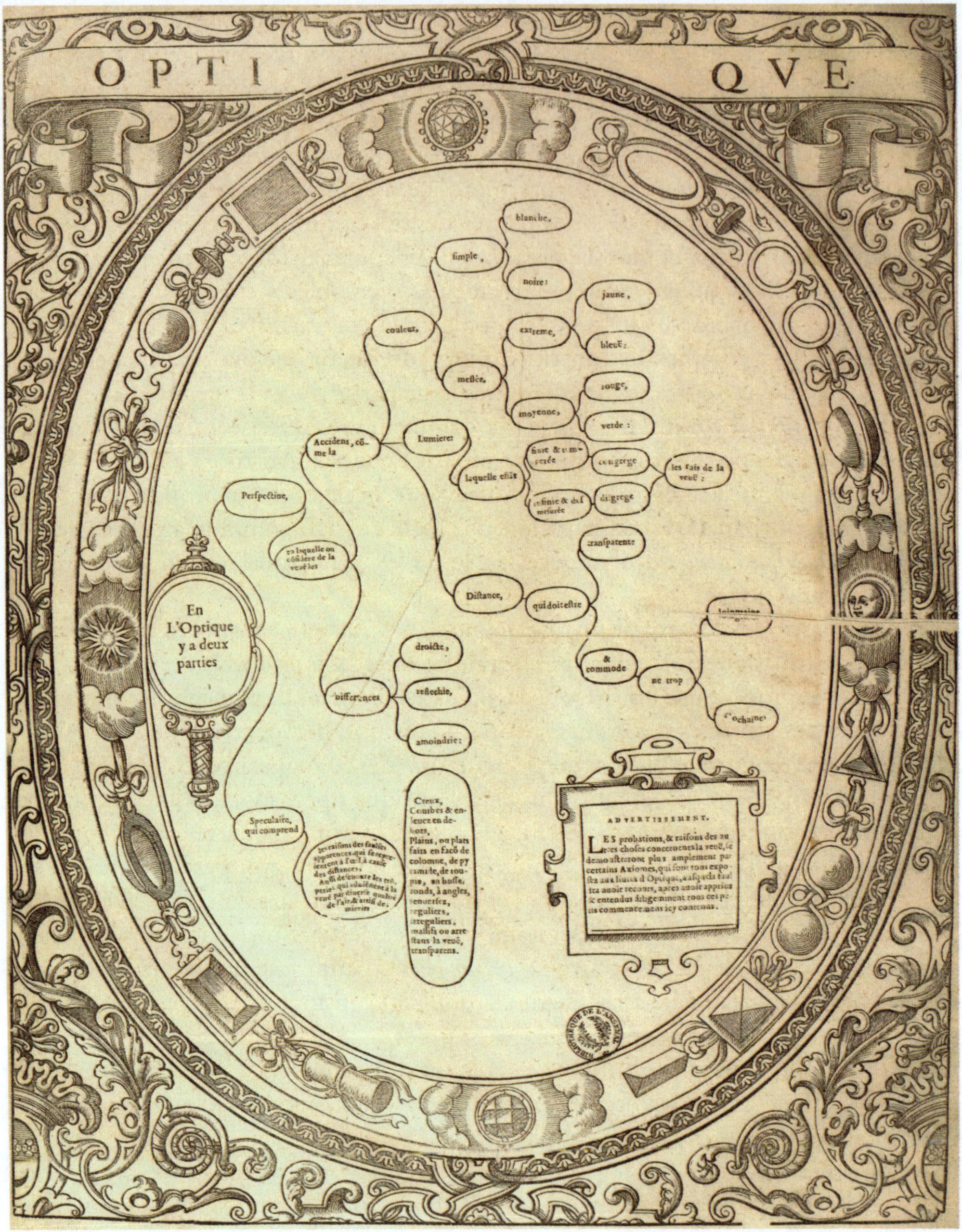


Fig. 1 : Christophe de Savigny, « Optique », *Tableaux accomplis de tous les arts libéraux* (1587).

Scipion Dupleix, qui fait œuvre de vulgarisateur de la philosophie scolastique au tout début du XVII^e siècle et connut un immense succès, fournit également, de façon plus détaillée, dans *La Suite de la Physique* (1604), un bon aperçu de la vulgate alors transmise[23] : de fait, il s'inscrit explicitement dans la ligne aristotélicienne, reprend l'idée du diaphane en acte et pense les couleurs comme des qualités des corps, la lumière ne faisant que les actualiser. Il distingue ainsi les « vraies » couleurs, qui dépendent du mélange des éléments et des qualités premières, à savoir le chaud, le froid, le sec et l'humide, des « fausses », apparentes et changeantes, qui relèvent de l'action seule de la lumière, comme celles qu'on voit « au col d'une colombe ou d'un paon[24] » – celles qu'on considère maintenant comme des couleurs structurelles d'origine purement physique sans intervention de pigments, en opposition avec les couleurs ordinaires où interviennent des matières colorantes. Concernant les « vraies » couleurs, il reprend également la distinction entre le blanc et le noir d'un côté, comme couleurs « extrêmes » et opposées, le noir étant « privation du blanc », et de l'autre côté les couleurs « moyennes » (du milieu, centrales), au nombre de quatre : le vert, le jaune, le bleu et le rouge. On reconnaît là le système du *De Coloribus* plus que d'Aristote lui-même, avec la liaison étroite entre couleurs et éléments, et l'adoption des quatre « genres » fondamentaux de couleurs correspondant respectivement à l'eau, la terre, l'air et le feu. L'opposition entre couleurs « extrêmes » et « moyennes » recoupe alors celle entre « simples » et « mêlées » de Savigny.

C'est cette même conception aristotélicienne qu'on retrouve encore dans les ouvrages, pourtant souvent considérés comme « novateurs » et décisifs dans l'évolution scientifique de la théorie des couleurs, des deux mathématiciens et érudits François d'Aguilon et Athanasius Kircher (voir « le clavecin oculaire », p. 224). Tous deux (le second reprenant le premier), tenus comme les « précurseurs » d'une théorie trichromatique des couleurs établie dans la seconde moitié du XIX^e siècle[25], s'inscrivent néanmoins pleinement dans la tradition scolastique en distinguant deux couleurs « extrêmes » (blanc et noir) et des couleurs médianes. Certes, celles-ci sont réduites à trois (« nos » couleurs pigmentaires primaires, jaune, rouge, bleu) mais elles entrent dans le système à cinq ou six couleurs caractérisées par le plus ou moins grand mélange d'ombre et de lumière. D'ailleurs, d'Aguilon (*Opticorum libri sex,* 1613), intégrant le blanc et le noir, parle de cinq (et non trois) couleurs « simples » (*simplicium*)[26]. L'ordre même des couleurs médianes est révélateur : le rouge est au centre des deux couleurs tirant l'une plus vers le blanc, l'autre vers le noir. Il reprend, en outre, la distinction scolastique de Dupleix entre couleurs de la dioptrique, qu'il nomme imaginaires ou apparentes (*phantasticos seu apparentes*), et couleurs pigmentaires qui proviennent des objets et qu'on peut discerner raisonnablement par la vue, qu'il appelle en conséquence « intentionnelles » (*intentionales seu notionales*). Même chose chez Kircher (*Ars magna lucis et umbrae*, 1646) qui reprend le système à cinq couleurs avec les mêmes trois couleurs « moyennes » (*medii colores*) : jaune (*flavus*), rouge (*rubeus*) et bleu (*caeruleus*). Toutes les autres couleurs proviennent soit d'un mélange entre l'une des couleurs extrêmes (blanc et noir) et l'une des trois couleurs centrales – par exemple, le bleu et le blanc donnent le « cendré » (*cinereus*) ; soit d'un mélange entre deux des couleurs centrales – le jaune et le bleu donnent le vert ; le jaune et le rouge, le doré/orangé (*aureus*) ; le rouge et le bleu, le « pourpre » (*purpureus*). Kircher reprend, de plus, la figuration du système chromatique sous forme d'arcs entrecroisés présente dans le traité d'Aguilon **(fig. 2)** mais l'étend et la complexifie pour rendre compte de sa propre vision théologique d'harmonie universelle du monde **(fig. 3)**. Il établit ainsi une analogie entre échelle chromatique et échelle des sons, satisfaction de l'œil et de l'oreille[27], mais aussi entre les couleurs principales et les « choses » (*rerum*) du monde, les éléments, les degrés d'intelligence, de goût, les âges, les espèces, etc.

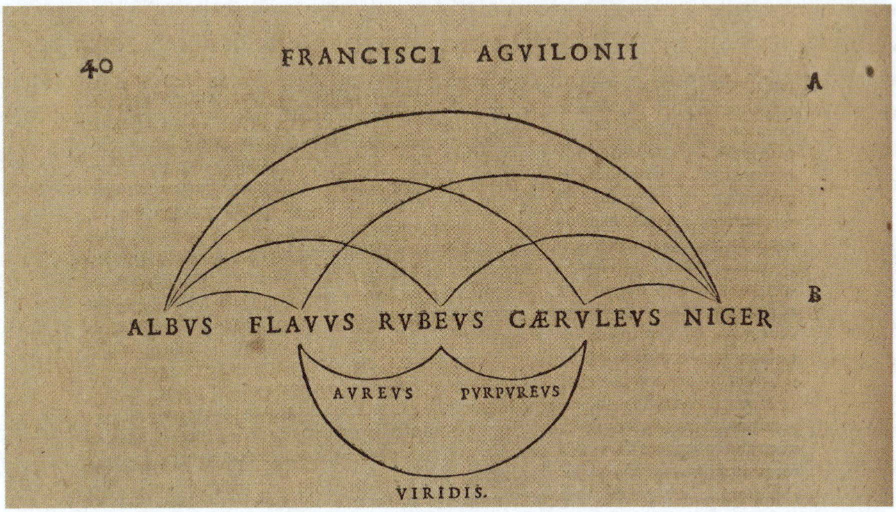


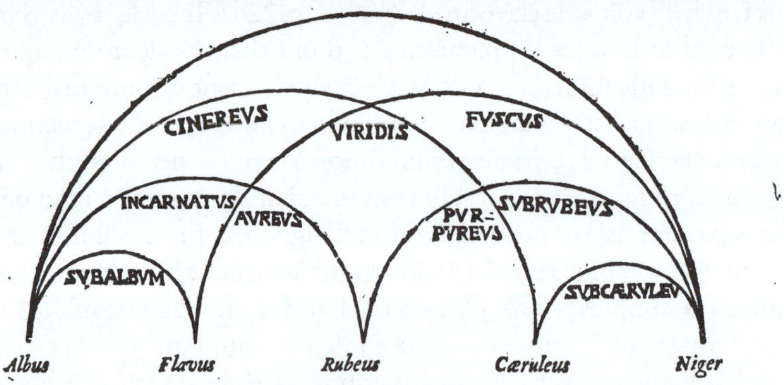


*Analogia rerum cum coloribus.*

| Albus | Flavus | Rubeus | Cæruleus | Niger |
|---|---|---|---|---|
| Lux pura | Lux tincta | Lux colorata | Umbra | Tenebræ |
| Lux | Umbra tenuissima | Umbra moderata | Umbra densa | Tenebræ |
| Dulce | Dulce temperatũ | Γλυκύπικρον | Acidum | Amarum |
| Ignis | Aër vel æther | Auroræ medium | Aqua | Terra |
| Pueritia | Adolescentia | Juventus | Virilitas | Senectus |
| Intellectus | Opinio | Error | Pertinacia | Ignorantia |
| Deus | Angelus | Homo | Brutum | Planta |
| Nete | Parenete | Mese | Paramese | Hypathe. |

Fig. 2 et 3 : François d'Aguilon, diagramme chromatique (*Opticarum,* 1613) et Athanasius Kircher, diagramme chromatique (*Ars magna Lucis et Umbrae*, éd. 1671).

Ainsi, dans les théories optiques du début du XVII^e^ siècle, le principal apport à la compréhension de la sensation colorée, celui du rôle joué par la rétine dans la vision mis en évidence par Kepler en 1604 et qui amène Descartes à rompre avec la tradition scolastique assimilant sensation et objet vu (le semblable n'agit plus sur le semblable, la couleur est une perception du corps et non une réalité du monde) et à proposer une mécanisation du regard et, dans *Les Météores* (1637), à propos de l'arc-en-ciel, une explication mécaniste des couleurs (dues à des rotations diversifiées de boules de matière subtile[28]), n'est pas pris en compte dans la majeure partie du siècle. La « rupture » cartésienne décisive faisant des couleurs des phénomènes et non des qualités des objets eux-mêmes ne concurrence pas encore la vulgate aristotélicienne.

Un bon indice de la manière dont étaient reçus et diffusés les débats sur la couleur au XVII^e^ siècle est de s'intéresser aux périodiques et à l'entreprise fondatrice que constitue notamment le « Bureau d'adresse » créé à Paris en 1630 par Théophraste Renaudot, d'abord médecin avant d'être l'initiateur de la presse périodique avec *La Gazette*. Le Bureau d'adresse était un lieu original destiné à l'origine à lutter contre la pauvreté et à accueillir les offres et demandes d'emploi. Rapidement y sont organisées des conférences publiques dans une démarche de vulgarisation des savoirs auprès d'un public bourgeois en marge des cadres officiels de l'Université et des milieux savants. Les sujets traités sont aussi variés que les comètes, le courage, les somnambules, la diversité des visages, le flux et le reflux de la mer, « qui, de l'homme ou de la femme, est le plus enclin à l'amour », « si le monde vieillit », « du vin, et s'il est nécessaire aux soldats », « quel est le plus nécessaire à un État, la récompense, ou la peine », etc. Ces conférences donnent alors lieu à des comptes rendus imprimés chaque semaine et réunis dans des volumes, les *Centuries*, qui parurent à partir de 1635 et continuèrent à être diffusés jusque dans les années 1670.

Deux conférences portent sur la couleur dans deux perspectives très différentes, l'une dans une approche « culturaliste » (sur le noir comme couleur du deuil), l'autre, dans une perspective scientifique : elle est prononcée le 31 juillet 1634 et s'intitule « Si les couleurs sont réelles ». Le compte rendu de cette dernière conférence renseigne sur l'état plus ou moins consensuel de la question dans la première moitié du XVII^e^ siècle : Aristote y est clairement nommé et est aussi reprise l'image de la « flamme » de la vue empruntée au *Timée* de Platon. On y retrouve développée l'explication du *De Coloribus* sur l'action combinée de la température et de l'humidité ou de la sécheresse pour déterminer les couleurs ; le noir est la combinaison du froid et de l'humide qui progressivement, sous l'effet de la chaleur et de l'asséchement se transforme en vert puis en couleurs « chaudes » et vives, rouges, pourpres. Le noir a alors un statut et une genèse ambigus, comme chez Aristote, il est à la fois une non-couleur (la privation de couleur quand l'humidité a été complètement résorbée comme dans le cas du fameux charbon/tison de bois) et une couleur extrême, limite, « la dernière des couleurs », (lorsque, au contraire, l'humidité est maximale comme on le voit dans la pourriture ou les parties gangrénées des animaux). Les couleurs, ainsi, sont des qualités secondes résultant du mélange des quatre qualités élémentaires. Est reprise également la base même de la démonstration aristotélicienne et sa notion de diaphane en puissance et en acte : « la lumière est l'acte du corps diaphane en tant que diaphane : et la couleur l'extrémité du diaphane en tant que terminé. Car nul diaphane tant qu'il demeure tel n'est coloré[29] ». Enfin, la réponse à la question initiale posée (« si les couleurs sont réelles ») est conforme à la vulgate scolastique : il faut distinguer les véritables couleurs des corps de celles, apparentes, qui résultent de la diverse réception de la lumière comme celles des cieux, de l'arc-en-ciel, du col des pigeons ou encore des écailles de poisson : les couleurs de l'arc-en-ciel « ne sont point », « le col des pigeons nous paraît de mille couleurs qu'il n'a pas[30] ». Ne nous méprenons pas : « apparentes » ne signifie pas irréelles mais trompeuses. Le terme signale seulement que les couleurs vues ne sont pas conformes aux couleurs réelles des corps, mais au fond, tous les corps matériels sont colorés ; la lumière étant, quant à elle, assimilée au diaphane, transparente et immatérielle.

## Alberti et le partage des savoirs sur la couleur

Revenons un instant à Alberti et à son geste de séparation, cité en ouverture de ce chapitre et caractéristique de la sectorisation volontaire – au moins dans son cas – des savoirs sur la couleur. Alberti n'ignore en rien les théories physiques aristotéliciennes. Dans le cadre de l'enseignement scolastique qu'il a reçu à l'université de Padoue puis de Bologne, il a une connaissance approfondie des débats sur la nature de la couleur.

Poursuivons alors la citation liminaire du *De Pictura* :

> Laissons de côté le débat des philosophes qui recherchent les origines premières des couleurs. Qu'importe en effet au peintre de savoir comment une couleur est produite par le mélange de ce qui est poreux et de ce qui est dense, ou bien du chaud et du sec avec le froid et l'humide ? Je ne pense pourtant pas que ces philosophes qui débattent des couleurs et décident qu'il y en a sept espèces soient méprisables : aux deux extrêmes des couleurs, ils mettent le blanc et le noir, puis ils placent une couleur intermédiaire et, entre celle-ci et chaque extrême, deux autres couleurs, l'une empruntant plus que l'autre à la couleur extrême, comme si elles se disputaient leur frontière. Il suffit que le peintre sache bien quelles sont les couleurs et comment il faut les employer en peinture[31].

Sont directement inspirés du corpus aristotélicien et de la scolastique la notion de « mélange » des corps, l'allusion à l'importance de l'humidité, le nombre des couleurs fondamentales (7), l'ordre linéaire du blanc au noir (privation de lumière). Dans la suite du texte, Alberti reprend également au *De Coloribus* la liaison étroite entre éléments et couleurs ; il y a ainsi « conformément aux quatre éléments, quatre vrais genres de couleur » : le rouge (*rubeus*, pour le feu), le bleu céleste ou pers (tirant sur le vert, *celestis seu caesius*, pour l'air), le vert (*viridis*, pour l'eau), et le cendré (*cinereus*, pour la terre[32]). Mais, si Alberti connaît bien la vulgate aristotélicienne et ne la remet aucunement en cause, il s'en détache néanmoins vivement en tant que peintre et théoricien de la peinture « il suffit que le peintre sache bien quelles sont les couleurs et comment il faut les employer en peinture ». Il ne s'agit pas de dire, là, que l'artiste est incompétent en savoir sur les couleurs, mais bien qu'il existe d'autres savoirs, qu'il existe également des pratiques qui ne sont pas inférieures aux savoirs mais qui les accompagnent et les complètent. Il s'agit donc bien de diviser et de sectoriser. Ce faisant, il commence par infléchir les savoirs scolastiques sur la couleur, y puise et y « pioche » ce qui l'intéresse pour construire un savoir spécifique à la peinture.

Il s'attarde sur la distinction entre genre (*genus*) des couleurs (les quatre élémentaires) et espèce (*species*) qui s'obtient par mélange de noir et de blanc, les « deux extrêmes des couleurs », pour promouvoir un nuancier de verts : « Il y a donc quatre genres de couleurs, dont les espèces, en fonction du mélange de blanc et de noir, sont presque innombrables. Nous voyons ainsi les feuillages verts perdre graduellement leur verdeur jusqu'à blanchir[33]. » Les couleurs obtenues le sont par privation ou adjonction de lumière ; l'assimilation du noir et du blanc à l'ombre et à la lumière sert de fondement à une théorie du clair-obscur. Alberti quitte alors l'explication physique des couleurs et adopte le point de vue de l'artiste : son explication de la couleur verte de la végétation repose sur l'art du clair-obscur tandis que celle de l'auteur du *De Coloribus* est d'abord physique,

> En effet, toute la partie qui séjourne perpétuellement dans l'eau devient noire, parce que l'humidité qui l'imprègne, lorsqu'elle est froide, s'assèche de soi-même ; en revanche, la partie qui a perdu son eau et qui est exposée au soleil devient verte parce que du jaune est mélangé au noir. Lorsque l'humidité noircit davantage, le vert devient très sombre et prend la couleur vert poireau. D'abord, les vieilles pousses sont toujours beaucoup plus foncées que les jeunes ; celles-ci sont plus jaunes, parce que l'humidité qu'elles renferment n'a pas encore eu le temps de noircir[34].

Ainsi, chez Alberti, c'est le degré de lumière (blanc) et d'obscurité (noir) qui engendre une nouvelle couleur (le vert foncé ou pâle) tandis que chez le Pseudo-Aristote, c'est l'action combinée de qualités (humide/sec ; froid/chaud) qui produit la couleur : chez le premier, le vert clair s'obtient par mélange avec du blanc et chez le second, par mélange de noir et de jaune. Le *De Coloribus* établit d'ailleurs nettement la scission entre les deux approches, picturale et physique : « on se gardera d'étudier toutes ces choses à la manière des peintres, mais on comparera entre eux les rayons réfléchis [...], ce qui est le moyen le plus sûr d'étudier la vraie nature des mélanges des couleurs[35] ». Tandis que ce qui intéresse Alberti, dans la couleur, c'est soit l'art du clair-obscur, soit l'effet d'harmonie :

> Si tu peins Diane conduisant son chœur, il faut donner à cette nymphe des vêtements verts, à celle-là, tout près, des blancs, à cette autre, toute proche, de pourpre, à cette autre encore, de safran, et habiller toutes les autres de couleurs différentes ; de telle façon que les couleurs claires soient toujours jointes à des couleurs sombres, d'un genre différent. Cette conjonction des couleurs relève en effet la vénusté par la variété et la beauté par le contraste[36].

L'enjeu pour Alberti n'est pas tant, en effet, la couleur, que le relief. La réflexion sur les couleurs du *De Pictura*, d'ailleurs mineure et relativement dispersée, participe du discours général de fondation d'un art de peindre d'abord conçu comme art du dessin et de la perspective. La couleur, et plus exactement la coloration, lui permet ainsi de mettre en place une théorisation de la profondeur en peinture[37].

Alberti opère même un second partage, non plus seulement entre physique et peinture, mais également à l'intérieur du champ de la peinture entre théorie de la peinture et pratique des peintres : il s'intéresse en effet peu aux recettes et pratiques d'atelier ; il s'occupe de la théorie des couleurs et non des pigments – à la différence d'une autre riche tradition de savoirs sur la couleur, issue non plus d'Aristote mais de Pline.

## Pline l'Ancien : histoire artistique et matérielle des couleurs

De fait, le corpus plinien a engagé une autre histoire et même plusieurs autres histoires de la couleur, naturaliste (celle des minéraux notamment), coloriste (celle des pigments et des praticiens de la couleur) et également picturale. La familiarité avec le texte de l'*Histoire naturelle* (Ier siècle) est d'ailleurs une constante pendant et depuis le Moyen Âge, le texte n'ayant jamais, contrairement à d'autres textes de l'Antiquité, été perdu. Au Moyen Âge, de nombreuses copies ont existé, le texte est par ailleurs imprimé une première fois à Venise en 1469 et devient un succès de librairie tout au long des XVe et XVIe siècles : c'est même un texte particulièrement discuté qui donne lieu à de nombreuses controverses, sur la forme (problèmes d'établissement du texte) comme sur le fond (sur le contenu des savoirs et leur inadéquation au réel)[38].

La couleur, chez Pline, est d'abord perçue sous son angle matériel : les livres 34 à 36 de son *Histoire naturelle* consacrés à l'art et en particulier, pour les couleurs, le 35 consacré à la peinture, s'insèrent dans le projet naturaliste d'inventaire et de description des formes de la nature par le biais des matériaux utilisés. Les couleurs apparaissent ainsi à divers endroits du texte, aussi bien dans les livres qui concernent les métaux, les minéraux, la botanique, la médecine (le « *pharmakon* ») que dans ceux qui traitent des arts. Pour la peinture, ce qui intéresse Pline, c'est l'usage des couleurs. Aussi celles-ci ne sont-elles pas distinctes des pigments : « Les couleurs éclatantes – que le peintre reçoit de son commanditaire – sont le *minium*, l'*armenium*, le cinabre, la chrysocolle, l'indigo, le *purpurissum* [...][39]. » Sont ainsi pris en compte les coûts de production (« la meilleure [*sinopis*] coûte deux deniers la livre[40] »), de même que la diversité des usages, peinture, teinture ou médecine : « On l'emploie [la *pressior*] pour les soubassements des panneaux ; d'autre part en médecine elle est adoucissante et s'utilise facilement en emplâtres et onguents [...][41]. »

Les classifications des couleurs retenues par l'auteur témoignent bien d'ailleurs de cette indistinction entre couleurs et pigments : les couleurs énumérées sont celles d'une vingtaine de pigments ou de couleurs obtenues à partir de techniques de fabrication[42] et sont donc réparties entre couleurs naturelles et artificielles, mais aussi en fonction de l'effet produit, la teinte et surtout la luminosité (« quant à la substance nommée "annulaire", c'est un blanc qui sert à donner un aspect lumineux au visage peint des femmes[43] »). En outre, les difficultés de traduction rendent compte de la différence de catégorisation de l'Antiquité : il existe ainsi une distinction entre « *colores austeri aut floridi* », qu'on peut traduire soit par un paramètre de clarté (couleurs sombres ou brillantes), soit par une qualification psychologique ou au moins sensible (couleurs austères, sévères, ou « fleuries », éclatantes). La division est décisive car elle engendre une opposition morale entre couleurs « fleuries », dénoncées ; et sévères, valorisées ; et participe au discours général de l'*Histoire naturelle* : celui d'une décadence de la peinture directement liée à une multiplication des couleurs. L'histoire de la peinture que l'auteur fonde et retrace alors suit celle de l'utilisation des couleurs allant du monochrome et du tétrachrome (blanc, jaune, rouge, noir) des premiers peintres à la bigarrure des peintres contemporains :

> C'est en utilisant uniquement quatre couleurs qu'Apelle, Aétion, Mélanthius et Nicomaque, peintres célèbres entre tous, ont exécuté les immortels chefs-d'œuvre que l'on sait : pour les blancs, le *melinum* ; pour les ocres, le *sil* attique ; pour les rouges, la *sinopis* du Pont ; pour les noirs, l'*atramentum* ; et pourtant chacun de leurs tableaux se vendait au prix des trésors des cités

entières. Mais maintenant que les pourpres font leur apparition sur les parois et que l'Inde nous apporte le limon de ses fleuves, la sanie de ses reptiles et de ses éléphants, il n'est plus de renommée dans le domaine pictural. Tout était donc meilleur au temps où les ressources étaient moins abondantes. Il en est ainsi, comme nous l'avons dit plus haut, parce que c'est à la valeur matérielle, et non à la valeur spirituelle, que l'on est attentif[44].

À ce moment-là, il est possible que cette histoire de la peinture rencontre celle de la philosophie naturelle à l'endroit de la théorie des quatre couleurs élémentaires[45], qui, rappelons-le, n'assigne une couleur stable à chaque élément que tardivement. Quoi qu'il en soit, Pline ouvre au moins deux perspectives dans l'approche artistique de la couleur, celle du discours de la peinture et celle des manuels des coloristes.

## Les couleurs du discours sur la peinture

S'agissant d'abord du discours, il inscrit la peinture en couleurs dans une histoire ou plutôt une fable : celle des origines de la peinture. La fable est célèbre : il s'est agi de tracer, par une ligne, le contour d'une ombre humaine. L'invention du dessin précède ainsi celle de la couleur qui s'est alors faite par étapes : en couvrant de traits l'intérieur des contours, puis en coloriant ces silhouettes par le moyen de tessons d'argile broyés et en employant les couleurs séparément, « d'où le nom de monochrome[46] ». Le passage progressif à la polychromie n'est pas circonstancié, la forme même que prend l'histoire de la peinture chez Pline, celle d'une histoire des peintres, disperse le discours. On peut retenir néanmoins plusieurs éléments : en premier lieu, l'art de la couleur est celui du clair-obscur, les ombres et les lumières, les noirs et les blancs servant à créer du relief ; ensuite, la couleur intervient le plus souvent sous forme de couches successives posées sur une surface, ou encore de vernis, avec une visée de durabilité. La question de savoir si les peintres de l'Antiquité gréco-latine (à la différence des Égyptiens qui connaissaient l'usage d'un équivalent de palette) procédaient ou non à un mélange des couleurs reste ouverte[47]. Enfin, l'une des célèbres « compétitions » mettant en scène deux peintres réputés mentionne la couleur, mais de façon révélatrice, il ne s'agit pas de celle qui oppose Zeuxis à Parrhasius dans l'épisode des raisins (même si c'est l'exemple que retiendra le discours coloriste à partir de Ludovico Dolce), mais d'une histoire de *lignes* de couleur. Pline rapporte ainsi la fable : Apelle trace en travers d'un tableau une ligne de couleur extrêmement fine que le peintre Protogène vient fendre d'une ligne d'une autre couleur plus déliée, elle-même coupée à nouveau par Apelle d'une troisième d'une couleur différente plus fine encore[48]. La couleur, ici, n'a donc qu'une valeur distinctive qui sert une interrogation sur les limites de l'art. Ainsi, la couleur en peinture est pensée en termes de forme, soit ligne, soit couche.

Ce statut de la couleur comme invention seconde et partie secondaire de l'art de peindre innerve le discours sur l'art tel qu'il s'est constitué à partir d'Alberti. On a vu chez celui-ci comment la couleur, et essentiellement le clair-obscur, étaient conditionnés à un art de la profondeur. Le discours qui se met alors en place vise à légitimer les beaux-arts et la peinture en particulier, exclus des arts libéraux médiévaux, et cette légitimation passe d'abord par la valorisation de la part perçue comme intellectuelle de l'art de peindre avec la prééminence de l'*Istoria* au sens albertien du terme, « histoire » au sens de composition narrative, prééminence du *disegno*, « dessein » (projet, sujet) et dessin (sa réalisation), les deux mots n'en formant alors qu'un. L'invention du mythe théorique de l'*Ut pictura poesis*, parallèle entre la peinture et la poésie, qui fait de la peinture une « poésie muette » y contribue : la peinture devient un art de *narrer avec un pinceau*. Cette primauté du dessin (même prise dans une conception globale d'harmonie entre projet et réalisation où la couleur a sa part qui sans être première n'en est pas néanmoins indigente) est systématisée chez Vasari dans ses *Vite* (*Vies des meilleurs peintres, sculpteurs et architectes*, 1550 et 1568) :

> En peinture, le tracé a plusieurs usages, dont le premier est d'indiquer le contour de chaque figure ; lorsque celles-ci sont dessinées correctement, avec des proportions exactes, les ombres et les lumières qu'on y ajoute leur donnent un relief saisissant et permettent d'obtenir un excellent effet. Celui qui maîtrise la ligne atteindra la perfection en chacun de ces arts [peinture, sculpture, architecture], par la pratique et la réflexion[49].

Sur la couleur, les positions de Léonard de Vinci, sont difficiles à apprécier : à la fois, c'est un grand expérimentateur des couleurs[50], pour lesquelles il montre un intérêt très vif et dont il se sert notamment pour formuler le concept de perspective aérienne (l'objet apparaît d'autant plus éloigné qu'il est estompé) et en proposer une restitution picturale fondée sur les couleurs (marquer la profondeur de l'espace par un dégradé progressif des couleurs et un adoucissement des contours)[51]. Toutefois, cet intérêt l'amène surtout, dans les écrits du *Traité de la peinture* (1490) à reconduire et approfondir une approche fondée sur le modelé et le relief par la maîtrise des ombres et des lumières avec une réévaluation de l'obscurité, ce qui le conduit à établir des lois de l'ombre. La couleur reste alors suspecte :

> Ce qui est beau n'est pas toujours bon : je dis cela pour les peintres qui aiment tant la beauté des couleurs qu'ils ne leur donnent, et encore à grand regret, que des ombres très faibles et presque insensibles, n'ayant aucun souci de leur relief ; et c'est l'erreur des beaux parleurs sans aucune substance[52].

Est cependant alors introduit un distinguo décisif entre couleur naturelle (les belles couleurs de la nature) et artificielle (de la représentation) que Ludovico Dolce, cinquante ans plus tard, théorise en opposant couleur locale (de la nature, de l'objet) et coloris (*colorito*, coloris)[53].

Même si, donc, une première théorie coloriste de la peinture apparaît avec Dolce (*Dialogue sur la peinture, intitulé l'Arétin*, 1557) qui exalte le coloriste Titien en opposition à l'art du dessin de Michel Ange mis en avant justement, à la même époque, par Vasari, celle-ci s'intègre néanmoins toujours dans une conception générale harmonieuse du « dessein » où ne s'opposent pas couleur et dessin, et peut même être tenue pour un retour aux fondamentaux établis par Alberti[54]. La distinction que Dolce opère entre couleur de la nature et couleur du tableau n'est pas tant une valorisation « plastique » de la couleur en peinture, un pur colorisme, qu'une réévaluation des moyens propres à la peinture où le coloris est au service du projet général :

> Qu'on ne croie pas que la force du coloris consiste dans le choix des belles couleurs, comme dans la belle laque, dans le bel azur, dans le beau vert, et autres couleurs semblables : parce que celles-ci sont également belles, sans qu'on les mette en œuvre, et la fin de l'art est de savoir les employer où elles conviennent[55].

Est d'ailleurs dénoncé l'usage excessif des couleurs, les chairs « trop rouges », « trop blanches », les ombres qui dégénèrent en « pur noir », toutes teintes dites « dures » tandis que sont prisées les « tendres » et la douceur brune plutôt que le blanc saturé : Dolce reprend même alors pour modèle le peintre « non coloriste » de l'Antiquité (du moins à la palette réduite à quatre couleurs) qu'est Apelle chez Pline et en fait l'éloge comme peintre du brun[56]. Ainsi, ce que Dolce instaure n'est pas tant la primauté de la couleur sur le dessin que la liaison durable entre coloris et expression de la chair : « il est certain que le coloris est de si grande importance, et a tant de force, que quand le peintre imite bien les teintes, le tendre des chairs, et la propriété de chaque chose, telle qu'elle soit, il fait paraître ses peintures animées, et telles qu'il ne leur manque autre que la respiration[57] ».

## La fabrique des couleurs : manuels et recueils de miniatures

L'autre tradition initiée en partie par Pline mais qui prend aussi ses origines dans une variété de manuscrits gréco-égyptiens connus sous le nom de papyrus de Leyde (IVe siècle) et réunis en une première compilation sans doute aux IX-Xe siècles, la *Mappae clavicula*, est celle d'une approche matérielle des couleurs transmise sous forme de « secrets » et de recettes de fabrication : en font partie notamment un *De coloribus et artibus Romanorum* (attribué à un « Héraclius », Xe siècle) et le *Traité des divers arts* (*Schedula diversarum artium*) de Théophile, moine allemand du 1er quart du XIIe siècle, souvent considéré comme le premier traité des « arts visuels[58] ».

Le premier livre de la *Schedula* de Théophile traite en effet de la fabrication des couleurs pour la peinture (miniature et murale), le second du travail du verre. Mais, le plus complet des traités de ce type est le *De Arte Illuminandi*, manuel d'enluminure anonyme conservé à la bibliothèque de Naples, datant de la seconde moitié du XIVe siècle, au moment de l'apogée de cet art. L'auteur commence par y invoquer les théories philosophiques (en l'occurrence plutôt la platonicienne du *Timée*) des trois couleurs primordiales, le noir (*niger*), le blanc (*albus*) et le rouge (*rubeus*), pour mieux les évacuer et établir une science de la couleur : « Mais s'il s'agit des matières dont usent pour leur profession les ouvriers d'enluminure, ces couleurs sont au nombre de huit, qui sont le noir [*niger*], le blanc [*albus*], le rouge [*rubeus*], le jaune [*glaucus*], le bleu [*azurinus*], le violet [*violaceus*], le rose [*rosaceus*] et le vert [*viridis*][59]. » Suivent ensuite une répartition entre couleurs (pigments) naturelles et artificielles, des conseils généraux sur la technique de détrempe, les liants et fixatifs, puis une série d'articles consacrés à la préparation de chacune de ces couleurs et enfin à celle des différents matériaux et techniques entrant dans la fabrication des enluminures (eaux, colles, manière de broyer les couleurs, de les mélanger et de les étendre sur le parchemin, etc.).

Plus tard, y compris avec le développement du livre imprimé, les manuscrits enluminés perdurent sous la forme de livres d'apparat ou d'ouvrages liturgiques ; néanmoins, c'est surtout sous la forme des recueils manuscrits ou imprimés naturalistes, notamment des florilèges et volières peints pour de grands collectionneurs, que l'art de l'enluminure, ou plus strictement de la miniature (sans les lettres peintes) se perpétue et se transforme. Le milieu du XVIe siècle voit, en effet, se multiplier une nouvelle génération de livres de botanique ou de zoologie où l'observation et conséquemment l'illustration censée restituer la plante ou l'animal « au vif » sont essentiels. Le botaniste allemand Otto Brunfels publie ainsi à partir de 1530 un herbier, *Herbarum vivae eicones* où, comme son titre l'indique (les images d'herbes vivantes), l'illustration est décisive. C'est d'ailleurs le peintre et graveur Hans Weiditz, sans doute un élève de Dürer, qui dessine les plantes de façon réaliste en respectant l'état de la plante qu'il a sous les yeux avec ses feuilles fanées par exemple. Et même si le passage au livre imprimé a pour inconvénient majeur la perte de couleur, c'est ce type d'ouvrage qui est le plus souvent colorié, à la main, après impression. C'est donc dans ce contexte de forte stimulation pour le livre et la collection naturalistes (voire la collection de livres naturalistes mettant en miroir les choses vues et représentées) que se prolongent et se renouvellent les recueils de miniatures.

L'un des plus célèbres miniaturistes de la première moitié du XVII^e^ siècle est Nicolas Robert qui, après un premier recueil de fleurs gravées (*Fiori diversi*, 1640), est repéré par Charles de Sainte-Maure, futur duc de Montausier, pour illustrer la *Guirlande de Julie*, somptueux manuscrit poétique sur vélin de soixante-deux madrigaux relatifs à des fleurs, emblématique du mouvement précieux, rédigé par les plus célèbres écrivains de l'époque et destiné à Julie, fille de la marquise de Rambouillet. Ensuite de quoi, il est chargé par Gaston d'Orléans, frère de Louis XIII, grand collectionneur (y compris de manuscrits enluminés), de peindre sur vélin les plantes et les oiseaux dont il s'entourait, constituant ainsi les fondements de la collection des vélins du roi par transmission à Louis XIV et impulsion de la politique colbertiste : Nicolas Robert, après le décès de Gaston d'Orléans, est de fait maintenu dans ses fonctions et est nommé en 1666 « peintre ordinaire du roi pour la miniature[60] ».

Néanmoins, avec la pratique des recueils naturalistes et également la mode des portraits en miniature, le sens initial d'enluminure est infléchi : entrent en effet en concurrence deux conceptions réunies par une même technique, la détrempe, celle de l'enluminure à proprement parler (image peinte sur papier ou vélin) et à partir surtout du XVII^e^ siècle, celle d'une peinture en petit, à la fois délicate et en réduction. Le terme « *miniator* » n'est plus alors compris comme celui qui peint avec du *minium* (pigment rouge servant à tracer les lettres) mais comme issu de *minus* (plus petit) à tel point qu'Antoine Furetière, dans son *Dictionnaire universel* de 1690 éprouve le besoin d'en rappeler l'étymologie et le sens initiaux :

> Peinture faite de simples couleurs détrempées avec de l'eau et de la gomme sans huile. Elle est distinguée des autres peintures, en ce qu'elle est plus délicate, qu'elle veut être regardée de près, qu'on ne la peut faire aisément qu'en petit, qu'on ne la travaille que sur du vélin ou des tablettes. [...] Les *miniatures* sont d'ordinaire petites et délicates, d'où vient que quelques-uns les appellent *mignatures*. Les amants se font peindre en *miniature*. Ce mot vient de *minium*, à cause que c'est une couleur qu'on y emploie ordinairement[61].

Furetière se fait alors l'écho d'un nouvel âge de la miniature comme pratique d'amateur et de loisir dont rendent compte les très nombreuses rééditions du *Traité de mignature, pour apprendre aisément à peindre sans maistre. Avec le secret de faire les plus belles couleurs, l'or bruny et l'or en coquille* de Claude Boutet (1^re^ éd. en 1672). Le *Traité*, d'ailleurs, dès la seconde édition (1679), prend le titre d'*École de la mignature*, signant là le basculement dans cette nouvelle culture visuelle colorée qui devient le partage de tous et une nouvelle manière d'être au monde à partir du dernier tiers du XVII^e^ siècle.

## La symbolique des couleurs : héraldique et emblématique

À ces traditions, il faut encore en ajouter au moins deux : une héraldique, emblématique et symbolique, propre au Moyen Âge, et une lexicale et sémantique qui se rapporte aux termes de couleur, approche développée surtout à partir des humanistes et de leur intérêt pour la philologie.

Fig. 4 : Sicile, « Blason sur les quatre éléments » (*Le Blason des couleurs*, 1521-1547).

Concernant l'héraldique, l'historien et médiéviste Michel Pastoureau a montré combien elle a été déterminante dans une codification structurale et symbolique des couleurs. Les armoiries, apparues au milieu du XII$^{e}$ siècle pour des raisons d'abord militaires (reconnaître les combattants à la guerre ou dans les tournois) se sont rapidement diffusées dans toute la société, y compris paysanne, jusqu'à devenir « envahissantes » dans la vie quotidienne au XV$^{e}$ siècle, à tel point que l'auteur parle même d'« héraldisation » de la société[62]. L'héraldique au sens strict (la science des *armes*, du blason, que possèdent les hérauts ou officiers d'armes, notamment lors des tournois) s'élargit alors en emblématique (l'ensemble des figures distinctives d'un individu ou d'un groupe) et acquiert une forte valeur symbolique. Ce qui caractérise alors l'usage des couleurs en héraldique est sa forte codification : seul un nombre très restreint de couleurs est employé, et suivant des règles strictes de distribution. Le système comprend, en effet, six couleurs de base, souvent une septième, et utilise, pour les nommer, des termes techniques qui en renforcent la codification : *argent* (blanc), *or* (jaune), *gueules* (rouge), *sable* (noir), *azur* (bleu), *sinople* (vert) et accessoirement *pourpre* (violet). Par ailleurs, la « syntaxe » de ces couleurs les répartit en deux groupes, argent et or d'un côté, les autres couleurs de l'autre, avec interdiction de superposer ou de juxtaposer des couleurs appartenant au même groupe. Ainsi, par exemple, sur un fond (un champ) *argent*, il est impossible d'avoir une figure *or* ; à l'inverse, sur un fond *azur*, on ne peut utiliser, pour les figures, que les couleurs *or* ou *argent*. Enfin, les couleurs employées sont abstraites : non seulement elles ne sont pas des couleurs-pigments mais elles ne sont pas non plus vraiment des couleurs perceptives. Aucune indication de nuance n'est prise en compte : il ne s'agit pas de sensation de couleur mais seulement d'idée de couleur. La couleur *azur* peut être représentée par n'importe quel bleu (clair, profond, saturé ou non, etc.) et les teintes varient grandement suivant les matériaux des supports. C'est cet ensemble très contraint qui donne une dimension symbolique aux couleurs, c'est-à-dire un langage où, à un matériau, ici une couleur ou plutôt une organisation de couleurs, correspond une signification.

Un traité de blason, rédigé vers 1435 par un héraut d'armes au service d'Alphonse V, roi d'Aragon et de Sicile, Jean Courtois, dit Sicile, et augmenté quelques décennies plus tard par un auteur anonyme d'une seconde partie, est ainsi tout entier consacré à la symbolique des couleurs : *Le Blason des couleurs en armes, livrées et devises* (1495)[63]. Le traité vise en effet à enseigner la manière de « blasonner les couleurs » en déclinant les différentes symboliques (propriétés et « vertus ») de celles-ci et en établissant des systèmes d'équivalences entre une couleur et un sentiment, une idée, un matériau, un élément, une humeur, une saison, une planète, etc. Le rouge, par exemple, est défini comme une couleur moyenne entre le blanc et le noir (le jaune est une couleur entre le blanc et le rouge) qui tire néanmoins plus vers le blanc lorsqu'elle est à la lumière parce que l'élément feu intervient et la « chauffe ». Suit alors un système complet de correspondances : en pierreries, le rouge équivaut à l'escarboucle, en fleurs, à l'œillet, en tempérament, à la colère, en vertus, « elle signifie hautesse, prouesse et hardiesse », dans les sept sacrements de l'Église, elle représente la confession. Les combinaisons de couleurs comportent également des significations particulières : une livrée mêlant du rouge et du vert (même si alors « elle n'est guère belle ») signifie unc « hardie jeunesse » ; rouge et bleu, elle symbolise le désir de connaissance ; rouge et gris, la noblesse d'âme, etc. On le voit, le système s'appuie toujours sur le cadre théorique aristotélicien fondu ici avec les théories médicales issues d'Hippocrate et de Galien : le corps est constitué des quatre éléments avec leurs qualités (chaud, froid, sec, humide), la santé résultant de l'équilibre de ces qualités, la maladie d'un excès de l'une ou l'autre et déterminant quatre tempéraments (ou « humeurs »), le colérique, le sanguin, le flegmatique et le mélancolique[64]. Ainsi, chez Sicile, la couleur *gueules* (rouge) correspond au feu et au sanguin, *azur* (bleu) à l'air et au colérique, *argent* (blanc) à l'eau et au flegmatique, enfin *sable* (noir), à la terre et au mélancolique[65] **(fig. 4)**. On peut remarquer d'ailleurs que cette équivalence n'est pas fixe d'une emblématique à l'autre : par exemple, dans le système iconologique établi par Cesare Ripa (1593), qui sert de référence à tout l'âge classique et que l'on retrouve jusque dans le programme iconographique de Versailles, c'est le jaune qui est la couleur du colérique[66]. Le traité de Sicile est en outre illustré de nombreuses planches avec des figures gravées sur bois et coloriées à l'aquarelle qui résument les analogies. Un feuillet associe ainsi des couleurs disposées en phylactères et leurs vertus : *or* signifie richesse ou encore noblesse ; *gueules*, « hautesse » et hardiesse ; *azur*, loyauté et science ; *sable*, « simplesse » et tristesse ; *sinople* « liesse », beauté et bonté ; *pourpre* « abondance de biens », grâce de dieu et du monde ; *argent* « pureté » et justice[67] **(fig. 5)**.

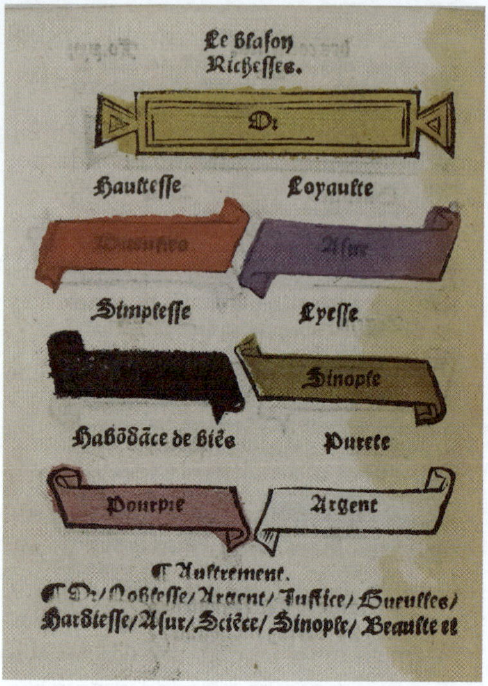


Fig. 5 : Sicile « Couleurs selon les vertus mondaines » (*Le Blason des couleurs*, 1521-1547).

Fig. 6 : Jean Robertet, « L'Exposition des couleurs. Blanc, Bleue » (1501-1600).

Dans la seconde moitié du XV^e siècle, un poème de Jean Robertet, grand commis de l'État et écrivain de renom, intitulé *L'Exposition des couleurs*[68] assigne aussi une signification symbolique (« morale ») à dix couleurs : blanc, bleu, rouge, gris, vert, jaune, violet, « tanné », noir et « riolé piolé » (rayé et bariolé de rouge, noir et blanc). Chaque couleur donne ainsi lieu à un quatrain : le blanc signifie humilité et simplicité (« simplesse »), le bleu la loyauté, le rouge l'orgueil, le gris l'espérance, le vert la joie, le jaune la jouissance, le violet la trahison, le tanné (orangé foncé-brun) l'envie, le noir le deuil et la mélancolie, enfin, le riolé piolé, le paraître (le « faux semblant »). Deux des trois copies manuscrites retrouvées sont enluminées et présentent sur chaque feuillet un couple de dames représentant chacune une couleur et surmontée du quatrain correspondant **(fig. 6)**. Le parallèle avec Sicile est intéressant puisqu'il pointe à la fois l'importance de l'approche symbolique des couleurs dans un même contexte historique et héraldique – les allégories sont indiquées sur des écus colorés portés par les dames, le premier couple blanc/bleu reprend les couleurs du champ des armoiries de l'auteur, on retrouve plus ou moins les sept couleurs des émaux des blasons – et la plasticité de la palette symbolique. C'est le blanc et non le noir chez Robertet qui symbolise la simplicité ; la gamme s'élargit y compris en intégrant le multicolore qui concentre à lui seul toute la condamnation morale de la bigarrure déjà sensible chez Pline. Non seulement, comme Michel Pastoureau n'a cessé de le répéter à juste titre, il n'y a pas de symbolique des couleurs « en soi », hors contexte, mais, on le voit, dans un même contexte, il n'y a pas non plus accord complet. Ce qui demeure néanmoins, c'est le cadre interprétatif, l'injonction faite aux couleurs à *signifier*.

Se met alors en place dans toute la littérature emblématique et allégorique de l'âge renaissant et classique un riche ensemble symbolique des couleurs. L'un des emblèmes du fondateur italien du genre littéraire, André Alciat (Andrea Alciati, *Emblemata*, 1531), s'intitule ainsi « *In colores* » (« Des couleurs ») et énumère à nouveau différentes significations, où l'on retrouve quelques constantes mais aussi de nombreuses différences (par exemple le violet associé à la joie) :

> Le noir [*pullus,* brun, sombre] est propre au deuil. Nous portons noir habit,
> Quand nous accompagnons de nos pères l'obit.
> Le blanc [*candida*] sied à la candeur, à l'âme belle et nette :
> Le prêtre s'en habille, aussi fait la nonnette.
> Le vert [*viridis*] fait espérer : nous disons l'espérance
> Être au vert, quand notre heur vient à changer de chance.
> Le jaune [*flavus*] est aux amants propre, et aux désireux,
> Aux putains, et à ceux dont l'espoir est heureux.
> Le rouge [*ruber*] bien convient au soldat et gendarme :
> Et l'enfant qui rougit, montre qu'il a bonne âme
> Le céleste [*caeruleus*, bleu] appartient à gens de la marine
> Et à cil qui le cours des astres examine.
> Le fauve [*fulva*] convient mieux aux pauvres et méchants,
> Et aux souliers de bois enfumés, capucins.
> À ceux que les soucis et l'amour amaigrissent
> Les draps de couleur rousse [*fulva*] habits propres fournissent.

À ceux qui sont contents, et ont pour agréable
Leur état, le violet [*ianthina*] est propre et convenable.
Comme des couleurs est la nature infinie
Ainsi chacun s'en sert selon sa fantaisie[69].

À la même époque, dans le même contexte courtois italien, celui du *Livre du courtisan* (1528) de Baldassare Castiglione, se développent également des traités de civilité avec des considérations importantes sur le langage galant et amoureux des couleurs : le premier ouvrage de cette sorte semble être le *Del significato de' colori* de Fulvio Pellegrino Morato (1535)[70].

Reste que la symbolique de Sicile est loin de faire l'unanimité comme en témoignent les commentaires des différentes éditions françaises ou la satire de Rabelais sur la livrée blanc et bleu de Gargantua (1534) qui cible directement la symbolique du *Blason des couleurs* et son interprétation morale : « Les couleurs de Gargantua furent blanc et bleu [...]. Et par icelles voulait son père qu'on entendît que ce lui était une joie céleste. Car le blanc lui signifiait joie, plaisir, délices, et réjouissance, et le bleu : choses célestes. [...] Qui vous meut ? qui vous point ? qui vous dit que blanc signifie foi : et bleu fermeté ? Un (dites-vous) livre trepelu [très peu lu], qui se vend par les bisouars et porteballes on titre : *Le blason des couleurs*[71]. »

Un autre problème est en outre advenu dans ces mêmes années, celui de la diffusion par l'imprimerie des images en noir et blanc qui affecte tout particulièrement le langage même des armoiries. Au début du XVII<sup>e</sup> siècle, un érudit italien, Silvestro Pietra Santa (*Tesserae gentilitiae*, 1638) propose ainsi un système de traduction du code couleur des blasons en un système de points et de hachures[72]. Ce type de codage est alors repris par une grande figure de la littérature et des images allégoriques de la seconde moitié du XVII<sup>e</sup> siècle, Claude-François Ménestrier, qui consacre un chapitre de son *Véritable art du blason* (1659) à la « signification des couleurs ». Il y attaque une nouvelle fois Sicile et son déchiffrement allégorique abusif mais en avançant deux arguments qui indiquent déjà la façon dont la symbolique même des couleurs commence à être remise en question ou strictement circonscrite à partir de la fin du XVII<sup>e</sup> siècle : le premier argument témoigne d'une approche relativiste et d'un regard déjà ethnologique sur les couleurs. Il insiste, en effet, sur l'instabilité des symboliques, variables selon les contextes (les cérémonies sacrées ne sont pas les tournois ni les relations galantes, le vêtement n'est pas le blason, etc.), la mode et les coutumes : « Une grande Princesse a mis en vogue le gris de lin, sur lequel beaucoup de plumes se sont exercées. Les Français portent l'écharpe blanche dans les armées, les Espagnols la portent rouge, les Suédois noire, etc.[73] » Le second argument est plus radical. Tout en s'inscrivant dans la lignée de Pietra Santa, il proclame que le « véritable » art du blason qu'il entend établir n'a que faire des couleurs : « j'estime, écrit-il, cette recherche inutile et hors de la science héraldique[74] ». Tandis que, selon Michel Pastoureau, « la couleur est l'essence même du code héraldique » et que « s'il existe bien des armoiries sans figure, il n'en existe pas sans couleur[75] », Ménestrier propose justement l'inverse : remplacer les couleurs sur les écus par une codification de traits qui faciliteraient ainsi l'intelligibilité des figures : l'*or* se marque par de petits points, l'*argent* est sans marque, l'*azur* se distingue par des lignes droites, les *gueules* par des lignes perpendiculaires, le *sinople* par des diagonales de droite à gauche et le *pourpre* par l'inverse, le *sable* est haché à double traits[76]. On le voit, ce qui commence à faire question, c'est bien la faculté même des couleurs à pouvoir signifier.

## Telesio et le lexique des couleurs

La dernière approche importante des couleurs avant la fin du XVII^e^ siècle est celle, philologique du *Petit traité des couleurs latines* d'Antonio Telesio de Cosenza (*De coloribus libellus*). Il s'inscrit pleinement dans la nouvelle conception du livre scientifique mise en place par les humanistes de la Renaissance qui insistent à la fois sur le travail philologique et critique des textes anciens et sur la fonction médiatrice du livre, perceptible dans la matérialité même de celui-ci avec ses index, pages de titre, notes et manchettes, illustrations, etc. Telesio propose ainsi une approche lexicale et fournit le premier exemple de « dictionnaire des couleurs ». Le petit ouvrage comprend en effet, en tête de la première édition (1528), un index alphabétique de cent dix-huit termes latins allant d'*albus* (blanc) à *xerampelinus* (sorte de brun-feuille de vigne)[77]. Le projet est d'ailleurs clair : étudier les couleurs « non point sur leur fabrication ou leur nature, car je ne m'adresse ni aux peintres ni aux philosophes mais uniquement aux philologues qui recherchent avec application un usage pertinent de la langue latine[78] ». Par rapport aux autres listes ou inventaires de couleurs qu'on trouve aussi bien dans les manuels techniques que dans les traités philosophiques, le point de départ ici n'est pas le matériau ni le système perceptif, d'ailleurs souvent confondus, mais la langue.

L'auteur procède en effet à l'analyse de douze couleurs principales *dans la langue* latine pour lesquelles il essaye d'établir des référents précis : *cæruleus* (bleu vif), *caesius*, (bleu-gris-vert, pers), *ater* (noir terne), *albus* (blanc), *pullus* (brun-noir), *ferrugineus* (rouille), *rufus* (roux), *ruber* (rouge), *roseus* (incarnat), *puniceus* (rouge ponceau), *fulvus* (jaune) et *viridis* (vert)[79]. Cette approche linguistique permet alors justement, en contrepartie et pour la première fois de façon aussi explicite et systématique, de distinguer la couleur-pigment de la couleur perceptive. Le corpus de référence est majoritairement antique (grec et latin) mais parfois aussi contemporain. Par exemple le terme « *viridis* » (vert) est décrit comme une sensation provoquée pour l'essentiel par une infinie variété d'herbes (qui déclinent donc une grande diversité de verts) mentionnées dans de nombreux poèmes latins. Mais *viridis*/vert, selon l'auteur, s'applique aussi au plumage du perroquet ou à la carapace d'une espèce de scarabée remarquée à la fois par Aristote et par les gens de la région de Cosenza en Calabre dont il est originaire. Une attention particulière est également portée à une nuance de vert clair, le prasin, « à présent appelé "vert poireau" par les teinturiers[80] ». On le voit, il s'agit alors de faire se correspondre non pas une couleur et sa signification mais une couleur et son référent : non pas ce que les couleurs *sont* – dans une approche philosophique – ni ce qu'elles *signifient* – dans une perspective symbolique –, ni leur nature, ni leur signification ni même leur matérialité pigmentaire, mais leur nom.

Au seuil des années 1670, les savoirs et pratiques des couleurs relèvent ainsi de discours et d'usages relativement imperméables. Il y a, certes, un cadre théorique consensuel, aristotélicien et scolastique : la couleur, en puissance dans les corps, résulte d'une plus ou moins grande intensité de lumière au contact de ceux-ci, selon les qualités élémentaires qui leur sont propres, et s'organise selon une échelle chromatique allant du clair au foncé. La couleur est un produit de lumière et d'ombre, une sorte de « lumière ombrée ». La gamme des couleurs principales faisant alors consensus au XVII^e siècle est, outre le blanc et le noir, à chaque extrême : le jaune, qui s'approche le plus du blanc, le rouge, (parfois le vert) et le bleu, qui s'approche le plus du noir. En plus du noir et du blanc, ce sont ces couleurs qu'on retrouve plus ou moins dans les différents systèmes symboliques, celui de l'héraldique (jaune, rouge, bleu et vert) ou de l'analogie harmonique du monde d'un Athanasius Kircher (jaune, rouge, bleu). Les variations sur le nombre et sur le nom des couleurs sont néanmoins révélatrices des ajustements théoriques des uns et des autres en fonction de leurs impératifs idéologiques mais aussi discursifs et même génériques, c'est-à-dire de leur lectorat. Ce cadre théorique, lorsqu'il est connu, est par ailleurs laissé de côté par les praticiens de la couleur, peintres, miniaturistes et autres coloristes comme inadéquat : le « laissons de côté les débats des philosophes » d'Alberti est, à ce titre, un leitmotiv partagé.

Mais cette séparation n'est pas celle, attendue, entre d'un côté les savants et de l'autre les praticiens, d'un côté, les « philosophes » et de l'autre les artistes et artisans : c'est bien une sectorisation. Lorsqu'il s'agit de parler de couleurs, les différents savoirs, qu'ils impliquent ou non une pratique, s'ignorent et se juxtaposent. Ni les référents ni les mots pour les désigner ne sont les mêmes. Chaque « secteur », chaque approche, éprouve le besoin de recourir à une langue spécifique : langue pigmentaire (laque, vermillon, carmin, azurite – bleu de montagne, ocre, etc.), héraldique (gueules, sable, etc.), latin, ou italien et français. Les traductions contemporaines ont tendance à lisser les différences créant un semblant d'uniformité là où l'usage des termes latins révélaient des référents distincts : « jaune » correspond ainsi tantôt à « *flavus* » (Alciat), « *fulvus* » (Telesio), voire à « *glaucus* » (*De Arte Illuminandi*), terme très difficile à traduire et instable, référant généralement plutôt à un gris-bleu. Sans compter que « jaune » est aussi « l'or » du blason, le « stil de grain » des miniaturistes, etc. À la lettre, les différents savoirs sur la couleur *ne parlent pas la même langue* et ne désignent pas la même chose. On peut bien sûr considérer qu'il en est toujours de même de nos jours, entre ceux qui évoquent les couleurs-pigments ou les couleurs-lumière. On peut également estimer, dans une approche d'histoire des sciences, qu'avant la seconde moitié du XIX^e siècle avec la théorie trichromatique de la vision et la distinction entre synthèse soustractive (addition de pigments) et synthèse additive (addition de lumières) établies notamment par les travaux de Thomas Young (1773-1829) et surtout de Hermann von Helmholtz (1821-1894) et de James Clerk Maxwell (1831-1879), la confusion est de mise et que les polémiques du XVIII^e siècle autour de la théorie purement physique de Newton sont une étape de cette progressive compréhension. Ce n'est pas, nous l'avons dit, notre approche, même si le changement de cadre théorique des couleurs est essentiel : les autres « secteurs » des savoirs et pratiques de la couleur le sont tout autant et ce qui produit un changement épistémologique décisif est précisément leur « confusion » au XVIIIe siècle, c'est-à-dire, selon nos termes, leur circulation.

Celle-ci n'est pas néanmoins le seul indice du changement : sont également décisifs le développement et la multiplication des pratiques et des savoirs, leur complexification, ou encore leur diffusion. Là où l'histoire des sciences a tendance à privilégier la progressive élaboration d'une théorie trichromatique des trois couleurs primaires, il s'agit pour nous de nous intéresser au contraire au foisonnement des couleurs et à l'introduction d'une infinité de nuances : non pas réduire mais élargir.

# 2
# Le renouvellement des savoirs et des pratiques

À partir des années 1670, donc, et sur un long XVIII^e siècle, les savoirs et pratiques se sont trouvés complètement renouvelés : à l'intérieur de chacun des secteurs d'abord – on verra dans un second temps (p. 73), surtout pour des raisons de clarté de l'exposé, tant il devient difficile de séparer les deux aspects, les points d'intersection et les circulations entre secteurs. Ces renouvellements et innovations concernent à la fois un changement de perspective, de nouvelles problématiques, mais aussi un développement, une intensification, une multiplication des discours et pratiques ainsi qu'une extension du public avec un élargissement de la diffusion et la mise en place de dispositifs nouveaux, y compris énonciatifs, de « vulgarisation ». Ils accompagnent le basculement dans une société de la « culture des apparences » pour reprendre l'expression de Daniel Roche[1], une société de consommation, du luxe et de la mode (curiale et française d'abord, qui *donne le ton* justement et s'élargit progressivement, avec des adaptations bien sûr, aux catégories populaires), une société de l'individu aussi, avec le surgissement d'un « je » qui se traduit, par exemple, en littérature, par le goût pour les romans-mémoires à la première personne[2]. La valorisation de la couleur est ainsi celle des couleurs matérielles, de la couleur comme objet de débats, philosophiques, scientifiques, artistiques et de la *sensation colorée* provoquée par la double transformation, du paysage extérieur largement liée à une nouvelle économie politique avec l'intensification des échanges internationaux (relations de voyage, commerce international, colonisation), et du paysage « intérieur » avec l'analyse des profondeurs du moi (d'un « inconscient »[3]) et la primauté de la sensation et du sensible dans la connaissance et la relation au monde.

## Discours physique sur la couleur et émerveillement scientifique

Il peut paraître paradoxal de commencer par convoquer un auteur, un texte et l'image qui l'accompagne, qui ne concernent pas, du moins directement, les couleurs. Néanmoins, Fontenelle et les *Entretiens sur la pluralité des mondes* (1687), constituent un arrière-plan incontournable à la culture scientifique et à la vie intellectuelle de la fin du XVII^e siècle et de toute la première partie du XVIII^e – étant donné l'exceptionnelle longévité de l'auteur (1657-1757). Fontenelle, en effet, occupe une place décisive en tant qu'écrivain polymorphe, engagé aux côtés de Charles Perrault du côté des Modernes dans la querelle des Anciens et des Modernes, savant, académicien, à la fois élu à l'Académie française (1691) et secrétaire perpétuel de l'Académie royale des sciences qu'il dirige de 1697 à 1740 et dont il développe la diffusion et la vulgarisation des travaux en rédigeant chaque année une longue partie introductive à la publication de l'*Histoire de l'Académie des sciences*. Il intéresse ainsi notre propos à deux titres : d'une part parce qu'il est au cœur de la circulation des savoirs, d'autre part, et c'est de cela dont il est ici directement question, parce qu'il forge le concept d'émerveillement scientifique.

L'édition de 1724 des *Œuvres diverses* de Fontenelle, la plus diffusée au tournant de la Régence et du début du règne de Louis XV, moment clé d'une forme de libération de la pensée et d'une esthétique « rococo », présente en vis-à-vis de la réédition des *Entretiens* une illustration du système solaire conforme à la thèse héliocentriste de Copernic combinée avec la cosmologie cartésienne des *Principes de la philosophie* (*Principia Philosophiae*, 1644) **(fig. 7)**. Le soleil (numéroté 1) est fixé au centre d'une toile figurant un rideau de théâtre, les six autres planètes du système copernicien sont disposées autour, de la plus proche (Mercure, numérotée 2) à la plus lointaine, Saturne (numérotée 7), le tout étant encerclé de multiples petites sphères (Fontenelle parle de « ballons » dans son texte) qui se transforment en nuées à l'approche du point de fuite, conformément à la théorie cartésienne des tourbillons : Descartes décrit, en effet, la formation du monde par la physique des tourbillons qui impulsent le mouvement général de l'univers. La thèse, bien que périmée depuis 1687, avec la publication des *Principes mathématiques de la philosophie naturelle* (*Philosophiae Naturalis Principia Mathematica*)[4] de Newton et sa loi de gravitation, est néanmoins reprise et maintenue par Fontenelle jusqu'à la fin de sa vie – il publie en 1752 une *Théorie des tourbillons cartésiens*. La gravure, qui emprunte son esthétique à l'opéra et à la mythologie (les « ballons » sont animés en leur centre par des sortes de *putti*), est emblématique de la démarche fontenellienne et de sa conception de l'émerveillement scientifique. Les *Entretiens* mettent en place une allégorie de l'Opéra (« je me figure toujours que la nature est un grand spectacle qui ressemble à celui de l'Opéra[5] ») et assimilent ainsi la démarche scientifique à un accès aux coulisses de ce spectacle. Le monde physique est enchanteur, le regard du physicien, certes, doit s'émanciper des préjugés et des anciennes croyances et superstitions, mais l'émerveillement est fondateur. La méthode scientifique suit ainsi un mouvement dialectique : d'abord, démonter toutes les mystifications de ce qu'on appelait alors des « merveilles » de la nature (*mirabilia*) ; mais aussi maintenir la nécessité d'un émerveillement comme moteur de la connaissance. Sans curiosité et sans étonnement, point de science. Au contraire, si l'on ramène l'inconnu au connu, on continue le cycle de l'affabulation. Le principe fondateur d'une démarche scientifique est donc le « pourquoi non ? ». La dernière étape est alors, en principe, celle du dépassement de l'émerveillement fondateur mais celui-ci perdure, de fait, dans la distinction opérée par l'auteur entre faux et vrai merveilleux : le faux merveilleux (comprendre un faux qui enchante) est celui de la mythologie et des superstitions, le vrai merveilleux est celui des lois mécaniques qui régissent l'univers.

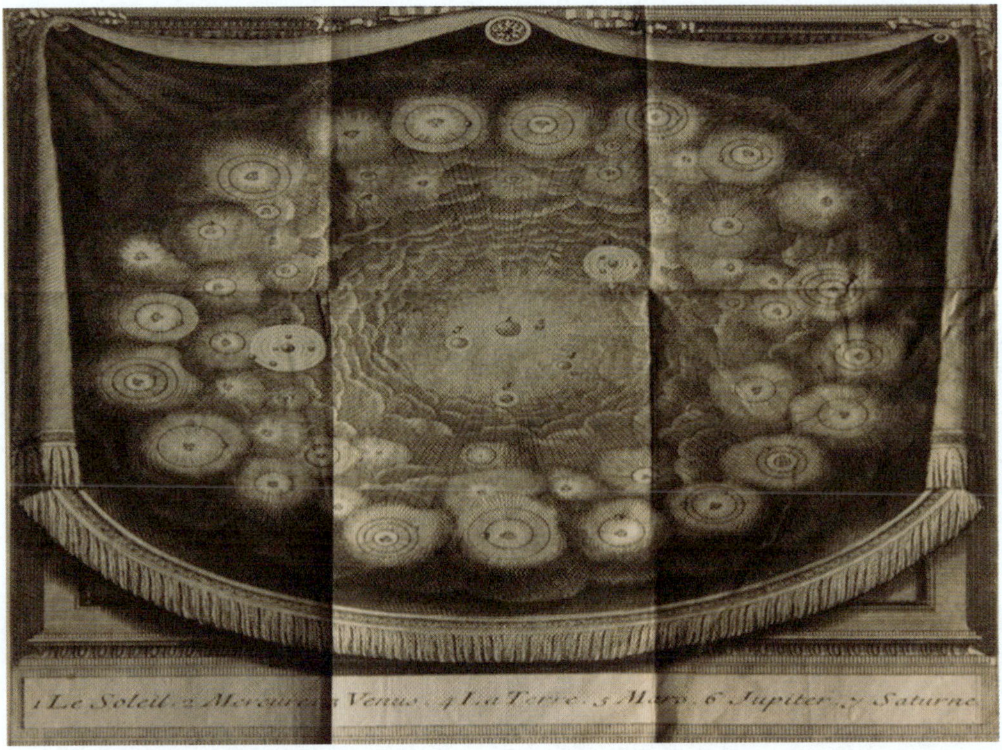


Fig. 7 : Fontenelle, « Le système solaire », *Entretiens sur la pluralité des mondes* (éd. 1724).

C'est dans cette perspective que les *Entretiens* prennent tout leur sens : non pas tant comme œuvre de vulgarisation scientifique, d'autant qu'y sont véhiculés des savoirs en partie périmés, que comme outil pédagogique sur la démarche scientifique. La « leçon » de physique cartésienne y est présentée dans une scénographie durable qui est avant tout un dispositif épistémologique : celle d'un dialogue entre un philosophe et une marquise qui apprend à apprendre, c'est-à-dire précisément à distinguer faux et vrai merveilleux[6]. Or, cet émerveillement et ce « vrai » merveilleux scientifique sont largement *colorés*. Les *Entretiens* commencent, en effet, par cette évocation d'une promenade le soir d'une chaude journée d'été :

> La Lune était levée il y avait peut-être une heure, et ses rayons qui ne venaient à nous qu'entre les branches des arbres, faisaient *un agréable mélange d'un blanc fort vif*, avec *tout ce vert qui paraissait noir*. Il n'y avait pas un nuage qui dérobât ou qui *obscurcît* la moindre étoile, elles étaient toutes d'un *or pur et éclatant*, et qui était encore relevé par *le fond bleu* où elles sont attachées[7].

Le passage, on le voit, témoigne d'une nette esthétisation de la nature par le biais des notations de couleurs et le recours à un lexique pictural (le mélange de blanc fort vif, le fond bleu, le clair-obscur). Ainsi, sans faire intervenir aucun débat ni discours sur les couleurs, la démarche fontenellienne et le modèle de dialogue scientifique qu'elle fonde mobilisent un imaginaire de la couleur : l'émerveillement colorise la nature et réciproquement, les couleurs suscitent l'émerveillement ; les couleurs, y compris dans le discours scientifique, sont l'occasion d'une fascination qui les assimile à des merveilles. L'un des plus sûrs signes en est d'ailleurs l'attention portée au lexique des couleurs et le plaisir sensible que les auteurs, vulgarisateurs et traducteurs prennent *à nommer* les couleurs.

Dès les années 1660, le physicien et chimiste irlandais Robert Boyle, dans la filiation duquel s'inscrit Newton, propose non pas à proprement parler un traité sur les couleurs mais une sorte d'essai destiné à un ami, Pyrophilus, en forme de compte rendu d'expériences[8] (*Experiments and Considerations touching Colours*, 1664) qui laisse toute sa place à cet émerveillement. La dixième expérience, ainsi, qui consiste à observer dans différentes conditions de lumière une infusion d'un certain bois au travers d'un flacon de verre, est qualifiée de « délicieuse » (« *delightful* ») et les phénomènes observés « d'agréables » (« *pleasing Phaenomena* »). Le détail des nuances témoigne autant d'un intérêt scientifique que d'un goût personnel : l'eau teintée peut être « presque dorée » (« *almost golden colour* ») avec à sa surface un cercle couleur de ciel (« *sky-colour'd circle* ») ou bien « sombre et rougeâtre » (« *dark and reddish* ») ou encore d'une couleur d'un beau bleu céruléen profond (« *deep and lovely Caeruleus colour* »)[9].

Il faut donc bien garder à l'esprit, pour aborder le renouvellement des savoirs sur les couleurs au XVIIIe siècle, cet entrelacement au sein même des discours scientifiques (et dans cette perspective, la distinction entre discours vulgarisateurs et savants est peu opérante) d'une approche physique ou philosophique et esthétique.

Le cadre nouveau est celui d'un engouement généralisé pour les sciences avec la multiplication des cabinets de physique et d'histoire naturelle mais aussi des cours publics et autres « démonstrations » de botanique, de chimie ou encore d'anatomie[10]. Le discours et les expériences menées sur les couleurs n'y échappent pas, et c'est alors la figure de Newton et son geste présenté comme inaugural et souvent réduit à « l'expérience du prisme » qui constituent une ligne de partage. Au milieu du siècle, quels que soient les débats savants toujours en cours, d'Alembert, rédigeant l'article COULEUR (Physique) de l'*Encyclopédie* en 1754, tranche : « Mais c'est surtout à M. Newton que nous devons la vraie théorie des couleurs, celle qui est fondée sur des expériences sûres, et qui donne l'explication de tous les phénomènes[11]. »

Cette construction idéologique n'est pas, bien entendu, infondée. Même si, au milieu du XVIIe siècle, avec Descartes notamment, on l'a dit, une rupture fondamentale s'est opérée, faisant des couleurs des phénomènes qui dépendent de la perception et non des qualités des objets eux-mêmes ; l'introduction des théories mécanistes au XVIIe siècle, du même Descartes, mais aussi de Francesco Maria Grimaldi (1618-1663), Robert Hooke (1635-1703) et Robert Boyle (1627-1691), n'a pas modifié en profondeur les explications sur l'origine et la nature des couleurs : bien que radicalement différentes, elles reposaient toujours sur l'idée d'une couleur issue d'une modification de la lumière[12]. Pour Descartes, il faut de l'ombre, une limitation à la lumière pour que paraissent les couleurs : les boules de matière éthérée qui forment la lumière sont freinées par l'obscurité et tournoient avec plus ou moins de force à la rencontre de la surface de séparation entre les deux, provoquant ainsi les différentes sensations de couleur (voir p. 191, **fig. 55**). Descartes en dénombre ainsi six, rouge, orangé, jaune, vert, bleu et violet[13].

Pour Descartes, il existe ainsi deux niveaux d'explication de la couleur, qui correspondent à une distinction entre la sensation chromatique et l'objet vu : pour la sensation chromatique, tout se passe dans l'œil. L'explication physique des couleurs (les parties de matière subtile qui sont poussées par la lumière et tournoient à la rencontre des corps) se double d'une explication anatomique : la sensation chromatique réside tout entière dans l'anatomie de l'œil conçu comme une chambre noire où les rayons pénètrent et sont réfractés, formant ainsi une « peinture », selon le terme employé par l'auteur, sur le fond de l'œil[14] – ceci, dans le cadre néanmoins d'une théorie de la sensation où les informations véhiculées par les organes sensitifs sont transmises par les nerfs dans le cerveau qui est le siège de l'âme : car « c'est l'âme qui sent et non le corps[15] ».

D'autres apports sont également à prendre en compte à la fin du XVII^e^ siècle : d'abord, la théorie de la diffraction de la lumière énoncée par Grimaldi (*Physico-mathesis de lumine, coloribus, et iride*, posth. 1665). Jusqu'à présent la propagation de la lumière était pensée en termes de réflexion ou de réfraction (déviation à la rencontre d'une surface de séparation entre deux milieux), Grimaldi met en évidence le phénomène de la diffraction (déviation avec des interférences, liée à la propriété ondulatoire de la lumière et inexplicable par la théorie de la réfraction). La théorie est prolongée par Christiaan Huygens dans son *Traité de la lumière* (1678, publ. 1690) qui défend (contre Newton alors) la nature ondulatoire de la lumière (et non corpusculaire, théorie qui assimile la lumière à de petites particules, des corpuscules), explication ondulatoire elle-même reprise et prolongée au milieu du XVIII^e^ siècle par Leonhard Euler (1707-1783) mais inconnue hors de l'aire germanique pendant tout le siècle[16]. Au contraire, les « découvertes » de Newton sont largement relayées et donnent même lieu à une conception générale de l'univers et un socle de doctrines appelés « newtonisme » (ou *newtonianisme* à l'époque) qui constituent l'ensemble consensuel de la « nouvelle philosophie différente des philosophies cartésienne et péripatéticienne, et des anciennes philosophies corpusculaires[17] ».

Les « expériences » de Newton et leur compte rendu dans la célèbre lettre à Henry Oldenburg, secrétaire de la Royal Society, publiée dans les *Philosophical Transactions*[18] le 19 février 1672, sont bien connues et documentées par de nombreux historiens des sciences[19] : l'expérience cruciale du prisme (*experimentum crucis*), montrée comme fondatrice, est en fait construite et non déduite, à partir d'une théorie émise dès 1666. Ce n'est pas l'usage du prisme qui est nouveau mais le dispositif de l'expérience qu'il mène avec celui-ci, comme se placer dans le noir pour observer la transmission de la lumière des rayons du soleil.

Newton s'inscrit, comme on l'a dit, dans la filiation de la théorie corpusculaire de Boyle et reprend l'un des problèmes soulevés par les expériences menées par ce dernier en 1664[20] sur une feuille d'or très fine, transparente, qui apparaît jaune par réfraction de la lumière et bleu verdâtre par transmission, par exemple si on tient la feuille d'or entre l'œil et une chandelle. Newton, à la différence de Boyle, n'en déduit néanmoins pas qu'il s'agit d'une modification du rayon lumineux par un mélange d'ombre mais émet la thèse d'une nature différente des rayons. À partir de la série d'expériences menées avec le prisme, Newton constate que la lumière réfractée sur le mur peint produit ce qu'il nomme un « spectre » coloré (*spectrum*). Il émet la thèse que la lumière blanche est hétérogène (le blanc peut s'obtenir par superposition de couleurs) et qu'il existe sept couleurs « primaires » ou simples (« *original* », « *primary* », « *simple* »), homogènes, qui sont celles qu'on voit dans le spectre (ou l'arc-en-ciel) et une infinie variété de teintes intermédiaires. Les sept couleurs (ou plutôt souvent cinq et deux) sont : le rouge, le jaune, le vert, le bleu et le violet (« *a violet-purple* ») auxquelles sont adjointes l'orangé (*orange*) et l'indigo[21]. Sur la raison du chiffre sept, Bernard Maitte a montré qu'elle est à chercher dans une analogie avec les sept notes de la gamme musicale et de façon générale dans une conformité avec les traditions aussi bien pythagoricienne, néoplatonicienne que judéo-chrétienne où « sept représente la cohérence de la création[22] ».

Enfin, l'explication des différentes couleurs réside dans le principe de la réfrangibilité (propriété de la lumière, capacité d'un rayon de se réfracter, c'est-à-dire de se dévier *en traversant* la ligne de séparation entre deux milieux) ; les rayons ne se réfractent pas tous de façon égale : « Les rayons qui diffèrent en couleur, diffèrent aussi en réfrangibilité » (théorème premier de l'*Optique*[23]), la lumière est donc composée de rayons différemment réfrangibles. Les rayons qui diffèrent le plus en réfrangibilité sont aussi ceux qui diffèrent le plus en couleur : ceux qui sont le plus réfractés donnent le violet, ceux qui le sont le moins, le rouge. À partir de là, il est possible de mathématiser les couleurs en calculant leur ordre et positions à l'aide de formules.

Comme l'a souligné Michel Blay, les critiques apportées à l'explication newtonienne des couleurs au XVIIIe siècle, reposent pour une large part sur des questions épistémologiques. C'est la méthode et les conditions de l'expérience cruciale qui sont le plus souvent contestées : le statut privilégié du prisme, le fait d'observer la lumière dans le noir et tout le protocole expérimental, fortement orienté. Louis Bertrand Castel, père jésuite, mathématicien, ami de Montesquieu et figure centrale de la circulation des savoirs et pratiques des couleurs au XVIIIe siècle, sur lequel nous reviendrons longuement, tant pour son *Optique des couleurs* (1740) que pour son clavecin oculaire, récuse ainsi, dans son *Vrai Système de physique générale de M. Isaac Newton* (1743), l'usage exclusif du prisme :

> Pour le Prisme, il [Newton] n'a jamais douté que ce ne fut l'Oracle né des couleurs. Il ne l'a pas même mis en Preuve ni en Assertion, tant il a supposé que c'était le droit de la chose, et qu'il n'y avait pas le plus petit doute à former là-dessus.
>
> Qu'il me soit permis cependant de demander, de quel droit s'autorise ce Prisme pour captiver notre créance, et gourmander ainsi notre raison[24] ?

À l'extrême fin du siècle, ce sont toujours des fautes de méthode et de rigueur scientifiques que Goethe oppose à Newton[25] : « Au siècle dernier, on ne pouvait penser à entreprendre un tel ouvrage parce que Newton avait pris pour base de son hypothèse une expérience compliquée et déduite, à laquelle on rapportait artificiellement tous les autres phénomènes lorsqu'on ne pouvait pas les passer sous silence et les supprimer [...][26]. » L'hypothèse scientifique newtonienne est ainsi en quelque sorte réduite à un *point de vue* et l'expérience cruciale à une expérience secondaire. De fait, la conception goethéenne des couleurs n'a rien à voir avec la newtonienne – d'ailleurs, la filiation qu'il revendique est celle de Boyle –, tous deux n'étudient pas le même objet : Newton cherche (et trouve) une explication physique de l'origine des couleurs, Goethe une loi (ou des lois) de fonctionnement du phénomène coloré. D'un côté, une physique et une mathématique, de l'autre une phénoménologie. « L'analyse phénoménologique (telle que Goethe, par exemple, la voulait) est une analyse de concepts et ne peut ni confirmer ni contredire la physique », écrit Wittgenstein[27]. Ce sont les couleurs en tant qu'elles apparaissent à notre sens de la vue qui intéresse Goethe. Newton n'étudie donc, selon lui, qu'une partie du phénomène qu'il prend pour une totalité. Dans la conception goethéenne, le phénomène observé dépend de conditions variables ; qu'on modifie ces conditions et le phénomène change. La méthode scientifique consiste donc à démêler les phénomènes primordiaux (ceux que la modification des conditions affecte moins que le lien de parenté qui reste entre eux) des phénomènes secondaires, à les rassembler et à en établir des lois générales de fonctionnement :

> Ainsi, nous estimons que la science a commis une grande erreur en considérant comme primordial un phénomène dérivé et en lui subordonnant le phénomène premier ; elle a même inversé le sens du second, et présente sa nature composite comme simple, et le simple comme composite ; interversion qui a causé dans les théories scientifiques les complications et les confusions les plus singulières, dont elles souffrent encore[28].

Pour établir ces phénomènes primordiaux (ou simples), Goethe estime alors qu'il faut partir de l'expérience commune spontanée qui consiste à percevoir les couleurs à travers ce qu'il appelle un « milieu trouble » (le trouble le plus pur étant le transparent), qui peut être à l'état gazeux (l'air), liquide ou solide. La lumière (du soleil ou du phosphore qui brûle dans une atmosphère d'oxygène) apparaît ainsi, dans un milieu transparent, incolore. La couleur n'est pas une lumière partielle, celle-ci n'est que la condition nécessaire à son apparition. Plus le degré de trouble augmente (jusqu'à l'opacité), plus la lumière se modifie, passant du jaune, à l'orangé et au « rouge rubis ». Si l'expérience consiste au contraire à regarder non la lumière mais l'obscurité (éclairée par une source lumineuse néanmoins) toujours au travers de milieux plus ou moins troubles, on passe alors d'un violet (avec un milieu presque transparent) à un bleu sombre (avec un degré faible de trouble) et à un bleu pâle (avec un degré plus grand)[29]. D'où un système des couleurs qui repose sur une polarité sombre/clair, bleu et jaune (voir p. 196-197). Au prisme, Goethe substitue d'ailleurs des instruments plus conformes à sa perspective comme le verre opalin.

En outre, cette intensification et ce renouvellement des débats sur les couleurs pendant un long XVIII^e^ siècle pénètrent largement les milieux mondains par l'action des grandes Académies comme la *Royal Society* fondée à Londres en 1660 (qui compte parmi ses membres fondateurs Robert Boyle et Robert Hooke) ou l'Académie royale des sciences à Paris (1666), mais aussi par celle des académies de province qui se multiplient, et grâce aux réseaux de correspondants scientifiques qui assurent un maillage intellectuel de toute l'Europe, de Stockholm ou Leyde à Saint-Pétersbourg,

Naples, Madrid ou Lisbonne[30]. D'une façon générale et dans un cadre plus souple, même s'il reste régi par un jeu social codifié, l'âge des Lumières multiplie les faits de sociabilité, au travers de correspondances, de voyages et surtout de conversations, dans les salons ou les cafés[31].

La « philosophie » de Newton et, pour ce qui nous concerne, son *Optique* (*Opticks*, 1704), est traduite en français par Pierre Coste en 1720 puis diffusée et vulgarisée en France par Voltaire après son séjour en Angleterre, à deux reprises, dans ses *Lettres philosophiques* (1734, lettres 14 à 17) puis dans les *Éléments de la philosophie de Newton* (1738). L'écrivain italien Francesco Algarotti, quant à lui, publie en 1737 *Il Newtonianismo per le dame* aussitôt traduit en français (*Le Newtonianisme pour les dames*). La rencontre entre Voltaire et Émilie du Châtelet en 1733 est également décisive : la marquise accueille l'écrivain-philosophe dans son château de Cirey après la publication polémique des *Lettres* de 1734 et ils y aménagent un cabinet de physique. Émilie du Châtelet acquiert une solide formation en physique auprès de Maupertuis, qui a introduit Newton en France, et Clairaut ; elle écrit une dissertation *Sur la nature du feu* inspirée de Newton pour le concours de l'Académie des sciences (que remporte finalement le physicien suisse Leonhard Euler) et publie en 1740 des *Institutions de physique*, bientôt traduites en allemand et en italien avant de donner une traduction des *Principes mathématiques* de Newton (publ. posth., 1759)[32]. La figure de Newton, « découvreur » de la véritable nature des couleurs, grâce au geste, présenté comme expérimental et fondateur, du prisme, est ainsi mythifiée. Le récit de l'expérience cruciale, en tant qu'il inaugure un nouveau regard débarrassé des préjugés scolastiques et même cartésiens, devient l'un des récits fondateurs des Lumières :

> Cet homme est venu. Newton, avec le seul secours du prisme, a démontré aux yeux que la lumière est un amas de rayons colorés qui, tous ensemble, donnent la couleur blanche. Un seul rayon est divisé par lui en sept rayons, qui viennent tous se placer sur un linge ou sur un papier blanc dans leur ordre, l'un au-dessus de l'autre et à d'inégales distances. Le premier est couleur de feu ; le second, citron ; le troisième, jaune ; le quatrième, vert ; le cinquième, bleu ; le sixième, indigo ; le septième, violet[33].

On peut remarquer que les termes de couleur utilisés par Voltaire dans cette *Lettre philosophique*, « couleur de feu » pour rouge (*red*), « citron » pour orangé (*orange*), (dans les *Éléments de la philosophie de Newton*, la seconde couleur est corrigée en « orangé » mais la première reste « couleur de feu ») relèvent d'un imaginaire des couleurs autant que d'un discours scientifique. Le « couleur de feu », s'il désigne bien, comme en atteste en 1740 dans son *Optique des couleurs* Louis Bertrand Castel, une nuance de rouge (« rouge couleur de feu[34] ») et plus précisément un rouge vif[35], est d'un emploi récurrent dans la littérature galante : c'est la couleur des rubans portés par une vieille coquette de quatre-vingts ans qui veut faire « la jeune » dans les *Lettres persanes* (1721) de Montesquieu[36]. S'opposent aussi un libertinage couleur de rose (rouge pâle) et de feu (rouge vif), celui des petits maîtres apprentis libertins d'un côté et celui des roués grands libertins de l'autre, comme dans le conte *Le Canapé couleur de feu* de Fougeret de Monbron (1741).

D'ailleurs, la socialisation des sciences va de pair avec l'invention de nouvelles formes de littérature[37]. Le modèle mondain du dialogue scientifique explicitement emprunté à Fontenelle par Algarotti, dans son *Newtonianisme*, même amendé, superpose, dans l'exposé de l'*Optique* de Newton les discours galants, artistiques et scientifiques notamment au travers du motif de la « beauté des couleurs » appliqué à la fois au spectacle de la nature, d'un tableau, ou au teint des dames : « Pensez-vous [...] que les poètes auraient comparé les Dames les plus aimables avec Iris, la nymphe de l'arc-en-ciel, si cette ressemblance intime des couleurs n'avait pas autorisé la comparaison ?[38] » L'horizon d'attente construit par la destinataire-marquise chez Algarotti sert explicitement le rapprochement des univers mondain et scientifique : « elle sait parler bijoux, rubans, coiffures, lorsqu'il est besoin, et proposer des questions sublimes quand l'occasion le permet[39] ». Il faut prendre au sérieux et non comme un simple ornement enjoué la comparaison et la proximité des deux *mondes* : l'explication physique des couleurs la plus ardue avec les concepts de réfraction, de réfrangibilité et le néologisme « la lumière septupliée[40] », rencontre un *habitus* mondain marqué justement au début du XVIIIe siècle par une inflation des couleurs. Les champs d'application auxquels songent immédiatement les personnages du dialogue, le philosophe et la marquise, sont ainsi la peinture (« voudriez-vous me persuader que dans l'ombre de la nuit les couleurs de ce tableau cessent d'être[41] ? ») et la cosmétique : pour expliquer la différence entre couleurs véritables et apparentes, le protagoniste recourt à la condamnation récurrente dans toute la littérature de l'époque[42] des couleurs factices produites par le fard rouge qui donne des teints « de roses et de lys » (rouges et blancs) par opposition aux couleurs d'un maquillage discret censé imiter le « naturel »[43]. S'agissant des couleurs, l'apprentissage de la jeune femme qui mise d'abord sur l'expérience et l'observation dans une nouvelle approche justement expérimentale et sensible de la science[44], ne peut faire l'impasse des couleurs à la mode ou de la mode, qu'elle soit artistique ou vestimentaire.

## Discours, savoirs et pratiques des coloristes : coloris et coloriage

« La couleur est ce qui rend les objets sensibles à la vue », écrit le théoricien de l'art Roger de Piles dans son *Dialogue sur le coloris* (1673). Si la formule semble faire écho au propos préliminaire d'Aristote (le visible est couleur), il s'agit ici de tout autre chose : il s'agit de défendre une position coloriste des arts et des métiers, ce que rend particulièrement la tournure active de la phrase de De Piles. C'est bien désormais la couleur qui agit : elle rend sensible, elle est, dans le tableau, ce qui appelle le peintre et l'aimante à la toile[45]. Cette théorie de « l'appel » du tableau qui entre en conversation, grâce à ses couleurs, avec le spectateur qu'émet de Piles, chef de file de la querelle française du coloris qui prend place dans les années 1670 et aboutit après 1700 à une « victoire » des coloristes, devient alors un argument décisif dans cette nouvelle conception de la peinture qu'on retrouve un siècle plus tard dans les *Essais sur la peinture* (1765) de Diderot : « Rien dans un tableau n'appelle comme la couleur vraie. Elle parle à l'ignorant comme au savant. Un demi-connaisseur passera, sans s'arrêter, devant un chef-d'œuvre de dessin, d'expression, de composition ; l'œil n'a jamais négligé le coloriste[46]. » Entre-temps, le public s'est élargi aux amateurs et aux « demi-connaisseurs[47] » et l'expérience sensorielle est devenue centrale dans l'appréciation de l'œuvre d'art.

Ainsi, dans le domaine des praticiens teinturiers au cœur de la nouvelle politique culturelle colbertiste avec, notamment, la refondation de la manufacture des Gobelins (1667), comme dans celui du discours sur la peinture, le dernier tiers du XVII^e^ siècle est marqué par une valorisation de la couleur qui va se traduire à la fois par des débats et controverses, au sein de l'Académie royale de peinture et de sculpture à travers cette querelle du coloris, et par des recherches et innovations dans les différents domaines que couvrent les praticiens de la couleur que sont les teinturiers, les chimistes, les marchands de couleur et les peintres eux-mêmes – le discours sur la peinture, qui n'est pas le fait seulement des artistes, étant pour une large part distinct des interrogations mises en œuvre par les peintres eux-mêmes dans leur pratique[48]. Cet engouement, ces innovations et ces questionnements s'intensifient au cours du XVIII^e^ siècle et une fois encore Goethe, qui tente d'établir une théorie générale des couleurs fondée sur le phénomène primordial et l'expérience sensorielle et qui, pour ce faire, traite dans une partie entière des « couleurs chimiques » des teinturiers et des peintres et correspond avec le peintre Philipp Otto Runge (voir p. 197-198), permet, à l'orée du XIX^e^ siècle, de se faire une idée de l'acuité et de la complexité des interrogations dont nous ne pouvons, ici, qu'esquisser quelques traits.

Au sein de l'Académie, les premiers débats inaugurant cette querelle française du coloris[49] commencent avec les conférences de 1671 de Philippe de Champaigne sur Titien et de Gabriel Blanchard sur le « mérite de la couleur ». Champaigne examinant *La Vierge à l'enfant* de Titien, « rare et savant coloriste », réitère néanmoins la condamnation morale qui touche la couleur, assimilée à un « bel éclat extérieur » : se laisser éblouir par celui-ci, c'est privilégier le corps à « l'âme et l'esprit qui l'animent ». Quelques mois plus tard, Blanchard, en réaction, développe une argumentation en faveur du coloris (« Le mérite de la couleur ») : dans une perspective qui reste néanmoins celle d'un art d'imitation de la nature, la couleur est, seule, ce qui fait la spécificité de l'art de peindre par rapport à tous les autres arts car elle seule représente la vérité, tandis que le dessin seulement une « possibilité vraisemblable ». Dès lors le « savant peintre », jusqu'à présent défini par la maîtrise du dessin devient le coloriste « de sorte que l'on peut raisonnablement dire que celui-là est un plus savant peintre lequel possède mieux cette partie de la peinture que nous appelons couleur[50] ».

Roger de Piles qui n'est pas alors académicien ni vraiment peintre même s'il a reçu un enseignement de peinture, présente, en 1673, une traduction et un commentaire du *De Arte Graphica* de Charles-Alphonse Dufresnoy augmentés d'un *Dialogue sur le Coloris* qui reprend la distinction entre couleur (naturelle) et coloris (artificiel) avancée par Dolce (voir p. 29) et entreprend – ce que ne faisait pas Dolce – une défense de la primauté du coloris sur le dessin dans l'art de peindre, renversant ainsi la hiérarchie instaurée par les Italiens qui reste consensuelle dans le discours académique pendant toute la fin du XVII^e^ siècle malgré la défense de Blanchard. Le renversement est délicat puisque, on l'a vu, la soumission de la couleur au dessin (dans les deux sens du *designo*, dessin et dessein) avait trait à la finalité de la peinture et servait de légitimation au peintre en tant qu'artiste intellectuel. Là où Dolce concevait le coloris *au service* du projet général du tableau, de Piles en fait le fondement même de la peinture. Dans le *Dialogue sur le coloris*, le développement sur la distinction entre couleur et coloris remplace l'autre distinguo établi par la philosophie scolastique, entre couleurs véritables des corps et apparentes de la réfraction de la lumière (voir p. 19). Les deux « couleurs » auxquelles les peintres ont affaire, la naturelle et l'artificielle, sont toutes deux conçues comme véritables et de Piles vise alors à établir un langage propre à la peinture en lieu et place d'un discours scientifique sur la couleur jugé vain, donnant ainsi les bases d'une chromatique qu'on retrouve dans son œuvre-synthèse de 1708, le *Cours de peinture par principes*. Après y avoir distingué coloris et couleur, couleur artificielle et naturelle, il y établit des sous-catégories entre « couleur simple » (la teinte, à la fois couleur abstraite et pigmentaire, « celle qui toute seule ne représente aucun objet », comme le blanc, le noir, le jaune) et « couleur locale » (celle qui est propre à la représentation d'un objet singulier, « comme une carnation, un linge, une étoffe[51] », conformément à sa couleur naturelle, c'est-à-dire sans intervention de la lumière). Le « coloris », en tant que partie de la peinture est lui-même décliné en trois sous catégories, le « clair-obscur », l'« harmonie des couleurs » et les « couleurs locales[52] ». Quant aux couleurs « simples », elles sont réparties entre « couleurs aériennes », légères, douces et lumineuses et « terrestres », pesantes[53]. La valorisation de la couleur passe, on le voit, par l'activité de nommer et classer[54]. En 1679, dans une Conférence de l'Académie, Henri Testelin proposait également une *Table sur la couleur* mais qui reposait sur un tout autre type de classification, non hiérarchisée et uniquement faite d'oppositions de qualités (couleurs fortes/douces, « riches »[55]).

Pour notre propos, nous retiendrons du déroulé de la querelle (française) du coloris, opposant les défenseurs de Rubens (les rubénistes), représentant un idéal de peintre coloriste, avec donc pour chef de file de Piles, et ceux de Poussin (les poussinistes), présenté comme le parfait dessinateur avec à leur tête, Charles Le Brun, directeur de l'Académie et premier peintre du roi, le renversement de modèle auquel elle donne lieu au début de XVIIIe siècle. De fait, en 1699, après presque vingt ans d'absence et une vie diplomatique mouvementée, de Piles qui apparaissait comme minoritaire et marginal dans le discours institutionnel, revient à Paris et sur le devant de la scène : les idées qu'il avait défendues sont désormais celles de l'Académie, les Le Brun, Mignard, Champaigne, Félibien, Chantelou sont morts. C'est Charles de La Fosse, grand peintre coloriste, qui dirige l'Académie et de Piles y devient conseiller. En 1699, celui-ci publie alors un *Abrégé de la vie des peintres* précédé de l'*Idée du peintre parfait* et, en 1708, une série de conférences prononcées à l'Académie à partir de 1700, réunies sous le titre *Cours de peinture par principes*. Il y joint une table établissant un palmarès des peintres les plus célèbres en retenant quatre critères, la composition, le dessin, le coloris et l'expression : Rubens obtient ainsi 13 en dessin et 17 en coloris, Poussin, 17 en dessin mais seulement 6 en coloris **(fig. 8)**. À partir de là, quels que fussent les débats internes beaucoup plus complexes et les « apories du discours théorique » selon les termes de Christian Michel[56], les Lumières devinrent coloristes[57] : « C'est le dessin qui donne la forme aux êtres ; c'est la couleur qui leur donne la vie. Voilà le souffle divin qui les anime », s'exclame Diderot en 1765 dans ses « Petites idées sur la couleur[58] » incluses dans ses *Essais sur la peinture*. Ce qui induit d'ailleurs un déplacement, lié également à une conception sensualiste de la connaissance et à une valorisation de la sensibilité : le domaine de l'expression des passions, grand credo d'un Le Brun, qui était surtout dévolu au dessin[59], devient le privilège de la couleur. La colère chez Le Brun se marque, certes, par des yeux rouges et enflammés, mais surtout par « un front très ridé ; des plis entre les yeux ; les narines ouvertes et élargies ; les lèvres se pressant l'une contre l'autre, l'inférieure surmontant la supérieure[60] ». Diderot, qui a lu attentivement Le Brun et lui reprend les yeux « ardents », substitue aux divers mouvements formels du visage des notations colorées : « la pâleur se répand sur le front et sur les joues, les lèvres deviennent tremblantes et blanchâtres ». Car chaque passion a sa couleur et celle-ci « a ses nuances dans la colère[61] ».

La ligne de partage ne se fait plus alors entre dessin et couleur mais à l'intérieur même des conceptions coloristes. Les questionnements portent sur des points comme l'harmonie ou la distribution des couleurs dans l'art du clair-obscur. L'art du coloris n'est plus, justement, assimilé au seul clair-obscur et celui-ci n'a plus pour seule fonction de produire un effet de relief : l'œil et le point de vue, là encore sous l'influence des théories sensualistes à la suite de John Locke, conduisant avec Jean-Baptiste Du Bos (*Réflexions critiques sur la poésie et sur la peinture*, 1719) à une approche esthétique de l'art[62], sont pris en compte. Les notions de « repos » (de l'œil), de « réveillon » ou encore de « papillotage » (notion introduite par de Piles dans sa traduction de Dufresnoy stigmatisant l'éparpillement du regard du spectateur opposée à la notion de « tout ensemble » où le regard est dirigé) sont au cœur des

| *NOMS des Peintres les plus connus.* | *Compoſition.* | *Deſſein.* | *Coloris.* | *Expreſſion.* |
|---|---|---|---|---|
| Pouſſin. | 15 | 17 | 6 | 15 |
| Primatice. | 15 | 14 | 7 | 10 |
| R | | | | |
| Raphaël Santio. | 17 | 18 | 12 | 18 |
| Rembrant. | 15 | 6 | 17 | 12 |
| Rubens. | 18 | 13 | 17 | 17 |
| S | | | | |
| Fr. Salviati. | 13 | 15 | 8 | 8 |
| Le Sueur. | 15 | 15 | 4 | 15 |
| T. | | | | |
| Teniers. | 15 | 12 | 13 | 6 |
| Pietre Teſte. | 11 | 15 | 0 | 6 |
| Tintoret. | 15 | 14 | 16 | 4 |
| Titien. | 12 | 15 | 18 | 6 |
| V | | | | |
| Vanius. | 13 | 15 | 12 | 13 |
| Vendeïk. | 15 | 10 | 17 | 13 |

Fig. 8 : Roger de Piles, table des peintres les plus connus (*Cours de Peinture par principes*, 1708).

débats. Le *Dictionnaire portatif de peinture, sculpture et gravure* d'Antoine-Joseph Pernety (1757) définit ainsi les trois notions :

> Papillotage. [...] Se dit aussi de toute lumière trop dispersée et trop éparse des masses.
>
> Repos. En termes de Peinture ; ce sont de grandes ombres après de grands clairs. On les appelle ainsi, parce que la vue serait fatiguée, si elle était attirée par une continuité d'objets pétillants. Les clairs peuvent servir de repos aux bruns et réciproquement.
>
> Réveillon. Terme de peinture, qui veut dire une partie piquée d'une lumière vive, pour ranimer le spectateur, et faire valoir les tons sourds, les masses d'ombre, les passages et les demi-teintes[63].

On le voit, est désormais prise en compte une approche physiologique de l'œil, intégrant jusqu'à l'idée d'une souffrance sensorielle.

Ces notions, auxquelles on peut ajouter celle de « brillant », circonscrivent en fait deux esthétiques picturales, toutes deux coloristes. Tandis que l'art des repos et des réveillons participent de la maîtrise du clair-obscur, le papillotage repose sur un tout autre usage des couleurs, qui privilégie la multiplication des lumières et caractérise ce que l'époque nomme un style « brillant » : « Ce brillant répréhensible est celui qui ne consiste que dans le trop de couleurs éclatantes, des blancs et des lumières trop multipliées et non du vrai brillant, qui résulte donc de l'accord, et d'un clair-obscur bien entendu et bien ménagé. » Il devient l'un des éléments de la construction critique de ce qui prendra à partir du XIX^e siècle le nom de « rococo »[64]. Pernety, de fait, vise alors « l'École française », c'est-à-dire les peintres rococo et au premier chef, François Boucher dont le diptyque *Le Lever* et *Le Coucher du Soleil*, présentés au Salon de 1753, a justement attiré ce genre de critiques[65] **(fig. 9)**.

Au milieu du siècle, les questions sur le coloris se trouvent en effet réactivées par la critique que fait La Font de Saint-Yenne d'un ensemble de peintres coloristes (ceux de la « génération 1700 » selon l'expression de l'historien de l'art Pierre Rosenberg) exposant au Salon de l'Académie royale de peinture et de sculpture de 1746. La critique porte sur les tons clairs et *fades* de peintres que nous nommons désormais rocaille ou rococo, Charles-Joseph Natoire et François Boucher : « C'est aujourd'hui la teinte générale de presque toutes nos productions dans les Lettres comme dans la Peinture, tout y est de la couleur des roses et en conserve la durée[66]. » Les réflexions mettent alors en parallèle les innovations en matière de décoration intérieure et la peinture, dans un discours marqué par l'idée de décadence : les grands miroirs (les « Glaces »), si rares encore sous Louis XIV, ont envahi les intérieurs et remplacé les toiles des peintres ; les stucs, les dorures, les vernis sont partout ; le public s'est accoutumé à « la blancheur matérielle du Plâtre découpé en filigrane dans la naissance des voussures, dans les angles, et dans les points du milieu des ornements de la même matière, souvent dorés[67] ». Même stigmatisation des couleurs des peintres rococo chez Diderot : à propos d'une Nativité de Boucher, « j'avoue que le coloris est faux ; qu'elle a trop d'éclat ; que l'enfant est de couleur de rose[68] ».

Le XVIII^e siècle s'identifie ainsi explicitement à un univers coloré et coloriste : clair, lumineux, saturé. Les discours s'intéressent désormais aux nuances, aux demi-teintes

Fig. 9 : François Boucher, *Le Lever* et *Le Coucher du Soleil*, 1753 (pendants, 318 x 261 cm, huile sur toile, Londres, The Wallace collection).

ou couleurs « rompues », à la « fonte » des couleurs, aux camaïeux[69] et à l'expression des degrés. Antoine Coypel en 1719 parle des « nuances douces de couleur que l'on appelle rompues ». Diderot fustige « la couleur dure et non rompue[70] ». Le superlatif « trop » devient courant : La Font de Saint-Yenne stigmatise le peintre Henri Antoine de Favanne et ses « ciels éclatants, souvent un peu trop bleus » ; Diderot, Carle van Loo et sa « pelouse trop verte »[71]. Il ne s'agit plus de défendre le coloris contre le dessin mais de distinguer entre des pratiques coloristes au centre des débats de la critique salonnière comme de l'Académie et aussi de mettre l'accent sur la pratique : la primauté de la couleur étant entendue, s'ouvrent désormais une infinité de questions internes à la valorisation et à la maîtrise de la couleur que le peintre Jean-Baptiste Oudry exprime parfaitement dans une conférence « sur la manière d'étudier la couleur » (1749).

> Le coloris est une des parties des plus considérables de la peinture : c'est celle qui la caractérise, qui la distingue de la sculpture, qui en fait le charme et le brillant. Vous êtes assez avancés pour savoir tout cela. Vous savez encore que dans le coloris, on regarde deux choses : la couleur locale et le clair-obscur ; que la couleur locale n'est autre chose que celle qui est naturelle à chaque objet, et que le clair-obscur est l'art de distribuer les clairs et les ombres avec cette intelligence qui fait qu'un tableau produit de l'effet. Mais ce n'est pas assez d'en avoir cette idée générale. Le grand point est de savoir comment s'y prendre pour bien appliquer cette intelligence qui la met en valeur par comparaison d'une partie à une autre. C'est là, à mon sens, l'infini de notre art [...][72]

L'une de ces questions primordiales est alors celle de la possibilité d'établir ou non des lois chromatiques. Oudry postule ainsi une loi des contrastes (bien avant la loi du contraste simultané de Chevreul), ce qu'il appelle une « doctrine des oppositions » et qu'il met en lumière en s'intéressant à la variété tonale du blanc :

> Je suppose que vous vouliez peindre seul, sur une toile, un vase d'argent : l'idée générale que l'on se fait de la couleur de l'argent est qu'elle est blanche ; mais pour rendre ce métal dans son vrai, il faut déterminer ce blanc juste qui lui est propre en particulier. Et comment déterminer cela ? Le voici. C'est en mettant auprès de votre vase d'argent plusieurs objets d'autres blancs, comme linge, papier, satin, porcelaine. Ces différents blancs vous feront évaluer le ton précis du blanc qu'il vous faut pour bien rendre votre vase d'argent, parce que vous connaîtrez par la comparaison que les teintes de l'un de ces objets blancs ne seront jamais celles des autres et vous éviterez les fausses teintes que sans elles vous courrez risque d'employer toujours[73].

Cette théorie des blancs est d'ailleurs illustrée dans le tableau réflexif qu'il exposa au Salon de 1753, *Le Canard blanc* **(fig. 10)**[74].

En marge ou en accompagnement de ces théorisations, il convient de mentionner les publications notamment en France et en Angleterre, à partir de la fin du XVII<sup>e</sup> siècle, de traités pratiques qui souvent donnent une large place aux préparations et usages des différentes matières colorantes ainsi que des remarques sur les couleurs obtenues suivant les types de peinture, huile, mosaïque, fresque, détrempe, pastel, sur verre, sur émail, etc.[75] Roger de Piles lui-même publie en 1684 ce type d'ouvrage (*Les Premiers Éléments de la peinture pratique*[76]).

Fig. 10 : Jean-Baptiste Oudry, *Le Canard Blanc,* Salon de 1753 (huile sur toile, 95,2 x 63,5 cm, coll. part.).

Fig. 11 : Robert Sayer, « Tulipes », v. 1770 (grav. coloriée à la main, Cleveland, The Cleveland Museum of Art).

Nous intéressent alors tout particulièrement, parmi ceux-ci, pour la place qu'ils accordent à la couleur, les traités exclusivement consacrés à la peinture en miniature qui se multiplient alors en France et en Angleterre. En effet, le monde de la peinture en miniature, qui, comme on l'a dit dans le chapitre précédent, profite du développement des pratiques d'amateurs, repose presque exclusivement sur la maîtrise des couleurs : puisqu'elle consiste à délayer « les couleurs à l'eau gommée », et à les appliquer « avec la seule pointe du pinceau, ce qu'on appelle pointiller[77] », elle peut même, dans la pratique amateur, se dispenser de la maîtrise du dessin et n'être plus qu'un *coloriage* **(fig. 11)**. L'ouvrage du miniaturiste Claude Boutet, déjà mentionné (p. 32), réédité une dizaine de fois sur un long XVIIIe siècle (1672-1817) et traduit en anglais en 1739, s'adresse explicitement aux amateurs, et même plutôt aux amatrices qui « par goût ou amusement » veulent « s'occuper plusieurs heures par jour » à ce qui est donc présenté comme un loisir[78]. De fait, la pratique de la miniature, dans la première moitié du XVIIIe siècle, se diffuse dans les milieux mondains et fait désormais partie de l'éducation artistique féminine, au même titre que la musique, les travaux d'aiguille, le chant ou la danse[79]. Boutet enseigne ainsi, à destination de ce public, plusieurs techniques de calque ou de piquage des traits en vue de se passer du dessin qui nécessiterait un long et savant apprentissage. La miniature, par sa pratique du lavis (processus d'étalement de l'aquarelle), a aussi des contraintes techniques, notamment pour obtenir un effet de transparence, qui réduisent la liste des pigments à employer et proscrivent ceux qui sont trop opaques : « Les couleurs qui ont le moins de corps, sont les meilleures, comme le carmin, l'outremer, les laques[80]. »

Chaque traité fournit ainsi une liste restrictive de couleurs. La palette chez Boutet à la fin du XVIIe siècle (quand Boutet est encore vivant sans doute), qui reste paradoxalement inchangée au fil des rééditions et ce malgré l'introduction de nouveaux colorants, comprend une liste de vingt-quatre couleurs (carmin, outremer, laque du Levant, laque colombine, vermillon, stil de grain, jaune de Naples, orpin, bistre, vert de mer, blanc de céruse, etc.). Les traités qui sont d'abord des manuels pratiques fournissent aussi des noms de marchands (parisiens, même dans les éditions ou impressions provinciales) de couleurs avec les différents prix : en 1679, il faut s'approvisionner chez M. Foubert, « rue Grenela, à la Cornemuse » et la plupart des couleurs coûtent 8 sols l'once ; en 1696, chez Picard, « demeurant à la Porte de Paris dessous le Grand Châtelet » et la plupart des prix ne sont plus fixes. Les mentions disparaissent dans les rééditions du XVIII^e siècle.

Les traités ou manuels de miniature deviennent alors le support d'un discours sur la couleur, qui est particulièrement sensible dans l'une des rééditions du traité de Boutet publiée aux Pays-Bas en 1708 et augmentée d'un manuel anonyme de peinture au pastel et de deux illustrations représentant des cercles chromatiques aquarellés inspirés de la roue newtonienne de l'*Opticks* (1704) sur lesquelles nous reviendrons (voir p. 193 et fig. 27). De même, dans une réédition tardive (1817), l'ajout d'un long chapitre sur le mélange des couleurs permet de mesurer l'évolution des débats coloristes sur ce long XVIII^e siècle. L'ajout concerne en effet la conception désormais consensuelle des trois primaires, rouge, jaune et bleu nommées « primitives » et des trois « secondaires », orange, violet et vert. Le chapitre établit aussi la différence entre matières colorantes et couleurs : « attention [...] le ton du vermillon n'est pas rouge primitif mais bien orangé qui est une couleur composée de rouge et de jaune[81] ».

La réédition en 1725[82] d'un autre traité de miniature, rédigé par Catherine Perrot (*Traité de la miniature*, 1693), insère le texte, selon une pratique courante à l'époque, dans un volume disparate, qui comprend la fin des *Entretiens sur les vies et sur les ouvrages des plus excellents peintres anciens et modernes* de Félibien ainsi que *L'Idée du peintre parfait* de Roger de Piles. La publication place ainsi, *de facto*, le manuel pratique de la miniaturiste dans un ensemble théorique qui confirme le statut ambigu de l'écrit d'abord paru sous la forme de *Leçons royales* (1686) sans théorisation puis sous celle, en 1693, fortement remaniée, de *Traité* avec un embryon de théorisation néanmoins très désinvolte, qualifiée par Élisabeth Lavezzi de « théorie par-dessus la jambe[83] ». Le parcours de Catherine Perrot est intéressant (pour l'histoire des femmes peintres mais aussi, ici, pour celle de la miniature) : elle est l'élève du célèbre peintre « fleuriste » Nicolas Robert, déjà mentionné (p. 32), peintre ordinaire du roi pour la miniature à partir de 1666 et qui a travaillé pour les naturalistes du Jardin du roi. Catherine Perrot enseigne alors à des élèves royales, notamment à Marie-Louise d'Orléans, et entre sur le tard, à plus de soixante ans (1682), à l'Académie royale de peinture et de sculpture. Or, justement, dans la lignée de Boutet qu'elle a lu, elle infléchit la miniature du côté du seul divertissement, alors même qu'un vaste mouvement de commandes royales, dans les domaines militaires ou de l'histoire naturelle, développe à la même époque la miniature professionnelle[84]. Ainsi, tandis que celle-ci vise à l'exactitude ou à la codification, la miniature de loisir célèbre au contraire le seul plaisir du coloriage sans souci excessif de réalisme ni de rigueur notamment dans la peinture de fleurs qui est celle que pratiquent principalement Perrot et son maître « fleuriste », et que Boutet dans le chapitre qu'il lui consacrait définissait déjà comme tel :

> Il est agréable de peindre des fleurs, non seulement par l'éclat de leurs différentes couleurs, mais aussi par le peu de temps et de peine qu'on emploie à les faire. Il n'y a que du plaisir et quasi point d'application. Vous estropiez un visage si vous faites un œil plus haut ou plus bas que l'autre, un petit nez avec une grande bouche, et ainsi des autres parties : mais la crainte de ces disproportions ne gêne point l'esprit pour les fleurs ; car à moins qu'elles ne fussent tout à fait remarquables, elles ne gâtent rien[85].

À la fin du XVIII^e siècle, de véritables livres de coloriage voient d'ailleurs le jour : les éditeurs londoniens Robert Sayer, John Bennett et Carington Bowles proposent à la vente, à partir des années 1770, un ouvrage, *The Florist*[86], avec soixante planches de fleurs à colorier et un texte d'accompagnement avec des instructions, renversant ainsi la hiérarchie entre image et texte **(fig. 12)**.

Fig. 12 : Robert Sayer, « Double violet » (*The Florist*, 1770).

La miniature ou art de *nuancer* les couleurs devient ainsi l'art coloriste par excellence, qui surpasserait même la « grande » peinture, à l'huile, suivant par là aussi la progressive légitimation des « petits » genres, paysage et nature morte : « La peinture en miniature peut avec justice, prétendre le même titre d'honneur ; puisque dans son raccourci, elle renferme autant de choses que la peinture en huile, qu'elle surpasse par l'éclat et vivacité de ses couleurs[87]. » Les manuels, et celui de Perrot en particulier, s'attachent alors à préciser les infinies nuances au travers d'un lexique, mêlant termes pigmentaires et de couleur, dont on perçoit l'inventivité. Art de peindre et art de décrire se correspondent dans une semblable jouissance de la manipulation de colorants ou de mots qui *font couleur* : « Sur cette fleur est un papillon, dont le fond est d'argent, les marques noires, et celles qui sont sur les ailes, de couleur feuille morte, et le corps de terre d'ombre » ; « la Chenille s'ébauche de vert jaune, qui se fait avec un peu de cendres bleues, et du stil de grain. Les ombres du corps et des rayons dessus le dos se font avec de l'outremer pur, l'œil se fait d'encre de la Chine, et le point de l'œil avec de l'argent en coquille » ; « La tulipe est panachée, le milieu des panaches est gris-de-lin ; elle s'ébauche d'outremer, de laque, et un peu de blanc mêlés ensemble et se finit avec d'outremer et laque seule mêlés ensemble[88] », etc. À la fin du XVIII<sup>e</sup> siècle, un autre miniaturiste, Pierre-Noël Violet, s'insurge contre les couleurs de *convention* (« rien n'est plus absurde que de régler la couleur ») et parle de ces « nuances légères [qui] varient à l'infini[89] ». Le traité illustre bien une nouvelle fois l'évolution du genre sur un siècle : le manuel mêle pratique et théorie du coloris avec notamment un long développement sur les carnations et un lexique de termes techniques propres à la miniature qui relèvent tous de ce que l'auteur appelle justement « l'art de nuancer » : *éteindre* ou *glacer* (adoucir les clairs), *exagérer* (défaut qui consiste à mettre des couleurs outrées), *fondre* (unir les couleurs par des dégradations imperceptibles), *noyer* (employer des demi-teintes, des teintes et des ombres pour produire une nuance douce)[90].

Enfin, la conception coloriste de la peinture touche également les autres beaux-arts, gravure et sculpture, qui intègrent dans leurs discours et pratiques l'injonction à faire couleur. Charles-Nicolas Cochin, en rééditant en 1745 et augmentant de façon substantielle le *Traité des manières de graver* d'Abraham Bosse (1645) ajoute des propos sur « la manière d'imprimer en plusieurs couleurs » : il ne s'agit pas de traiter de la gravure en couleurs telle qu'inventée par Jacob Christoph Le Blon dans les années 1720 et dont nous parlerons plus loin (p. 74-78), mais des effets de couleur ; il s'agit d'imiter la touche du pinceau, de préférer l'épaisseur des contours à leur netteté, d'être attentif aussi à la couleur qui résulte de l'impression[91]. La sculpture, malgré l'invention d'une « Antiquité blanche », selon l'expression de Philippe Jockey[92], surtout dans la seconde moitié du XVIII<sup>e</sup> siècle, sous l'influence des idées de Winckelmann (*Histoire de l'art dans l'Antiquité*, 1764), et bien avant la redécouverte de la polychromie des Anciens[93], s'est également ouverte au débat coloriste. La réprobation quasi unanime des réalisations polychromes (par mélange de matériaux et de marbres de différentes couleurs) de Jean-Baptiste Lemoyne[94], notamment celle de son bas-relief de l'*Annonciation* (1759) dans l'une des chapelles de l'église Saint-Louis du Louvre, met, paradoxalement, la couleur de la sculpture au centre des discussions. L'interrogation porte, en effet, sur les moyens les plus propres à imiter la « chair » : les statues et les groupes doivent donner l'impression de la chair, sensible et (doucement) colorée[95]. Si, pour le sculpteur, ami de Diderot, Falconet, la couleur n'est pas l'un de ces moyens (*Réflexions sur la sculpture*, 1761), il y a néanmoins accord sur l'effet de tendresse et de souplesse que doit produire le marbre ou la terre, effet qui est justement celui recherché par la peinture coloriste. Car le grand coloriste (La Tour ou Chardin pour Diderot) est celui qui donne « le sentiment de la chair », celui qui « fait de la chair quand il lui plaît[96] ». L'assimilation entre coloris et carnation est d'ailleurs totale chez William Hogarth, peintre et graveur anglais renommé, qui consacre un chapitre de son essai l'*Analyse de la Beauté* (1753), à l'art du coloris. Prenant alors en compte aussi bien la peinture, la gravure, que la sculpture, il écrit : « le mot coloris signifie spécialement la teinte qu'offrent les chairs[97] ».

À ces valorisations (théoriques et pratiques) artistiques du coloris et de la nuance, il convient d'ajouter tous les nouveaux savoirs et innovations des métiers de la couleur qui à la fois suscitent, confortent mais sont aussi en retour renforcés, motivés par les pratiques artistiques. La critique, ces dernières années, s'est attachée, dans le domaine artistique et décoratif, à prendre en compte plus systématiquement l'histoire matérielle, et de nombreux travaux ont été ainsi consacrés à cet essor de tous les domaines des praticiens de la couleur, chimistes et teinturiers au premier chef[98]. Tous ces secteurs ont été marqués, en effet, par la recherche de nouvelles couleurs et nuances, produites à la fois par des importations de colorants souvent tropicaux, des innovations techniques et l'essor de la chimie. On peut en retenir quelques traits décisifs : au premier chef il faut mentionner l'introduction de nouveaux colorants d'origine européenne ou extra-européenne en teinture, autorisés par les règlements de 1737 et intégrés dans les pratiques comme divers bois colorants, principalement le bois-brésil (ou pernambouc), ou comme l'indigo, commercialisé à grande échelle par la France, qui l'importe de Saint-Domingue et en devient le principal producteur. L'indigo supplante ainsi, à la fin du XVIII^e^ siècle, l'autre colorant bleu, le pastel, produit en Europe[99], créant ainsi une dépendance forte entre industries textiles et colorants coloniaux. Diverses innovations techniques, sur les « mordants » ou fixatifs notamment, permettent aussi d'améliorer la qualité ou la durabilité des couleurs ou encore, en peinture, d'offrir des alternatives aux coûts élevés des importations : les frères Martin, à Paris, en 1728, mettent par exemple au point un vernis imitant les laques chinois ou japonais (le vernis Martin) et ouvrent plusieurs ateliers. La technique de teinture au mordant et à la réserve spécifique des « indiennes » ou « toiles peintes » provenant d'Inde, qui permet d'obtenir des motifs polychromes, est progressivement connue et adoptée en Europe dans la seconde moitié du siècle (p. 151 et suiv.).

La couleur, également, est l'occasion de nombreuses innovations chimiques : à Berlin, autour de 1706, un marchand de couleurs, Johann Jacob Diesbach produit par accident le premier pigment synthétique, le bleu de Prusse, qu'il commercialise par la suite dans toute l'Europe avec un partenaire, Johann Leonhard Frisch. Après 1720 et la fin du monopole prussien, ce bleu est produit par tout un réseau de fabricants européens et vite adopté par les peintres. Plus encore qu'une invention sensationnelle et légendaire, le bleu de Prusse est surtout décisif parce qu'il est à l'origine de l'intersection du commerce, de la chimie et de l'art ; il marque ainsi le départ de l'importance croissante des innovations physico-chimiques dans le domaine de la couleur[100]. Au milieu du XVIIIe siècle, ce nouveau pigment donne ainsi lieu à toute une variété d'utilisations, en teinture notamment. Les premiers travaux à la fin des années 1740 du chimiste Pierre-Joseph Macquer portent justement sur celui-ci en remplacement du pastel et de l'indigo en teinture[101]. Macquer met d'ailleurs une large partie de ses compétences de chimiste au service de l'art tinctorial : ses différents mémoires et traités de teinture (*Art de la teinture en soie*, 1763 ; *Méthode pour teindre la soie en plusieurs nuances de rouge vif de cochenille, et autres couleurs*, 1769) visent tous à établir des « recettes » pour produire des couleurs belles et stables. Au XVIIIe siècle, l'étendue de la palette des couleurs en teinturerie touche désormais toutes les catégories de tissu, de luxe ou non, et tous les types d'étoffe, laine, soie, coton, lin. Le classement, établi par les règlements de l'industrie textile, entre grand ou bon teint et petit teint, persiste mais s'estompe au cours du siècle[102].

Dans ce contexte, plusieurs métiers de professionnels de la couleur apparaissent : d'abord, l'émergence progressive du marchand de couleurs, puis du coloriste-chimiste. Si le terme « marchand de couleur » existe dès le XVIIe siècle, c'est, en effet, surtout après le milieu du XVIIIe siècle que se développe ce nouveau métier, issu des épiciers (**fig. 13**). Peintres et marchands de couleur se disputent alors le privilège de la fabrication et du commerce des couleurs (à la fois les couleurs-pigments vendues séchées sous forme de pâte, pains ou cônes et les couleurs préparées et prêtes à l'emploi) et ces derniers s'imposent de plus en plus au cours du siècle à tel point que des peintres se font enregistrer dans la corporation des épiciers-marchands de couleur comme Jean-Félix Watin à la fois peintre vernisseur, auteur d'un manuel, *L'Art du peintre, doreur, vernisseur* (1772), sans cesse réédité

Fig. 13 : « Au bon broyeur », 1802 (enseigne de marchand de couleurs à Paris, rue Saint-Martin, toile peinte tendue sur un panneau de bois épais, 170 x 91 cm, Paris, musée Carnavalet).

jusqu'à la fin du XIX^e^ siècle, et propriétaire de la boutique *À la Renommée des couleurs et vernis*[103].

Enfin, un nouveau métier désigné justement sous le terme de « coloriste » avant de l'être, au XIX^e^ siècle, sous celui de « chimiste » apparaît dans les années 1740-1750 et concerne d'abord les professionnels spécialisés dans l'impression sur étoffes, principalement des indiennes qui nécessitent des savoirs approfondis étant donné la complexité des procédés en œuvre pour les obtenir[104]. Un traité manuscrit portant sur la fabrication et le commerce des toiles peintes décrit, en 1766, ainsi ce nouveau métier :

> COLORISTE. Les qualités nécessaires à cet employé sont extrêmement compliquées. À le considérer dans son juste point de vue, cet homme devrait posséder un grand fond de théorie. Premièrement de la chimie en général et puis de ce qui concerne proprement la nature des ouvrages dont il s'occupe, comme de la nature des effets et de la composition des couleurs[105].

Là encore, ces nouveaux « coloristes » teinturiers sont souvent issus des milieux de la peinture[106] et témoignent de l'entrelacement de tous les domaines de la couleur.

## Discours et savoirs médicaux : perception chromatique et couleur de la peau

Un dernier domaine où intervient la couleur au XVIII^e^ siècle, très vaste et qui n'est pas exempt de points d'intersection avec les questions précédentes, du côté de la philosophie de la connaissance, de l'histoire naturelle ou de la colonisation, concerne les débats scientifiques et médicaux autour de la perception chromatique d'une part et de la couleur de la peau d'autre part.

La question de la perception chromatique se pose d'abord dans les termes plus généraux de l'interrogation sur l'apport des différents sens à la connaissance tel qu'inauguré par l'empirisme sensualiste de Locke. La question spécifique de la couleur apparaît au chapitre 8 du livre 2 de l'*Essai sur l'entendement humain* (1689) consacré aux idées et à leur origine : toutes nos idées viennent de l'expérience et l'idée est une perception dans l'esprit. Locke distingue alors les *idées* des *qualités*. L'idée n'est pas la qualité de l'objet, celle-ci étant la faculté de produire une certaine idée. Ainsi, les qualités sont hors de nous, dans les objets, mais elles produisent en nous des idées. Locke opère alors une autre distinction ; il existe deux sortes de qualités dans les objets et c'est là qu'interviennent les couleurs : les *qualités premières* sont celles qui sont entièrement inséparables des objets, comme l'étendue, la solidité, la forme ou le mouvement, tandis que les *secondes* ne sont pas réellement dans les objets, comme la couleur, l'odeur, la saveur et toutes les qualités sensibles. Les qualités premières appartiennent aux corps/objets, les secondes aux sentiments et sont phénoménales. Dans le chapitre suivant, il introduit le problème que lui a soumis un savant irlandais, William Molyneux : un aveugle de naissance à qui on a appris à distinguer par le toucher un cube et un globe saurait-il les distinguer s'il recouvrait la vue sans les toucher ? Non, estiment à la fois Molyneux et Locke car il n'aurait pas alors encore l'expérience de la vue qui seule fonde la connaissance. La spécificité des idées de lumière et de couleur qui appartiennent uniquement au sens de la vue est ainsi de s'introduire dans notre esprit avec d'autres idées bien différentes, comme celles de l'espace ou de la figure qui nous amènent, par habitude, à juger des unes par les autres[107]. Les difficultés soulevées par le problème de Molyneux auquel nombre de philosophes se sont par la suite attachés (Berkeley, Condillac, Diderot)[108] trouvent alors des éléments de réponse grâce aux progrès de la médecine.

La thèse générale de Condillac selon laquelle « l'homme n'est rien, qu'autant qu'il a acquis »[109], appliquée à la vue, implique que l'œil a besoin d'apprentissage pour distinguer les objets (les formes, les figures, les tailles), apprentissage qui se fait par l'intermédiaire du sens du toucher sans lequel l'homme ne saurait même pas qu'il a des yeux et percevrait les couleurs comme à l'intérieur de lui-même. L'homme voit mais, comme il ne sait pas regarder, il ne voit rien qu'une confusion de couleurs et de scintillements indistincts. Cette thèse est alors confortée par les opérations de la cataracte qui commencent à être pratiquées sur des aveugles de naissance. En 1728, le chirurgien anglais William Cheselden opère ainsi un jeune homme de treize à quatorze ans et décrit les différentes étapes du recouvrement de la vue[110] : les philosophes, Condillac et Diderot[111] au premier chef, y voient la réponse au problème de Molyneux et une confirmation des thèses sensualistes. La vue, seule, ne permet pas d'appréhender le monde. Le jeune homme ne distingue rien d'autre tout d'abord que des lumières et des couleurs confuses : « Il aperçoit tous les objets pêle-mêle et dans la plus grande confusion, et il ne les distinguait point, quelque différentes qu'en fussent la forme et la grandeur[112]. » Les paysages sont semblables à des tableaux vus par un observateur inexpérimenté et n'apparaissent que comme des « plans différemment colorés[113] ». D'autres innovations ou découvertes anatomiques et médicales confortent au XVIII^e siècle cet intérêt général pour la perception visuelle et chromatique : en 1760, le naturaliste et philosophe genevois Charles Bonnet décrit les hallucinations colorées et muettes de son grand-père[114], désormais connues sous le nom de « syndrome de Charles Bonnet » (SCB) ; en 1798, le physicien britannique John Dalton met en évidence le trouble chromatique appelé désormais daltonisme[115].

L'autre grande question, qui déborde très largement le discours médical mais y trouve une part de son argumentaire, comme l'a bien mis en lumière l'ouvrage de Andrew Curran (*L'Anatomie de la noirceur : Science et esclavage à l'âge des Lumières*, 2017[116]), est celle de la couleur de la peau. D'abord traitée, dans l'héritage hippocratique et la théorie des humeurs, comme le résultat d'un état pathologique (le déséquilibre des humeurs dans le corps provoquant des variations de carnations[117]), elle participe au XVIII^e siècle, en combinaison avec un discours africaniste et le développement de l'esclavage dans les colonies, d'une essentialisation et d'une racialisation du blanc et du noir, l'un n'allant pas sans l'autre. À l'idée de « variété » humaine se substitue celle de « race » et les débats sur les causes de la noirceur participent du fondement politique de l'esclavage[118].

De fait, la question de la couleur de la peau devient une question majeure au XVIII^e siècle, qui, pour Andrew Curran, commence vraiment en 1739 avec le concours lancé par l'Académie Royale des Sciences de Bordeaux sur l'origine et la cause de la noirceur de peau. La dissertation qui remporte le prix est une première version du texte du médecin Pierre Barrère, *Dissertation sur la cause physique de la couleur des Nègres*, publié en 1741.

L'article NÈGRE de l'*Encyclopédie* de Diderot et d'Alembert (1765), rédigé par Jean Henri Samuel Formey, pasteur calviniste et homme de lettres, donne un bon aperçu de l'intrication des explications anatomiques, anthropologiques, religieuses et philosophiques à l'époque. L'approche anthropologique (l'article relève du domaine de l'histoire naturelle) qui définit le « Nègre » d'abord comme un habitant d'une terre (l'Afrique) se mêle à une approche anatomique (le « Nègre » est une espèce de Noir dotée de traits physiques particuliers, nez large et plat, grosses lèvres, « laine » à la place des cheveux), mais aussi esthétique (laideur du Noir – et parmi les Noirs plus encore du « Nègre », comme Noir extrême et altérité radicale, opposée à la beauté du Blanc et du blond) et enfin théologique et philosophique : « tant d'hommes divers [de toutes couleurs] sont-ils sortis d'une même mère ? Il ne nous est pas permis d'en douter[119] ». L'article, en outre, fait une synthèse des différentes explications scientifiques quant à l'origine de la couleur de la peau qui ont cours dans la seconde moitié du XVIIIe siècle : la théorie climatique chère à Buffon[120] (la zone équatoriale ou « zone torride » concentre les populations noires tandis qu'en s'en éloignant « la couleur des peuples s'éclaircit par nuances[121] ») et l'une des théories médicales principales, celle de Pierre Barrère, justement, qui considère la noirceur de la peau toujours comme un état pathologique mais place son principe dans la bile du foie. La jaunisse dégénèrerait en une couleur plus foncée qu'il appelle ainsi un « ictère noir ».

En même temps que paraît l'article de l'*Encyclopédie*, une autre thèse néanmoins voit le jour, celle que le chirurgien rouennais Claude-Nicolas Le Cat expose dans son *Traité de la couleur de la peau humaine en général, de celle des nègres en particulier* (1765). L'auteur prolonge l'identification faite au siècle précédent par Marcello Malpighi d'une couche intermédiaire entre le derme et l'épiderme qui serait le support de la couleur de la peau (1665), ce faisant, il rompt avec la thèse pathologique et voit l'origine de la coloration dans le cerveau : la couleur sombre, noir-bleuté, du cerveau des Africains se répandrait alors dans le corps par le système nerveux[122]. Par là, néanmoins et sans qu'il le veuille, la thèse de Le Cat conforte l'idée souvent émise d'un parallélisme entre la noirceur et le potentiel cognitif : à partir d'un archétype blanc, les différents degrés de noirceur témoignent de degrés de dégénérescence, cognitifs et souvent également moraux.

Dans notre perspective, qui est celle, rappelons-le, de la fabrique d'une représentation colorée du monde, peu importe qu'il y ait ou non accord sur la question de l'origine de la couleur de la peau, c'est l'obsession du questionnement qui compte. L'historienne de l'art, Anne Lafont, analyse ainsi le « défi coloriste » que constitue la représentation des Noirs en peinture et plus généralement dans la culture matérielle des Lumières. L'appropriation du corps africain par la culture visuelle des Lumières se fait, écrit-elle, par différenciation et « altérisation » des Noirs par l'image, altérisation qui permet en retour la construction identitaire d'un Occidental aristocrate *blanc*[123]. La fabrique d'un idéal de beauté blanche comme outil de distinction sociale sous l'Ancien Régime, bien documentée par Catherine Lanoë qui montre dans son histoire des cosmétiques combien le teint blanc est au moins autant une valeur qu'une couleur[124], rend particulièrement aiguë l'attention portée aux colorations de la peau. À la fin du siècle, alors même que la mode n'est plus au fard d'un rouge ostentatoire mis pour rehausser le blanc du teint mais à des tonalités rosées, la racialisation du blanc est à son comble, ce qui est particulièrement perceptible dans le *Traité des couleurs* (*Zur Farbenlehre*, 1810[125]) de Goethe par exemple, y compris dans la complexité même de ce « blanc » : « [...] nous ne craignons pas d'affirmer que l'homme blanc, c'est-à-dire celui dont la peau est colorée d'un blanc qui joue vers le jaune, le brunâtre, le rouge, bref, celui qui apparaît le plus indifférent et tend le moins vers une quelconque particularisation, est le plus beau[126] ». Paradoxalement, on n'a plus besoin d'avoir un teint uniformément blanc pour être un Blanc, c'est même parce que le Blanc est coloré (entendons légèrement coloré) qu'il est le plus beau. La disjonction entre coloris (le camaïeu de blancs) et couleur (le modèle du Blanc) souligne la fabrique d'une blancheur désormais idéalisée.

Ainsi, la pluralité des discours scientifiques sur la couleur de la peau témoignent tous, dans leurs divergences extrêmes même, d'un soin commun porté à une sorte de grammaire des couleurs qui s'organise en quelques grands principes : des couleurs primaires, des dégradés, des camaïeux à l'intérieur de ces dégradés, et des contrastes.

Le grand geste de catalogage qui caractérise l'âge des Lumières produit un véritable nuancier des couleurs de peau : un genre de peinture classificatoire est même né au Mexique (Nouvelle-Espagne), les tableaux de castes, qui représentent les différentes unions entre les trois groupes de populations, Espagnols, Amérindiens et Africains et le dégradé de couleurs qui en résulte **(fig. 14)**. Dans les textes français, depuis la fin du XVIIe siècle, la taxinomie s'organise soit à partir de quelques couleurs « primaires », pas toujours fixes, blanc, jaune, noir, parfois rouge, mais aussi « olivâtre », définies comme des couleurs raciales à la suite de François Bernier (1684), soit, le plus souvent, à partir des deux couleurs extrêmes que sont le blanc et le noir.

Bernier, à qui on attribue généralement la première acception moderne du terme de « race[127] », distingue quatre à cinq races (pas uniquement sur des critères de couleur de peau) et outre les « Blancs », les « Noirs » et les Américains « olivâtres », il s'attarde sur le teint jaune de certaines asiatiques : « ce petit jaune est vif et éclatant, et n'a rien de ce vilain et livide pâle de la jaunisse[128] ». Même s'il ne s'agit pas encore à proprement parler d'une nouvelle hiérarchisation des humains fondée sur la couleur de la peau[129], le texte introduit l'idée durable d'une liaison entre couleur de peau et espèce humaine et donc d'une essentialisation de la couleur qui devient au XVIIIe siècle un préjugé cette fois-ci pleinement établi : c'est l'un des arguments essentiels de l'ironique défense de l'esclavage que mène le texte bien connu de Montesquieu : « Il est si naturel de penser que c'est la couleur qui constitue l'essence de l'humanité [...][130]. »

La « grammaire » qui l'emporte désormais, tandis que se construisent des identités raciales noires et blanches au XVIIIe siècle, est celle d'une polarité et d'une dégradation :

> Mais s'il y a des exemples de femmes ou d'hommes noirs devenus blancs, je ne sache pas qu'il y en ait d'hommes blancs devenus noirs ; la couleur la plus constante dans l'espèce humaine est donc le blanc, que le froid excessif des climats du pôle change en gris-obscur, et que la chaleur trop forte de quelques endroits de la zone torride change en noir ; les

Fig. 14 : Anonyme, tableau de castes « a cuadretes », XVIII$^e$ siècle (huile sur toile, 148 x 104 cm, Mexique, Tepotzotlán, museo nacional del Virreinato).

> nuances intermédiaires, c'est-à-dire, les teintes de basané, de jaune, de rouge, d'olive et de brun, dépendent des différentes températures et des autres circonstances locales de chaque contrée [...][131].

Le texte de Buffon, tiré du *Supplément à l'Histoire naturelle de l'Homme* (1777) est particulièrement instructif : les peuples sont placés sur un nuancier de couleurs organisé sur un axe allant du blanc au noir et du pâle au foncé. Le terme de « basané », parfois synonyme de « noirâtre » à l'époque, est apparemment utilisé ici comme simple synonyme de halé, *bronzé*. Le statut des deux couleurs extrêmes, blanche et noire, n'est cependant, on le voit, pas du tout le même : le noir est une dégradation d'un blanc-étalon. Ce blanc lui-même n'est pas n'importe lequel : il est clair, lumineux et saturé. Non seulement il peut se dégrader sur l'axe de la saturation vers le noir en passant par les jaunes, les rouges, les bruns mais aussi sur l'axe de la clarté, en devenant un « gris-obscur » sous les climats froids. Le développement dans lequel est inséré ce texte éclaire plus encore cette grammaire coloriste : il s'agit du long paragraphe que Buffon consacre à la question des Noirs albinos ou atteints de vitiligo (dépigmentation par endroits). L'énigme que constitue ce que le XVIIIe siècle nomme le « Nègre blanc » donne lieu chez Buffon à de longs commentaires sur les caractéristiques de ce blanc-ci, à partir de l'observation clinique qu'il fait d'une jeune femme albinos, Geneviève, arrivée de Saint-Domingue : « en général la couleur de peau, tant du visage que du corps de cette négresse blanche est d'un blanc de suif qu'on n'aurait pas encore épuré, ou si l'on veut d'un blanc-mat blafard et inanimé [...][132] ». Plus loin, dans le même texte, Buffon s'attarde encore à serrer de plus près cette nuance de blanc : « le blanc-mat et fade des blafards, se trouve dans plusieurs individus de tous les climats ; il y a même en France plusieurs personnes des deux sexes dont la peau est de ce blanc inanimé[133] ». Le qualificatif de « blafard » qu'utilise le naturaliste pour les albinos renseigne *a contrario* sur les contours du blanc archétypal dévolu à « l'espèce humaine » : le *Dictionnaire de l'Académie française* de 1762 définit « blafard » comme « pâle. Il ne se dit guère que d'une couleur terne, et d'une lumière faible ». L'absence de pigmentation et la dépigmentation relèvent à la fois de la désaturation et de l'obscurcissement d'un archétype de blanc esthétisé, clair, lumineux, vivant. On retrouve là l'autre obsession coloriste du siècle : rendre le vivant des carnations, faire de la chair avec de la pierre. Le blanc « blafard » est « inanimé », l'image qui se profile derrière celle de l'albinos est celle du spectre, du fantôme et de la pierre.

Cette palette de blancs, tirant vers le gris-obscur dans les régions froides ou le mat et « fade » pour les albinos, conduit ainsi à une picturalisation de l'identité : on peut appliquer à la fabrique du Blanc européen la leçon sur la manière de peindre le blanc de Jean-Baptiste Oudry : « ces différents blancs vous feront apprécier le ton précis du blanc qu'il vous faut pour bien rendre votre vase d'argent ». « Ensuite, il approcha du clair de ces fleurs qui était très blanc, le blanc de ma palette, lequel il me fit connaître être encore plus blanc. Il me fit voir en même temps que, dans cette touffe de fleurs blanches, les clairs qui demandaient à être touchés de blanc pur n'étaient pas en grande quantité par comparaison aux endroits qui étaient en demi-teintes [...][134] », etc. Pour faire du blanc, en peinture, il faut surtout des jaunes et des bruns, des masses brunes et noires pour servir de « repoussoir ». C'est d'ailleurs en recourant à une comparaison avec les différentes couleurs de peau qu'une certaine pratique de la technique picturale du « repoussoir » est stigmatisée par Oudry dans cette même conférence :

> Aussi, quand une fois les sectateurs de ce repoussoir ont déterminé cette masse noire pour faire valoir le reste de leur besogne, ils commencent par renoncer à cette vérité de la nature et font toute cette masse de la même couleur, chairs, draperies, terrasses, bref tout ce qui s'y rencontre. Ensuite, ils peignent leurs figures du second plan éclairées à l'ordinaire, en sorte que celles-ci sont, à l'égard de celles du premier plan, comme si l'on voyait une troupe d'Européens placée à côté d'une troupe de Maures ou d'Indiens[135].

La question de la couleur de la peau est ainsi appréhendée en termes picturaux, sous l'angle du clair-obscur mais aussi du mélange : il suffit d'être attentif aux termes employés par Buffon :

> On serait d'abord porté à croire avec vous, Monsieur, que cet enfant né d'une négresse, a eu pour père un blanc, et que de là vient la variété de ses couleurs ; mais lorsqu'on fait réflexion qu'on a mille et millions d'exemples, que le mélange du sang nègre avec le blanc n'a jamais produit que du brun, toujours uniformément répandu ; on vient à douter de cette supposition [...].[136]

Anne Lafont, qui analyse les planches de Jacques de Sève jointes au texte de Buffon ainsi que des tableaux représentant le jeune homme Siriaco atteint d'un albinisme partiel dont la célèbre *Mascarade nuptiale* de José Conrado Roza (1788) exposée au musée du Nouveau Monde à La Rochelle, montre, par ailleurs, comment la mise en images a été décisive dans le « processus de détachement de la figuration des Albinos du contexte scientifique, qui devait conduire à la spectacularisation de l'altérité dans le cadre des zoos humains et des expositions coloniales[137] ».

Enfin, sans qu'on puisse exactement comprendre de quoi il retourne au juste, une remarque des mémoires du duc de Luynes suggère bien la façon dont la couleur devient un marqueur d'identité (ou d'un discours pathologique renouvelé ?) alors même qu'on sort de la question stricte de la racialisation de la couleur de peau : « M. Lenormant [...] était directeur de la Monnaie, et ce qui est singulier, c'est qu'il était bleu ; on dit d'un homme qu'il est jaune, qu'il est noir, qu'il est blond, mais il est rare que l'on puisse dire qu'il est bleu[138]. »

On mesure bien maintenant l'ampleur du renouvellement des savoirs, des pratiques et aussi des problématiques qui ont fait de la couleur une question obsédante aux enjeux profonds au XVIII^e siècle. À l'intérieur de chacun des domaines parcourus, un même phénomène peut s'observer : une nouvelle culture visuelle coloriste s'instaure selon trois modalités : une multiplication des couleurs (un développement quantitatif), une diversification avec l'apparition de nouvelles couleurs, des nuances, un élargissement de la palette et enfin une tendance à l'abstraction et à l'essentialisation ; on s'intéresse de plus en plus au ton indépendamment de son support, ce qui va de pair (on le verra surtout en seconde partie) avec une substantification – le Blanc et non la peau blanche.

Il faut voir maintenant un dernier phénomène, le plus décisif sans doute pour étayer cette thèse d'une véritable rupture épistémologique et d'un basculement dans une représentation colorée du monde : ces savoirs et pratiques circulent et se rencontrent. On l'a partiellement vu, ici ou là, tellement il était difficile de séparer les domaines devenus largement poreux, mais il existe des points d'intersection tels qu'il est impossible de déterminer exactement le domaine impliqué. Nous avons alors fait le choix, forcément subjectif sans être totalement arbitraire, de quelques-unes de ces rencontres.

# 3
# Circulation, diffusion, rencontres des savoirs et pratiques

Le tome 9, paru en 1730 mais rétrospectif, des *Mémoires de l'Académie royale des sciences* propose un éloquent ensemble d'œuvres « diverses » de Philippe de La Hire (1640-1718) : y voisinent une explication des principaux effets de la glace et du froid, une dissertation sur les différences des sons de la corde de la trompette marine, etc., et divers traités, de mécanique, des accidents de la vue, et de la pratique de la peinture. L'auteur, fils du peintre Laurent de La Hire (1606-1656), principalement physicien et mathématicien mais également théoricien de l'architecture et dessinateur, fait la lecture lors de plusieurs séances de l'Académie en 1709, d'un traité de la peinture, dans la tradition des traités de miniature et autres « pratiques » de la peinture déjà mentionnés, en se concentrant sur les matériaux et, pour les couleurs, sur les différentes manières d'obtenir six couleurs principales (blanc, jaune, rouge, bleu, vert, noir) à partir des différents pigments et suivant les types de peinture (huile, émail, etc.). Ce n'est pas le profil polymorphe de l'auteur ni le contenu de l'ouvrage qui sont nouveaux, même si l'ampleur de l'écrit et son orientation technique marquent déjà une évolution, mais ce qui interroge c'est son insertion dans un contexte strictement scientifique et sa diffusion via l'Académie des sciences[1]. Cette liaison entre discours scientifique et artistique est monnaie courante au fur à mesure que se propage la théorie newtonienne de la lumière. Si la critique insiste plutôt sur les apories d'un tel rapprochement et finalement le désintérêt des peintres pour une théorie sans rapport avec leur pratique[2], j'aimerais mettre en avant au contraire des points de rencontre, sinon fructueux en pratique, du moins décisifs dans la perspective épistémologique qui est mienne, et pas seulement entre physique et peinture, mais de façon plus large entre secteurs de savoirs.

S'agissant de l'intersection, pour les couleurs, entre peinture et discours médical, on peut par exemple convoquer le peintre et théoricien néerlandais Gérard de Lairesse qui consacre deux chapitres complets de son *Grand Livre des peintres* (1707, trad. fr. 1787) au coloris du nu des deux sexes et établit, à partir d'un discours anatomico-médical instaurant des distinctions selon l'âge et le sexe, une chromatique spécifique pour chacun :

> La raison de ces différentes teintes est facile à comprendre, puisque l'enfant qui a beaucoup de sang et dont l'épiderme est fort mince doit naturellement avoir une carnation vermeille et fort colorée ; tandis que l'homme qui a la peau plus jaune et plus épaisse et dont le sang

> est moins abondant et moins atténué, est nécessairement d'un coloris plus grisâtre. La femme ayant une peau blanche et lisse, doit paraître encore un peu vermeille après la mort[3].

Plus complexe est le croisement de savoirs, pratiques et enjeux, à la fois savants, commerciaux, artistiques et littéraires de quelqu'un comme Louis-Guillaume de La Folie : marchand, passionné de physique et de chimie, il met au service de l'industrie textile de sa ville natale, Rouen, de nombreuses innovations issues de ses expériences. Il dépose ainsi, en 1767, à l'Académie des sciences, pour expertise, un *Mémoire sur la théorie des couleurs* qui constitue la première collaboration entre Macquer et Lavoisier sur un sujet de teinture[4]. Mais il est aussi l'auteur d'une utopie scientifique, *Le Philosophe sans prétention ou l'Homme rare* (1775) au sous-titre éloquent « Ouvrage physique, chimique politique et moral, dédié aux savants[5] » où un savant-philosophe fraîchement débarqué de Mercure en machine électrique volante expose un ensemble de théories sur la nature du feu, la combustion, l'électricité, le phosphore, etc. Au moment où la chimie « moderne » s'impose, justement avec ce type d'expériences menées par Lavoisier, le personnage du philosophe défend une conception chimique et physique des couleurs opposée à celle, alchimique, de son interlocuteur, Nadir :

> Je vois, répartit Nadir, je vois que vous ne croyez pas à la transmutation des Éléments. [...] Mon cher Nadir, je ne crois pas ce que je ne conçois pas. Je vois que l'arrangement des couleurs que forme le prisme est immuable. Or, en considérant qu'il n'y a pas même de transmutation dans les rayons, je ne peux point ajouter foi à des transmutations bien plus incompréhensibles[6].

On pourrait multiplier les exemples mais, dans la masse de documents possibles à convoquer, j'ai fait le choix de mettre en lumière une « nébuleuse » de savoirs, autour de Louis Bertrand Castel et Jacob Christoph Le Blon, et la perspective coloriste d'un auteur philosophe, voyageur et romancier de la fin des Lumières, Bernardin de Saint-Pierre.

## Castel, Le Blon, Gautier-Dagoty : science du coloris, chromatique et trichromie

Que la théorie newtonienne des couleurs soit contestée ou revendiquée, une idée se met en place dans la première moitié du XVIIIe siècle : celle de la nécessité d'établir une véritable science du coloris, une *chromatique*, là où les peintres se contenteraient d'une pratique.

> Mais j'avouerai franchement que tous les auteurs et les peintres modernes que j'ai eu l'avantage de connaître et de consulter dans mes voyages ont déclaré qu'il n'y avait point de règles sûres pour le coloris ; et quelques-uns même ont prétendu que le coloris ne pouvait pas être réduit à des règles, jugeant que c'était un talent incommunicable, qui ne se pouvait pas enseigner, mais une capacité naturelle qu'il fallait porter par une longue pratique ; pendant que d'autres persuadés que la Chromatique a été connue des Anciens en regrettent sa perte et désespèrent qu'elle puisse être jamais retrouvée[7].

Ces propos de Jacob Christoph Le Blon, adressés au chancelier britannique Robert Walpole, en tête de son traité bilingue français-anglais *Coloritto* en 1725, se retrouvent à peu près tels quels la même année dans les colonnes du *Mercure de France* où Louis Bertrand Castel insère son premier article sur l'invention d'un « clavecin oculaire » dans lequel il s'agit d'établir un système chromatique conforme aux règles harmoniques de la musique, qu'auraient, selon lui, pressenti les peintres sans jamais l'élaborer complètement et dont il trouve la justification dans les travaux de Newton : « le fait est certain, les couleurs ont leurs tons précis qui suivent entre eux les mêmes proportions que les tons de la musique, c'est ce qu'a vérifié le célèbre Anglais M. Newton [...][8] ». Nous développerons dans un dernier chapitre portant sur les synesthésies, la théorie analogique de celui que le XVIII^e^ siècle appelait « le père Castel » ou encore « le brame noir[9] » que nous avons déjà évoqué comme figure centrale de la circulation des savoirs autour de la couleur dans le chapitre précédent (voir p. 46). Pour le moment nous intéressent les recherches et les expériences menées à la fois pour instituer une chromatique et pour en trouver des applications pratiques, l'un n'allant pas sans l'autre pour Le Blon ni Castel. Et de fait, l'un comme l'autre s'inscrivent dans le mouvement d'engouement général du siècle pour l'expérimentation : Castel possède des cuves de teinturerie où il expérimente divers mélanges, le Blon, qui a commencé sa carrière comme peintre miniaturiste, travaille sur les encres et se livre à de multiples observations sur les couleurs selon des conditions précises de lumière, d'exposition, etc.[10] En outre, les deux, au moins dans les années 1730, connaissent très bien leurs travaux et écrits respectifs et une vague polémique s'engage sur la primauté de la théorie des trois couleurs primaires, bleu, jaune, rouge, à laquelle participe aussi un autre scientifique, chimiste et intendant du Jardin du roi (l'actuel Jardin des Plantes à Paris), Charles François Du Fay, qui travaillait à la même période à un ouvrage sur la théorie des couleurs, mais décède avant de l'avoir fini. En 1738, ce dernier publie, dans le périodique dirigé par Antoine François Prévost, *Le Pour et contre*, une lettre adressée au père Castel pour rétablir l'antériorité des travaux de Le Blon et des siens propres sur les trois « primitives »[11].

Dans les années 1705-1710, Le Blon, né à Francfort en 1667 dans une famille protestante qui avait dû fuir la France au XVI^e^ siècle pour échapper aux persécutions, voyage dans toute l'Europe (Italie, Pays-Bas, Angleterre) et connaît les travaux de Newton au moins dès la publication anglaise de l'*Opticks* (1704). À ce moment-là, il a déjà élaboré, semble-t-il, une théorie des couleurs qui, partant de Newton, propose une science du coloris pour les peintres : il ne s'agit pas à proprement parler d'une « application » de la théorie newtonienne, vouée à l'échec étant donné la différence entre couleurs pigmentaires et couleurs prismatiques sans cesse relevée par les historiens des sciences. Néanmoins, Le Blon est l'un des premiers, peut-être le premier, à avoir clairement énoncé la distinction entre couleurs-lumière de la physique et couleurs-pigments de la peinture. Voici ce qu'il précise en préliminaire à son petit ouvrage *Coloritto* dont le titre français en entier éclaire parfaitement le propos, *L'Harmonie du coloris dans la peinture ; réduite en pratique mécanique et à des règles sûres et faciles* :

> La peinture peut représenter tous les objets visibles avec trois couleurs, savoir le *Jaune*, le *Rouge*, et le *Bleu* ; car toutes les autres couleurs se peuvent composer de ces trois, que je nomme *couleurs primitives*. [...]
>
> Je ne parle ici que des *couleurs matérielles*, c'est-à-dire, des couleurs dont se servent les peintres ; car le mélange de toutes les couleurs primitives impalpables, ne produit pas le *Noir*, mais précisément le contraire, c'est-à-dire, le *Blanc* ; comme l'a démontré l'incomparable Monsieur le Chevalier Newton dans son Optique.
>
> Le *Blanc* est une concentration ou excès de lumière.

> Le *Noir* est une privation ou défaut de lumière.
> L'un et l'autre se produit par le mélange des couleurs primitives ; mais l'un résulte du mélange des couleurs *impalpables*, et l'autre des couleurs *matérielles*[12].

Le Blon va donc se concentrer uniquement sur les couleurs des peintres mais en gardant à l'esprit la leçon principale de Newton : l'hétérogénéité de la lumière. Il analyse ainsi la différence entre les deux types de couleurs comme une différence de nature des corps qui les composent : les couleurs matérielles seraient ainsi formées de particules opaques qui ne réfléchiraient qu'une partie des rayons lumineux, par ailleurs, l'œil humain ne distinguerait pas toute la diversité des particules colorées et ne verrait pas ainsi, par exemple, le rouge et le jaune sous l'orangé. Sans que les explications physico-physiologistes de Le Blon, connues seulement par ailleurs de manière indirecte par un compte rendu des *Philosophical Transactions* de la Royal Society de Londres en 1731[13], soient, bien entendu, celles de la théorie trichromatique et de la distinction entre mélanges additif des couleurs prismatiques et soustractif des couleurs-lumière d'un Hermann von Helmholtz au milieu du XIX^e^ siècle, sa théorie lui permet néanmoins de mettre au point la technique de la gravure en couleurs dont il est l'inventeur. À partir d'une taille « en manière noire » (*mezzotinte*) en vogue en Angleterre à partir de la fin du XVII^e^ siècle qui permettait déjà d'introduire des nuances de gris, il procède par décomposition des couleurs du modèle à reproduire en trois primaires, modèle qu'il grave ensuite sur trois plaques encrées respectivement de bleu, jaune et rouge, et dont les couleurs originales se recomposent lors du tirage final. Si de nombreuses techniques de coloriage des estampes, au pochoir, à l'aquarelle, avec l'utilisation de papiers de couleur ou d'encres colorées appliquées « à la poupée » existent avant le XVIII^e^ siècle[14], l'invention de la trichromie, en pensant intégralement le procédé de coloriage en amont de l'impression, change la donne.

Ses premières images datent sans doute des années 1710 mais la plupart sont faites en Angleterre où il vit de 1718 à 1735, date de son arrivée à Paris à la fin de sa vie (il a alors soixante-huit ans). En tout cas, il est célèbre dès les années 1720, à la fois dans les milieux scientifiques mais aussi au plus haut niveau de l'État, ses planches gravées ayant circulé jusqu'au Régent puis au roi. Le Blon reproduit d'ailleurs un portrait de Louis XV intéressant à plusieurs titres : d'une part par le choix d'une posture « au naturel » du roi, regard de côté, yeux dans le vague, bouche entr'ouverte, cheveux et rubans flottants, insignes royaux et couleur bleue distinctive de la royauté, mais veste ouverte, veloutée, camaïeu de bleus, foulard noué autour du cou ; intéressant également, d'autre part, par l'absence de modèle retrouvé et cette hypothétique filiation entre une gravure signée Nicholas Blakey, dessinateur et graveur irlandais, elle-même exécutée peut-être d'après une sculpture de Jean-Baptiste Lemoyne **(fig. 15)**. Il pourrait alors s'agir d'une véritable mise en couleur d'un travail artistique « sans » couleurs (noir et blanc, monochrome). Dans notre perspective, le portrait de Louis XV par Le Blon témoigne du basculement dans une représentation colorée et coloriste du monde, l'ancien monde de référence se caractérisant par des couleurs sombres ou des jeux de lumière (le clair-obscur) ou encore des couleurs symboliques (le bleu royal), tandis que le nouveau laisse place à la clarté, à la nuance (les demi-teintes) et à la pure jouissance chromatique. Le sujet royal, en outre, confère un enjeu politique à l'entreprise : l'esthétique rococo construit une nouvelle relation, de proximité, au pouvoir.

Fig. 15 : Jacob Christoph Le Blon, *Portrait de Louis XV*, 1739 (est. coul. gravée en manière noire en 3 (ou 4 ?) plaques, 40,5 cm x 33,5 cm).

Fig. 16 : Jacques- Fabien Gautier Dagoty, « La Tulipe orange » (*Collection des plantes*, 1767, est. coul.).

Les milieux artistiques, pourtant directement concernés, ne semblent néanmoins pas convaincus ; une lecture du *Coloritto* est faite à l'Académie royale de peinture et de sculpture en octobre 1727, qui n'a apparemment pas eu de suite[15]. La technique trouve surtout des applications dans l'illustration des livres d'anatomie et de botanique ; Le Blon meurt au moment où il vient de commencer un grand livre d'anatomie et le privilège de graver en couleurs dont il était détenteur passe à l'un des élèves fugaces de son atelier, Jacques Fabien Gautier-Dagoty qui s'associe avec un médecin et se spécialise dans les planches d'anatomie mais fait aussi paraître, en 1767, un livre de botanique « selon les systèmes de M. Tournefort et Linnaeus [Linné] » **(fig. 16)**. Ce faisant, il perfectionne la technique en ajoutant une quatrième plaque, en noir (quadrichromie) et se présente sans cesse en opposition à Le Blon, comme le véritable inventeur de la gravure en couleurs et comme anti-newtonien, publiant de nombreuses dissertations ou ouvrages pour exposer un système de « génération des couleurs », qu'il nomme *Chroa-génésie* (1749). Cependant son œuvre, comme celle de Le Blon, compte aussi des reproductions de tableaux célèbres, des portraits (Benoît XIV, Voltaire), ou une très réflexive estampe du tableau de 1738 de Chardin, *Jeune élève dessinant*. On voit donc à quel point ce qui peut sembler relever de la seule innovation technique tisse de liens avec les domaines de l'art et des sciences, de la physique, des sciences naturelles, de la médecine et constitue aussi une aventure entrepreneuriale qu'a su exploiter en particulier Gautier-Dagoty – et ses fils, tous peintres –, avec ses anatomies spectaculaires, seulement à moitié disséquées, alliant beauté des modèles et horreur du corps ouvert, comme sa célèbre figure de « femme vue de dos, disséquée de la nuque au sacrum », appelée *L'Ange anatomique*[16] **(fig. 17)**.

Les recherches de Castel au profil pourtant très différent de celui de Le Blon, jésuite et mathématicien, comportent elles aussi de nombreux points d'intersection avec ces mêmes domaines. Il suffit, là encore, d'être attentif au titre complet de son *Optique des couleurs* de 1740 : *L'Optique des couleurs, fondée sur les simples observations, et tournée surtout à la pratique de la peinture, de la teinture et des autres arts coloristes*. L'ouvrage mêle ainsi sans cesse discussion de physique – et remise en cause à la fois de l'expérience cruciale newtonienne et de ses conclusions – et des arts, la teinture étant mise sur le même pied que la peinture en tant qu'art coloriste par excellence, ce qui est déjà un renversement de la position hiérarchique habituelle. De fait, « les couleurs sont l'unique but du teinturier [tandis que] chez le peintre elles ne sont qu'un moyen[17] ». La perspective, entièrement coloriste, de Castel qui voit, d'une certaine façon, le monde *à ras des* couleurs, est donc exemplaire de cette nouvelle représentation colorée du monde. S'il oppose, comme Le Blon, couleurs matérielles et prismatiques (qu'il nomme respectivement « substantielles » et « incorporelles »), pour lui, la matérialité des couleurs est au moins aussi complexe et énigmatique que leur nature physique. Il en appelle ainsi par exemple à la pratique des teinturiers ou des chapeliers qui pour faire du noir teignent successivement les étoffes en bleu puis en rouge[18]. Contre les couleurs impalpables et imaginaires (« fantastiques » dit aussi Castel), il s'agit de réhabiliter les couleurs matérielles et l'étude de celles-ci, stigmatisées comme « grossières » : « et l'on aurait mauvaise grâce de traiter de grossière mon optique, parce que l'objet en est grossier, comme si ce qu'il y a de plus grossier, n'était pas le propre objet de la physique [...][19] ». Il ne vise alors pas seulement Newton mais bien de façon plus large le newtonisme en cours et la prétention du maître et de ses disciples à estimer avoir « épuisé » le sujet[20] qu'il s'ingénie sur presque 500 pages à étudier.

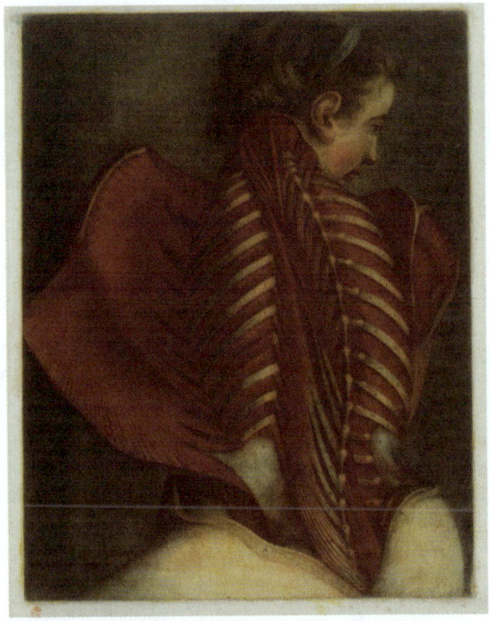

Fig. 17 : Jacques- Fabien Gautier Dagoty, « Femme vue de dos, disséquée de la nuque au sacrum », dite l'Ange anatomique (*Myologie*, 1746, est. coul.).

Son entreprise est alors véritablement unique : tout en débattant de façon rigoureuse avec les arguments de la physique newtonienne et des newtonistes, l'ouvrage ressemble le plus souvent à une « pratique » des peintres ou de la teinture comme il s'en est multiplié tout au long du siècle, pourtant il n'en est rien. Comme le dit Castel lui-même, il traite « la chromatique en théoricien » et considère peinture et teinture comme des « optiques pratiques » et plus précisément encore comme des « chromatiques pratiques[21] ». Suivant la maxime qu'il édicte selon laquelle « il n'y a de scientifique que ce qui est réduit au géométrique, et il n'y a de géométrique que ce qu'on soumet au calcul[22] », il n'entend pas donner des recettes de fabrication mais bien proposer des explications et tirer des principes généraux, bref établir une chromatique. Et là, tout reste à faire, car il n'existe pas encore, selon lui, de « théorie pittoresque » (picturale) du coloris, ni de « mathématique », tout n'est encore que question d'intuition et de « règles vagues[23] ».

La base de la théorie élaborée par Castel s'appuie sur ce qu'on nomme désormais, en colorimétrie, à la suite du chimiste au savoir teinturier, directeur de la manufacture de tapisserie des Gobelins, Michel Eugène Chevreul dans la seconde moitié du XIXe siècle, les attributs ou paramètres des couleurs, c'est-à-dire la distinction, pour l'œil, entre teinte, saturation et luminosité ou clarté. Pour cela, il part de considérations sur le seuil de visibilité des couleurs pour l'œil humain : « les demi-teintes sont la borne du discernement de l'œil », les quarts de teintes sont indiscernables[24]. Puis, il s'appuie à la fois sur la distinction établie en peinture entre coloris (art des couleurs) et clair-obscur (partie du coloris qui étudie les ombres et les lumières) et sur l'expérience de trempage des teinturiers qui ainsi *affaiblissent* ou *fortifient* les couleurs à dessein. On obtient ainsi non des « degrés de coloris » mais de clarté (« de clair-obscur »). Prenons l'exemple du bleu : après plusieurs trempages d'une étoffe blanche dans une cuve d'indigo, on obtient toujours la même *teinte*, dirions-nous en utilisant le vocabulaire de la colorimétrie, c'est-à-dire de « vrais bleus ». Tandis que dans l'art du clair-obscur, on obtient des différences de luminosité : dans le premier cas, les bleus de la teinture d'indigo sont « bleus noirs, ou bleus d'enfer, comme ils [les teinturiers] les appellent » ; dans le second cas, en peinture, on obtient des « bleus célestes, bleus mignons, bleus pâles, bleus mourants, etc.[25] ». Il distingue également des degrés « d'abondance » dans les couleurs, que nous nommerions volontiers saturation :

> C'est ici une observation très importante dans la théorie des couleurs. Ce noir naturel, qui est dans la couleur, n'est qu'une abondance de couleur, une couleur bien nourrie, qui n'a besoin que de blanc ou de clair, pour être développée, et qui se soutient à merveille au milieu de ce blanc[26].

Le terme « d'œil » qu'il emprunte au lexique technique (l'œil d'un drap, d'une pierre, c'est son lustre, son éclat, sa netteté[27]) pour désigner une couleur est aussi surtout une indication d'intensité.

À partir de là, la principale tâche du « chromatologue » Castel est de dénombrer, nommer et classer les couleurs : il distingue 145 couleurs possibles et après avoir hésité entre plusieurs façons de calculer les degrés à la fois du clair-obscur (luminosité) et du coloris (teinte), il établit un système à douze, parfois treize degrés (d'où 145, un peu plus que 12x12), plus ou moins arbitraire pour ce qui concerne le clair-obscur : « C'est ici que j'avoue, que je n'ai point encore de démonstration immédiate pour un nombre plutôt que pour un autre ; mais que celui de douze m'a paru plus convenable. » L'une des raisons invoquées est alors l'analogie avec les douze tons du système tonique de la musique (voir « le clavecin oculaire », p. 221-228), analogie qui a déjà servi de base, on l'a vu, à Newton pour l'établissement de ses sept couleurs (la référence était alors plutôt la gamme majeure, en do, avec ses 7 degrés (voir p. 46). Son système chromatique combine ainsi les degrés du clair-obscur et du coloris et propose des nuanciers de douze degrés pour chaque couleur principale (et non pas seulement pour les seules trois primitives), répartis en trois ensembles, selon leur degré de luminosité, les sombres, les moyens et les clairs. On obtient ainsi, par exemple pour le violet :

> Le violet le plus foncé, est un rouge noirâtre avec un peu plus d'œil de bleu et de violet. Le troisième se débarrasse un peu plus du noir, et se colore d'un bleu fort rougeâtre. Ce n'est qu'au quatrième, que le violet est bien décidé, au cinquième, violet sérieux ; au sixième, c'est un beau violet moyen ; le septième est encore un beau violet, mais plus gai, plus clair. Le huitième et le neuvième plus clairs, vont au gris de lin ; après quoi les quatre derniers vrais gris de lin, au moins le neuf et le dix vont se perdre dans le blanc, au onzième, et tout à fait au douzième[28].

Ce qui, on le voit, par son travail à la fois taxinomique et linguistique, en fait à nouveau un auteur incontournable de notre seconde partie et le véritable fil rouge de cet ouvrage.

## Bernardin de Saint-Pierre, chromaticien et coloriste

Jacques-Henri Bernardin de Saint-Pierre (1737-1814) est l'une de ces autres figures exemplaires de l'intersection des domaines des couleurs au XVIII^e^ siècle, couvrant des secteurs aussi divers que la philosophie, l'histoire naturelle, la botanique et la zoologie, les relations de voyages et bien sûr la littérature de fiction avec, entre autres récits, *Paul et Virginie* qui l'a rendu célèbre. Mais, à la différence des figures précédentes, il présente une œuvre et une approche des couleurs parfaitement originales et difficilement assimilables aux « nébuleuses » précédentes[29]. À vrai dire, son œuvre n'est pas tant à l'intersection des savoirs qu'à la réunion de ceux-ci en une pensée et une écriture foncièrement unifiées. La critique – Jean-Michel Racault et Colas Duflo, grands spécialistes de l'auteur, au premier chef – l'a souligné : pas de description de la nature chez Bernardin, pas de *Paul et Virginie*, sans philosophie de la nature[30]. J'ajouterai la réciproque : pas de philosophie de la nature sans description, pas de théorie de la couleur sans écriture coloriste. Nommer les couleurs, séparément, dans leurs infinies nuances, dans une langue à la fois technique (empruntée aux savoirs coloristes des peintres ou des teinturiers) et inspirée, métaphorique, ou ensemble, « harmoniées[31] » suivant le néologisme de l'auteur, dans le spectacle de la nature qu'elles offrent, c'est tenter de s'approcher au plus près du dessein de la nature, telle que Dieu l'a conçue, dans un finalisme qui est aussi et peut-être d'abord esthétique. L'idée d'une nature-spectacle, si elle n'est pas nouvelle – Noël-Antoine Pluche a publié à partir des années 1732 un « best-seller » intitulé *Le Spectacle de la nature*[32] –, est poussée à son extrême chez Bernardin qui construit une véritable esthétique du spectacle naturel organisé, de façon panoramique, à partir du regard humain[33].

Les *Études de la Nature*, publiées en 1784 et augmentées en 1788 d'un quatrième tome où figure l'édition originale de *Paul et Virginie*, proposent ainsi une philosophie de la nature où se rejoignent tous les savoirs et expériences acquis par l'auteur ; ceux de son temps, c'est-à-dire du plein âge des Lumières et des encyclopédistes, avec des savoirs consensuels (et largement combattus par l'auteur) issus, en physique, de Newton, en histoire naturelle, de Buffon et plus encore de Linné, mais aussi ceux de sa vie personnelle : les divers voyages, notamment aux Mascareignes où il est envoyé comme ingénieur et où il séjourne trois années, expérience dont il fait un livre *Voyage à l'Île de France* [Maurice], *à l'Île Bourbon* [La Réunion] *et au Cap de Bonne-espérance* (1773), et les promenades et discussions en compagnie de Jean-Jacques Rousseau avec lequel, depuis 1772 jusqu'à la mort de ce dernier en 1778, il partage un même goût pour la nature et la botanique et dont témoigne le « Fragment servant de préambule » à *L'Arcadie* (1788)[34]. C'est dans ce contexte qu'il faut comprendre le développement sur les couleurs dans l'« Étude X » des *Études de la Nature*.

La notion clef qui permet d'entrer dans cet univers coloré et coloriste, est celle d'harmonie : le développement intitulé « Des couleurs », inséré dans une *Étude* consacrée aux lois générales de la nature, « cœur philosophique de l'ouvrage[35] », ne peut se comprendre sans le développement qui le précède, « De l'Harmonie », et nombre de ceux qui le suivent, principalement « Des Formes », « Des Mouvements » et « Des Contrastes ». « De l'Harmonie » rappelle les lois fondamentales qui constituent, pour Bernardin, le système explicatif du monde : d'abord, un finalisme généralisé qui, à la différence du déterminisme des matérialistes et de Diderot, est anthropocentré et orchestré par une Providence divine ; puis, une loi des contraires qui, une fois qu'ils sont mis en rapport (autre mot clef de l'œuvre), s'unissent pour former l'harmonie du monde[36].

> Mais lorsque deux contraires viennent à se confondre, en quelque genre que ce soit, on en voit naître le plaisir, la beauté et l'harmonie. J'appelle l'instant et le point de leur réunion : « expression harmonique ». C'est le seul principe que j'aie pu apercevoir dans la nature [...][37].

Les trois développements suivants, sur les couleurs, les formes et les mouvements, sont des applications et des preuves de ces lois générales, de la même façon que *Paul et Virginie*, publié rappelons-le à la suite des *Études* de 1788, peut apparaître également comme une illustration de celles-ci[38]. Ainsi, « il n'y a pas une seule nuance de couleur employée en vain dans l'univers » et ce finalisme a pour objet la satisfaction et l'élévation humaines. L'exemple donné par Bernardin et souvent repris dans ses différents écrits est celui du spectacle des cieux et des nuages, les « paysages aériens », mobiles et colorés de mille nuances :

> J'ai vu aussi dans les nuages des tropiques, de toutes les couleurs qu'on puisse apercevoir sur la terre, principalement sur la mer et dans les tempêtes. Il y en a alors de cuivrées, de couleur de fumée de pipe, de brunes, de rousses, de noires, de grises, de livides, de couleur marron et de celle de gueule de four enflammé[39].

Il invoque alors le « témoignage » de « tous les voyageurs qui ont monté en différentes saisons sur les montagnes les plus élevées du globe » et constate que le ciel qui s'offre à eux n'est qu'une « surface grise et plombée, sans aucune variation de couleur ». Il en déduit que les couleurs des cieux sont faites pour l'homme, spectateur de la nature : « ces décorations célestes sont faites pour le niveau de la terre, et [...] leur magnifique point de vue est pris de l'habitation de l'homme[40] ».

Dans cette perspective, l'homme a donc pour tâche de regarder et même pour injonction d'admirer la nature, en particulier ses couleurs mais aussi ses formes, qui témoignent de la Providence divine et sont des signes tendus vers lui pour qu'il s'élève spirituellement mais aussi, l'un conduisant à l'autre, au sens le plus littéral :

> Une des causes les plus ordinaires du plaisir que nous éprouvons à la vue d'un grand arbre, vient du sentiment de l'infini qui s'élève en nous par sa forme pyramidale. Les dégradations de ses divers étages de rameaux et des teintes de verdure qui sont toujours plus légères à l'extrémité de l'arbre que dans le reste de son feuillage, lui donnent une élévation apparente qui n'a point de terme[41].

Et, dans cette perspective toujours, le rôle de l'écrivain, notamment de l'écrivain-voyageur-spectateur du monde, est donc de décrire, avant même peut-être que d'expliquer ;

la description étant transcription de la sensation, c'est-à-dire de l'effet produit par le spectacle de la nature sur l'homme, ce qui, en soi, constitue déjà un mode d'interprétation et d'explication de la nature. D'où son rejet du discours classificateur des naturalistes de son temps et sa revendication d'un regard naïf – largement contredit par la précision de ses connaissances – sur les plantes et les animaux : « Avant d'aller plus loin, observez que je ne connais rien en botanique. Je vous décris les choses comme je les vois [...][42]. » D'où également, son recours incessant au langage « descriptif » coloriste le plus évident à l'époque, celui de la peinture : « Il me suffit de recommander aux naturalistes d'étudier la nature comme font les grands peintres[43]. »

Passons à la seconde loi principale, celle des contraires ou contrastes et de leur réunion harmonieuse, ce qui nous ramène à des débats connus sur la couleur. Bernardin, comme Castel, comme Goethe qui s'intéresse aux couleurs dès les années 1780, pointe chez Newton un défaut de méthode (voir p. 46-47) et récuse l'usage du prisme qui détermine une décomposition faussée de la lumière : non seulement l'instrument donne des couleurs « composées » (l'orangé, le vert, le violet, l'indigo) pour des « primitives », non seulement il méconnaît les deux couleurs essentielles que sont le blanc et le noir, mais encore, par sa forme triangulaire, il conduit à une mauvaise organisation des couleurs donnant pour extrêmes le rouge et le violet au lieu du blanc et du noir. On pourrait y voir une simple reprise de l'argument des peintres et de tous les coloristes opposant aux couleurs matérielles véritables, les couleurs « fantastiques » des physiciens. Bernardin, relayant une conversation qu'il a eue avec Rousseau, balaye d'ailleurs l'argument avancé par celui-ci en faveur des couleurs prismatiques et de l'homogénéité du vert, couleur « primitive » du spectre newtonien :

> J.-J. Rousseau me disait un jour que, quoique le champ de ces couleurs célestes soit bleu, les teintes du jaune qui se fondent avec lui n'y produisent point la couleur verte, comme il arrive dans nos couleurs matérielles lorsqu'on mêle ces deux nuances ensemble. Mais je lui répondis que j'avais aperçu plusieurs fois du vert au ciel [...].

Le consensus, en cette fin de siècle, autour des trois primaires, bleu, jaune, rouge est également bien établi ; quant au statut de véritables couleurs que sont le blanc et le noir et non une privation ou une synthèse, il est courant chez les coloristes. Mais si on y regarde de près, la théorie des couleurs est en réalité toute différente chez Bernardin. D'abord, parce que comme tout le savoir naturaliste qu'il déploie, dans les *Voyages* ou les *Études*, la théorie, rappelons-le, menée à hauteur d'homme, s'appuie sur des observations et des témoignages, si possible personnels, qui prennent la forme de multiples « j'ai vu » (observé, aperçu, etc.)[44]. Cette posture rhétorique, rappelons-le encore, est plus profondément une écriture de la sensation : puisque la finalité de la nature est l'homme, la sensation est un mode privilégié d'accès à celle-ci. À partir de là, ce n'est pas l'instrument scientifique qui peut forger une théorie des couleurs mais l'instrument sensible qu'est la sensation chromatique produite par la vue : « Tout ce que nous avons dit en rapportant quelques lois générales de la nature, des harmonies, des consonances, des contrastes et des oppositions, aboutit principalement au sens de la vue[45]. » Les réflexions de Goethe, exactement à la même époque, partent d'une même réévaluation de la vue comme outil épistémologique : « la couleur est la forme sous laquelle, selon sa loi, la nature s'offre au sens visuel. Ici également nous devons admettre que ce sens fonctionne, que l'action de la nature sur lui est connue ; car on ne peut parler de couleur avec un aveugle[46] ». Même récusation, également, chez les deux auteurs, de l'artificialité de l'approche physique et de l'expérience newtonienne (faite dans le noir, dans une pièce). Bernardin substitue, alors, à cette dernière, l'expérience « naturelle » de la contemplation du paysage céleste, une belle nuit d'été, « quand le ciel est serein et chargé seulement de quelques vapeurs légères, propres à arrêter et à réfranger les rayons du soleil lorsqu'ils traversent les extrémités de notre atmosphère [...] ». Le terme « réfranger » et même toute la fin de la phrase sont directement empruntés à la notion de réfrangibilité de la théorie newtonienne (voir p. 46) : en réutilisant des termes de physique, il s'agit bien, pour Bernardin, de présenter ses réflexions sur les couleurs comme une véritable alternative théorique, contrairement à sa posture naïve de départ (« je me garderai bien de définir les couleurs »).

Le spectacle de l'aurore, après une « belle nuit d'été », présente donc, selon lui, une tout autre grammaire des couleurs : à l'est, l'horizon blanchit puis se teinte progressivement, tandis que le soleil monte dans le ciel, en jaune, orangé, vermillon vif ; à l'ouest, le violet fait suite au vermillon, et précède « le gros bleu ou indigo » et le noir. Voilà pour l'ordre révisé de Newton : le rouge au centre, le blanc et le noir à chacune des extrémités. Quant au nombre « primitif » des couleurs, il faut, pour le percevoir, saisir le moment précis de l'aube, « celui où le soleil est près de montrer son disque », les couleurs sont alors réduites à cinq, outre le blanc et le noir, le « jaune pur », « la couleur de feu » (rouge vif), le « bleu pur ». La distinction effectuée ne repose pas alors sur la notion de couleur homogène telle que perçue dans le prisme, ou pourquoi pas (c'était l'objection de Rousseau à l'absence de vert dans le ciel) dans le spectacle naturel d'une aurore ou d'un coucher de soleil, mais sur celle de saturation (bleu pur, couleur de feu). Ce qui caractérise les énumérations chromatiques de Bernardin, c'est la nuance, la « multitude infinie de nuances intermédiaires » que la langue essaye de retranscrire. La couleur primitive, même si l'auteur utilise le terme, n'en est au fond pas une, car elle est elle-même perçue comme une nuance et un mélange. Dans la conception fondamentalement relationnelle de la nature qui est la sienne, il ne peut y avoir d'élément isolé, chaque couleur primaire participe ainsi d'une autre couleur primaire, celles-ci s'engendrant les unes les autres :

> Mais quelle que soit leur variété, elles s'y réduisent à cinq couleurs ; le jaune y paraît une génération du blanc, le rouge une nuance plus foncée du jaune, le bleu une teinte de rouge plus renforcée, et le noir la dernière teinte du bleu[47].

Ces « nuances » se réduisent même alors à deux, le blanc et le noir, qui « en s'harmoniant » produisent toutes les couleurs. Et si le rouge occupe la place centrale, au lieu du vert chez Newton, c'est en un sens tout différent. Son système des couleurs reposant comme toute sa conception de la nature sur une loi des contrastes, le rouge n'est pas véritablement « au centre » d'une suite continue des couleurs mais est le point d'union des deux extrêmes que sont la lumière et l'obscurité. Les couleurs qui sont agréables ou harmonieuses sont celles qui résultent « d'oppositions extrêmes », réparties de part et d'autre de la couleur pivot qu'est le rouge. Le vert en est ainsi la seconde harmonique :

> Il y a encore des teintes fort agréables qui se composent d'oppositions d'extrêmes. Par exemple, de la seconde et de la quatrième couleur, c'est-à-dire du jaune et du bleu, se forme le vert, qui constitue une harmonie très belle, qui doit tenir peut-être le second rang en beauté parmi les couleurs, comme elle tient le second rang dans leur génération. Le vert paraît même aux yeux de bien des gens, sinon la plus belle teinte, du moins la plus aimable, parce qu'il est moins éblouissant que le rouge [...][48].

À partir de tout autres prémisses, explicitement empruntées cette fois à la théorie newtonienne, c'est pour cette même raison de douceur du vert qui repose l'œil, que les lieux d'exposition des tableaux au XVIIIe siècle, à commencer par le Salon de l'Académie royale de peinture et de sculpture dès 1746, adoptent cette couleur sur les murs[49].

Toujours est-il que le rouge, chez Bernardin, acquiert par là un statut particulier : couleur par excellence, point d'accord harmonique de la nature, elle est la plus belle et la plus universellement appréciée. La philosophie unificatrice de l'auteur mêle alors des considérations de physique, d'histoire naturelle mais aussi d'anthropologie et d'ethnolinguistique dirions-nous dans notre vocabulaire contemporain ; remarques sur la primauté du rouge et la triade ethnologique blanc-noir-rouge dans le lexique et la culture que ne renieraient d'ailleurs pas forcément Brent Berlin et Paul Kay ni Michel Pastoureau[50] : « Les Russes, pour dire qu'une fille est belle, disent qu'elle est rouge », « On faisait au Pérou et au Mexique un cas infini du rouge », « Les témoignages des voyageurs sont unanimes sur la préférence que tous les peuples donnent à cette couleur[51] », etc.

La théorie des couleurs chez Bernardin a, de fait, des implications philosophiques et morales. Appliquant aux couleurs la distinction du second discours de Rousseau (*Discours sur l'origine et les fondements de l'inégalité parmi les hommes*, 1755) entre les causes naturelles et celles qui sont dues à la société (causes « morales et politiques », conventionnelles), il oppose les couleurs naturelles à celles qu'il appelle « politiques » et qui résultent des préjugés de la société dans la droite ligne rousseauiste (« ce sont nos préjugés qui corrompent nos goûts naturels »). Ainsi s'explique la préférence des Turcs pour le vert car c'était la couleur favorite de Mahomet, ou du jaune pour les Chinois car c'est celle de leur dragon emblématique : « Le jaune est à la Chine la couleur impériale, comme le vert l'est en Turquie[52]. »

Ce faisant, Bernardin établit un distinguo essentiel entre des couleurs symboliques ou emblématiques (on peut considérer l'emblème comme une espèce de symbole) à valeur essentiellement distinctive, et des couleurs que j'appelle « plastiques », esthétiques si l'on préfère, qui relèvent du pur visuel et s'analysent justement en termes de teinte, nuance, lumière et saturation. Le vert des Turcs ou le jaune des Chinois sont bien des couleurs distinctives et (dans le texte de Bernardin du moins) sans nuances comme le sont les couleurs de l'héraldique (voir p. 33).

Enfin, chez Bernardin, les couleurs sont liées à des états moraux. Il établit ainsi « une psychologie » des couleurs fondée sur leurs effets telle qu'on la trouvera systématisée dans la partie consacrée à « l'effet physico-moral » de la couleur dans le *Traité* de Goethe et figurée dans son cercle chromatique (voir p. 196). Chez Bernardin, le pouvoir affectif des couleurs dépend à la fois des lois de contrastes et d'harmonie et de la progression du soleil : au pôle de la lumière et du blanc correspond la gaieté, au pôle de l'obscurité et du noir, la tristesse (Goethe oppose « couleurs chaudes » et « froides »), le rouge servant là encore de ligne de partage. Le système s'applique aussi aux harmonies produites à partir des couleurs opposées :

> Dans les harmonies que vous formerez de part et d'autre en réunissant les couleurs opposées, plus il y entrera de couleurs de la progression ascendante, plus les harmonies en seront gaies, et le contraire arrivera lorsque les couleurs de la progression descendante domineront. C'est par cet effet harmonique que le vert étant composé du jaune et du bleu, il est d'autant plus gai que le jaune y domine, et il est d'autant plus triste que le bleu le surmonte.[53]

Mais là encore, l'auteur, véritable chromaticien, est attentif au moins autant aux paramètres de la clarté et de la saturation qu'à celui de la teinte seule. S'ajoutent, en effet, aux affects liés à la teinte, ceux, liés à la part respective de blanc ou de noir dans la teinte, tout en respectant la loi déterminante des contraires. L'adjonction de blanc (couleur gaie) aux différentes teintes qui tirent, à partir du rouge, du côté des couleurs tristes, produit des harmonies « mélancoliques » comme celle de la fleur de lilas (violet et blanc), du « gris de perle » (noir et blanc), de la « couleur de rose » (rouge et blanc). C'est donc de clarté ou de pâleur qu'il s'agit (la « pâleur est une nuance de blancheur » dans l'*Encyclopédie* de Diderot et d'Alembert[54]) et non plus de teinte. Parallèlement, l'adjonction de noir aux couleurs gaies accentue la tristesse : « [...] si le noir domine dans les couleurs gaies, il en résulte un effet plus triste que celui qu'il produirait lui-même étant tout pur[55] ». Le noir est perçu ici du point de vue de son degré de saturation (« tout pur ») ; ajouté aux teintes « gaies », il se ternit (se désature) et non s'éclaircit ; ainsi les couleurs obtenues ne sont pas assombries mais « ternes et meurtries[56] » : le noir seul, alors même qu'il occupe normalement l'extrémité du pôle de tristesse, n'est pas, écrit Bernardin, aussi triste qu'un jaune, un orangé ou un rouge mêlé de noir. Le terme « meurtri », directement emprunté au lexique de la peinture, traduit, de fait, une désaturation : « terme de peinture, qui signifie adoucir la trop grande vivacité des couleurs[57] ».

Cette attention portée aux couleurs et à leur « grammaire » conduit alors Bernardin à examiner la nature tout entière au travers de ce prisme : là où les botanistes « regardent en général les couleurs dans les fleurs comme de simples accidents » – et de fait, les grandes taxinomies, la linnéenne au premier chef, qui classe les plantes selon leurs organes de reproduction, ne prennent guère en compte les couleurs –, l'auteur en fait une caractéristique déterminante. Les fleurs des saisons ou des pays froids se distinguent ainsi de celles des saisons ou pays chauds par leur couleur : tous les dégradés de blanc et de jaune pour celles-là, toutes les couleurs « fortes » (saturées), pourpre, « gros rouge », bleu, pour celles-ci. Le tout s'appuyant sur un fond de théorie optique : les couleurs blanches ou pâles réfléchissent la lumière (et donc réchauffent) tandis que les « fortes » l'absorbent[58]. Les couleurs sont ainsi partie prenante des descriptions naturalistes : « le bois d'ébène dont l'écorce est blanche, la feuille large et cartonnée, blanche en dessous, et d'un vert sombre en dessus. Il n'y a que le centre de cet arbre noir, son aubier est blanc[59] ». Leurs lois générales, qui sont aussi, on l'a vu, celles de la nature dans son ensemble, harmonie et contraires, s'appliquent donc à la botanique et à la zoologie. Le régime général de la nature est celui du contraste[60] et de la consonance, les herbes sont vertes pour se détacher de la couleur de la terre, partout la couleur de l'animal contraste avec celle du fond où il vit, « souvent plus le fond est triste, plus l'animal qui y vit est revêtu de couleurs brillantes », des aigrettes « blanches comme la neige » se distinguent des « grèves rembrunies » (mot chéri de Bernardin), le « paille-en-cul » (paille-en-queue) présente un double contraste de couleurs par son plumage blanc-argenté sur fond de ciel azuré et par des touches rosées et deux longues plumes de sa queue couleur de feu[61].

Il existe également un sous-régime de contrastes qui permet de reconnaître les espèces dangereuses (animales et végétales) : les oppositions sont « dures et heurtées » pour celles-ci alors qu'elles sont douces et agréables pour les autres. Ces contrastes forcés relèvent alors de la logique de la compensation. De la même façon que la nature a donné aux fruits tropicaux une peau dure pour les protéger des insectes[62], elle a pourvu les animaux dangereux de couleurs fortement contrastées pour alerter leurs victimes : les oiseaux de proie ont des « couleurs terreuses opposées à des couleurs fauves, et des mouchetures blanches sur un fond sombre, ou sombre sur un fond blanc », l'ours blanc a le museau et les griffes noirs et la gueule et les yeux « couleur de sang », de sorte que cela le fait apparaître « malgré la blancheur de sa peau, au milieu des neiges du Nord[63] ».

Dès lors, il ne saurait y avoir de coupure entre écriture fictionnelle et didactique : l'univers fortement coloré notamment des Mascareignes (voir p. 155) s'accompagne forcément d'une écriture coloriste, picturale, *pittoresque*, attentive aux moindres nuances et paramètres des couleurs comme la clarté, la luminosité, la saturation mais aussi la texture, attentive également à l'organisation des couleurs entre elles ou à leurs mouvements et métamorphoses rapides. L'outil descriptif est nécessairement poétique puisqu'il vise à traduire par la langue l'infinie richesse et complexité du spectacle chromatique de la nature, voire, plus subtile encore, on l'a dit, la sensation produite par ce spectacle. D'où le recours à une formule souvent employée par Diderot, autre grand coloriste, dans les descriptions de tableaux qu'il fait dans ses *Salons*, l'apostrophe « Figurez-vous » :

> J'ai admiré souvent le lever et le coucher du soleil. C'est un spectacle qu'il n'est pas moins difficile de décrire que de peindre. Figurez-vous à l'horizon une belle couleur orange qui se nuance de vert et vient se perdre au zénith dans une teinte lilas, tandis que le reste du ciel est d'un magnifique azur. Les nuages[64] qui flottent çà et là sont d'un beau gris de perle. Quelquefois ils se disposent en longues bandes cramoisies, de couleur ponceau et écarlate ; toutes ces teintes sont vives, tranchées et relevées de franges d'or.

Le lexique des couleurs chez Bernardin est donc l'un des plus abondants du siècle, faisant feu de tout bois, mêlant les registres, techniques et populaires, créant au besoin des termes[65] et usant de toutes les ressources rhétoriques de la langue, notamment les figures de transfert et de substitution (métaphores, analogies) qui ne se réduisent pas, tant s'en faut, au procédé obligé des récits de voyage qui consiste, par la ressemblance, à ramener l'inconnu au connu[66]. Évoquant le rouge dont se parent, selon lui, les oiseaux pendant la saison des amours, l'auteur fond dans une métaphore audacieuse lexiques culinaire et teinturier : « Il y en a qui conservent entièrement le fond gris ou brun de leurs plumes, mais qui sont *glacés de rouge comme si on les eût roulés dans le carmin*[67]. » Décrivant les nuages des tropiques, on l'a vu, il énumère les plus subtiles nuances de bruns, noirs, gris et orangés et s'approprie les plus récents néologismes typiques des années 1770-1780, « couleur de fumée de pipe » ou « de gueule de four enflammé ».

Mais, on le voit, la grande question de la langue des couleurs est déjà amorcée : voir, c'est nommer et classer. Quelle que soit l'originalité profonde de Bernardin de Saint-Pierre, sa pensée et son œuvre sont nourries du terreau coloriste de son époque, même s'il contribue à le nourrir à son tour. Il constitue bien ainsi une figure majeure et l'indice sûr de la constitution d'un champ unifié de la couleur et du basculement dans un monde coloré à la fin de l'âge des Lumières.

# *Voir, nommer, classer*

Avec la constitution d'un cadre conceptuel élargi et d'un champ de savoirs et de pratiques de la couleur constitué en réseau, le XVIII<sup>e</sup> siècle se met donc à « voir » les couleurs. Il nous faut maintenant montrer comment ces savoirs renouvelés et multipliés qui circulent impliquent un véritable basculement dans une représentation colorée du monde dont la langue est le principal indice. Parlant des termes de couleurs, Brigitte Friant-Kessler écrit : « Nommer, c'est colorer les pensées, les mots et les mondes[1] ». Cette partie examine les lieux et les modalités de cette irruption des couleurs dans la langue et l'imaginaire des Lumières.

Voir, nommer, classer : les trois activités ne sauraient se concevoir l'une sans l'autre. Voir ne se conçoit pas sans trouver les mots pour dire ce que l'on voit et trouver les mots, c'est forcément établir des différences, des regroupements, comparer et classer. Une couleur ne se conçoit que par distinction avec d'autres, pas de couleur sans palette. La couleur est une sensation qui se *démêle*, « nous ne discernerions rien dans une campagne où nous voudrions tout voir à la fois et également[2] » (Condillac, *Traité des sensations*, 1754). Et une nouvelle couleur, c'est d'abord un nouveau terme de couleur, nouveau terme qui s'insère dans la langue par des opérations de construction (composition, assemblage, conversion), pas de couleur sans grammaire des couleurs[3]. Le XVIII<sup>e</sup> siècle se caractérise alors par une conscience aiguë de la disette de mots de couleurs et une corollaire recherche de nouveaux mots mais aussi de tentatives de classements : classements où la fonction distinctive des couleurs est sollicitée comme en zoologie, botanique et minéralogie mais aussi classements des couleurs elles-mêmes, nuanciers et nomenclatures chromatiques. Ce faisant, les Lumières revisitent la question ancienne de la tension entre création d'un langage technique spécifique à chaque domaine (pour les couleurs, par exemple, les terminologies des métiers de la teinturerie et de la chimie) et d'une langue pour tous, et optent pour la plus grande intégration possible. En 1801 paraît d'ailleurs un ouvrage de Louis-Sébastien Mercier intitulé *Néologie ou Vocabulaire de mots nouveaux, à renouveler ou pris dans des acceptions nouvelles* (1801). Il s'agit donc ici de prendre en compte tous les langages qui témoignent de cette imprégnation des couleurs chez les hommes et les femmes des Lumières : ceux de la presse, de la littérature – ou plus exactement des littératures, en étant attentif aux différences de statut générique des textes –, des correspondances, des traités et dictionnaires, jusqu'aux inventaires après décès qui attestent, de façon inattendue, de la pénétration des nouveaux termes de couleurs bien au-delà d'un simple effet de mode.

À la circulation des savoirs correspond ainsi celle des mots. Le 29 novembre 1748, dans l'une de ses nombreuses conférences données à l'Académie royale de peinture et de sculpture, qui porte sur la « Vie d'Eustache Le Sueur », le comte de Caylus (1692-1765), célèbre homme de lettres, amateur de l'Académie royale de peinture et de sculpture, savant et collectionneur spécialiste des antiquités égyptiennes, étrusques, grecques et romaines[4], souligne la difficulté qu'il y a pour la critique d'art en train de s'inventer à transposer en langage verbal le langage iconique et à nommer de façon fine ce qui échappe apparemment le plus aux mots dans la pratique du peintre, à savoir la couleur.

> Il me paraît singulier que dans un art autant approfondi que celui de la peinture, il se trouve des façons de parler qui n'ont aucune modification ; comme elle a ses demi-teintes, il semble qu'elle devrait avoir aussi des termes moyens pour exprimer ses finesses. Ce reproche tombe sur le mot de couleur : ce terme n'a qu'une acception en italien comme en français, et se prend absolument en bonne ou en mauvaise part ; cependant combien de différences réelles l'art ne présente-t-il pas dans cette même couleur [...][5].

Il s'agit alors d'élaborer une langue qui fasse coïncider les réalités de la couleur (lumière, perception, matière) avec un lexique et une pragmatique : nommer pour classer et produire.

L'une des plus sensibles réussites de cette langue nouvelle susceptible de rendre compte des demi-teintes et des finesses du coloris est alors l'apparition d'une nouvelle couleur, le rose. La promotion du rose (qui ne s'appelle pas encore « rose ») dans la société du XVIIIe siècle fait entrer cette couleur dans la langue, forge un imaginaire et un goût et produit à son tour la multiplication des roses dans la société. La référence n'est plus le rouge avec une nuance pâle que serait le rose parfois confondu également avec le jaune, mais le rose avec son propre nuancier, rose vermeil, pâle, vif, tendre, anglais, couleur de chair, de fille émue, cuisse de nymphe émue, etc. En outre, l'autonomie du rose par rapport au rouge ou au jaune qui s'accomplit au XVIIIe siècle n'est pas seulement un avatar de l'histoire culturelle du rouge[6], elle est, plus en profondeur, le signe d'un changement de modèle de représentation[7]. Voir le rose, vivre en rose, voir la vie en rose est le signe d'une transformation de la relation au monde désormais perçu sous le signe de la nuance et du sensible.

# 1
# L'invention du rose par les Lumières : une nouvelle couleur[1]

« Think Pink ! » : la chanson de Maggie, la rédactrice en chef du magazine de mode de la comédie musicale de Stanley Donen, *Funny Face* (*Drôle de frimousse*, 1957) **(fig. 18)** avec Audrey Hepburn et son injonction à « penser » rose, s'habiller de rose, voir la vie en rose, conditionnent encore largement notre perception, comme en témoigne le succès de la Barbieland du récent film de Greta Gerwig[2]. De fait, la question de la couleur rose telle qu'elle se pose à nous, au XXI^e siècle, est surtout identitaire et sexuée : féminine ou, par dérision, féministe, elle est d'abord pensée comme une valeur, un symbole ou un emblème[3]. Or, cet imaginaire du rose demande à être historicisé et cette histoire commence au XVIII^e siècle. Pour l'aborder il faut donc d'abord se débarrasser de « notre » rose avec ses valeurs culturelles mais aussi, plus en profondeur, de l'idée même qu'il fasse partie des onze « couleurs de base » communément reconnues[4]. Il faut distinguer alors deux évolutions, pas forcément successives : comment la fleur donne lieu à une sensation *chromatique* puis comment se fixe une tonalité particulière. Si l'on veut : d'une part comment *la* rose devint *le* rose et d'autre part comment *le rose* devint… *rose*.

Fig. 18 : « Think Pink », la chanson de Maggie (Stanley Donen, *Funny Face*, 1957).

## Le mot et la chose : identifier le rose

D'abord, il faut prendre conscience du fait que la langue renseigne peu ou mal sur le phénomène chromatique du rose qui n'est pas une couleur prismatique. L'histoire de la couleur rose qu'on fait volontiers remonter au grec ancien *rhodon* et aux fameux « doigts de rose » de l'aurore chez Homère ou encore au *roseus* latin, repose sur une vision largement rétrospective. Ainsi, la rose n'est pas le rose. Pour le grec, Adeline Grand-Clément a magistralement montré que *rhodoeis* (semblable à la rose) ou *rhododaktulos* (« aux doigts de rose ») n'impliquaient pas forcément une dimension chromatique et que, par ailleurs, la coloration, s'il y en avait une, n'était pas du tout fixée étant donné la variété de couleurs de roses possible[5]. C'est donc d'abord un problème de traduction.

Même chose pour le latin : il existe bien un adjectif latin *roseus* (qui vient de *rosa*, la rose), mais il désigne un rouge brillant ou vermeil (tirant sur le jaune). De nombreux adjectifs latins pourraient, de fait, correspondre à « notre » rose : *pallescens*, *rubellus*, *subrubeus*, le plus proche étant *pallidus*, pâle, mais très imprécis[6]. C'est en effet, là encore, la traduction moderne qui établit une équivalence entre *roseus* et rose. Dans le *De coloribus libellus* (1528), Telesio établit surtout un lien étroit entre la couleur de la rose (la variété qui n'est ni blanche ni rouge-feu) et la couleur de la chair ou incarnat. Il ne distingue pas la couleur rose de l'incarnat ou couleur de la chair et on peut même se demander jusqu'à quel point il s'agit bien d'une teinte. Le terme latin, en effet, chez Telesio, recouvre d'autres phénomènes que celui de la coloration : une texture, une qualité de peau, la jeunesse et la beauté. Le rose, pour Telesio, c'est une belle carnation, l'éclat du beau teint de jeunes adolescents et surtout adolescentes :

> *Jucundissimus omnium est color roseus, atque humano corpori, si id formosum est, quàm simillimus. Itaque os, cervicem, papillas, digitos roseos poetae dicunt : id est candidos, rubore sanguinis penitus diffuso cum venustate : isque color propriè est quem communis sermo incarnatum vocat.*

Ce que Christine Viglino traduit par :

> Le rose est la couleur la plus agréable de toutes et celle qui ressemble le plus au corps humain quand il est beau. C'est pourquoi les poètes disent de la bouche, de la nuque, des seins, des doigts qu'ils sont rosés, c'est-à-dire d'un teint éclatant, grâce à la rougeur délicate du sang qui circule à l'intérieur du corps ; c'est là, à proprement parler, ce que le langage courant nomme la « couleur chair »[7].

L'ambiguïté de la teinte « *roseus* », on le voit, est plus sensible en latin. Ce que dit le texte de Telesio, c'est avant tout la dimension corporelle, tactile, sensuelle et même érotique du terme : *papilla* désigne en particulier le téton, le « bouton » du sein. Les deux termes « chromatiques » les plus proches sont *candidus* et *incarnatum*, qui n'indiquent pas à proprement parler une teinte mais une luminosité pour l'un (*candidus*, éclatant plus que blanc, comme en témoigne bien la traduction), une texture, un tact, une tendreté, pour l'autre (*caro*, la chair, c'est aussi la pulpe d'un fruit). La traduction de « *incarnatum* » par « couleur chair » pose aussi problème : certes, cela permet de mettre en relief la dimension charnelle du terme latin, mais encore faut-il se mettre d'accord sur ce qu'est une « couleur chair ». Au XVIIIe siècle ainsi, incarnat, d'un usage un peu vieilli, désigne un rouge[8] tandis que la couleur chair (ou de chair) désigne déjà, comme aujourd'hui, un presque blanc[9]. Significativement, d'ailleurs, *candidus* et *incarnatum*, donnés ici par Telesio comme deux « synonymes » de *roseus*, ne correspondent pas aux adjectifs latins traditionnellement associés au rose, à notre rose, (*pallescens*, *rubellus*, *subrubeus*, *pallidus*[10]), car *roseus*, n'est précisément pas exactement une teinte, la sensation n'est pas tant chromatique que tactile et olfactive (la fleur toujours – *papillatus*, c'est aussi la fleur en boutons).

*Roseus* renoue ainsi d'une certaine façon avec la proximité qu'entretiennent la peau humaine et la couleur dans nombre d'aires linguistiques. Le latin *color* désigne le teint du visage ; dans la Grèce archaïque se rejoignent également le teint et la teinte, *khrôma* et *khrôs*, ce qui semble être une constante d'aires linguistiques beaucoup plus vastes[11]. C'est ainsi que jusqu'au XVIIIe siècle y compris, on assiste en français à une synonymie active entre les termes couleur de chair, couleur de rose et incarnat.

Ainsi, dans la langue française, les termes de couleur (adjectif et nom) désignant ce que nous nommons *le rose*, n'apparaissent que timidement et progressivement au cours du XVIIIe siècle. *Rose* jusque-là renvoie à la fleur, sa forme (rosace, rosette[12]) ou encore son odeur. Elle est intégrée à des usages sociaux, médicinaux, et à la cosmétique[13] : elle est utilisée sous forme de sirops, décoctions ou infusions pour ses vertus thérapeutiques, on se parfume ou on se baigne les yeux avec de l'eau de rose, les pastilles de roses obtenues en écrasant les fleurs servent à embaumer une chambre. L'expression « découvrir le pot aux roses », attestée dès le XIIe siècle, fait référence à un pot à fards qui sont d'abord rouges[14]. De même, lorsque l'un des dérivés ou composés du nom féminin « rose » a un référent chromatique, il ne s'agit pas de notre rose mais, lorsqu'il est stable, ce qui n'est pas toujours le cas, d'un rouge. Un visage « couperosé » est, comme de nos jours, un visage « plein de rougeurs » (Richelet, *Dictionnaire français*, 1680). Et ce rouge n'est même pas pâle, il s'agit plutôt d'un vermillon ou d'un carmin, d'un rouge vif, foncé ou orangé.

Ceci tient en large partie à la couleur des roses cultivées, surtout rouges, parfois blanches, plus rarement jaunes. La variété de roses la plus utilisée était celle qu'on trouvait initialement dans l'enceinte des potagers monastiques pour ses vertus médicinales, la rose rouge de Provins ou « rose des apothicaires », importée d'Orient au XIIIe siècle. L'entrée massive de la rose ornementale sur le marché floral se fait tardivement et progressivement au cours du XVIIIe siècle, avec l'engouement pour les jardins anglais et des hybridations nouvelles, importées par la Compagnie des Indes orientales. C'était auparavant, en effet, une fleur essentiellement anglaise ou hollandaise. Et c'étaient encore des fleurs telles les tulipes[15] (même si l'épisode de tulipomanie du XVIIe siècle est bien fini) ou les jacinthes qui occupaient le plus le marché[16]. Le XVIIIe siècle constitue alors pour la fleur comme pour la teinte (le rose) « une période charnière[17] ». Les grands dictionnaires de langue de l'époque classique (Richelet, Furetière, Académie[18]) donnent ainsi d'abord des exemples de roses « fort » rouges, celles de Provins, ou blanches. Néanmoins ces dictionnaires signalent aussi des « roses pâles » qui sont les « ordinaires » (Furetière), « communes » (Richelet) ou « simples » (Académie), il s'agit des roses d'églantier. C'est, de fait, avec l'églantine que la coloration s'est progressivement approchée de *notre* rose.

Dès lors, le référent chromatique est apparu en deux temps : il a d'abord été désigné par l'expression « couleur de rose », puis par le terme « rose » (substantif et adjectif) seul. L'expression « couleur de rose » est difficile à dater[19], mais c'est surtout à partir de la seconde moitié du XVII^e^ siècle qu'elle se développe jusqu'à devenir très courante au début du XVIII^e^ siècle. Elle fait une entrée massive dans la langue dans les années 1730-50 où elle est alors sectorisée dans le libertinage et l'esthétique rococo (les deux le plus souvent confondus par les détracteurs du rococo), à tel point qu'elle en devient un marqueur et tient le milieu entre « couleur de chair » (rose très pâle, presque blanc) et « couleur de feu » (rouge vif). En effet, « couleur de rose » est une expression qui caractérise les corps et décor libertins, la décoration des « petites maisons » galantes, le mobilier, les accessoires et attributs de l'intime, du sexe : sont ainsi qualifiés de « couleur de rose », les salons, les sofas, les bas, les jarretières, les rubans. C'est la couleur du premier sofa de la métempsychose d'Amanzéi chez Crébillon (1742), d'un autre dans *Zadig* (1748), du bec et des pattes du pigeon galant du conte de Diderot, *L'Oiseau blanc, conte bleu* (1748), d'un salon des *Bijoux indiscrets*, d'un bas de soie dans *Le Diable boiteux* de Lesage, d'une jarretière et d'un jupon chez Caraccioli, d'une mule chez Rétif de La Bretonne[20], etc.

Néanmoins, à cette étape, il est important de préciser que le référent chromatique de l'expression « couleur de rose » est le plus souvent encore un rouge vif, un vermillon ou un carmin. Lorsque Louis-Antoine Caraccioli imagine des impressions colorées pour son *Livre à la mode*, d'abord vertes puis « couleur de rose » pour le second opus (1759-1760), cette « couleur de rose » est encore un franc rouge, ni rose ni pâle (sauf éventuellement suite à l'effet du temps et l'état de conservation des éditions !). Le texte s'autodésigne d'ailleurs comme étant un « livre rouge » et du « plus beau des vermillons[21] » **(fig. 19)**. De même,

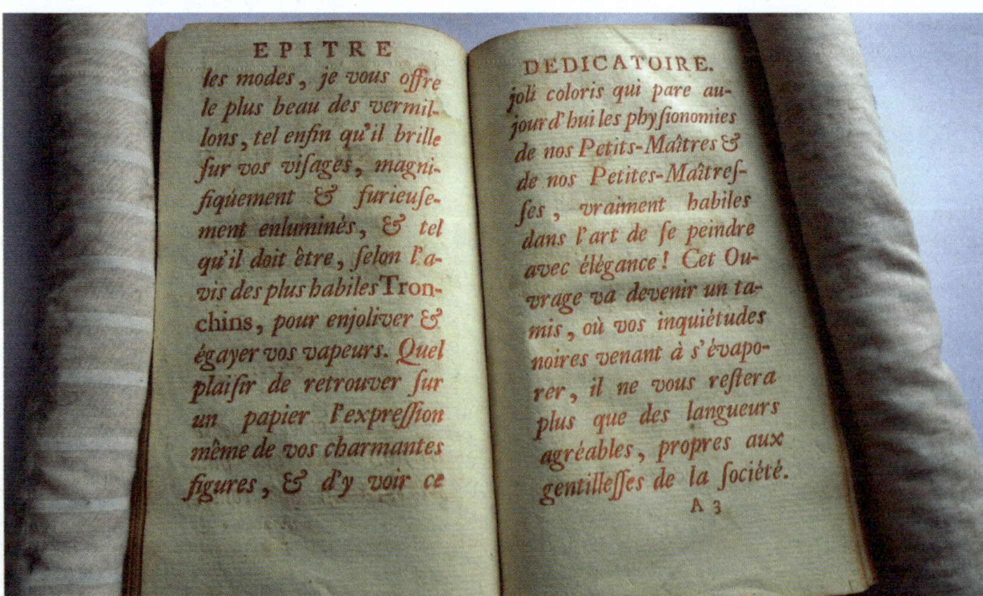

EPITRE
les modes, je vous offre le plus beau des vermillons, tel enfin qu'il brille ſur vos viſages, magnifiquement & furieuſement enluminés, & tel qu'il doit être, ſelon l'avis des plus habiles Tronchins, pour enjoliver & égayer vos vapeurs. Quel plaiſir de retrouver ſur un papier l'expreſſion même de vos charmantes figures, & d'y voir ce

DEDICATOIRE.
joli coloris qui pare aujourd'hui les phyſionomies de nos Petits-Maîtres & de nos Petites-Maîtreſſes, vraiment habiles dans l'art de ſe peindre avec élégance ! Cet Ouvrage va devenir un tamis, où vos inquiétudes noires venant à s'évaporer, il ne vous reſtera plus que des langueurs agréables, propres aux gentilleſſes de la ſociété.
A 3

Fig. 19 : Louis-Antoine Caraccioli, « le plus beau des vermillons » (*Le Livre à la mode*, 1759).

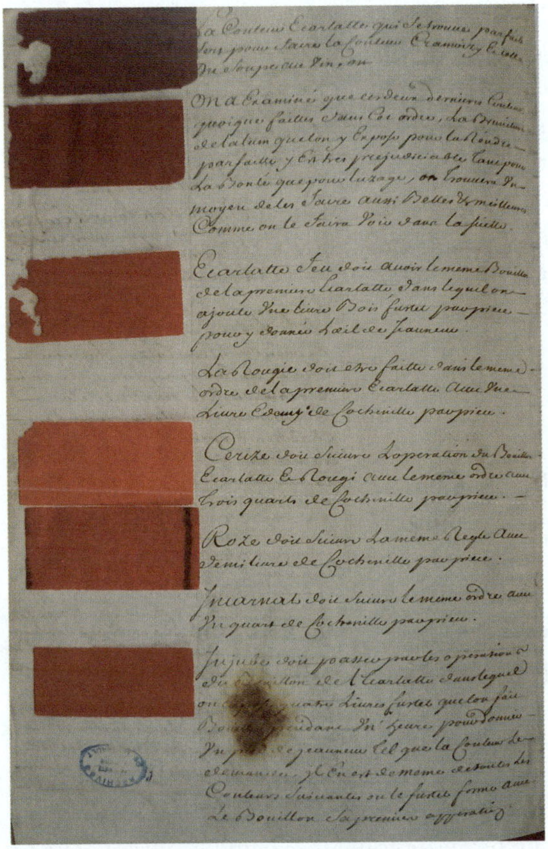

Fig. 20 : Antoine Janot, coupons de tissu, (*Mémoire*, 1744).

le premier mémoire daté de 1744 du teinturier occitan Antoine Janot, illustré d'échantillons qui nous sont parvenus, place ainsi la couleur « incarnat » entre le « rose » et le « jujube » (datte rouge)[22] **(fig. 20)**, l'échelle allant du plus foncé au plus clair, néanmoins ce « clair » reste un rouge saturé – le rose n'a toujours rien de notre rose.

La dernière étape est alors celle du passage à l'adjectif et au nom de couleur seuls. Ce n'est, en effet, qu'avec le terme « rose » employé seul que le coloris semble se modifier et se stabiliser. « L'invention » du terme de couleur « rose » vient clairement des « métiers », de la teinturerie ou du travail de l'émail. La première occurrence significative que j'ai identifiée[23] se trouve dans l'ouvrage du père Castel, *L'Optique des couleurs*, de 1740, où, à propos du travail des teinturiers, il mentionne « les pourpres, les roses, les couleurs de chair[24] ». Le projet taxinomique de Castel, évoqué dans la partie précédente (p. 78-81), permet même de préciser la teinte sur un nuancier : les degrés de rouges, du plus foncé au plus clair, sont ainsi les pourpres, noirâtres d'abord, puis les cramoisis, et enfin trois clairs, les roses, les chairs et les blancs.

Dans l'*Encyclopédie* de Diderot et d'Alembert, l'adjectif de couleur « rose » apparaît une première fois dans l'article ÉMAIL de Diderot qui date de 1755 : « Le blanc est ami de toutes les couleurs ; mêlé avec le carmin, il donne une teinte rose[25] ». Et « le rose » comme nom de couleur apparaît en 1765, dans l'article TEINTURE. En outre, Caraccioli témoigne que l'adjectif de couleur « rose » était déjà entré dans la langue usuelle à la fin des années 1750 : « [...] la comtesse de ***, âgée de soixante-trois ans, se pare encore avec des rubans rose et bleu-céleste[26] ». En 1768, le même Caraccioli consacre enfin la double entrée du rose, dans la langue, et de la rose, dans la société, en proposant une entrée ROSE dans son *Dictionnaire critique, pittoresque et sentencieux* : « ROSE. Fleur que sa couleur et son parfum rendent la Reine des jardins, et qu'on tâche d'exprimer tant qu'on peut sur les étoffes et dans les tableaux[27]. »

L'opération mentale qui fait advenir *le* rose se fait donc en plusieurs étapes et sans qu'il soit tout à fait aisé de savoir quel est le référent chromatique exact des termes de couleur employés (couleur de rose, rose, mais aussi incarnat et couleur de chair). Ce sont des couleurs, mais elles ne sont encore ni très définies ni très stables. Néanmoins, un glissement sémantique décisif s'est effectué au cours du siècle entre l'expression « couleur de rose » et le terme de couleur « rose » : le changement de genre entre la fleur (*la* rose) et la couleur (*le* rose) traduit justement cette opération mentale qui fait passer d'un référent concret à un concept[28]. Le changement de référent entre « couleur de (la) rose » et (le) rose s'accompagne alors d'une perte de la matérialité et par là sans doute aussi de la variabilité de la couleur avec un figement progressif de la propriété chromatique vers nos teintes de rose.

## Et en Europe ?

Une rapide enquête menée du côté des trois aires linguistiques « européennes » appartenant à trois pays aux transferts culturels intenses avec la France aboutit aux mêmes conclusions. En anglais, « *pink* » (l'œillet) ne commence vraiment à désigner une couleur qu'à partir du XVIII^e^ siècle (avec une première occurrence au début du XVII^e^ siècle) et son émergence est alors sectorisée dans le domaine de la mode[29]. Quant à « *rose* », il existe bien un verbe, attesté au XVII^e^ siècle mais jusqu'à la fin du siècle suivant, tous les exemples donnés l'associent au teint, ce qui en fait un équivalent de l'expression française figée « le teint de lys et de roses », où il s'agit moins de couleur que de texture et où, du point de vue de la coloration, il s'agit d'un rouge. Même chose pour les adjectifs « *rosy* » ou « *rosy-coloured* » qui apparaissent tous deux dans les années 1590 mais dans le sens de « rouge » ou de « rougir » (*blush*).

En allemand, « *rosa* » est également un terme de couleur « jeune » qui apparaît au XVIII^e^ siècle où il n'existe encore qu'en composition : « *rosaband, rosakleid, rosapapier, rosatuch* » (ruban rose, robe rose, papier rose, tissu rose – c'est-à-dire en fait l'équivalent de « couleur de rose », de la couleur de la rose). Ce n'est qu'ensuite que « *rosa* » est utilisé comme nom seul puis comme adjectif[30]. Quant à « *rosenrot* » (équivalent actuel de « *rosa* »), il est également récent (XVII^e^ siècle) et désigne là encore, conformément à son étymologie, un rouge : « *roth wie eine Rose*[31] » (rouge comme une rose).

En italien enfin, la référence à la couleur rose dans les entrées de ROSA n'apparaît qu'au XIX^e^ siècle[32]. Il existe bien un adjectif de couleur « *rosato* » dès le XVI^e^ siècle, rendu célèbre par une anecdote du *Livre du courtisan* de Baldassare Castiglione (*Il Libro del Cortegiano*, 1528), mais qui correspond là encore plutôt au français « couleur de rose » (relatif à la couleur de la rose). Il s'agit d'un conseil que Cosme de Médicis donne à l'un de ses riches amis : « *Vesti di rosato, e parla poco* » (habille-toi en rose/de rose/de la couleur de la rose et parle peu). Le tissu « *rosato* » est ainsi, comme la parole mesurée, une marque sociale de respectabilité[33]. Le vêtement que nous nommons « rose » – on le verra plus loin – est sans doute, avant le XVIII^e^ siècle, une marque de distinction sociale, comme le rouge. Mais, faute de terme pour la nommer, la sensation chromatique du rose fait défaut. Un bon indice alors pour mesurer cette sensation conférée par le « *rosato* » de Castiglione (un rose, notre rose, ou plutôt un *couleur de la rose*, un rouge ?) est fourni par la traduction française qu'en donne Gabriel Chapuis en 1585 : « Habille-toi d'écarlate, répondit Cosme, et parle peu[34]. » Rouge, donc.

Par ailleurs, le même phénomène d'instabilité sémantique qu'on constate en français avec les termes « couleur de rose », « couleur de chair », « incarnat » et « rose » se retrouve dans ces autres langues : en anglais, avec les termes *rosy-coloured, flesh-coloured, carnation, pink* et en allemand, avec *rosenrot, rosenfarben, leibfarbe* (couleur du corps), *fleischfarbe* (couleur de la chair), *rosa.* Se dégagent alors progressivement et surtout à partir de 1750, à la fois un chromatisme, *notre* rose, et un terme de couleur pour le désigner, en anglais, c'est *pink*, en allemand et en italien *rosa*[35]. Ainsi, la convergence dans une aire géographique et linguistique élargie de l'évolution du chromatisme rose semble confirmer la valeur épistémologique de celui-ci.

Cette progressive identification du rose permet donc maintenant d'esquisser quelques traits de son identité ou de l'identité qu'elle confère : la double sectorisation dans le domaine de la teinturerie et du corporel fait en effet de cette coloration un élément constitutif de la nouvelle culture visuelle des Lumières.

## Vivre en rose

L'expression « voir en rose » au sens figuré de « considérer avec optimisme », apparaît de fait également à la fin du XVIII^e^ siècle, une fois que le chromatisme « rose » s'est installé. En attestent en français des expressions comme « voir tout couleur de rose » ou « voir tout en rose »[36] et en anglais « *in the pink* » (en bonne santé, de belle humeur[37]).

Car le rose ou le « couleur de rose » est à la mode dans un siècle où la mode, précisément, devient un phénomène social. En ce sens, le rose est un signe de distinction : porter du rose, mieux, se faire représenter en rose, avec des roses *roses*, c'est afficher son appartenance à une élite curiale.

Si l'on s'en tient d'abord à cette mode de la cour qui dicte le goût, le développement de l'usage des soieries et des indiennes sous Louis XIV ainsi que les progrès techniques de la teinturerie et la commercialisation mondialisée de nouveaux pigments ou importés à moindre coût ont contribué à lier étroitement mode et couleur – et à donner une place au rose. L'introduction du mot dans la langue va ainsi de pair avec l'émergence d'une nouvelle teinte, obtenue grâce à la commercialisation d'une matière colorante venue d'Amérique (le bois de braise) et à de nouveaux procédés en teinturerie[38]. La culture matérielle apporte un éclairage sur cette valorisation du rose dans la société mondaine du XVIII^e^ siècle. Par exemple, la comparaison entre trois inventaires (1686, 1711 et 1732) de marchandises à Paris de la famille d'un gantier-parfumeur du roi permet de voir que la teinte « couleur de rose » n'apparaît que dans le dernier inventaire, tandis que la couleur « cerise », mentionnée dans le même inventaire à côté du « couleur de rose », l'était dans les inventaires précédents de la même famille mais seul[39]. Le rose et notamment le vêtement rose sont alors de véritables signatures des esthétiques Régence et Louis XV, rocaille ou « rococo », et c'est d'abord Antoine Watteau, qui en explore toute la force plastique.

Fig. 21 : Jean-Antoine Watteau, *L'Enseigne de Gersaint*, v. 1720-1721 (huile sur toile, 163 x 308 cm, Berlin, château de Charlottenburg).

Ses deux tableaux sans doute les plus célèbres, *L'Embarquement pour Cythère* (1717) du Louvre et *L'Enseigne de Gersaint* (1720) constituent de véritables manifestes visuels du rose. Dans les deux cas, le rose *aimante* le regard, « appelle » avec une irrésistible force le spectateur pour reprendre les termes employés par Roger de Piles, défenseur du coloris[40]. Le groupe principal des trois couples au premier plan de *L'Embarquement* est structuré par deux vêtements roses, celui de l'un des amants à gauche et celui de la femme

à droite avec un rappel dans les rayures de la jupe de la femme au centre, qui font écho au terme de Vénus à l'extrême droite du tableau, enrubanné d'une guirlande de roses *roses* et d'un nœud de même teinte. *L'Enseigne de Gersaint*, sorte de testament artistique du peintre, dont le propos est justement de faire la publicité d'une boutique de marchand de tableaux du pont Notre-Dame à Paris (Gersaint)[41], mais aussi celle de la mode[42], de l'art de peindre et tout spécialement de celui de Watteau lui-même, fait du rose l'emblème

même – l'enseigne – à la fois de cette nouvelle société des apparences et d'une nouvelle esthétique picturale rocaille. Le tableau met en scène la mutation du champ artistique en cours : le portrait de Louis XIV peint par Hyacinthe Rigaud est décroché et mis en caisse tandis qu'un nouveau type de public, l'amateur, examine avec une loupe, les chairs claires de femmes nues aux poses obscènes[43]. Le rose de l'imposante et luxueuse robe de la jeune femme au premier plan, présentée de dos, tandis qu'elle franchit le seuil de la boutique, acquiert une sorte d'autonomie et signe symboliquement l'entrée du rose dans la culture visuelle du siècle **(fig. 21)**.

Jean-Baptiste Oudry, à la même période, fait aussi du rose la couleur principale de l'ensemble décoratif des *Divertissements champêtres* (1720-1723) qu'il peint pour le château de Voré de Louis Fagon, intendant des finances. Le décor se compose de neuf panneaux d'arabesques roses et met en avant soieries roses et tons clairs, en particulier dans « La Promenade », où l'on trouve, comme chez Watteau, le monochrome rose d'une robe manteau **(fig. 22)**. Cette teinte devient alors la couleur reine de la période rococo, associée à Madame de Pompadour, la maîtresse de Louis XV (on parle même de « couleur Pompadour[44] ») et au peintre François Boucher qui en fait plusieurs fois le portrait ainsi qu'il assure la décoration de son château de Bellevue[45]. Le portrait qu'il fait de *Madame de Pompadour à sa toilette* (1758, Harvard Art Museum) la saisit au moment où elle se poudre le visage, et signale la liaison du rose, du luxe et de la cosmétique. C'est autant un tableau sur le rose et sa valeur aristocratique qu'un portrait : la couleur signe la distinction sociale et le statut de favorite de celle qui y est peinte (elle porte un bracelet avec un camée à l'antique à surface rose représentant Louis XV) et simultanément, la favorite promeut le rose au rang de couleur aristocratique. Sur la toile, analyse l'historienne de l'art Cassandra Albinson, le rose est partout, et qui plus est un rose vif d'une teinte uniforme : c'est la couleur des rubans qui ferment le corset et ornent les manches ou encore enserrent le cou, mais aussi celle de la poudre qu'on voit à la fois dans le poudrier, sur la petite brosse et sur les joues, également

Fig. 22 : Jean-Baptiste Oudry, « La Promenade », *Les Divertissements champêtres*, 1720-1723 (huile sur toile, 3,643 x 0,785 m, Paris, musée du Louvre).

celle des lèvres, des carnations à proximité de la poudre et même de l'intérieur de la narine[46] (fig. 23).

Fig. 23 : François Boucher, *Portrait de madame de Pompadour à sa toilette*, 1758 (huile sur toile, 81,2 x 64,9 cm, Cambridge (Mass.), Harvard Art Museum/Fogg Museum).

Un autre portrait de Madame de Pompadour par Boucher (1756, Alte Pinakothek, Munich) présente la même valorisation du rose qu'on retrouve alors dans le laçage du corset, les manches, mais aussi dans les pantoufles, les rayures des coussins, le collier de Mimi, l'épagneul King Charles de la favorite, et surtout dans la passementerie de la robe et de la jupe vertes sous la forme de plusieurs guirlandes de roses *roses*. Le motif floral est alors décliné en ornement sur le haut de la robe, dans les cheveux, au premier plan où s'entrecroisent un couple de roses et de crayons, et sous la table où le même couple de fleurs est cette fois-ci posé sur des livres (fig. 24). Le rose revitalise alors les valeurs traditionnelles de la rose comme attribut de Vénus. Le couple de fleurs symbolise l'union royale ; associé aux beaux-arts ou aux livres, il signale aussi le rôle d'amateur et de protecteur des arts du roi et de sa maîtresse. Le rose ainsi, tout en conservant pour partie une fonction symbolique héritée de la fleur, devient chez Boucher un mode d'expression à part entière et un marqueur du rococo. C'est par son rose également que Fragonard, élève du précédent et peintre de la génération suivante, perpétue cette culture visuelle : la célèbre toile *Les Hasards heureux de l'escarpolette* (1767, Londres, The Wallace Collection) prolonge et amplifie encore les roses des tenues et des carnations de Watteau et surtout de Boucher. On retrouve le rose des pantoufles et l'ambiance florale est poussée à l'extrême par la forme même de la robe, toute volantée et aérienne, qui imite les pétales de la fleur. La toute récente restauration du tableau, en enlevant la couche de vernis jaunâtre qui le recouvrait, a d'ailleurs confirmé cet éclat du rose.

On peut bien sûr objecter que ni le rococo, ni Watteau, ni Boucher, n'ont « inventé » le rose en peinture[47], pas plus que l'histoire du vêtement ne permet vraiment d'établir une survalorisation de cette teinte à l'époque.

Ainsi, en peinture, la tenue de la Vierge n'est pas toujours rouge et bleue, la robe rouge peut à l'occasion être d'un franc rose, notamment chez les Italiens, comme dans la *Sainte Famille* de Titien (1510, Londres, The National Gallery) ou *Le Sommeil de l'enfant Jésus* de Carlo Maratti (1697, Paris, musée du Louvre). Le rose peut même être martial comme dans le *Portrait d'Henri IV en Mars* par Jacob Bunel (1605, Château de Pau) (fig. 25). Chez Poussin, pourtant perçu dans la querelle de la fin du XVII^e^ siècle comme modèle du peintre grand

Fig. 24 : François Boucher, *Portrait de madame de Pompadour*, 1756 (huile sur toile, 201 x 157 cm, Munich, Alte Pinakothek).

Fig. 25 : Jacob Bunel, *Portrait d'Henri IV en Mars*, 1605 (huile sur toile, 186 x 135 cm, Pau, musée national, château de Pau).

dessinateur et piètre coloriste, il y a bien du rose ; de nombreuses étoffes nous apparaissent roses : la draperie qui enserre les reins du personnage à droite au premier plan de *L'Enlèvement des Sabines* (1634, New York, The Metropolitan Museum of Art), plusieurs tuniques de femmes dans *Éliézer et Rébecca* (1648, Paris, musée du Louvre), celle du Christ dans *Les Aveugles de Jéricho* (1650, Paris, musée du Louvre), etc. Mais notre identification de ces colorations à du rose reste problématique et largement rétrospective : la teinte de ces différents vêtements n'était sans doute pas perçue de façon uniforme comme pour nous, et appartenait tantôt à des rouges (des incarnats), tantôt à des jaunes ou des violets. André Félibien décrit ainsi les deux robes que nous voyons roses dans *Éliézer et Rébecca* **(fig. 26)** : celle qu'a revêtue la jeune femme à gauche qui porte un vase sur la tête et se penche pour en prendre un autre est « rouge avec des manches qui paraissent de toile de lin » ; celle de l'autre jeune femme qui ne se montre que de dos mais en tournant laisse voir son visage de profil est « peinte d'une laque fort vive, dont les

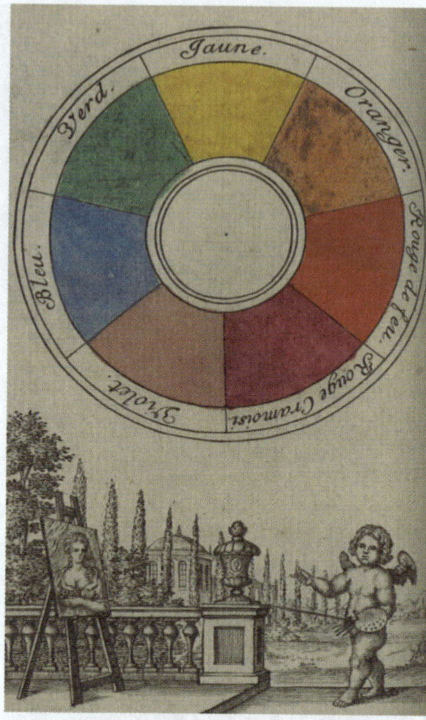


Fig. 27 : [Claude Boutet], Anneaux des couleurs (*Traité de la peinture en mignature*, 1708, grav. coloriée à la main).

Fig. 26 : Nicolas Poussin, *Éliézer et Rebecca*, 1648 (huile sur toile, 118 x197 cm, Paris, musée du Louvre).

clairs sont rehaussés d'une couleur plus claire mêlée d'un bleu pâle[48] ». Sébastien Bourdon dans la conférence de l'Académie du 3 décembre 1667 qu'il consacre aux *Aveugles* de Poussin qualifie le manteau du Christ de « pourpre » alors que « notre » pourpre paraît plus violacé et celui-ci plutôt rosé[49]. Les cercles chromatiques du *Traité de la peinture en mignature* dans l'édition de 1708 rendent d'ailleurs bien compte de cette zone rosée occupée par les violets et les pourpres[50] **(fig. 27)**.

L'histoire du vêtement ne permet pas non plus de trancher péremptoirement en faveur d'une inflation du rose au XVIIIe siècle : comme l'a montré Daniel Roche, il est très difficile de formuler des généralités dans un domaine où les distinctions d'ordre, de fonction, de rang social sont si décisives et où les jeux de l'apparence reconfigurent sans cesse les repères[51]. L'historienne Marie Chiozzotto dans un article sur la garde-robe de Louis XV pour l'année 1772 insiste sur le caractère encore bariolé des tenues. La mode est aux couleurs éclatantes et tranchées, les motifs des tissus reposent principalement sur un contraste de vert avec des teintes rouges et jaunes. Et même quand, dans le dernier tiers du siècle, avec Marie-Antoinette, la mode passe aux « teintes sourdes ou pastel[52] », les paradigmes pour penser les couleurs demeurent la saturation et la clarté (clair/foncé, vif/terne) et non le chromatisme.

Il est plus juste alors de parler d'« ambiance rose », le rose est au moins autant un fantasme qu'une donnée. C'est la façon dont se pense le XVIIIe siècle et dont, en retour, on l'imagine. En témoigne l'un des premiers critiques d'art, La Font de Saint-Yenne, qui attaque justement, en 1747, l'univers visuel du premier XVIIIe siècle (qu'on appellera plus tard « rococo ») *au nom du rose*. Sa critique porte principalement sur les peintres coloristes Boucher et Natoire :

> Le public pense à peu près de même des Tableaux du Sieur Natoire dont les carnations sont encore plus faibles et dans un petit goût de mode très clair à la vérité, mais en même temps très fade. C'est aujourd'hui la teinte générale de presque toutes nos productions dans les Lettres comme dans la peinture, tout y est de la couleur des roses et en conserve la durée[53].

Le texte vaut la peine qu'on s'y arrête. Il convoque la plupart des éléments qui constituent l'univers visuel et aussi mental du rose au cours du XVIIIe siècle : le caractère charnel, la teinte claire et désaturée (« fade »), le lien avec la mode artificielle et passagère. Le rose fait donc pleinement partie de ce que nous appelons désormais l'esthétique « rococo » (coloris clairs, volupté, petits sujets ou grands sujets pour la peinture d'histoire mais sectorisés dans une mythologie amoureuse et érotique, importance du mondain et de la mode). Surtout, la couleur devient un critère distinctif, non seulement en peinture, mais pour la société dans son ensemble qui est perçue au travers du prisme de la couleur – et en l'occurrence du rose. Chez La Font de Saint-Yenne, cette nouvelle teinte est en outre pensée comme un marqueur de rupture civilisationnelle[54]. Chez Caraccioli également le « couleur de rose » est tenu comme le symbole même d'une société mondaine. Son « édition en couleur de rose », exclusivement consacrée à la critique des libertins, petits maîtres et petites maîtresses, fait de ceux-ci les métaphores d'une société régie par le fard et la mode. Le rose (ou le couleur de rose) n'est pas alors l'apanage des seuls libertins, c'est la société entière qui est conçue comme libertine, une société où se rejoignent le monde, le mondain, et la mode. La scène originelle du rose, même s'il n'est pas encore distinct chez Caraccioli du « rouge », est ainsi celle de la toilette décrite dans l'édition « en couleur de rose » :

> Enfin, l'heure de se lever arrive, c'est-à-dire midi : on se laisse aller entre les bras de deux femmes de chambre, qui transportent l'idole sur une magnifique délassante. […] On se réveille tout de nouveau ; on demande un miroir, et bientôt on s'écrie qu'on est laide à faire peur ; on change de décoration ; on passe une robe de perse ; on se pâte ; on se fait tortiller les cheveux, et l'on y répand des parfums à profusion. Les couleurs se présentent à la vue ; on se barbouille avec le pinceau, et l'on se rend rouge comme la crête d'un coq […][55]

On le voit, les valences de ce mode de vie en rose sont déjà celles qu'on trouve dans l'expression *voir la vie en rose* : gaieté et vitalité.

> J'avoue que ce ne sont point des idées rembrunies, et l'on doit savoir que dans le monde il y a des imaginations couleur de rose, c'est-à-dire des imaginations qui voient tout aimable, tout charmant, des imaginations qui savent se peindre les objets les plus enchanteurs et qui, comme les abeilles et les papillons, ne se reposent jamais que sur des arbres et des fleurs[56].

Le prince de Ligne (1735-1814) est alors un exemple remarquable de la superposition de ces déterminations sociale et galante du rose, de la mode et du *monde*. Son surnom, « *der rosarote Prinz* », le Prince « rose », est en effet une appellation forgée à partir des armes des Ligne, de la livrée de leurs domestiques mais aussi de la surenchère ostentatoire qui caractérise l'aristocrate lettré et le libertin, son goût pour le rose s'étendant à ses calèches, son papier à lettres, sa maison de la Mölker Bastei à Vienne, etc. Le prince de Ligne, en se mettant en scène comme un prince « rose », se construit alors une identité d'aristocrate galant, comme il l'explique dans ses mémoires : « […] Comme j'ai *l'esprit assez couleur de rose*, on a été assez bête pour croire que c'est moi qui comme un parvenu m'étais donné cette livrée-là[57]. »

Enfin, si « ambiance rose » il y a bien, celle-ci évolue avec le sémantisme du terme ; la mode quitte les rouges (couleur de rose) pour « nos » roses, pour les clairs et les pastels. Avec le refus par Madame du Barry, nouvelle maîtresse officielle de Louis XV à partir de 1768, des grandes tenues officielles et surtout sous l'impulsion de la reine Marie-Antoinette, à la fin des années 1770, la mode est désormais « au naturel », ce qui, dans la construction imaginaire de ce nouveau canon de beauté, entraîne un refus des fards rouges – le fameux « vermillon terrible » obligatoire à la cour[58] – au profit des rosés, et privilégie les étoffes légères et claires, la mousseline de coton blanche, la fameuse gaule du portrait de Marie-Antoinette par Élisabeth Vigée Le Brun en 1783 qui fit scandale et fut remplacée par un portrait en robe de soie bleutée. Cette nouvelle fabrique de la beauté est de fait relayée par la peintre dans ses portraits des deux femmes, Madame du Barry et Marie-Antoinette[59].

Le nouveau goût se traduit aussi par une évolution de la cosmétique et des soins corporels : Catherine Lanoë en met en lumière quelques traits comme l'inversion dans l'usage du rouge après 1760-1770. Celui-ci ne sert plus alors à rehausser le blanc, mais à imiter les couleurs naturelles : de façon très exemplaire, le manuel de cosmétique *La Toilette de Flore* de Pierre-Joseph Buc'hoz (1771) recycle d'anciennes recettes mais y remplace le mot « rouge » par « incarnat » pour approcher des valeurs de la chair[60]. Autre exemple cosmétique : dans les années 1780, on assiste à un changement dans l'usage de la poudre pour les cheveux. D'abord, ce qui était initialement une poudre d'*odeur* devient une poudre de *couleur*. Ensuite, ces couleurs même évoluent : elles passent du noir, gris ou brun au blond et aussi au rose ou gris-rose[61]. Ainsi, le renversement des codes aristocratiques à la fin du XVIII^e^ siècle, profite au rose le plus pâle. Mais l'enquête de Catherine Lanoë menée sur les préparations et soins de beauté souligne également une autre évolution, sexuée, elle. De fait, l'écrasante majorité des préparations (fards, pommades et eaux pour le visage) est désormais sans équivoque réservée aux femmes, seules les pommades pour les cheveux semblent concerner les hommes[62]. Ce qui, mis en regard avec l'évolution « rosée » de ces artifices, tend à indiquer une sectorisation sexuée du rose. Qu'en est-il donc au juste ?

## Le genre du rose

Le rose, au XVIIIe siècle, est-il sexué ? Il y a plusieurs manières d'aborder la question[63]. Michel Pastoureau fait brièvement l'histoire de cette identification du rose au féminin dans le chapitre de *Rouge* qu'il consacre au rose. L'histoire se fait en deux étapes : d'abord, au milieu du XIXe siècle, dans le monde anglo-saxon protestant avant une extension à tout l'Occident, on prend l'habitude d'habiller les nourrissons en bleu et rose – mais sans distribution sexuée. Avec néanmoins une nette distinction sociale : seules l'aristocratie et la haute bourgeoisie sont concernées. Les autres classes sociales, pour des raisons économiques (solidité, résistance au lavage des couleurs), gardent le blanc pour les nourrissons. Puis, après 1930, en Amérique puis en Europe, avec le développement de couleurs plus résistantes, l'usage du rose et du bleu se généralise. L'atténuation de la distinction sociale s'accompagne alors de l'apparition d'une distinction sexuée : rose pour les filles, bleu pour les garçons. Et l'historien des couleurs de conclure : « Le rose est désormais féminin, essentiellement féminin, alors qu'au XVIIIe siècle il était encore bien souvent masculin[64]. » Je ferai deux remarques : dans cette histoire du rose, seul le vêtement est pris en compte, mais il y a bien d'autres manières de penser l'origine de la sexuation du rose. Ce qui appelle une seconde remarque : si la distinction sexuée succède à la seule distinction sociale, comment comprendre qu'elle se soit faite dans cet ordre-là précisément ? Est-ce un hasard si, au moment de la séparation des sexes et des couleurs, le bleu a été attribué aux garçons et le rose aux filles et non l'inverse ? On nous permettra d'en douter[65].

Fig. 28 : Jean-Baptiste Perronneau, *Portrait d'Olivier Journu*, 1756 (pastel, 58,1 x 47 cm, New York, The Metropolitan Museum of Art).

Beaucoup d'indices, en effet, suggèrent au contraire que le rose dès son « invention » au XVIIIe siècle était déjà une couleur sexuée.

Repartons du vêtement ou du moins, de sa représentation en peinture et dans les magazines de mode en plein développement à la fin du XVIIIe siècle – même si les estampes de mode, encore coloriées à la main, doivent être appréhendées avec prudence, la même gravure pouvant être reproduite et circuler avec des couleurs différentes.

Il existe bien des portraits d'hommes entièrement vêtus de rose. C'est par exemple le cas de celui d'Olivier Journu, membre d'une famille d'armateurs enrichie dans la traite atlantique, par le pastelliste Jean-Baptiste Perronneau en 1756 : le jeune homme est peint dans un habit à la française entièrement rose et porte des roses à la boutonnière (fig. 28). Un autre cas intéressant est celui du « costume Louis XVI » : on possède plusieurs tirages coloriés de l'estampe du portrait de Louis XVI en costume de sacre tirée du premier *Cahier de Collection d'habillements modernes et galants avec les habillements des princes et des seigneurs* (1780). Le roi, sous l'ample manteau royal violet, porte des trousses d'apparat ; la couronne est posée à côté de lui sur un coussin. Or, les trousses et les attributs royaux ou simplement luxueux comme les boucles de chaussure, changent de couleur d'une gravure à l'autre et sont tantôt coloriés en rose, tantôt en bleu. Seul le violet du manteau, mentionné dans la légende, paraît donc une couleur symbolique incontournable, mais le rose n'apparaît cependant pas déplacé. On peut alors comparer cette estampe à une autre, dans les années 1830, par Achille Devéria, où Louis XVI n'est plus le roi représenté en majesté mais désigne seulement un type de vêtement, « le costume Louis XVI », entièrement rose, taillé dans une étoffe luxueuse et ornée d'une passementerie raffinée. Le costume, en outre, est daté « 1774 », date de l'accès au trône du jeune homme de dix-neuf ans. L'habit, donc, tel qu'il est rétrospectivement imaginé par l'illustrateur, fait du rose un symbole aristocratique (avec épée) mais aussi sensuel : le rose est inséparable de l'étoffe irisée et d'une attitude « au naturel ». Le personnage, même s'il prend la pose, est dessiné en mouvement, tête tournée vers l'arrière, main gauche et pied droit en avant, comme s'il s'adressait à quelqu'un qu'il invitait à le suivre (fig. 29, 30 et 31). Le portrait de Joseph Duplessis qui représente également Louis XVI dans un habit rose (château de Versailles, 1776), le saisit une fois encore jeune et dans une pose

Fig. 29, 30 et 31 : Claude-Louis Desrais (dess.) et Martial Deny (grav.), [Louis XVI] *Monarque juste et bienfaisant*, 1780 (gravure en taille-douce coloriée à la main ; 25,2 x 19 cm, RMN-Grand Palais, Château de Versailles pour la fig. 29 et BnF pour la fig. 30), et Achille Dévéria (dess.), Cattier (impr.), *Costume Louis XVI*, v. 1831-9 (lith., 43,7 x 31,5 cm, Paris, musée Carnavalet).

« au naturel » **(fig. 32)**. Même chose pour la pose d'Olivier Journu chez Perronneau, « au naturel », voire légèrement lascive avec une mise en relief des lèvres coloriées du même rose que l'habit, sensualité qu'accentuent encore la fragilité et l'éclat particulier du pastel. Dans ces portraits-ci d'hommes jeunes « en rose », la teinte est certes d'abord un indice social mais elle comporte aussi sans doute des valeurs plus intimes, de jeunesse, entre tendresse et volupté. La couleur rose, écrit Caraccioli, « ne convient plus lorsqu'on a vingt-cinq ans[66] ».

Fig. 32 : Joseph Duplessis, *Louis XVI, roi de France et de Navarre*, 1776 (huile sur toile, 80 x 62 cm, Versailles, musée national des châteaux de Versailles et de Trianon).

Que peut signifier pour un homme de se faire représenter en rose ? Il en faudrait plus pour en juger vraiment. Mais Melissa Hyde suggère également, à partir du portrait de Journu notamment, membre d'une opulente famille bordelaise enrichie dans le commerce colonial, un rapprochement entre le rose, le blanc et l'idéologie raciale : la « blanchitude » peut aussi être représentée par du rose[67].

Car là est bien l'essentiel : les portraits d'hommes en rose sont extrêmement rares comparés à ceux des femmes. On est presque dans le domaine de l'exception, en France comme en Angleterre, où l'art du portrait est particulièrement développé[68]. Le rose relève, en effet, dès son entrée dans l'imaginaire du XVIIIᵉ siècle, du féminin et ce, d'abord, par le biais du corporel.

De fait, un premier trait, paradoxal, de cet imaginaire du rose au XVIIIᵉ siècle est qu'il s'agit moins d'une couleur que d'une texture. On l'a vu : le rose se définit au sein d'une famille de tons corporels, incarnat, couleur de chair, auxquels on peut ajouter dans le dernier tiers du siècle le fugitif « cuisse de nymphe émue », une sorte d'incarnat rosé, l'invention du nom étant attribuée au marchand de modes Jean-Joseph Beaulard dans les années 1770.

Une critique du Salon de 1773, les *Dialogues sur la peinture*, pamphlet anonyme attribué au peintre Antoine Renou (voir p. 230), à un moment où ce qu'on a appelé bien plus tard le « néoclassicisme » commence à s'imposer, est une bonne illustration de cette corporéité du rose. Un terme du lexique de la peinture désignant tout particulièrement les manières de Boucher et de Fragonard est révélateur de ce traitement texturé plus que coloré des couleurs de chair et de rose : le « tartouillis ». Ainsi, dans les *Dialogues,* M. Fabretti (nom d'un célèbre érudit italien spécialiste d'art antique au XVIIᵉ siècle) stigmatise les carnations rosées de Fragonard en ces termes : « Vous avez vu à Lussienne

[Louveciennes] encore le *nec plus ultra*, pour *le heurté, le roulé, le bien fouetté, le tartouillis*. Le voilà, le voilà le véritable *Tartouillis*[69]. » Il s'agit d'une allusion claire au cycle des quatre panneaux des *Progrès de l'amour*, commandés par la comtesse du Barry pour son pavillon de Louveciennes et peints en 1771-1772, qui, à peine installés, suite notamment à la critique violente qu'en font, entre autres, les *Dialogues*, sont remplacés par quatre compositions de Vien de style plus « néoclassique ». L'édition fictive de ces mêmes dialogues est d'ailleurs, ironiquement, située à « Tartouillis ».

Le deuxième trait de cet imaginaire du rose découle du premier : dans l'imaginaire et le discours, la chair reste au XVIIIᵉ siècle, affaire de femmes. Il n'est pas besoin, je pense, de rappeler l'assimilation classique de la femme (le « sexe », ce sont des personnes du « sexe » comme l'on disait alors[70]) au corporel passionnel et à la mollesse des chairs[71]. Par ailleurs, en peinture, où, depuis la Renaissance italienne, la question majeure du rendu de la couleur de la chair concerne tous les corps, le discours intègre une réflexion sur les distinctions d'âge, de santé, de condition sociale, à partir du XVIIIᵉ siècle, de race, et d'abord de sexe. Il y a ainsi une distinction sexuée des couleurs de la chair et une opposition chromatique entre les carnations féminines, blanches et rosées et masculines, plus sombres, rouges et brunes. Dans la partie précédente (p. 73), on a vu comment au début du XVIIIᵉ siècle le peintre et théoricien néerlandais Gérard de Lairesse recommandait justement de peindre les chairs masculines avec du blanc et beaucoup de rouge et les féminines avec très peu de rouge et une pointe de jaune.

Enfin, lorsque, principalement dans la peinture rococo, les carnations indifféremment des deux sexes paraissent saturées de roses ou de roses-rouges – qu'on pense chez Boucher à l'Apollon du *Lever* et du *Coucher du Soleil* (1752, Londres, Wallace Collection) (**fig. 9**, p. 54-55) – les reproches formulés à l'encontre de ces peintres mettent en avant l'idée d'une contamination du féminin[72]. Ces critiques portées spécifiquement sur le chromatisme rose témoignent alors bien de l'imaginaire féminin de celui-ci. Le rose, dès le XVIIIᵉ siècle, est bien perçu *aussi* comme une couleur féminine et dévirilisante, même si, suivant le contexte, il peut n'avoir qu'une valeur sociale.

Troisième et dernier trait qui découle encore du précédent : le rose devient également un outil de distinction genrée qui accompagne la bipolarisation sexuelle. Il est un outil de construction identitaire de la féminité et de l'homosexualité.

Il faut rappeler le contexte : sur la polarisation sexuelle, l'ouvrage, pionnier pour l'historicisation de la différence des sexes, de Thomas Laqueur, fait du XVIIIᵉ siècle un âge pivot où l'on passe d'un modèle unisexe à un modèle différentiel à deux sexes : « c'est au XVIIIᵉ siècle que fut inventé le sexe tel que nous le connaissons[73] ». Tandis que, dans une tradition aristotélicienne, le modèle pour penser le corps et l'identité humains était encore au XVIIᵉ siècle précisément « l'humain » ; le XVIIIᵉ siècle mène ainsi une entreprise scientifique, médicale, visant à déterminer les différences anatomiques des hommes et des femmes, entreprise qui contribue alors à assigner des rôles sociaux aux uns et aux autres et à les hiérarchiser : le corps est « construit » et la différence sexuée est donc devenue une différence genrée[74]. Nuancée, la thèse de Th. Laqueur, a aussi été complétée par les travaux de Randolf Trumbach sur l'invention de l'homosexualité au tournant de 1700 : le durcissement de la masculinité et de la féminité a, selon lui, produit un troisième genre, celui des « adultes sodomites efféminés ». On passerait ainsi du modèle du libertin, ayant des relations à la fois hétéro et homosexuelles, au modèle de l'homosexuel qui imite des comportements féminins[75].

Cela apporte un éclairage intéressant à l'association, au XVIIIe siècle, qui se fait entre le rose et la figure du petit-maître voire de la petite-maîtresse.

> PETIT-MAÎTRE : On appelle ainsi un jeune homme de qualité [un noble], qui se distingue par un air avantageux, par un ton décisif, par des manières libres et étourdies. *C'est un petit-maître. Il fait le petit-maître* » (*Dictionnaire de l'Académie française*, 1740).

Phénomène sociétal lié au développement de la vie mondaine et curiale, la figure du courtisan petit-maître, parfois également appelé « petit marquis », est une cible satirique privilégiée à partir des années 1730-1740, moment où le terme entre dans les dictionnaires de langue : la pièce de Marivaux, *Le Petit-Maître corrigé*, qui met en scène un jeune marquis volage et fat, Rosimond, est jouée pour la première fois en novembre 1734. Certes, le petit-maître ne se caractérise pas par son homosexualité et en ce sens la thèse de Randolph Trumbach peut sembler inadéquate. Néanmoins, en tant que construction idéologique, il relève bien de ce « troisième genre ». Les contours d'une figure fantasmatique se précisent alors, d'abord par un trait de langage, le persiflage[76] mais aussi par une couleur : le rose. J'ai mentionné plus haut la sectorisation de l'expression « couleur de rose » dans le libertinage mais on peut préciser encore : il ne s'agit pas de n'importe quel libertinage, pas celui des grands libertins, ceux qu'on appelait à l'époque les *roués*, mais d'un libertinage du petit, dont les comportements se confondent avec ceux de l'autre « petit genre », la femme. Femmes et petits-maîtres ont ceci en commun qu'ils sont tous deux dans ce que Judith Butler nomme la performance[77], ils jouent leur rôle de petit-maître et de femme, interchangeable. Leur identité est ainsi entièrement définie par une théâtralité (les vapeurs) et une scène (la toilette), qui entretiennent un lien privilégié avec le rose.

L'atmosphère « couleur de rose » décrite, dans le texte de Caraccioli cité à plusieurs reprises, combine en effet le motif des vapeurs et la scène à la toilette : les petits-maîtres et les petites-maîtresses s'y « pâtent » de fard, s'y parent de rubans et ont des vapeurs. À la même époque, *Le Tableau du siècle* de Paul Antoine Nicolas Nolivos de Saint-Cyr (1759) associe également « vapeurs » et coquetterie des petits-maîtres et des petites-maîtresses[78]. Or les « vapeurs » sont une forme mondaine, normée et acceptée, de l'hystérie et comme elle, sont des expressions de la « matrice » : « Les *vapeurs* de la matrice ont causé de tout temps de grands emportements aux femmes, soit de douleur, soit de folie » (Furetière, *Dictionnaire universel*, 1690). Un conte étiologique établit d'ailleurs un lien explicite entre les « vapeurs » matricielles et le ou la rose. Dans *Le Prince Rosier* de Catherine Bernard (1696), un prince se transforme en rosier pour se faire aimer d'une princesse qu'il épouse, puis la jalousie de celle-ci le détermine à redevenir rosier (le conte s'insère dans un roman illustrant les méfaits de l'amour conjugal). La princesse ne supporte plus alors l'odeur des roses et « c'est depuis ce temps-là que les roses ont toujours donné des vapeurs[79] ».

Le petit-maître est ainsi la cible privilégiée des défenseurs du dimorphisme sexuel qui « redoutent la féminisation des hommes par trop de coquetterie et la masculinisation des femmes par trop d'emprunts virils[80] ». La critique de la perte des repères sexués est de fait une constante et une obsession au XVIII^e siècle : un texte de l'abbé Gabriel-François Coyer s'intitule *L'Année merveilleuse ou les Hommes-femmes* (1748). Les hommes y reçoivent leurs visiteurs à la toilette, se parent de rubans, de poudres, etc. Paradoxalement, la figure du petit-maître construit, par la critique qu'elle subit et qui lui est consubstantielle, non une dissolution mais un renforcement des repères sexués et par là-même une *gendérisation* du rose.

Le petit-maître est ainsi représenté « en rose » dans les grandes séries des *Galeries des modes* éditées à partir de 1778 : par exemple, une estampe portant pour légende « Petit-maître en chenille [sorte de tissu de soie veloutée], frac de couleur à la mode[81] » montre un jeune homme en frac rose. C'est également un petit-maître qui porte un habit rose dans l'une des estampes des *Douze pièces d'une suite de costumes* gravées par Louis-Marin Bonnet à la fin du XVIII^e siècle (fig. 33). Cette série, plus fiable du point de vue du coloris étant donné la qualité de Bonnet, à la fois dessinateur, éditeur et inventeur d'une technique de manière de pastel (pastel en gravure), très attentif aux couleurs des estampes, est également intéressante pour son utilisation du contraste bleu/rose presque systématique en liaison avec une distinction sexuée. En effet, la série scénarise dans chaque estampe un couple homme/femme autour d'intrigues galantes stéréotypées (« Les billets réciproques », « La marchande de bouquet », « Le bouquet accepté », etc.) : dans la gravure avec le petit-maître, la femme est en bleu, mais dans toutes les autres lorsque l'un des vêtements est rose, c'est la femme qui le porte et l'homme est alors en habit bleu – et gilet jaune à la Werther[82] (fig. 34 et 35).

Fig. 33 (à gauche) : Louis-Marin Bonnet (grav.) et J. Aug. Léveillé (dess.), « Le Petit Maître en Négligé d'Hiver », [17.] (gravure à l'eau-forte et au pointillé, coloriée, 14,5 x 11 cm, BnF) ; fig. 34 (au centre) : Louis-Marin Bonnet (grav.) et Claude-Louis Desrais (dess.), « La Bonne Fête », [17.] (gravure à l'eau-forte et manière de lavis, coloriée, 14,5 x 10,5 cm, BnF) et fig. 35 (à droite) : Louis-Marin Bonnet (grav.), « Le Bouquet accepté », [17.] (gravure à l'eau-forte et au pointillé, coloriée, 14,5 x 11 cm, BnF).

Enfin, au tout début du XIXᵉ siècle, Louis-Sébastien Mercier consacre l'alliance nouvelle entre l'efféminé et le rose en introduisant dans son ouvrage *Néologie* (1801) une entrée ROSÉ : « Le visage efféminé, les couleurs vives et rosées de mon frère annonçaient plutôt une fille déguisée, qu'un véritable garçon[83]. » Le rose caractérise donc déjà bien, dès le XVIIIᵉ siècle, la féminisation des corps et des comportements, il est partie prenante d'une performance du féminin.

Mais la littérature, notamment la plus expérimentale, celle des contes, genre en plein essor depuis la dernière décennie du XVIIᵉ siècle, va plus loin dans l'exploration des valeurs sexuées des couleurs. Les couleurs ont-elles un genre ? Comment les couleurs produisent-elles des repères sexués, comment le rose, *notre* rose, le plus pâle, celui de la fleur d'églantier, est-il au cœur de la fabrique des identités sexuelles ? C'est ce que raconte, à sa manière, *La Princesse couleur-de-rose et le prince Céladon* (1743).

## Trouble dans le genre

Il n'est pas indifférent de savoir que le conte est écrit par une femme, Marie-Magdelaine de Lubert[84] : le genre du conte de fées littéraire tel qu'il s'est inventé à la fin du XVIIᵉ siècle en France, avec une majorité de romancières devenues conteuses, même si Perrault est en quelque sorte l'arbre qui cache la forêt, est largement une pratique féminine d'écriture, qui met en scène des relations sexuées et tient, de façon symbolique, à partir de scénarios inédits ou inavoués voire inavouables, un discours sur les sexes. Lubert (1702 ?-1785), dont on sait peu de choses mais qui publie dans les années 1730-1750 une série de contes aux intrigues sinueuses qui présentent des scénarios particulièrement originaux et cruels, propose avec *La Princesse couleur-de-rose et le prince Céladon* un triangle amoureux porté par des codes-couleurs.

Voici le point de départ : un jeune prince, fils du roi et de la reine des Aigues-Marines, appelé Céladon, doit craindre la piqûre d'une rose, cause de grands malheurs, et tous les rosiers sont bannis du royaume. Parallèlement, la reine du royaume des Cèdres, sœur de la reine des Aigues-Marines, met au monde une jeune princesse, nommée Couleur-de-rose à cause de la beauté de son teint (« de lys et de rose[85] »). Celle-ci doit redouter, jusqu'à ses quinze ans, l'infidélité de celui qui serait son amant. On lui fait alors don d'un bouquet de « six roses de diamant couleur-de-rose » qui se fanera en cas d'infidélité de son amant. Lorsqu'elle atteint l'âge de douze ans, la méchante fée Sempiternelle veut lui faire épouser le fils d'un allié, le prince Muguet. Pour préserver la princesse, sa mère la cache chez une fée amie (la fée des Chênes verts) et la fait remplacer, à la cour, par son cousin le prince Céladon déguisé en princesse pour faire illusion.

L'intrigue se noue lors de la rencontre fortuite, à la campagne, des deux protagonistes. Céladon, déguisé en « fille », surprend Couleur-de-rose endormie à l'ombre d'un buisson de roses sauvages : « *Leur belle couleur, inconnue au jeune prince*, lui donna envie d'en cueillir pour en semer sur la belle personne qui dormait[86]. » Ce faisant, le bouquet de roses de diamant tombe, Céladon pour le rattraper s'appuie sur une rose sauvage qui le pique et s'évanouit. On peut déjà faire une pause : dans le conte, comme l'indique le titre, c'est le prince qui s'appelle Céladon, dans la lignée certes des bergers pastoraux, de l'*Astrée*, mais aussi dans une filiation « bleutée », sa mère étant la reine des Aigues-Marines. Rappelons que « céladon », au moment où écrit Lubert, désigne à la fois le berger et, par proximité (le costume du personnage d'Honoré d'Urfé étant orné de rubans verts), une couleur bleu-vert[87] et également un type de porcelaine chinoise de cette teinte commercialisée alors. Et c'est donc la princesse qui est « couleur-de-rose », à cause, certes de son teint, mais le nom est également remotivé dans le récit par l'épisode de rencontre. La scène d'initiation amoureuse brouille alors les repères sexués : le désir paralyse le héros qui, conformément à son costume et aussi à son modèle folklorique (la Belle au bois dormant) « performe » alors en jeune fille et saigne (« Ah dieux ! » dit la princesse, « son sang coule[88] »). Le bleu (ou bleu-vert) Céladon, contaminé par la rose, *rougit* et se transforme symboliquement en femme, ce que son déguisement féminin anticipait déjà. Notons enfin que ce conte offre la preuve ultime, textuelle, que c'est bien l'églantine, la rose sauvage, qui a introduit la teinte rose dans la culture visuelle du XVIII^e^ siècle : cette rose à la si belle couleur alors « inconnue » au prince. Continuons.

Muguet arrive à la cour de la reine des Aigues-Marines et réclame d'épouser Céladon qu'il prend pour la princesse. S'ensuivent alors plusieurs quiproquos et divers rebondissements qui reposent sur le floutage des frontières sexuelles : le personnage de Muguet, volage, ambigu, attiré par un Céladon androgyne, obstiné à l'aimer même après qu'il a su qu'il s'agissait d'un déguisement, fait les frais du processus de distinction sexuelle en cours dans le conte. Il est ridicule, moqué par Céladon, et finit par se suicider, ce qui est pour le moins exceptionnel dans le genre du conte, brouillé ici lui aussi. La fin du texte achève alors le processus de différenciation sexuelle : la vraie Couleur-de-rose est emprisonnée dans la caverne souterraine de la fée Sempiternelle et Céladon, qui a retrouvé son apparence masculine, part à sa recherche. Couleur-de-rose a été transformée en un grand *in-folio* « relié en maroquin couleur-de-rose » et rangé dans la bibliothèque de la fée. Le livre vivant s'écrit, parle, gémit, souffre : qu'on déchire l'une page de ses pages et il saigne. L'identité pubère et féminine de l'héroïne s'exprime par la couleur rose. Symétriquement, Céladon évolue dans un univers bleuté : tandis que la princesse est prisonnière dans la caverne souterraine, Céladon est enfermé dans une grotte sous-marine d'où il voit la mer comme « un ciel vert céladon un peu rembruni » et où se meuvent des dieux marins verts et des nymphes à la peau « bleu céleste » et au visage « bleu-pré »[89]. La distinction entre le rose et le bleu recoupe dans ce texte clairement la bipolarisation féminin/masculin. La fin du conte rejoint le processus de bipolarisation historique en cours : ce n'est qu'une fois la séparation et la stabilisation des couleurs et des sexes effectuées qu'un mariage et une reconnaissance sociale sont possibles. Le conte s'achève sur les noces des amants délivrés de leurs prisons respectives et de leurs apparences trompeuses. Le personnage qui semait le trouble dans le genre, Muguet, est définitivement oublié. La fin n'est peut-être pourtant pas aussi archétypale qu'on pourrait le penser, pas d'enfants en vue et une remarque ultime de la narratrice teintée d'ironie ou d'amertume : « Ils vécurent des années sans nombre, aussi heureux qu'ils l'étaient le jour de leurs noces. *Chose aussi difficile à croire, qu'un conte de fées l'est à finir*[90]. »

Sur le rose, au XVIIIe siècle, on peut alors tirer plusieurs conclusions.

En partant de la fin : dire d'abord que oui, le rose, au moment même où il apparaît, est un marqueur de distinction sociale (aristocratique) *et* sexuée. Même s'il n'est pas exclusif de la féminité, il participe néanmoins d'un processus de *gendérisation* des couleurs.

Deuxième constat : le rose acquiert bien progressivement au XVIIIe siècle le statut de catégorie englobante[91], ce n'est pas une *nuance* mais une teinte à part entière. C'est un terme qui désormais se décline lui-même en de multiples autres nuances rosées. Certaines expressions rappelant d'ailleurs la persistance de la référence à la fleur disparaissent au siècle suivant, une fois le processus d'autonomisation tout à fait achevé : ainsi en est-il de la couleur de « rose sèche ». Pour le dire simplement : ce n'est plus un rouge pâle, un rouge délayé. S'il faut du blanc pour faire du rose et si l'adjonction de blanc délaye, « on ne ressent pas » toujours un rose comme délayé[92].

Troisième constat : le rose est bien l'indice, le symptôme, le medium d'un changement épistémologique touchant la représentation du monde. Il n'est pas seulement une nouvelle couleur, il est un nouveau mode d'appréhension du monde qui met au premier plan l'expérience sensible. Ce qui permet à Caraccioli d'écrire : « la couleur la plus agréable est celle de la rose[93] ». Il est une couleur mais aussi un toucher – et sans doute encore une senteur. Faire l'expérience du rose, c'est donc faire une expérience synesthésique. Couleur carnée, couleur-peau, couleur haptique, la profonde ambiguïté et complexité du rose provient du fait qu'il conserve en lui les traces sensorielles des éléments qui l'ont constitué : le duveteux d'un pétale ou d'une peau, la fraîcheur, l'éclat. En ce sens, il n'est pas seulement un phénomène chromatique mais également holistique.

Enfin, cette expérience est également esthétique : il y a une visualité et pas seulement une visibilité du rose. Cette visualité, ou plasticité si l'on préfère, du rose, qui explique pourquoi nombre de plasticiens contemporains[94], en liaison ou non avec la mode et la publicité, se sont emparés du rose, s'exprime au XVIIIe siècle, en particulier, dans la sensibilité rococo : les larges étoffes roses d'un Watteau, d'un Boucher ou d'un Fragonard constituent des taches visuelles par où la toile s'abstrait. La mule rose lancée dans *Les Heureux Hasards de l'escarpolette* de Fragonard dessine une ligne qui prolonge l'imposante forme rose de la robe au centre du tableau. Cette mule rose est aussi un *point* rose, un *punctum* au sens barthien, un détail imprévisible qui me touche.

Par le rose, on entre donc de plain-pied dans le processus d'invention de la couleur par les Lumières : un mot nomme une teinte et par là la fait advenir, quelque chose dans le visible a été soudain perçu et nommé sous la catégorie de la couleur, le monde se colore, on y vit, on en jouit. Le croquis de Mme d'Holbach qu'esquisse Diderot, par l'écriture, permet de saisir ce moment de bascule où la couleur s'autonomise de son support et devient une expérience purement esthétique : « Oh ! qu'elle était belle ! le beau teint ! la belle santé ! et puis, quel vêtement ! C'est une coiffure en cheveux avec une espèce d'habit de marmotte d'un taffetas rouge, couvert partout d'une gaze à travers la blancheur de laquelle on voit percer, çà et là, la couleur de rose[95]. » La couleur n'est plus une qualité, un attribut de la femme ou du vêtement, c'est tout l'inverse : la figure, le vêtement disparaissent sous la couleur, deviennent les accessoires d'un monde où prime la couleur. La femme n'est plus une femme, c'est un tableau. Le tableau n'est pas réaliste, il est abstrait : du rouge, du blanc, du rose. Il est complexe, énigmatique : du rose qui transpire d'en dessous. C'est un monde inconnu qui apparaît et qu'il faut déchiffrer et puis, autant qu'on peut, essayer de nommer. Diderot décrit-il la belle Mme d'Holbach dans sa propriété du Grandval ou raconte-t-il le surgissement du rose ?

En tout cas, « l'expérience du rose » que fait et nomme Diderot à ce moment-là est exemplaire de ce qui se passe dans la langue et la littérature des Lumières où les couleurs surgissent et s'inventent : la fabrique des couleurs est indissociable de la fabrique d'une langue colorée.

# 2
# Les couleurs dans la langue

Le cas exemplaire du rose conduit alors directement au cœur de la question du langage. La teinte rose entre à la fois dans la culture matérielle et visuelle du XVIIIe siècle et dans la langue. Celle-ci est le principal indice de ce basculement dans une représentation colorée du monde. Revenons, une fois encore, à Louis Bertrand Castel. Tout en introduisant durablement le rose dans la langue, il réfléchit conjointement, on l'a vu (voir p. 78 et suiv.), aux couleurs de la physique, de la peinture, de la teinturerie et à la terminologie : « Je ne veux point changer le langage, écrit-il, ni l'embrouiller : je ne cherche au contraire qu'à l'expliquer. Quand je parle d'aurore brun, d'orangé brun, de couleur-de-chair brun, je parle d'une nuance, qui étant toujours la même, quant au coloris, n'est diversifiée que par le noir dont on l'a mêlée ; je parle en un mot par analogie au nom de brun [...][1]. » Se méfiant de ce qu'il nomme des « disputes de noms », il cherche à démêler *dans la langue également*, ce qui relève de ce que nous appelons désormais la teinte, la nuance mais aussi les paramètres de luminosité et de la saturation : « il n'y a pas de couleur, pas de nom de couleur, qu'on ne puisse joindre au clair, à l'obscur, et à tous leurs degrés intermédiaires » : le *cannelle* ainsi est un orangé foncé, la couleur *café* un « isabelle » (orangé-jaune-brun) ou un « aurore » foncé, le *gris-de-lin*, un violet clair, etc.[2] Il établit alors, pour la clarté de son propre exposé, des règles et détermine une série de teintes principales qu'il désigne par des termes stables qui viennent remplacer la multitude de noms possibles : *aurore* ainsi est assimilé à fauve, *céladon* à bleuâtre, *olive* à jaunâtre, etc.[3] Ce faisant, il nous donne de précieuses indications sur les référents des couleurs au XVIIIe siècle.

Or, par son désir même de classer et mieux nommer les couleurs, Castel témoigne du surgissement des couleurs dans la langue. Celui-ci se fait alors selon plusieurs modalités : une augmentation des occurrences de termes de couleur dans la langue commune non spécialisée, un élargissement de la palette avec une diversification des teintes et nuances, une attention portée aux autres paramètres, clarté, luminosité, saturation mais aussi à des paramètres non directement chromatiques comme la texture, la matière, le motif[4], enfin, une inventivité qui se traduit par la création de nombreux néologismes.

## La teinte : « quelque chose de bleu dans la haie »

C'est la teinte (le ton, le chrome) qui définit désormais pour nous la couleur et le XVIII^e siècle contribue sans doute largement à cette assimilation. On peut analyser l'ampleur du phénomène de plusieurs façons : quantitative d'abord, en tentant de mesurer l'inflation des mentions de teintes dans la langue usuelle non spécialisée mais aussi, plus finement et plus sûrement, en termes d'usage et en contexte.

Il est très difficile, on s'en doute, de mesurer les nombres respectifs de termes de couleurs employés dans les textes non spécialisés avant et après ce siècle : les outils statistiques (essentiellement la base de données Frantext) à notre disposition, aussi précieux soient-ils, sont très partiels et délicats à manier même s'ils semblent indiquer effectivement une inflation très nette des occurrences à partir du dernier tiers du XVIII^e siècle[5]. On peut, bien sûr, trouver de multiples notations de teintes dans la littérature ou les écrits personnels (entendons par là, de façon large, les mémoires et les correspondances) des XVI^e et XVII^e siècles. Chacun puisera dans ses lectures. Rabelais fournit une description amplement colorée des vêtements de Gargantua et des religieux et religieuses de l'abbaye de Thélème (*Gargantua*, 1542) et les longs romans du XVII^e siècle n'en sont pas exempts : les flammes dans la *Clélie* de Madeleine de Scudéry (1654) sont ainsi de « couleur bleuâtre, entremêlée de rouge, de jaune, et de vert[6] », sans parler des descriptions des mondes imaginaires des *États et Empires de la Lune et du Soleil* de Cyrano de Bergerac à la même époque.

Mais d'une part ces occurrences littéraires sont rares comparées à celles du XVIII^e siècle et d'autre part, elles répondent le plus souvent à des logiques très différentes, symboliques ou distinctives, plutôt que purement visuelles. On reviendra sur ce point amplement en dernière partie (p. 171 et suiv.).

Ce qu'on peut ainsi retenir grâce à l'outil statistique, c'est la grande sectorisation des mentions de couleur dans les textes avant le XVIII^e siècle : alors que le corpus de Frantext comprend seulement 10 % de textes scientifiques spécialisés et 90 % de textes littéraires, les termes de couleur les plus usuels tels jaune, rouge, bleu, vert, apparaissent pour l'essentiel dans les ouvrages savants ou de vulgarisation en botanique, zoologie, médecine, agriculture, optique, etc.

Prenons l'exemple du terme de couleur jaune, d'un usage banal depuis le Moyen Âge. Il est de fait, avant le XVIII^e siècle, employé le plus souvent dans les ouvrages de savoirs spécialisés et en association avec d'autres couleurs de base comme le rouge, le vert, etc. : chez Pierre Belon (*Histoire de la nature des oiseaux*, 1555), Rembert Dodoens (*Histoire des plantes*, 1557), Julien Le Paulmier (*Traité du vin et du cidre*, 1589), Jacques Vincent (*La Pyrotechnie ou Art du feu*, 1556 ), Olivier de Serres (*Le Théâtre d'agriculture*, 1603) ou en philosophie, chez Descartes et François Bernier (*Abrégé de la philosophie de Gassendi*, 1684). Une catégorie de textes, sur laquelle nous reviendrons (voir p. 149 et suiv.), est néanmoins à mentionner même si elle emprunte pour partie son régime descriptif au discours naturaliste, celle des relations de voyage : notamment, pour celles qui sont mentionnées dans la base de données (qui en est pauvre), l'*Histoire d'un voyage fait en la terre du Brésil* (1578) de Jean de Léry, le *Journal du voyage de Siam* (1687) de

François-Timoléon de Choisy et les *Nouveaux mémoires sur l'état présent de la Chine* (1696) de Louis Le Comte qui s'appuie sur les voyages de Chardin et Tavernier. Avant le XVIII^e siècle, le terme « jaune » désignait alors surtout la couleur de végétaux, d'oiseaux, de l'œuf, de la bile ou de livrées.

Un saut s'effectue dès lors au cours du XVIII^e siècle, quantitativement sans doute[7], mais surtout en termes d'usage. Restons sur le jaune : « Prenons une couleur, écrit Diderot à Sophie Volland, *le jaune*, par exemple : l'or est jaune, la soie est jaune, le souci est jaune, la bile est jaune, la paille est jaune ; à combien d'autres fils ce fil ne répond-il pas ?[8] » Comme c'était le cas pour le rose, l'usage du substantif plutôt que de l'adjectif et ici la déclinaison des référents usuels du terme, sont les marques d'un passage à l'abstraction et à la conceptualisation. Le texte, tiré de la correspondance de Diderot, n'a rien d'un discours spécialisé et même il tire parti des différentes spécialisations du jaune pour en faire surgir le chrome et même le monochrome. La relation de la chose au mot s'inverse : la couleur n'est plus alors une qualité de l'objet mais un objet à part entière qui s'impose comme entité séparée. Le jaune devient alors un pur visuel : non pas une fleur ou une étoffe jaune mais à la manière d'une toile abstraite, un monochrome, *Couleur jaune pure* d'Alexander Rodtchenko (1921) par exemple. Même type de passage à l'abstraction dans l'*Histoire de ma vie* de Casanova : « L'endroit nommé jardin était un carré de trente à quarante pas, qui n'avait de délectable que *la couleur verte*[9]. » Un carré vert : difficile de ne pas penser à Malevitch. La mention chromatique produit d'une certaine façon une déliaison entre l'objet et son usage. La re-catégorisation de l'objet en couleur par effet de cadrage et de zoom provoque un estompage des contours de l'objet et un surgissement de sa seule couleur. Ce qui est délectable, ce n'est plus le jardin, mais bien sa couleur.

Un passage des *Confessions* où il s'agit pour Rousseau d'évoquer le souvenir d'une promenade avec « maman », Madame de Warens, vaut alors la peine qu'on s'y arrête. L'épisode dit « de la pervenche » est célèbre par son rapprochement avec celui « de la madeleine » de Proust. Tous deux proposent en effet un modèle exemplaire de mémoire affective. L'épisode s'inscrit dans le récit que Rousseau fait, au début du Livre VI, de son séjour heureux aux Charmettes dans les hauteurs de Chambéry, pendant l'été 1736, en compagnie de sa maîtresse Madame de Warens, il a alors moins de vingt-cinq ans : « Ici commence le court bonheur de ma vie[10] ». Rousseau associe la force de son souvenir à l'intensité de son bonheur et en donne un exemple : tandis que le couple montait aux Charmettes, Madame de Warens, en marchant, « vit quelque chose de bleu dans la haie » et dit à Jean-Jacques « Voilà de la pervenche encore en fleur. » Le narrateur, âgé, prend soin de préciser alors sa totale méconnaissance de la plante en question : « Je n'avais jamais vu de la pervenche, je ne me baissai pas pour l'examiner, et j'ai la vue trop courte pour distinguer à terre les plantes de ma hauteur. » On peut difficilement faire plus explicite. Il ajoute pourtant encore : « Je jetai seulement en passant un coup d'œil sur celle-là, et près de trente ans se sont passés sans que j'aie revu de la pervenche ou que j'y aie fait attention. » Comprenons donc qu'il n'a pas vu la pervenche mais seulement « quelque chose de bleu ». Le souvenir est alors mis en relation avec un souvenir plus récent, trente ans plus tard, en 1764 précisément, celui d'une autre promenade en montagne, avec un ami cette fois-ci, M. du Peyrou : « En montant et regardant parmi les buissons, je pousse un cri de joie : *Ah ! voilà de la pervenche !* et c'en était en effet. » Le souvenir de la pervenche est donc un double souvenir, un souvenir de souvenir, ou plus exactement un souvenir dans un souvenir : l'exemplarité réside alors dans la force affective du premier souvenir qui irradie dans le second et jusqu'à la mémoire mise en acte dans l'écriture. Les souvenirs des moments heureux sont les seuls dont le narrateur des *Confessions* dit se rappeler intégralement et comme s'ils duraient encore. C'est un refrain constant des *Confessions* : seuls les moments de bonheur restent intacts dans la mémoire tandis que les autres sont discontinus et erronés[11]. L'édifice entier du feuilleté de souvenirs que constitue l'épisode de réminiscence de la pervenche repose donc de fait sur un seul furtif instant heureux caractérisé par un monochrome bleu : quelque chose de bleu. Pour être exact, le souvenir de bleu pour Jean-Jacques n'est peut-être pas exactement visuel. Le texte dit : « En marchant, elle vit quelque chose de bleu dans la haie, et me dit : Voilà de la pervenche encore en fleur. » Madame de Warens semble avoir « traduit » la couleur en objet, elle *voit* la couleur et *nomme* la fleur. La narration qui rapporte uniquement en style direct une partie des remarques de Madame de Warens laisse planer le doute : a-t-elle parlé de « bleu » ou est-ce Jean-Jacques qui, ayant la vue courte, n'a pas vu la fleur mais seulement la couleur ? Toujours est-il que la réminiscence repose sur la sensation chromatique de *bleu*. Et il faut garder à l'esprit que l'épisode est donné par Rousseau comme exemplaire du mécanisme général de la mémoire.

Ceci a donc plusieurs intérêts pour nous : d'une part, en continuité avec le *jaune* de Diderot ou le *vert* de Casanova, le *bleu*, ici, est traité comme un concept. Dans les trois exemples, aucune nuance n'est nécessaire, il peut s'agir de n'importe quel jaune, vert ou bleu. C'est la catégorie qui prime. Rousseau ne parle pas d'une pervenche bleue mais du bleu d'une pervenche. C'est le bleu qui retient l'attention, non l'objet lui-même. D'autre part, la couleur surgit : le bleu se détache de son support (la haie, le paysage), arrête le regard, fait relief et « appelle » le promeneur-spectateur. C'est exactement la fonction que Roger de Piles, le défenseur du coloris, on l'a vu, assignait à la peinture et en particulier à la couleur sur la toile (voir p. 49). Troisièmement, la couleur ici est perçue comme une sensation et une sensation avec une très forte charge émotionnelle. On reviendra sur ce point de la valeur désormais affective des couleurs en dernière partie (voir p. 180 et suiv.).

Revenons, pour le moment, sur la façon dont la teinte surgit et fait relief. Un cas particulier, sensible dans les descriptions littéraires, en rend compte de façon exemplaire : celui du détail coloré auquel on peut assimiler d'ailleurs la pervenche dans la haie[12]. De fait, la perception de la couleur dans un texte a beaucoup en commun avec celle du détail en peinture qui n'est pas seulement la partie d'un objet mais aussi la façon dont est isolé un élément par un regard « détaillant »[13]. Le détail coloré procède des deux : c'est une partie d'un tout mais aussi une désignation par un terme de couleur qui le circonscrit. Le détail, faisant relief, se désolidarise du tout et perturbe les codes de représentation et de réception, il n'existe que pour l'œil qui le remarque et s'y attarde. Et c'est ce décentrement dans le rapport à l'objet qui contribue à l'isoler et à faire surgir la couleur dans le texte. En effet, le détail se fait volontiers coloré dans les fictions des Lumières alors que l'objet entier (vêtement, mobilier) reste décrit par ses autres qualités, de forme et de taille (voir p. 11-12). Si la notation chromatique progresse dans les descriptions de vêtements, principaux pourvoyeurs de couleur dans les fictions, ce sont surtout les parties et ornements colorés qui sont mis en avant : fichus, jupons, rubans, jarretières, souliers, plumes de chapeau ou autres parties de vêtements forment de véritables taches de couleur. Certains détails sont célèbres, on en a déjà parlé, comme le « petit ruban couleur de rose et argent » volé par Jean-Jacques à M^elle^ Pontal ou les jarretières « de soie, chamarrées de blanc, de rouge et de bleu » qu'offre Jacques à Denise[14]. Mais bien d'autres exemples, moins directement liés à l'intrigue, peuvent être mentionnés : Louis-Sébastien Mercier évoque les « laitières en cotte rouge, basanées, et le plus souvent ridées » des rues de Paris[15] ; Bernardin de Saint Pierre trace l'image persistante d'une Virginie à la « capote bleue » et au « mouchoir rouge » autour de la tête[16]. La couleur des plumages des chapeaux (et plus seulement leur forme, leur abondance ridicule) se systématise : « Il avait les cheveux galamment noués, un chapeau relevé d'un bouquet de plumes de feuille-morte », trouve-t-on chez Lesage, dans *Gil Blas* (1715-1735)[17]. Le terme de couleur « feuille-morte », très employé au XVIII^e^ siècle est d'ailleurs récent lorsque Lesage écrit, ce qui augmente sans doute son pouvoir visuel[18]. Chez le même auteur mais dans *Le Diable boiteux* (1707) cette fois, la description du héros éponyme fait apparaître, autour de la tête du disgracieux personnage, une « espèce de turban de crépon rouge, relevé d'un bouquet de plumes de coq et de paon[19] ».

Le roman de Henri-Joseph Du Laurens, *Imirce ou la Fille de la nature* (1765) met en scène de la façon la plus radicale le mythe de l'enfant de nature en relatant une expérience philosophique atroce où Imirce et Émilor, un couple d'enfants, sont élevés dès leur naissance, hors de la société, dans une cave obscure. On leur apporte à manger et divers objets dans un panier qui descend de la voûte ; à l'adolescence, ils tombent amoureux et Imirce devient mère à trois reprises, ils expérimentent la mort tandis que le cadavre du premier enfant pourrit à leurs côtés, etc. Le récit est alors celui du dessillement d'Imirce et de son passage progressif de l'obscurité à la lumière. L'apprentissage du monde extérieur se fait alors d'abord, à la manière de la statue de Condillac[20], par une série d'objets descendus dans le panier : une rose, un perroquet, un miroir. Aucun de ces objets, pourtant, pour nous, au fort potentiel coloré, n'est décrit du point de vue de ses couleurs : la rose vaut pour son parfum, le perroquet, même s'il est fait état de la « beauté de l'oiseau », pour son chant, le miroir pour son reflet et son éclat. La sortie de la cave, lorsque la jeune femme a vingt-deux ans, constitue donc le moment décisif de l'accès au sens de la vue et à la lumière. Ce qu'elle voit alors en premier, c'est le maître de l'expérience : « je vis paraître Ariste, la tête couverte d'un chapeau orné de grandes plumes rouges[21] ». L'étrangeté du nouveau monde pour Imirce s'exprime donc par le moyen d'un plumage, qui s'est substitué à celui, non décrit, du perroquet : la plume rouge, comme chez Lesage, est ce détail qui fait surgir la couleur dans le texte, d'autant qu'il est ici clairement donné comme l'indice social par excellence. Certes, le chapeau à plume est bien entendu un attribut distinctif avant le XVIII^e^ siècle, qu'on trouve par exemple chez Rabelais (mais toujours dans la même description de la livrée de Gargantua[22]) ou encore chez Scarron. Néanmoins, chez ce dernier, on peut penser que la notation colorée a déjà une fonction plastique. En effet, le détail incongru que constitue la plume verte du chapeau de La Baguenodière dans le *Roman comique* (1651-1657) lors de la représentation de Dom Japhet est, certes, un élément narratif, déclencheur de la bousculade généralisée qui s'ensuit mais la mention de couleur dans ce cas précis, sans rapport avec la gêne que la « touffe » de la plume occasionne, a également un impact visuel et pas seulement une fonction narrative ou emblématique : « Enfin Ragotin l'appela Monsieur à la plume verte, et comme véritablement il en avait une bien touffue, bien sale et peu fine, il tourna la tête et vit le petit impatient qui lui dit assez rudement qu'il s'assît[23]. » La plume colorée au XVIIIe siècle suscite ainsi un imaginaire renouvelé à la fois zoologique et anthropologique. Le « petit chapeau de castor blanc[24] » que pose un coiffeur sur la tête de Faublas, dans le roman de Louvet (1787), en est une variation.

Parfois, la précision du détail vestimentaire coloré est même extrême : dans *Le Pied de Fanchette* (1769) de Rétif de la Bretonne, les chaussures qu'Apatéon choisit pour la jeune Fanchette sont longuement décrites, et les couleurs augmentent et se précisent au fil des éditions, le narrateur allant même jusqu'à préciser la couleur des talons – c'est-à-dire la couleur du détail d'un détail :

> Pour la forme et la couleur, le dévot était d'un goût exquis : tantôt c'était un soulier blanc tout uni, ou brodé en argent avec un talon rouge ; tantôt un soulier vert, à talon rouge ou blanc, avec une broderie en or ; tantôt un soulier rouge-brun, brodé en soie verte et rose. Mais le chef-d'œuvre de son génie, et la chaussure la plus élégante qu'ait portée sa pupille, ce fut un soulier rose moiré, avec un talon vert, et des mules vertes moirées, avec un talon rose[25].

Bien sûr, chaque détail coloré peut également remplir une fonction narrative et remplit presque toujours une fonction érotique : le fichu rouge et la capote bleue signalent la pauvreté de Virginie, le soulier renvoie au fétichisme sexuel. Mais ce qui compte c'est l'effet de cadrage qui isole le détail vestimentaire. Ainsi, le détail coloré, même explicitement libertin comme les rubans couleur de rose ou de feu, les jarretières, les talons ou les jupons, devient un marqueur, un signe et non plus un symbole. Pour les qualificatifs « couleur de rose » ou « couleur de feu », tous deux, comme on l'a vu, omniprésents dans la littérature libertine du XVIIIe siècle, c'est même la couleur qui détermine la charge érotique de l'objet et non l'objet lui-même : « Voyez cette femme qui a quatre-vingts ans, et qui met des rubans couleur de feu ; elle veut faire la jeune, et elle y réussit : car cela approche de l'enfance[26] » (Montesquieu, *Lettres persanes*, 1721). Employées pour qualifier aussi bien des accessoires vestimentaires que du mobilier (des canapés et des sofas), les deux expressions pervertissent la relation entre l'objet et sa couleur : c'est la couleur qui rend l'objet érotique et non l'objet qui se pare d'une charge érotique. Les limites même des détails s'estompent devant la notation colorée.

Le surgissement de la couleur comme teinte, sensation et concept de teinte, dans les textes est enfin également rendu sensible par des phénomènes de surenchère. Celle-ci peut simplement s'exprimer par le recours à des formes superlatives : à propos d'une toile de Carle van Loo, « cette pelouse est *trop verte* », juge Diderot ; de la même façon La Font de Saint-Yenne trouve les ciels du peintre Henri de Favanne « trop bleus »[27].

Mais elle peut aussi prendre la forme d'un paradigme déployé sur plusieurs pages. La longue scène du cortège funèbre du capitaine de Jacques dans *Jacques le fataliste* (1765-1784) de Diderot, qui s'échelonne sur une dizaine de pages denses en est un parfait exemple. Le noir, obsédant et uniforme, y provoque un floutage et une dilution des éléments du cortège. En voici un extrait, mais les mêmes mentions de la couleur noire reviennent sur plusieurs pages : le Maître et Jacques

> [...] aperçurent un char drapé de noir, traîné par quatre chevaux noirs couverts de housses noires qui leur enveloppaient la tête et qui descendaient jusqu'à leurs pieds ; derrière, deux domestiques en noir ; à la suite deux autres vêtus de noir, chacun sur un cheval noir caparaçonné de noir ; sur le siège du char un cocher noir, le chapeau clabaud et entouré d'un long crêpe qui pendait le long de son épaule gauche[28].

La sensation chromatique provient alors moins d'un surgissement que d'une imprégnation mais comme pour le *vert* de Casanova, le *jaune* de Diderot ou le *bleu* de Rousseau mentionnés, le noir ici acquiert un degré d'abstraction bien différent de celui de l'héraldique : l'uniformisation produit ici une impression de monochrome.

## Camaïeux et nuances

Du monochrome au camaïeu, il n'y a qu'un pas. Le camaïeu est un terme issu de l'art de peindre au XVIIe siècle qui désigne, par proximité d'effet avec des pierres fines comme l'onyx ou l'agate d'une seule couleur mais de plusieurs nuances, une sorte de monochrome (terme utilisé d'ailleurs à l'époque en anglais pour le désigner) avec une dégradation des couleurs. Ces tableaux prennent généralement le nom de la teinte principale dans laquelle ils sont peints : jaune-rougeâtre, ils s'appellent *cirages*, gris ou plus rarement bleutés, *grisailles*. L'équivalent allemand pour camaïeu est d'ailleurs « *grau in grau* » (gris sur gris). C'est sous ce terme de « grisaille » qu'on les désigne le plus souvent au XVIIIe siècle où ils deviennent pratique courante y compris chez les plus coloristes (rococo) des peintres comme François Boucher (mais aussi excellent dessinateur), qu'on pense à sa *Psyché refusant les honneurs divins* (1737-1739) **(fig. 36)**, à ses « chinoiseries » peintes pour la chambre bleue de la comtesse de Mailly au château de Choisy (1742) **(fig. 37)** ou encore à ses cartouches dans les tons également bleutés de la série des arts et des sciences (1760, The Frick Collection, New York). Le terme est par ailleurs étroitement associé à celui de « clair-obscur » auquel il est parfois totalement identifié[29] car la dégradation de la teinte doit beaucoup à la maîtrise des ombres et des lumières : « quant aux tableaux d'une seule couleur qu'on appelle camaïeux, l'on observe la dégradation des couleurs pour les choses éloignées par le clair et l'obscur, comme avec le crayon[30] ». Le camaïeu mêle donc plusieurs paramètres de la couleur : la teinte et ses nuances mais aussi la clarté voire la saturation. Un terme issu du lexique des teinturiers lui correspond : « nuer » (« assortir des couleurs dans des ouvrages de laine ou de soie, de manière qu'il se fasse une diminution insensible d'une couleur à l'autre, ou d'une même couleur, en allant du clair à l'obscur ou de l'obscur au clair », *Dictionnaire de l'Académie*, 1718).

Fig. 36 : François Boucher, *Psyché refusant les honneurs divins*, 1737-1739 (grisaille, 42 x 54 cm, Blois, musée du château).

Fig. 37 : François Boucher, *Le Chinois galant*, 1742 (huile sur toile en camaïeu bleu, 104 x 145 cm, Copenhague, The David Collection).

L'élargissement de la palette au XVIII^e^ siècle se traduit ainsi d'abord par une attention portée à la nuance qui peut s'exprimer à la fois par des termes de couleur (entendons, de teinte), de brillance, de clarté ou d'intensité. Certains termes combinent d'ailleurs les deux comme « cramoisi », terme ancien, qui désigne d'abord une sorte de teinture donnant de l'éclat (il y a des jaunes cramoisis) puis à la fois un ton (rouge) et une luminosité.

Entre le monochrome qui surgit et le nuancier qui s'étend (de même que les nuanciers, objets, apparaissent fin XVII^e^ siècle et se multiplient, voir p. 204 et suiv.), il n'y a donc aucune incompatibilité mais au contraire, une vraie continuité.

Un texte, encore un conte, genre qu'on peut considérer comme une sorte de laboratoire expérimental au XVIII^e^ siècle (voir p.141 et suiv.), atteste alors de l'influence du camaïeu pictural dans l'imaginaire et la langue à la même époque. *La Patte du chat* (1742), première œuvre de Jacques Cazotte, nous plonge avec son héros malheureux Amadil, « naturaliste de profession[31] », dans un royaume caché au fond d'un bassin, celui des Camayeuls et de sa reine, la Fée Bluâtre[32] :

> Dans ces lieux où l'on ne connaît jamais les rigueurs de l'hiver, la terre, au lieu de verdure, se couvre d'un gazon bleu aussi éternel que le printemps ; on ne voit point ici la rose, l'amarante, la violette ou la jonquille se disputer l'éclat des couleurs ; les prés et les parterres ne sont émaillés que de bleuets, le ciel est en tout temps d'un bleu azur magnifique, les fontaines roulent avec leurs flots l'indigo détrempé, le cygne renonce à sa blancheur, le paon à la dorure de son plumage ; on n'y voit que des oiseaux bleus ; enfin, tout y est bleu jusqu'aux pensées, jusqu'à l'air même qu'on y respire ; mais rien n'est plus bleu encore que les courtisans de la fée[33].

Plus qu'un monochrome bleu (qu'on trouve dans de nombreux autres contes dont Cazotte clairement s'inspire et qu'il parodie[34]), le conte propose bien, conformément au nom du royaume, un camaïeu avec un dégradé de bleus, tour à tour éclatants, azur (un personnage s'appelle d'ailleurs Azurin), bleuet, indigo « détrempé » – terme qui réfère directement à une technique picturale. La suite du conte décline encore quelques nuances, un « satin bleu éblouissant », une sirène « du plus beau bleu céleste », un « assez beau bleu », « bien bleu », un « bleu foncé tirant sur le violet », auxquelles on peut ajouter encore les couleurs implicites, bien ancrées dans l'imaginaire de l'époque, que suggèrent certains objets apparaissant dans le texte comme les « livres bleus », livres de colportage diffusés depuis le XVII^e^ siècle et dont la couverture était gris-bleuté. Le dégradé de bleus est obtenu, on le voit, à la fois par des tons (azur, indigo, bleu céleste), des différences de saturation (assez bleu, bien bleu, bleuâtre) et de clarté-luminosité (foncé, éblouissant, éclatant). Certaines nuances sont, en outre, d'apparition récente comme le « bleu céleste » qui entre dans les dictionnaires en 1762 : « On appelle *Bleu céleste,* un bleu de la couleur dont le ciel paraît quand le temps est fort serein » (*Dictionnaire de l'Académie française*[35]). Le terme se décline aussi à la fin des années 1780 en « bleu de ciel », l'ancêtre de notre bleu ciel (mais de même que le bleu céleste, plus foncé encore, il désigne à l'époque un bleu soutenu[36]), avec éventuellement une précision de clarté (bleu de ciel pâle – notre bleu ciel)[37].

La langue usuelle du XVIIIe siècle comporte encore beaucoup d'autres nuances de bleu, perceptibles d'abord dans le lexique construit[38] : bleu aile de corbeau, anglais, dauphin, d'enfer, roi, œil de roi, de mer, ardoise, turc, turquin ou de turquoise, bleu glacé, bleu-pré, mourant, mignon, violant, et tous les gris-bleu, bleu-violâtre, jaunâtre, bleu-noir, chaque terme pouvant, de plus, être suivi de toutes les mentions habituelles de clarté ou de luminosité (clair, foncé, rembruni, brillant, mat, terne, etc.) et de saturation (pâle, tendre, très, fort, bien, gros, plein, etc.[39]). Mais d'autres termes de couleurs non construits peuvent aussi être comptés comme des nuances de bleu. Le conte de Cazotte, on vient de le voir, en comprend plusieurs, azur, indigo, auxquels on peut joindre lapis, saphir, topaze ou céladon, récemment entré dans la langue en tant que terme de couleur et plus seulement en tant que berger amoureux comme dans le roman d'Honoré d'Urfé, *L'Astrée*, d'où il provient[40]. Céladon lui-même se décline en d'autres nuances : « un ciel vert céladon un peu rembruni », « des céladons bruns nommés verts-canards »[41]. Le conte de Cazotte a en outre l'intérêt de porter un discours *sur* la couleur. À propos d'un spectacle auquel les Camayeuls assistent, on trouve ainsi cette remarque : « tout y était d'un assez beau bleu, néanmoins les nuances n'en étaient pas délicates, on n'aimait alors que ce qui était bien bleu[42] ». Difficile de ne pas penser alors à Michel Pastoureau et à son histoire du bleu[43] : après une progressive montée en puissance du bleu depuis le Moyen Âge, le XVIIIe siècle consacre le triomphe du bleu, ou plutôt *des* bleus qui supplantent désormais les tons rouges. L'expansion du commerce international de l'indigo au détriment de celui, européen, du pastel ou de la guède, de même que la fabrication du bleu de Prusse, sont des éléments d'explication qui viennent accentuer la lente promotion du bleu[44]. Mais le bleu n'est pas le seul à profiter de l'élargissement de la palette, chacune de nos onze couleurs principales est concernée : le blanc, le noir, le brun, le vert, le rouge, l'orangé, le gris, le jaune, le rouge, le violet et le rose bien sûr[45].

Le principal fournisseur de nuances est alors sans doute le lexique de la teinturerie en plein développement[46], qui entre dans la langue usuelle via la mode. S'il est souvent difficile de faire le partage, qui du reste ne se fait pas toujours dans la langue usuelle, entre les termes désignant des pigments et des colorants et ceux qui désignent le coloris, un mémoire d'Antoine Janot (1744), teinturier occitan, présente, entre autres, l'avantage de distinguer clairement les deux : à partir du pastel et de l'indigo, on peut ainsi obtenir une petite dizaine de bleus, aile de corbeau (ou bleu-brun), turquin, roi, céleste et ciel (deux tons distincts, on l'a vu), azur, mignon, etc.[47] Même chose pour chaque mode de fabrication et colorant utilisés. On obtient ainsi une liste de tons verts (d'herbe, émeraude, perroquet, pistache, d'olive), de jaunes et de bruns (chamois – un jaune, citron, soufré, paille, doré, cire jaune, cannelle, noisette, feuille morte, café, musc, tabac), de rouges, orangés et violets (tuile, écarlate, cerise, rose, incarnat, jujube, langouste, orange, jonquille, garance, rouge bruni, couleur de roi – qui est un rouge-brun très sombre, pourpre cramoisi, amarante cramoisi, violet cramoisi, mauve, lilas, fleur de coin, gris de lin, griotte, gris de prune, chamois – un jaune), de gris (de fer, de taupe, de bézoard – pierre qui se trouve dans l'estomac et qu'on collectionnait aux XVIIe et XVIIIe siècles, castor, de prince). Certaines de ces nuances n'apparaissent guère comme telles dans la littérature ou les textes destinés à un public non spécialisé, comme langouste, jujube, fleur de coin, tuile ou bézoard, qui désignent seulement des objets, végétaux, animaux, ou des matériaux. Même chose pour « couleur de roi », expression pourtant a priori moins spécialisée : je ne l'ai trouvée, en dehors de chez Janot, que dans des ouvrages de teinturerie[48], mais bleu roi ou bleu de roi se trouve partout. La plupart des termes de couleurs indiquant une gamme presque infinie de nuances sont néanmoins couramment employés, parfois seuls, parfois précédés du nom « couleur », le plus souvent précédé de la préposition « de » : couleur de paille, de cire, de musc, voire de gris de musc, etc. On peut par exemple trouver la nuance « lilas » seule ou construite en « couleur lilas » ou « couleur de lilas[49] », sans évolution chronologique nette (à la différence de couleur de rose et rose).

L'élargissement de la palette en d'infinies nuances traduit ainsi l'extrême inventivité de la langue des couleurs au XVIII^e^ siècle qui produit donc nombre de néologismes, entrés dans la langue de façon durable ou éphémère.

## Inventivité et néologismes : les années « puce »

On l'a dit, le XVIIIe siècle, dans son activité combinée de voir, nommer, classer, a une conscience aiguë du manque de mots pour traduire ce nouveau monde ou cette nouvelle représentation du monde qu'il découvre. Il produit donc une multitude de nouveaux mots : dans tous les domaines, le siècle est « néologue[50] » et c'est particulièrement vrai pour les termes de couleur. De fait, la spécificité grammaticale (notamment française) de ceux-ci tient sans doute à leur extrême productivité ; à peu près tout peut devenir un terme de couleur suivant des opérations de construction simples[51] : combinaison d'un terme de couleur de base avec un nom ou un adjectif, avec ou sans préposition, (rouge cerise, vert pomme, vert de prairie, gris cendré, blanc laiteux), précédé ou non de « couleur (de) », ou bien « conversion » métaphorique – seule la propriété « couleur » du référent du nom utilisé est activée (rose, émeraude, café, corail, prune, puce, etc.[52]). Ce qui caractérise donc le XVIIIe siècle, c'est l'utilisation maximale des possibilités offertes par la langue. Il n'y a pas, en ce sens, de coupure nette entre l'élargissement de la palette par une inflation de termes de couleur indiquant des nuances et la création de néologismes. Néanmoins, l'attention portée exclusivement aux néologismes durables ou éphémères du XVIIIe siècle permet de mettre en relief un autre aspect du surgissement des couleurs.

Parmi les principaux termes nouveaux de couleurs qui sont restés, on peut citer : outre rose et rosé, ardoise (ou gris-ardoise), bleu ciel, café, cannelle, cerise, citron, chamois, châtain et marron[53], chocolat, coquelicot, (plumes de) corbeau, cuivré, gorge de pigeon, lie de vin, lilas, mordoré[54], noisette, orange (et non plus seulement orangé), poil de carotte, prune, puce, sang de bœuf, vert bouteille, vert d'eau, vert (d') olive, vert pistache, vert pomme. D'autres, bien plus nombreux, ont disparu : boue de Paris, caca-dauphin, cheveux de la Reine, cul-de-bouteille, fille émue, cuisse de nymphe émue (qui reste néanmoins le nom d'une variété ancienne de rosier), fumée de pipe, frangipane, couleur de gens nouvellement arrivés, de gueule de four enflammé, de loup, de pied de cheval d'Henri IV, de Prince, de soupir étouffé, de suie de cheminée de Londres, merde d'oie (ou merdoie), œil de roi, opéra-brûlé, queue de serin, suie de cheminée, ventre (ou dos) de puce, saumon intimidé, tête de nègre, tison, ventre de carmélite, violet d'évêque, etc.

Il existerait plusieurs centaines de termes, parmi lesquels de nombreux fantaisistes, et souvent circonscrits aux années 1770-1790. Ils sont directement issus de l'explosion de la mode sous l'impulsion des milieux de cour de Mme de Pompadour puis de la reine Marie-Antoinette et du décloisonnement des classes aristocratique et bourgeoise[55] : ce sont les années qui voient la création de nouveaux métiers comme la corporation des marchandes de mode en 1776 avec la célèbre Rose Bertin, marchande de mode de Marie-Antoinette ou le modiste Beaulard. C'est aussi le moment où paraissent les premiers périodiques de mode : la *Galerie des modes et costumes français* (1778-1787) ou le *Cabinet des modes, ou les Modes nouvelles* (1785-1786). La plupart des termes apparaissent de fait dans les correspondances, mémoires ou périodiques, témoins et relais de la vie mondaine de ces années-là. Ainsi on peut lire dans les *Lettres iroquoises, ou correspondance politique, historique et critique entre un iroquois voyageant en Europe, et ses correspondants* (1783) :

> Les femmes s'entretinrent des modes et demandèrent au Chevalier quelles étaient les couleurs les plus en vogue ; il leur répondit qu'on portait maintenant le *soupir étouffé*, la *cuisse de nymphe émue*, les *désirs satisfaits*, la *passion dévorante*, le *lendemain de noces*. On raisonna beaucoup sur toutes ces couleurs, et l'on ne concevait pas comment il était possible de trouver celle d'un soupir étouffé ; d'un désir satisfait, d'une passion dévorante, etc. Le Chevalier leur en fit l'explication de la manière la plus plaisante ; mais, leur ajouta-t-il, il en va paraître une nouvelle, qui sera appelée l'*indépendance de l'Amérique*[56].

Le ton satirique et la critique des modes, qui est un cliché bien avant le XVIII$^{e}$ siècle, rend difficile ici l'appréciation des termes de couleurs. Il est souvent délicat de savoir quelles désignations sont fantaisistes et lesquelles correspondent à des couleurs vues et portées dans la société. On serait tenté de les croire toutes fantaisistes, mais excepté la couleur *indépendance de l'Amérique*, explicitement inventée par le narrateur, les autres termes sont attestés par d'autres sources[57]. Est-ce pour autant qu'ils ont un référent visuel avéré ? J'aurais plusieurs éléments de réponses.

D'abord, il faut être attentif à la nature et à la tonalité du texte : mais la production fugitive et en prise directe avec l'actualité de la plupart des textes y compris explicitement fictifs où l'on trouve le plus de termes de couleurs rendent la tâche délicate. Prenons un exemple : dans le recueil bien nommé de pièces disparates *Le Fond du sac, ou restant des Babioles de M. X. ***, membre éveillé de l'Académie des Dormans* (1780), de François-Félix Nogaret, on trouve une épître « À une Dame qui aimait les étoffes couleur merde-d'oie » que le contexte générique incite à lire de manière ironique :

> Partout vous inspirez le plaisir et la joie.
> Robe rose, ou vert-pomme, ou puce, ou merde-d'oie,
> Tout vous sied, Oui, L..., vous embellissez tout[58].

Pourtant, et c'est mon deuxième élément de réponse, il ne faut pas se fier à l'apparente imposture des dénominations : un inventaire après décès (1787) d'un marchand renommé d'étoffes à Bordeaux, Moyse Dalpuget[59], indique par exemple plusieurs de ces couleurs apparemment incongrues. Dans les listes de coupons inventoriés, on trouve ainsi : des coupons de satin, de soie ou de serge « gris boue de Paris ou d'acier », « gris de perle »,

« gris boue » ou « boue fort », « bleu anglais », « bleu dauphin », « bleu roi », « œil de roi », « paille », « serin », « caca dauphin », « carmélite », « merdoie », « noisette », « rose » ou « vert anglais », « vert pomme », « vert saxe », « un habit à raies violettes et capucines », et même un merveilleux « coupon de serge impossible ».

Il faut donc prendre au sérieux les listes fournit par les périodiques de mode, par exemple, à la même date, celles du *Magasin des modes nouvelles françaises et anglaises* (1786-1789) : « Les couleurs des habits [...] sont toujours les plus sombres qu'ils [jeunes gens] choisissent : c'est le puce foncé, c'est le suie de cheminée, c'est le boue de Paris, c'est l'impossible, c'est le carmélite, c'est le vert-bouteille, c'est le plume de corbeau, c'est le col de canard, c'est le bleu-noir, c'est le vert-noir, et c'est le noir lui-même[60]. »

Un dernier élément de réponse, peut-être le plus intéressant même dans notre perspective d'un imaginaire des couleurs est apporté précisément par la couleur *impossible*. Celle-ci est particulièrement instructive car elle pointe l'écart entre nommer et voir : même si la dénomination renvoie à une désignation stable (*impossible* est une nuance de brun), il ne s'agit pas seulement de mettre sous un terme un référent dont on activerait la seule propriété chromatique (comme gris-noir pour suie de cheminée) mais d'oblitérer le référent et, même, dans le cas « d'impossible », de marquer l'impossibilité de toute désignation. À la différence des termes spécialisés de la teinturerie (jujube, langouste, etc.), et même si celle-ci en est pourvoyeuse, ces termes véhiculés dans les périodiques, correspondances, vrais ou pseudo-mémoires divers, appartiennent à la langue usuelle, au mondain et à la mode : dès lors, ils ne sont pas là d'abord pour désigner mais pour l'effet qu'ils produisent. Ils font rire, rêver et penser. En ce sens, ils relèvent aussi et souvent d'un jeu verbal, y compris dans leur caractère énigmatique : l'énigme au XVII^e siècle est un genre mondain, « Ouvrage d'esprit qu'on fait d'ordinaire en vers, où sans nommer une chose, on la décrit par ses causes, ses effets et ses propriétés » (Richelet, *Dictionnaire français*, 1680). Nommer les couleurs est jubilatoire. Un terme en appelle d'autres, il vient rarement seul mais participe de la saveur stylistique des énumérations. Il entre dans une série. Comme le dit très bien un texte extrait du *Journal de politique et de littérature* du 1^er juillet 1776, la mode, et pour notre propos, en particulier la mode des couleurs, ne se conçoit pas sans une langue pour la nommer. Elle est au moins autant une mode de mots qu'une mode de choses. Et cette langue nécessite, comme toutes les autres, un apprentissage :

> Si les jeunes gens du sexe masculin, sont assujettis à l'étude de la langue latine, les demoiselles qui désirent figurer dans le monde, ont une étude à faire au moins aussi difficile ; celle du langage, de la toilette et de l'habillement. C'est dommage que ce langage ne soit que momentané, et que son peu de durée ne donne pas le temps d'imprimer un dictionnaire pour en faciliter l'intelligence.

Le journaliste donne alors un aperçu de cette langue des couleurs de la mode :

> C'est en faveur des dames et demoiselles du bon ton, qui honorent nos feuilles de leurs regards, que nous allons insérer ici la copie d'une lettre de Paris à ce sujet. [...] La robe de la couleur la plus à la mode, est appelée cheveux de la Reine. À celle-là succède la couleur puce : on porte les robes garnies de la même étoffe : le satin paille à boyau est surtout fort en vogue ; on les garnit de différentes façons, soit en gaze, soit en dentelles ou fourrure :

> on compte 150 espèces de garnitures ; ensuite viennent les satins brochés et peints, qui ont chacun un nom : les plus à la mode sont couleur de soupir étouffé : les vert de pomme rayé de blanc, ont aussi un grand succès : on les nomme *vive bergère*[61].

Dès lors, la frontière entre couleurs véritables (entendons avec un référent) et fantaisistes vole en éclats. Tous les termes de couleurs participent du même jeu social et font partie intégrante de la nouvelle société des apparences. Car nommer, ce n'est pas seulement montrer, désigner, évoquer, c'est aussi raconter :

> Madame *** était dernièrement à l'opéra avec une robe soupir étouffé, ornée de regrets superflus, avec un point au milieu, de candeur parfaite, une attention marquée, des souliers de cheveux de la reine, brodés en diamants en coups perfides, et le venez-y-voir en émeraudes ; frisée en sentiments soutenus, avec un bonnet de conquête assurée, garni de plumes volages, avec des rubans d'œil abattu, ayant un chat sur les épaules, couleur de gens nouvellement arrivés ; derrière une Médicis, montée en bienséance avec un désespoir d'opale, et un manchon d'agitation momentanée[62].

Les dénominations portent avec elle un récit et souvent une légende que les contemporains eux-mêmes s'efforcent de rapporter et de démêler. Les deux « faiseurs de mode » les plus célèbres, Jean-Joseph Beaulard et Rose Bertin, « ministre » des modes de Marie-Antoinette, sont les plus ciblés[63]. Créateurs de mode bien plus que marchands, on leur attribue souvent aussi bien l'invention des vêtements et parures que les noms qui les désignent. Les couleurs deviennent l'objet d'anecdotes mondaines : Jeanne-Louise-Henriette Campan, « femme de chambre » de Marie-Antoinette rapporte qu'un professeur de danse voulait faire apprendre à la princesse Adélaïde, fille aînée de Louis XV et de Marie Leczinska, un « menuet couleur de rose » et qu'une discussion s'est engagée pour le rebaptiser le « menuet bleu » : « La princesse refusa de prendre sa leçon, frappait du pied, et répétait *bleu*, *bleu* ; *rose*, *rose*, disait le maître. La communauté s'assembla pour décider de ce cas si grave ; les religieuses crièrent *bleu* comme Madame ; le menuet fut débaptisé, et la princesse dansa[64]. » L'anecdote est intéressante aussi parce qu'elle *circule* : des mémoires d'Henriette Campan à ceux de Rose Bertin, jusqu'aux Goncourt[65].

Ainsi, à côté des termes issus du lexique de la teinturerie, les années 1770-1790 multiplient les termes de couleur porteurs d'histoires : le « prune de Monsieur » que la légende fait remonter à « Monsieur », Philippe d'Orléans (fils de Monsieur, frère de Louis XIV) qui aurait adoré les prunes d'ente d'un violet-bleu sombre mais dont je n'ai trouvé d'occurrences qu'à partir des années 1780 ou « l'opéra-brûlé »[66], en référence à l'incendie du 8 juin 1781 de l'Opéra de Paris situé alors dans une aile du Palais-Royal qui a embrasé le ciel, marqué les esprits et donné plusieurs esquisses et tableaux par Hubert Robert (fig. 38).

Mais le terme le plus productif à la fois d'histoires et de nuances est sans doute « puce ». Ce qu'on peut légitimement appeler les « années puce » (1775-1800) commence en effet par une anecdote, royale comme il se doit, à un moment où c'est toujours la mode curiale et parisienne qui donne le ton (dans tous les sens du terme).

Fig. 38 : Hubert Robert, *L'Incendie de l'Opéra : vue d'une croisée de l'Académie de peinture, place du Louvre*, 1781 (huile sur toile, 123,5 x 171 cm, coll. privée).

Fig. 39 : Desrais (dess.) et Étienne-Claude Voisard (grav.), « Jolie Femme en Circassienne de gaze d'Italie puce, avec la jupe de la même gaze », 1778-1785 (pl. 19, 40, 5 x 30 cm, bib. municipale de Versailles).

> Cet été [1775] la Reine ayant choisi une robe de taffetas d'une couleur rembrunie, le Roi dit en riant : *C'est couleur de puce* ; et à l'instant toutes les femmes de la cour voulurent avoir des taffetas puces. La manie passa aux hommes : les teinturiers furent occupés à travailler des nuances nouvelles. On distingua entre la vieille et la jeune puce, et l'on sous-divisa les nuances même du corps de cet insecte : le ventre, le dos, la cuisse, la tête se différencièrent. Cette couleur dominante semblait devoir être celle de l'hiver. Les marchands intéressés à multiplier les modes, ayant présenté des satins à la Reine, Sa Majesté en a choisi principalement un d'un gris cendré. *Monsieur* s'est écrié qu'il était *couleur des cheveux de la Reine*. À l'instant la couleur puce est tombée [...][67].

En réalité, à la différence de l'éphémère « couleur des cheveux de la Reine », la couleur puce ne disparaît pas à l'hiver 1775-1776. En juillet, les deux teintes coexistent encore : « les souliers sont constamment couleur de puce, ou des cheveux de la Reine[68] ». À l'automne 1776, le puce et sa nuance le demi-puce, rejoignent, dans une pièce de théâtre de Favart, d'autres néologismes à la mode « Rubans et couleurs : puce, demi-puce, soupirs de Vénus, soupirs étouffés, vive bergère, cuisse de nymphe émue[69] ». En mars 1777, une épître au modiste Beaulard lui attribue l'invention des nuances « dos et ventre de puce[70] ». Le 10e Cahier de la *Galerie des modes et costumes français* (1778-1785) présente comme modèle une « Jolie Femme en Circassienne de gaze d'Italie puce, avec la jupe de la même gaze » et joint même une illustration[71] **(fig. 39)**. En 1786 encore, le *Cabinet des modes* conseille le puce : des redingotes de taffetas gris ou puce[72] et des habits « puce, brun, marron, prune de Monsieur, violet, carmélite[73] ». « La couleur générale, au moment que j'écris » note Louis-Sébastien Mercier dans son *Tableau de Paris* (1781-1788) « est dos et ventre de puce[74] ». En 1798, enfin, le terme de couleur est définitivement consacré et entre dans le dictionnaire : « *Couleur puce,* pour signifier, une couleur d'un brun semblable à celui de la puce » (*Dictionnaire de l'Académie*, 1798).

Pour finir, je ne peux passer sous silence un autre moment dans l'histoire littéraire caractérisé par une folie néologique apparemment très proche mais situé dans les années 1630, marqué par le courant précieux, très « néologue » lui aussi. On trouve ainsi une très longue énumération de termes de couleurs dans *Les Aventures du baron de Faeneste* (1630) d'Agrippa d'Aubigné, écrit dans le sillage de la publication de *L'Astrée,* comme en témoignent certains termes ; elle vaut la peine qu'on la cite en entier :

> [...] si vous ne voulez point discourir de choses si hautes, vous philosophez sur les bas de chausses de la cour, sur un bleu turquoise, un orangé feuille morte, isabelle, zinzolin, couleur du roi, minime, tristamie, ventre de biche ou de nonnains, amarante, nacarat, pensée, fleur de seigle, gris de lin, gris d'été, orangé pastel, espagnol malade, céladon, astrée, face grattée, couleur de rat, fleur de pêcher, fleur mourante, vert naissant, vert gai, vert brun, vert de mer, vert de pré, vert de gris, merde d'oie, jaune paille, jaune doré, couleur de Judas, de vérole, d'aurore, de serin, écarlate, rouge, sang de bœuf, couleur d'eau, couleur d'ormus, argentin, singe mourant, couleur d'ardoise, gris de ramier, gris perlé, bleu mourant, bleu de la fève, gris argenté, merde d'enfant, couleur de selle à dos, de veuve réjouie, de temps perdu, flammette, de soufre, de la saveur, de pain bis, couleur de constipé, couleur de faute de pisser, jus de nature, singe envenimé, ris de guenon, trépassé revenu, espagnol mourant, couleur de baise-moi ma mignonne, couleur de péché mortel, couleur de cristalline, couleur de bœuf enfumé, de jambons communs, de soucis, de désirs amoureux, de racleurs de cheminée. J'ai oui dire à Guedron que toutes ces couleurs s'appellent la science de chromatique, et que dorénavant on s'habillerait de couleur de physique, comme de jambes pourries, de nez chancreux, bouches puantes, yeux chassieux, têtes galeuses, perruques de pendus, et le tout à la mode, sans y comprendre les couleurs de rhétorique, et [il] m'a dit qu'il se fallait garder de la couleur d'amitié[75].

Drôle, savoureuse énumération, on y reconnaît certains termes récurrents du XVIIIe siècle qui disparaissent ensuite (ventre de biche, couleur de roi, vert de pré, zinzolin) et même certains que j'ai classés dans les néologismes qui perdurent (sang de bœuf, jaune paille, ardoise) car ils ne semblent vraiment utilisés qu'au siècle suivant. Il me semble, en effet, que le texte de D'Aubigné et quelques-uns dans la même veine et dans la même décennie[76] constituent une sorte de parenthèse très circonscrite : les néologismes, même s'il est vraisemblable que certains (beaucoup, la plupart, tous ?) aient circulé dans les salons et appartiennent à la langue des Précieuses, n'apparaissent (guère, pas ?) dans d'autres textes. Il ne s'agit pas de minimiser l'importance littéraire et sociale du phénomène ni le rôle primordial des autrices précieuses qui perdure dans ce qu'on appelle parfois la « seconde Préciosité »[77], à partir des années 1690, et qui fournit une large part des conteuses du tout premier XVIIIe siècle, genre dont on a souligné l'importance pour l'introduction des couleurs en littérature. Mais le phénomène au XVIIIe siècle est d'une tout autre ampleur précisément parce qu'on est entré dans une « culture des apparences[78] » et que les termes de couleur circulent entre les lexiques et font désormais partie de la langue usuelle.

## Bigarrures, mouchetures et rayures

Un dernier aspect de cette langue nouvelle qu'il faut prendre en compte est celui des mots qui, sans être des termes de couleur, *font* couleur, c'est-à-dire produisent une sensation chromatique, souvent en intégrant d'autres paramètres que le ton, la luminosité ou la saturation, comme la texture ou le motif[79]. La frontière n'est pas toujours aisée à établir entre ce qui *fait* ou non couleur, de même qu'il n'est pas facile de déterminer, lorsque l'un de ces mots fait couleur, de quelle couleur il s'agit : de quelles couleurs est fait le multicolore (mot de la fin du XIX^e siècle) ? Le mot du XVIII^e siècle est « bigarré[80] », souvent confondu encore avec le « bizarre », et à la fin du siècle, à l'occasion de la redécouverte des statuaire et peinture de l'Antiquité, apparaît le néologisme savant « polychrome ». La bigarrure est à la mode dans tout le siècle[81] : le terme quitte progressivement son acception péjorative et le lexique du multicolore se développe, voire se raffine. À côté du bigarré, on trouve du « bariolé », du « panaché », mais aussi du « truité » (marqueté de taches rousses comme une truite), de « l'émaillé » ou du « maillé », du « jaspé », « marbré », « veiné » ou encore du « flambé ». Un terme comme « glacé », s'il relève d'abord du paramètre de la brillance[82], s'emploie pour désigner une étoffe de deux couleurs[83] : un ruban « bleu glacé de blanc », un « coupon de serge grise glacée de blanc », des flots azurés glacés de safran et de pourpre, le plumage blanc d'un oiseau glacé de rose, etc.[84]

Par ailleurs, beaucoup de termes issus de la teinturerie et de la tapisserie suggèrent à la fois une texture et un ton ou une brillance, comme « moiré », « gaufré » ou « chiné » (donner des couleurs différentes aux fils avant le tissage d'une étoffe) : « Les plus nouvelles [robes] pour la couleur, sont à petites chinures et à petites raies » peut-on lire dans le *Cabinet des Modes* en 1786[85].

Mais c'est surtout la variété des motifs et des termes pour les désigner qui viennent encore étendre le nuancier : tout motif constitue de fait un élément supplémentaire de bigarrure, même un terme comme « damassé », qui s'applique à une étoffe monochrome, joue de l'élévation des motifs et provoque une sensation de brillance et de multicolore. Il y a alors un goût, perceptible dans les périodiques de mode de la fin du siècle, pour un vocabulaire tachiste ; la moucheture est à la mode :

> MOUCHETURE : « Mélanges de plusieurs petits dessins ronds, ou carrés dont on orne les mousselines, les taffetas, les satins, et que les femmes préfèrent à l'uni, comme une bigarrure qui peint celle de leur esprit[86].

Le goût n'en est d'ailleurs pas uniquement circonscrit à la mode. Le théoricien de l'art anglais Jonathan Richardson, dès le début du siècle, en fait l'éloge en peinture : une étoffe de soie qui n'est que « médiocrement belle en elle-même » devient d'une beauté éclatante si elle est « découpée, ondée ou piquée » à cause de « la variété qui lui vient des jours, des ombres et des réflexions[87] ».

Le lexique de la « tache » fait ainsi un grand usage du taché, du moucheté, du truité, on l'a vu, mais également du marqueté, du piqué ou piqueté, des pois, du pommelé. Le goût pour la « tache » se continue en outre dans celui pour les traits et les ondoiements, qui « bigarrent » également, l'ondé, l'ondoyé, le moiré, le tabisé et pour les rayures et les carreaux, le tigré, le veiné, le zébré, les zigzags[88], etc.

On peut remarquer aussi, signe de la promotion de la couleur dans ce lexique, que de nombreux termes sont soit entièrement nouveaux, comme « zébré » ou « zigzag », soit que leurs sens et emploi se sont modifiés au cours du siècle. Ainsi, l'introduction de la zébrure doit sans doute beaucoup à la métaphore textile utilisée par Buffon dans son étude du zèbre, comme on le verra plus loin (p. 139). Le zigzag, quant à lui, témoigne d'une réalité nouvelle : c'est d'abord un objet à la mode récemment introduit, sorte d'assemblage de tringlettes croisées en losanges qui s'allonge ou s'étrécit à volonté et dont on se sert notamment pour tenir des éléments dans les lieux élevés. Mais il témoigne d'une extension de sens au cours du siècle et se met à désigner des traits de couleurs : un périodique de mode signale ainsi un diadème « arc-en-ciel », rose, vert, blanc avec une raie violette au milieu, « large, et coupée par trois zigzags blancs[89] ».

Les cas de « pommelé » et « veiné » sont aussi révélateurs car ils témoignent tous deux d'une désectorisation. « Pommelé », jadis circonscrit au vocabulaire équin dans l'expression figée « gris pommelé », s'applique désormais au domaine de la mode et désigne notamment les tissus moirés : « Il se dit particulièrement des chevaux, quoiqu'on commence à donner ce nom à des fracs d'un gris ondoyé » ; « on le dit maintenant d'un habit dont les desseins moirés sont en manière de petites pommes[90] ». Quant à « veiné », alors qu'il désignait, au sens figuré et en doublet avec « veineux », les lignes serpentines du bois ou du marbre[91], il supplante de plus en plus, dans un emploi figuré, « veineux », et désigne désormais plutôt des effets de couleurs, ce que consacre l'entrée dans le dictionnaire au début du XIXe siècle du verbe « veiner[92] ».

Les planches d'illustration du *Magasin des modes nouvelles françaises et anglaises* du 10 juillet 1788 sont intéressantes pour prendre la mesure de ce nouveau goût : elles présentent par exemple une jeune femme vêtue « d'un pierrot à longues basques à la paysanne de taffetas à raies grises et à raies bleu clair » et un jeune homme « vêtu d'un habit de taffetas vert-pomme doublé de même » qui porte sous cet habit « un gilet de taffetas blanc à larges carreaux faits par des moyennes raies roses, bordé d'un long effilé de soie vert-pomme, *appareillé à la couleur de l'habit*[93] » **(fig. 40)**. L'italique est dans le texte et a son importance : le journaliste tient en effet un discours sur la mode nouvelle qui consiste à « appareiller » les diverses pièces du vêtement, « cela lui donne un air de plus d'uniformité qui ne déplaît pas[94] ». Ici c'est « l'effilé » (sorte de frange) qui est assorti à l'habit. L'uni et le bigarré ou le rayé ne s'opposent pas mais entrent dans une grammaire savante des formes et des couleurs. En ce sens le rayé ne constitue plus pour le XVIIIe siècle un « écart » et est désormais valorisé[95].

Enfin, si la mode est incontestablement le fournisseur le plus abondant des mots de couleur, elle n'en n'a pas l'exclusivité : le discours naturaliste, par exemple, use du même lexique. Chez Bernardin, l'imaginaire chromatique tout rococo des coquilles est à son comble : on rencontre ainsi des mollusques marins « dont les couleurs sont aurore » ou « blanc truité », des coquillages comme le rouleau commun (sorte de cône) « piqueté de rouge », ou des mollusques terrestres comme le limaçon avec une « peau noire » qui « cache une belle couleur de rose rayée de point de Hongrie[96] ». Chez

Fig. 40 : Desrais (dess.) et Duhamel (grav.), « Jeune homme vêtu d'un habit de taffetas vert », « Deux bustes de femmes » et « Jeune femme vêtue d'un pierrot à longues basques à la paysanne », *Magasin des modes nouvelles françaises et anglaises* du 10 juillet 1788 (planches 1-3, BnF).

Buffon, le souci de distinguer toutes les espèces particulières à l'intérieur d'un groupe générique, contrairement aux autres nomenclatures à la même époque, notamment à celle de Linné[97], le conduit sans doute à attacher une importance signalée aux différentes nuances chromatiques, même avant l'*Histoire naturelle des oiseaux* : le mococo (sorte de maki) a ainsi le bout du museau ou le tour de la bouche d'une couleur brun-noirâtre, des cils et quelques longs poils noirs, les poils du côté du museau blancs, ceux de la poitrine « blanc sale », ceux de la tête « d'une couleur cendré-brun excepté à la pointe qui était grise, de sorte que la couleur de ces parties était mêlée de gris et de cendré-brun », le poil de la face extérieure du bras et de l'avant-bras est, quant à lui, de « couleur cendrée près de la racine » et d'une « couleur fauve-pâle au-dessus du cendré et l'extrémité était grise, mais cette couleur était plus ou moins étendue, de sorte que le gris dominait sur la croupe [...], tandis que le dos et les côtés du corps étaient mêlés de gris, de brun et de fauve[98] ».

Quant à sa description du zèbre, elle porte à son comble l'intrication des lexiques naturaliste et textile – le mot « zébrer » lui-même pour un tissu entre dans la langue des périodiques de mode deux décennies plus tard[99] :

> Le zèbre est peut-être de tous les animaux quadrupèdes le mieux fait et le plus élégamment vêtu ; il a la figure et les grâces du cheval, la légèreté du cerf, et la robe rayée de rubans noirs et blancs, disposés alternativement avec tant de régularité et de symétrie, qu'il semble que la Nature ait employé la règle et le compas pour la peindre : ces bandes alternatives de noir et de blanc sont d'autant plus singulières qu'elles sont étroites, parallèles et très exactement séparées, comme dans une étoffe rayée [...][100].

Cela conduit alors directement à la question des lieux de surgissement de la couleur : après les modalités de ce surgissement, il faut s'intéresser de plus près aux univers qui se colorent en priorité. La mode, avec la multiplication matérielle et lexicale des couleurs, est sans nul doute l'un des plus visibles de ces univers mais il n'est pas le seul et surtout il entre dans un imaginaire beaucoup plus vaste des couleurs sans lequel il serait vain de parler de représentation du monde en couleurs. D'une certaine façon, la mode est la face visible, la partie émergée de l'iceberg, si l'on veut, du phénomène beaucoup plus vaste qu'est la fabrique imaginaire et pas seulement matérielle des couleurs.

# 3
# La fabrique de mondes colorés. Le monde féerique.

Un passage du *Voyage sentimental à travers la France et l'Italie* (1768) de l'anglais Laurence Sterne permet de comprendre le saut qui s'effectue entre le phénomène de la mode et la représentation imaginaire qui en découle. Tandis qu'il arrive à Paris, le narrateur du *Voyage* livre sa première impression depuis sa chambre d'hôtel : « j'approchai gravement de la fenêtre, dans mon poudreux habit noir, et regardant à travers la vitre, je vis tout le monde en jaune, en bleu et en vert, courant à l'appel du plaisir[1] ». La remarque conforte, certes, l'image de Paris comme capitale de la mode et des plaisirs futiles, mais elle s'autodésigne aussi comme fabrication imaginaire : c'est le regard dirigé et filtré par la vitre qui colorise le monde décrit.

Quels sont les espaces privilégiés où se déploie ce regard « colorisateur » au XVIIIe siècle ? Ce sont les espaces de l'altérité radicale : celle des mondes lointains, nouvellement découverts et souvent coloniaux, celle de la féerie, qui est une autre sorte de monde inconnu et étrange. C'est-à-dire des espaces où peut s'exercer un regard émerveillé et émerveillant – au sens fort d'un étonnement maximal et pas seulement d'une admiration, un regard « exotisant ». En effet, la colorisation du monde entre aussi en dynamique avec la colonisation et l'esclavage, par la fabrique essentialiste et biologisante du Blanc et du Noir et par l'exploitation des ressources pigmentaires. La mode participe d'ailleurs de cette dynamique, matériellement par le tissu et la teinture et imaginairement par ce même sentiment d'émerveillement ou « d'estrangement » qu'elle procure. Ainsi, mode, mondes féeriques et mondes coloniaux contribuent respectivement mais aussi ensemble à construire une représentation colorée du monde.

## Mode et monde des fées

L'ambiance de la cour depuis Louis XIV est à la féerie. Monde des fées et des plaisirs royaux se confondent : le conte de fée met en scène des relations de pouvoir, le pouvoir royal prend l'allure de contes de fées et en tire sa puissance politique[2]. À Versailles, les fêtes traduisent l'atmosphère mythologico-féerique du lieu : Charles Perrault, bien avant l'écriture des contes qui l'ont rendu célèbre pour nous, est un grand commis de Colbert et orchestre les fêtes royales comme celles en 1664 des *Plaisirs de l'île enchantée* ou de 1674 où Carlo Vigarani, ingénieur et metteur en scène des fêtes royales, transforme avec ses illuminations et le feu d'artifice final Versailles en palais enchanté et coloré. Les fêtes sont, en effet, conçues comme des féeries et il y a une véritable continuité entre le « royaume de Féerie » (expression qu'on trouve sous la plume de la plupart des conteurs et conteuses) et les festivités royales. « Les siècles ont leur couleur, et bien positivement ; Marly reportait encore plus que Versailles vers celui de Louis XIV : tout semblait y avoir été construit par la magique puissance d'une baguette de fée[3] » écrit encore dans la seconde moitié du XVIII^e^ siècle la première femme de chambre de Marie-Antoinette. L'éblouissement des illuminations, des feux d'artifice, les couleurs éclatantes des parures lors des fêtes[4] transforment ainsi durablement pendant tout le XVIII^e^ siècle la scène politique en féerie spectaculaire. Le conte de fées littéraire que nous avons convoqué à plusieurs reprises comme laboratoire expérimental et réservoir d'images, prend donc naissance dans ce contexte : la « mode des contes de fées[5] » s'inscrit dans la vie curiale et la mode tout court[6].

Un court texte témoigne de cet entrelacement étroit, dès le départ, entre genre du conte littéraire, monde et mode : *La Princesse des Pretintailles* de Madame d'Auneuil (1702) raconte la naissance d'une créatrice de mode. L'intrigue est très réduite, il s'agit d'un conte d'inspiration étiologique : la fée Bizarre assiste à la naissance de la fille de la Princesse des Falbalas et prédit qu'elle surpassera sa mère dans l'art de la mode. Lorsque la jeune enfant atteint quinze ans, elle se rend à la fête d'anniversaire de la fée dans une parure tellement extraordinaire qu'on lui donne désormais le nom de l'un de ces ornements dont se paraient les jupes à la fin du règne de Louis XIV, les pretintailles, et elle en impose la mode dans tout Paris. Le conte décrit alors longuement la tenue de la Princesse, qui se caractérise par une profusion exceptionnelle de couleurs à la fois en quantité et en inventivité.

> Elle était vêtue d'un habit de moire jaune et argent ; autour de sa gorge et de ses manches, l'on voyait un taffetas vert et incarnat fraisé à gros plis, sa jupe était de la même étoffe que le manteau ; elle était couverte par étage de bandes de gaze gris-de-lin et cramoisi, plissées comme le tour de sa gorge, et bouillonnées en haut et en bas de chaque bande d'une autre gaze feuille morte et violet [...]. Par-dessus son habit, elle portait une manière d'écharpe qui descendait jusqu'au bord de sa jupe, dont le corps était d'une dentelle noire, et le reste d'un taffetas amarante couverte de bandes plissées comme le reste de son ajustement, de gaze verte, rose et citron, bouillonnée d'une dentelle noire de trois doigts[7].

La description du vêtement condense tous les éléments de cette promotion de la couleur dans la nouvelle culture visuelle qui se met en place au tournant de 1700 : un lexique large et renouvelé (l'emploi de « rose » seul comme terme de couleur est inédit et précède même d'un demi-siècle les autres occurrences recensées, voir p. 94 et suiv.), le multicolore, le changeant (moiré) et une grammaire savante des couleurs, tantôt associées par contrastes (vert et incarnat ; vert, rose et citron), tantôt par dégradés (gris-de-lin et cramoisi ; feuille morte et violet).

Ainsi, si le genre du conte et sa binarité archétypale (les bons et les méchants) se caractérise dans sa tradition folklorique par un usage d'abord symbolique d'un nombre de couleurs restreint (pour l'essentiel la triade ethnologique blanc-noir-rouge[8]), le conte littéraire depuis la fin du XVIIe siècle propose un tout autre nuancier des couleurs et fait véritablement entrer la sensation chromatique en littérature[9].

En effet, et ce, dès la première génération de conteurs et de conteuses, chez Marie-Catherine d'Aulnoy en particulier, on pénètre immédiatement dans un univers fortement coloré et bigarré. La Princesse Désirée, héroïne de « La Biche au bois », porte une couronne faite de « cent plumes de différentes couleurs[10] », les présents dans l'ensemble de ses contes prennent souvent la forme de vêtements ou d'accessoires multicolores, « mille aunes de nonpareille [une sorte de ruban étroit] de toutes les couleurs », « une hongreline de velours bleu, un cotillon de velours amarante, des pantoufles de satin cramoisi tailladé[11] ». Le monde féerique reproduit la mode curiale et est particulièrement riche de tous les termes vus dans le chapitre précédent : « gris-de-lin » est le nom que porte le père-roi de « Nonchalante et Papillon » et aussi la teinte d'un raton dans « L'Oiseau bleu », conte le plus célèbre de D'Aulnoy ; dans ce même texte, « couleur de rose » est la couleur d'un autre raton et qualifie également l'habit de la mère de l'héroïne Truitonne. On trouve aussi de multiples « couleur de feu » ou encore une intéressante « couleur de soucis » qui donne lieu à un jeu de mots, comme les affectionne particulièrement la conteuse, entre la fleur et l'affect. Un Prince, en effet, en changeant d'humeur, change simultanément de couleur « la vivacité de son teint se changea en couleur de soucis[12] ».

Ce lexique à la mode se déploie pendant toute la période rococo. Les deux termes de couleur, « couleur de rose » et « couleur de feu », deviennent de plus en plus courants dans les contes des années 1730-1750. Certains vont même jusqu'à mettre en scène de véritables miniatures rococo : le délicat et bien nommé chien Finfin (deux fois fin) dans *Nabotine* de Charles-Antoine Coypel en a toutes les caractéristiques, la petitesse, la finesse, le gracieux et surtout le coloris : « Son corps était couleur de rose et argent, ses oreilles vertes ; il dansait plusieurs danses admirablement bien ; mais celle dans laquelle il se surpassait, c'était le menuet figuré[13] ». Quant à son auteur, surtout connu comme peintre (et peintre coloriste favori de la reine Marie Leczinska, épouse de Louis XV), il est une preuve supplémentaire de l'entrelacement étroit des différents domaines des couleurs.

Dans cette perspective, on peut prêter attention à certains détails révélateurs, d'autant plus qu'ils paraissent justement discrets. Chez d'Aulnoy : le personnage éponyme du conte « Le Nain Jaune » porte ce nom, dit le texte, à cause de « la couleur de son teint, et de l'oranger où il demeurait[14] ». Si le choix du jaune et du roux, deux couleurs discréditées[15], pour caractériser un personnage accumulant tous les traits du méchant (chauve, nain avec de grandes oreilles) est attendu, l'orangé est plutôt inédit. Mais c'est surtout la présence du camaïeu jaune-orange-roux qui retient l'attention ; le jaune de l'appellatif n'a plus alors pour seule fonction de symboliser mais aussi d'installer un imaginaire de la couleur beaucoup plus vaste.

Arrêtons-nous un instant sur un récit du comte de Caylus (voir p. 92) : son conte « Nonchalante et Papillon » (1741) alerte d'emblée par le nom de couleur à la mode choisi, on l'a dit, pour le personnage du roi, Gris de Lin. Et les couleurs, dans ce texte, ont de fait bien une place prépondérante : elles façonnent l'univers et la quête des personnages sans qu'on puisse de façon systématique leur assigner une signification très claire. Certains épisodes relèvent apparemment d'une symbolique éculée, même si elle apparaît déjà *surjouée*, comme si la surenchère signalait justement un glissement en cours. Ainsi en est-il des « soixante Nègres couverts de grand voiles noirs [...] ayant chacun une chauve-souris sur la tête » qui conduisent le héros dans le Temple de l'Oiseau noir, orné d'ébène, de jais et de tentures noires. L'insistance est d'ailleurs exhibée par une voix commentative : « il vit quelques plats posés devant lui, *ils étaient de différentes couleurs, mais tirant toujours sur le noir*[16] ». Dans ce camaïeu noir, on est très proche du monochrome de même teinte du cortège funèbre du capitaine de Jacques dans *Jacques le fataliste* de Diderot (voir p. 127). Surtout, la quête est rythmée par ce qui ressemble à une grammaire des couleurs qu'on ne saurait réduire à une pure symbolique : le roi Gris de Lin (violet) a un neveu Papillon (multicolore) qui doit épouser sa fille la princesse Nonchalante. On suit alors les aventures de Papillon qui consulte l'oracle de l'Oiseau noir, triomphe d'un lion vert, passe dans les Terres vertes du géant Vert et dont la quête ultime est celle d'une taupe couleur de rose qu'il ne trouve finalement pas... Ultime détail si c'était nécessaire : la dernière épreuve de l'héroïne consiste à « tirer de l'eau pour la teinture des laines[17] », teinture qui sert à teindre des tapisseries qui racontent les aventures de tous les contes nouveaux. Le conte moderne, avec humour, s'autodésigne donc finalement comme une production colorée.

De quelle couleur ? Multicolore, certes, mais également avec une récurrence remarquable de tons bleus et verts. À la manière du héros Papillon, le lecteur est ainsi conduit dans des terres vertes... et bleues.

## Des contes bleus... et verts

*La Patte du chat* (1742) de Cazotte et son peuple de Camayeuls bleus dont nous avons parlé dans le chapitre précédent (voir p. 129) n'est, en effet, pas le seul conte à enchérir sur la signature générique de « conte bleu » en référence aux « livres bleus » de colportage. Diderot joue avec la dénomination populaire dans le titre de son conte *L'Oiseau blanc, conte bleu* (1748) et à côté du multicolore et de la bigarrure ou de la triade ethnologique blanc-noir-rouge, la couleur la plus fréquente dans les contes du XVIIIe siècle est sans doute le bleu et plus exactement le bleu et le vert, voire le bleu-vert céladon (une fois encore !)[18].

« Vert et Bleu » : c'est le titre d'un conte de Charlotte Rose de Caumont La Force (1697)[19] qui met en scène un prince Vert nommé ainsi pour ses qualités de gaieté et de douceur à l'image de son père, le regretté monarque Printemps, et une princesse Bleu au pouvoir justement *colorisateur*. Son regard est d'un bleu si intense qu'il colore la nuée dans laquelle elle se trouve cachée par sa fée marraine pour la tenir à l'écart des hommes. Un regard, donc, qui transforme l'univers en bleu.

Le vert, plus que le bleu, malgré son « oiseau bleu », est la couleur quasi obsessionnelle des contes de Marie-Catherine d'Aulnoy et de leur univers souvent champêtre. Ses personnages aiment le vert et la voix commentative le souligne : dans « Gracieuse et Percinet », la Princesse Gracieuse apparaît dans une « robe verte à fond d'or », Percinet, surnommé le « page vert » est constamment vêtu de vert, « car, souligne la conteuse, le vert était sa couleur, parce que Gracieuse l'aimait[20] ». Le vert est également la couleur préférée d'une autre de ses héroïnes, Désirée : les mulets qui tirent sa litière sont « ornés de longs panaches de plumes vertes (c'était la couleur favorite de la princesse)[21] ». De fait, le vert est partout : le chien de la princesse Rosette, Frétillon, est « vert comme un perroquet[22] », sa mère, la reine, porte des pantoufles de satin vert. Printanière porte une robe de brocart d'or et vert. Camarade, le cheval merveilleux de Belle Belle/Fortuné, est recouvert d'une housse de velours vert et dissimule dans son oreille une clef attachée par un ruban vert[23]. Surtout, dans « Le Rameau d'or », la métamorphose en sauterelle de Brillante est tout entière organisée autour de la couleur verte, à tel point qu'on peut se demander s'il ne s'agit pas plus d'une métamorphose en une couleur qu'en un insecte : « Tu ne seras donc à l'avenir ni chair, ni poisson ; tu n'auras ni sang, ni os ; *tu seras verte*, parce que tu es encore dans ta verte jeunesse ; tu seras légère et fringante ; tu vivras dans les prairies comme tu vivais : *on t'appellera* Sauterelle[24]. » Comme on le voit, l'insecte n'est que le nom qui dissimule une identité *verte*.

Mais bien d'autres contes encore privilégient le bleu, le vert ou leur association. « La Petite Grenouille verte », placé en ouverture du *Nouveau Recueil de contes de fées* (anonyme, 1731 sans doute[25]) met en scène un couple princier, Serpentine, métamorphosée en grenouille verte et Saphir, fils de Péridor – faut-il rappeler que le saphir est une pierre bleue et le péridot une verte ? La généalogie du héros est donc marquée par la couleur : le bleu procède du vert. Le conte se développe alors comme un conte du bleu et du vert : pour « démétamorphoser » la princesse-grenouille (verte), Saphir doit quérir un oiseau bleu guérisseur, inspiré de celui du célèbre conte éponyme de D'Aulnoy : « Son plumage était bleu céleste et or. Ses pieds et son bec étaient de rubis ». Saphir, parti à la recherche d'un oiseau guérisseur, pénètre dans la forêt où vit le volatile et construit pour le capturer un étonnant piège de couleurs : « il imagina, de plus, de faire colorier des filets de toutes les couleurs dont on lui avait dépeint l'oiseau, persuadé qu'on se laisse aisément prendre à quelque chose qui nous ressemble ». Ce bleu-là est donc une sorte de supra-couleur, un résumé de toutes les couleurs, une célébration du coloris comme l'indique une intéressante variante : le verbe « colorier », dans la dernière version du texte, remplace la première expression choisie qui était « faire peindre[26] ».

Toujours dans le même recueil anonyme de 1731, le conte « Le Prince Périnet ou l'Origine des Pagodes », fait pénétrer dans l'univers rocaille des porcelaines bleues : Périnet est emprisonné par un magicien qui règne sur l'Île des Porcelaines, également surnommée l'Île Bleue où tous les habitants sont habillés dans cette teinte. Les caractérisations des personnages suivent là encore une grammaire des couleurs : Périnet est métamorphosé en pot à thé jaune, le petit épagneul qui sert de messager est « feuille morte et blanc[27] ». Le thème du royaume où tout ou partie est bleu est d'ailleurs récurrent : chez la comtesse de Murat ou chez Jean-Paul Bignon, on accoste sur des îles bleues[28]. On retrouve également le motif chez Crébillon dans *Tanzaï et Néadarné* (1734) avec un peuple des Bluets. Le bleu bénéficie de fait des différentes dérivations et jeux de mots, facilités par la fluctuation des graphies bleuet/bluet. Le bleu/bleuet ou bluet prend alors le relais du vert dans certains contes pour construire un univers pastoral.

Caylus narre ainsi les amours champêtres et naïves de deux jeunes adolescents, Coquelicot et Bleuette, sur l'île du Bonheur. Le nom de Bleuette est remotivé par un jeu de mots avec « bluette » (petite étincelle de feu, *Dictionnaire universel* de Furetière, 1690) : « c'est à sa rare beauté que nous devons cette façon de parler, encore usitée dans le langage familier ; où pour parler de ce qui nous a ébloui, l'on dit, j'ai vu des Bleuettes[29] ». Un même portrait champêtre est fait de l'héroïne de « Timandre et Bleuette » (1740) de Catherine de Lintot : « Un habit de toile de lin et quelques bleuets qu'elle avait arrangés sans beaucoup de soin dans ses cheveux faisaient toute sa parure[30] ».

Le bleu et le vert dans les contes de fées associent ainsi univers pastoral, avec verdure et bleuets, et couleur de la mode, à la mode, comme le souligne la conteuse Marie-Antoinette Fagnan :

> C'était un jeune prince ; on s'y attend bien : ce à quoi on ne s'attend pas de même, c'est qu'il s'appelait *Minet-bleu*, ce qui venait non-seulement du bleu singulier dont étaient ses yeux, mais aussi des habits de taffetas bleu changeant qu'il portait tout l'été, et dont il avait le premier amené la mode, qui fut empaumée [suivie] brusquement par tous les agréables de la cour[31].

En plus d'être des indices traditionnels – notamment pour le vert[32] mais aussi pour le bleu si l'on pense à la barbe bleue du conte éponyme de Perrault (voir p. 173) – d'étrangeté et de surnaturel ; ces deux couleurs participent du double engouement des Lumières, pour la nature et la campagne, et pour le bleu[33].

Mais le genre du conte ne se contente pas de refléter la nouvelle culture visuelle ; il contribue également, à sa manière, à sa conceptualisation. Ces contes ne sont pas seulement *colorés* mais ils sont, en outre, souvent des contes *sur les couleurs*.

## Des contes sur la couleur

Plusieurs des contes évoqués pour l'importance qu'ils accordent aux couleurs ont une dimension étiologique : « Vert et Bleu » de La Force (1697), *La Princesse des Pretintailles* de D'Auneuil (1702), « Bleuette et Coquelicot » de Caylus (1741) sont aussi des contes d'origine de la couleur qui font le récit du monde coloré dans lequel ils s'inscrivent. Ce monde peut être celui de la mode, comme dans *La Princesse des Pretintailles* de D'Auneuil (1702) ou dans un autre récit qui imagine une origine galante aux fards rouges : *Origine du rouge que portent les dames*[34] (1759). Mais revenons, dans cette perspective, sur « Vert et Bleu » de La Force. Il s'agit d'un conte-gageure[35] qui se déroule comme une énigme à résoudre plutôt que comme une quête, énigme qui repose entièrement sur une théorie des couleurs.

La trame en est simple : une prédiction dit que Bleu ne pourra être heureuse qu'en épousant une personne qui lui sera totalement opposée. Les deux protagonistes s'aiment mais ne comprennent pas comment ils pourraient être destinés l'un à l'autre puisque rien ne les oppose, jusqu'au moment où la fée s'aperçoit qu'ils portent tous deux des noms de couleurs antagonistes : « le vert et le bleu avaient toujours paru au vulgaire des couleurs incompatibles[36] ». Le conte a alors une portée démystificatrice et, levant le préjugé, il consacre la nouvelle union du vert et du bleu[37].

Sans être un récit étiologique, le conte de Godard de Beauchamps, *Funestine* (1737), peut également être considéré comme un conte sur la couleur et même sur le coloris. En effet, ce ne sont pas seulement des éléments épars de l'histoire ou un décor qui lui donnent une tonalité rococo mais le conte lui-même se développe comme une défense de l'esthétique rococo. Le récit relate la progressive transformation d'une héroïne, Funestine, laide et méchante, en une belle et vertueuse femme par l'intermédiaire d'un génie bien nommé, Clair-Obscur, et de son fils le beau prince Formose. Interpréter la trajectoire du conte comme le passage du noir et du sombre à la lumière et au coloré est évidemment fortement suggéré par l'onomastique. Mais ce serait peu s'il n'y avait la longue description du palais du génie Clair-Obscur – qu'on peut comprendre aussi comme *celui qui a le génie* (rococo) du Clair-Obscur. Le palais est en effet constitué d'une enfilade de neuf cours surélevées, bâties et décorées avec des matériaux précieux et multicolores : albâtre, marbre blanc mais aussi marbre vert campan, « plomb laminé doré à fond », lapis-lazuli, turquoises et topazes, bois de santal, corail, airain de Corinthe, émeraudes et saphirs, perles et rubis, aventurine, diamant, or, améthyste, cristal de roche, escarboucle (rubis ou grenat rouge « tirant sur le sang de bœuf », selon Furetière, 1690), etc.[38] Les Écuries, quant à elles, reprennent l'archétype de la décoration rococo ; toutes de stuc blanc avec un plafond peint à fresque. Ainsi, le contexte explicitement pictural et décoratif dans lequel s'inscrit le conte en fait d'abord un exercice de « coloriage » (du coloris).

Mais la dimension picturale n'est pas la seule qu'explorent ces contes qui tiennent une forme de discours sur la couleur. Dans le recueil anonyme de 1731 déjà plusieurs fois mentionné en raison de l'importance qu'y tient le paradigme de la couleur, « Le Prince Arc-en-ciel » aborde les couleurs sous l'angle de la physique. La princesse Plus-Belle-que-Fée est, de fait, séduite par un amant qui ne peut apparaître ni se faire entendre que sous la forme d'un arc-en-ciel. La rencontre des amants est alors déterminée par le phénomène météorologique :

> Un jour qu'elle s'amusait à jouer auprès d'une belle fontaine, placée au milieu des jardins, les rayons du soleil donnant sur cette onde claire formèrent un arc-en-ciel, dont l'éclat et la beauté surprirent Plus-belle-que-fée. Il sortit de cet arc-en-ciel une voix dont le son la charma encore davantage. Cette voix paraissait être celle d'un jeune homme. À la douceur et à l'agrément des propos qu'il tenait, on ne pouvait se dispenser de se former l'idée de la figure la plus aimable ; mais l'imagination pouvait seule travailler en cette occasion, car la personne était invisible[39].

Rien ne permet vraiment de rattacher ce conte à un propos newtonien, mais la dimension scientifique du phénomène structure néanmoins l'intrigue elle-même et donne lieu à des considérations d'optique : les amants ne peuvent s'entretenir par temps couvert, l'arc-en-ciel ne pouvant se produire que par réflexion du soleil dans des gouttes d'eau[40]. D'autres éléments contribuent, en outre, à valoriser le paradigme de la couleur dans ce conte comme la mention d'autres personnages-couleurs : le couple empêché de

Plus-Belle-que-Fée et Arc-en-Ciel est réuni grâce à trois sœurs vertes et blanches. Enfin, le dénouement explicatif met en parallèle couleurs picturales et physiques : le prince Arc-en-Ciel se révèle être un bel endormi qui a subi un enchantement dans un château suspendu en l'air : « Au milieu du salon, il y avait un lit d'ange, d'étoffe coloriée des mêmes couleurs que l'arc-en-ciel[41]. »

# 4

# La fabrique de mondes colorés. Mondes lointains, nouveaux et coloniaux

On serait tenté de dire que le XVIIIe siècle n'a rien inventé en matière de couleurs des mondes « nouveaux » et lointains tant les relations de voyage depuis ceux d'André Thévet et de Jean de Léry au Brésil au milieu du XVIe siècle ont livré des descriptions « exotisantes ». À la fin du siècle suivant, presque tous les continents sont concernés et les relations en Moyen et Extrême-Orient se sont multipliées parmi lesquelles celles, célèbres, pour le Levant, de Jean Thévenot (1664), Jean-Baptiste Tavernier (1676), Jean Chardin (1686) ou encore Paul Lucas (1699-1703) qui servent de sources à Montesquieu pour ses *Lettres persanes*. La construction d'un orientalisme par l'Occident y prend ses sources, même s'il se développe plus nettement à partir du XIXe siècle[1].

De fait, dès le XVIe siècle, une véritable grammaire coloriste s'était mise en place dans les descriptions des peuples natifs, véhiculant nombre de clichés. Ainsi, il y a déjà un horizon d'attente « coloriste » pour le lecteur des Lumières : dans le genre très codifié que constitue le récit de voyage[2], la couleur est un élément décisif d'une rhétorique de l'altérité fondée à la fois sur la proximité (ramener l'inconnu au connu) et l'extraordinaire. La couleur est alors un vecteur de différenciation et le support d'une construction « exotisante » de ces mondes. Sont ainsi déclinés comme autant d'attendus, la couleur des fruits, au premier rang desquels figure l'ananas « de couleur jaune azuré[3] », celle des plumages des oiseaux ou, dans un *continuum* explicite, de la parure, ainsi que les peintures faciales et les tatouages. Les plumages chatoyants des différentes espèces de perroquets en font, selon Léry[4], les oiseaux les plus merveilleux du monde et la description du plus beau d'entre eux donne un bon aperçu de la grammaire exotique des couleurs associant multicolore, saturation et éclat :

> Quant aux Perroquets il s'en trouve de trois ou quatre sortes en ceste terre du Bresil : mais quant aux plus gros et plus beaux, que les sauvages appellent Ajourous, lesquels ont la teste riolée [rayé de diverses couleurs] de jaune, rouge et violet, le bout des aisles incarnat, la queuë longue et jaune, et tout le reste du corps vert, il ne s'en repasse pas beaucoup par deçà[5].

Même « bigarrure » dans la parure : les Brésiliens « se bigarrent souvent le corps de diverses peintures et couleurs », leur visage est tout « chamarré » de bleu, jaune et rouge ; ils portent des couronnes de plumes d'oiseaux « incarnates, rouges, et d'autres couleurs », des poitrails et parements de joues faits de plumes de Toucan jaunes et rouges, et toutes autres sortes d'ornements de plumes « vertes, rouges, bleues, et d'autres diverses couleurs »[6]. Le « commerce » des couleurs n'est pas oublié et fonctionne dans les deux sens : importation massive en Europe de bois-brésil pour la teinture en rouge, exportation de verroteries multicolores pour la parure des colliers et bracelets des « Américains »[7]. On peut remarquer alors une belle constance sur deux siècles de cet imaginaire coloriste d'un récit à l'autre et même d'un peuple à l'autre. Au XVIIIe siècle, le regard s'est déplacé, pour la France et la Grande-Bretagne, d'une colonisation et surtout d'un conflit intercolonial à l'autre, vers les peuples amérindiens d'Amérique du Nord, Hurons et Iroquois, mais la chromatique et la rhétorique qui le sous-tendent restent les mêmes.

En 1710, Antoine Raudot, intendant de de la Nouvelle-France insiste toujours sur l'importance des couleurs dans tous types de parures :

> Les jeunes parmi les sauvages aiment fort à se parer pour plaire aux filles [...] ils appliquent différentes couleurs sur le visage, comme du rouge, du bleu et du noir [...] ils se graissent les cheveux et y mettent aussi du rouge avec du duvet de cygne dessus [...] se percent le nez et y pendent une perle ou une roupie de pierre bleue [...] Les jeunes filles [...] ne se servent que de rouge et de bleu[8].

Bacqueville de La Potherie dont l'*Histoire des Iroquois* (1722) comprend un lexique des « termes et expressions des sauvages », fait même du coloris corporel un trait coutumier majeur :

> Ces peuples aiment à se parer avec autant d'amour propre que toutes autres nations du monde, ils aiment beaucoup le vermillon, l'on en fait un grand commerce en Canada les femmes s'en *matachent* le visage ; *matacher*, c'est-à-dire peindre. Lors donc qu'ils se *matachent* elles mettent plusieurs couleurs sur le visage, comme du noir, du blanc, du jaune, du bleu et du vermillon[9].

L'anglais Thomas Anburey, à la fin du siècle, enchérit et construit l'imagerie d'un « sauvage » peintre en mettant en scène un jeune indien qui, non satisfait du résultat de ses peintures faciales les efface et les recommence à plusieurs reprises jusqu'à épuisement de toutes ses provisions de couleurs : « Quel dommage, conclut alors Anburey, que nos peintres les plus habiles n'aient pas sous la main une telle variété de couleurs, pour exercer leur génie[10] ! » Et une fois encore, l'appropriation des couleurs est au cœur des échanges commerciaux : en 1781, l'officier de marine Pierre Pouchot énumère les marchandises que les Européens échangent contre des fourrures et de la nourriture parmi lesquelles figurent en bonne place « des toiles garnies de drap bleu et rouge », « du vermillon, et du vert-de-gris, des rubans rouges, jaunes, verts et bleus », « de la ratine [étoffe de laine pour servir de doublure] bleue, blanche et rouge » ou encore « des plumets panachés, des rouges, jaunes, bleus et verts[11] ».

Cet imaginaire coloriste de la parure n'est pas propre aux natifs amérindiens ; il se transpose par exemple quasi à l'identique dans le vêtement des Persans et sert de fondement à la fabrique d'un Orient polychrome :

> Les persans aiment surtout la bigarrure en leurs habits ; car leur juste-au-corps est d'une couleur, leur veste d'une autre, leurs chausses d'une autre, et leurs souliers, particulièrement ceux des femmes, sont ou verts, ou rouges, ou jaunes, ou violets. La ceinture et le turban doivent toujours être d'étoffe rayée, il n'y a que les Mollahs qui portent le tout uni[12].

Qu'est-ce qui change alors ?

## Colorisation, exploration et colonisation

Le premier constat qu'on peut faire est qu'on assiste à un changement d'échelle, rendu possible, une nouvelle fois, par l'avènement d'un capitalisme commercial avec l'extension, la circulation et la mondialisation des échanges commerciaux et coloniaux. Les transformations des consommations impliquent une demande accrue de matières colorantes ou de textiles remarquables par la solidité et la variété de leurs couleurs comme les cotonnades indiennes. Ce changement d'échelle touche aussi bien les textes que les images et les objets : on explore, collecte, commerce, raconte, illustre *plus*.

La multiplication des relations de voyage à partir de la fin du XVII^e^ siècle a été bien repérée et est même un argument très ancien au fondement de ce qu'on a longtemps appelé la « crise de la conscience européenne[13] » : la diffusion des descriptions de pays plus ou moins lointains, en favorisant un point de vue relativiste, aurait permis l'émancipation des idées et l'avènement des Lumières. Au cours du XVIII^e^ siècle, deux grandes entreprises et succès éditoriaux attestent de la vogue de ces récits adossés à des projets ethnologiques et politiques : l'*Histoire générale des voyages* en vingt volumes de l'abbé Prévost (1754-1801) et l'*Histoire philosophique et politique des deux Indes* de l'abbé Raynal (1770). Pour ce qui concerne les couleurs, on peut néanmoins nuancer : ce sont sans doute les images et les objets, au premier chef les « turqueries » et les « chinoiseries », plus que les textes mêmes, somme toute assez pauvres en notations colorées en dehors de quelques passages saisissants, qui vont le plus contribuer à la fabrique de cet imaginaire « exotisé » coloriste, largement diffusé par des recueils de figures et de costumes comme le « recueil Ferriol » illustré par Jean-Baptiste Vanmour (1714)[14] **(fig. 41 et 42)** ou comme, à la fin du siècle avec l'essor de l'imprimé illustré, les quatre tomes des *Costumes civils actuels de tous les peuples connus* de Jacques Grasset de Saint-Sauveur et Sylvain Maréchal (1788)[15]. Les gravures de Grasset de Saint-Sauveur et Claude-Louis Desrais, également dessinateur dans les périodiques de mode à la même époque, donnent à voir de fantasmatiques figures, à la fois bigarrées et européanisées : un « habitant de Madagascar » revêtu d'une étoffe avec passementeries, élégamment nouée à la romaine **(fig. 43)**, une tahitienne au buste sculptural avec une jupe à larges paniers **(fig. 44)**. Le coloris des illustrations use de toute la plasticité des peaux : la peau très foncée du malgache est rehaussée d'une étoffe violette tandis que la peau pâle de la polynésienne est marbrée d'ombres en continuité grisâtre avec l'imposante jupe et le sol.

La composition chromatique affecte aussi les quelques éléments naturels qui théâtralisent le décor : le rouge cramoisi qui domine la passementerie multicolore de l'homme se retrouve dans la fleur qu'il tend, le vert pâle de l'étoffe qui à la fois couvre et découvre le buste de la jeune femme est rappelé par les palmes à l'arrière-plan.

Fig. 41 et 42 : Jean-Baptiste Vanmour (peintre) et G. Scotin (grav.), « Tchingis ou danseuse turque », 1714 (grav. en taille-douce coloriée, in fol., BnF) et Jean-Baptiste Vanmour (peintre) et C. Du Bosc (grav.), « Soulak, garde du Grand Seigneur », 1714 (grav. en taille-douce coloriée, in fol., BnF).

Fig. 43 et 44 : Claude-Louis Desrais (dess.) et Félix Mixelle (grav.), « Habitant de Madagascar », 1788 (grav. coloriée, BnF) et Claude-Louis Desrais (dess.), « Otaiti portant des présent[s] au roi », 1788 (grav. coloriée, BnF).

Mais le changement d'échelle n'explique pas tout ; le regard se modifie aussi sous la double influence des récits des voyageurs naturalistes, accompagnés de dessinateurs, ou des naturalistes comme Réaumur ou Buffon restés en Europe, qui collectent, classent et analysent les données rapportées par ceux-ci, et de la colonisation, les deux phénomènes n'étant pas toujours facilement disjoints : non pas dans le sens où l'exploration aurait conduit mécaniquement à la colonisation mais dans le sens, qui nous intéresse particulièrement, où les discours, classifications et imaginaires produits par l'exploration scientifique systématique de tous les continents au XVIII<sup>e</sup> siècle constituent un socle instrumentalisable[16], sans parler de la connexion directement commerciale et politique de certaines entreprises ou des facettes multiples de certains voyageurs ou de certaines destinées. Un personnage comme Pierre Poivre (1719-1786) est révélateur de la complexité des liens qui peuvent se faire entre les différentes missions : il est à la fois botaniste, missionnaire en Extrême-Orient, dessinateur (avant d'être amputé du bras droit), puis son intérêt pour les plantes l'amène à jouer un rôle décisif dans le commerce des épices pour le compte de la Compagnie française des Indes orientales ; tout en étant correspondant de l'Académie des sciences auprès d'Antoine de Jussieu, il introduit des muscadiers et des girofliers à l'Île de France (Maurice) où il fonde le Jardin botanique de Pamplemousses, devient intendant des Îles de France et de Bourbon (La Réunion), convainc Philibert Commerson, embarqué comme naturaliste dans le voyage autour du monde de Louis-Antoine de Bougainville (1767-1768) de rester explorer les Mascareignes, etc.

Ainsi, si les explorations scientifiques et pacifiques ont pris une ampleur inédite au XVIIIe siècle avec l'instauration d'un dense réseau de correspondants de l'Académie royale des sciences et du Jardin du roi, futur Museum d'histoire naturelle (1793)[17], la frontière entre le geste d'exploration et celui d'appropriation reste poreuse : la *collecte* de données, de spécimens et d'objets se prolonge en *collections* qui se développent, sortent du simple domaine de la curiosité, gagnent le marché de l'art en pleine constitution et comprennent d'importants enjeux financiers comme en témoignent les catalogues de vente[18]. Dans le cas de collections uniquement scientifiques, comme celles du Cabinet du roi, leur mise en valeur par les estampes et dessins entre également dans un circuit commercial. Depuis longtemps, les images circulent, se constituent elles-mêmes en véritables collections (des collections de collections si l'on veut) comme celle, célèbre, des vélins du Jardin du roi (voir p. 32), mais une étape est franchie avec l'élargissement du public et le développement du livre illustré. Une entreprise aussi scientifique que celle de l'*Histoire naturelle* de Buffon commencée en 1749 et comprenant 36 volumes à la mort de celui-ci (1788) est d'abord conçue, en témoigne le titre complet (*avec la description du Cabinet du Roi*), comme un catalogue des collections du Jardin du roi, dont la charge a été confiée à Buffon en tant qu'intendant dès 1739, secondé quelques années plus tard par Daubenton. Même si le projet a pris ensuite une tournure beaucoup plus vaste et théorique, la collection reste une source majeure et une source *illustrée*. L'ouvrage repose ainsi sur une « triade naturaliste », texte, planches (1 275 illustrations) et collection[19] et Buffon, très soucieux de son lectorat, n'ignore pas l'intérêt que celui-ci porte aux images. Buffon rompt, certes, avec la longue tradition d'illustration idéalisante du livre naturaliste et tient à la fidélité des représentations plutôt qu'à une recomposition mais ceci n'est en rien un frein, bien au contraire, à l'attrait du public pour l'iconographie de l'*Histoire naturelle* qui contribue largement au succès de la série à travers toute l'Europe, notamment par les planches enluminées de l'*Histoire des oiseaux* (1770-1783) dessinées par François-Nicolas Martinet. La couleur des plumages, déterminante pour la caractérisation des oiseaux et particulièrement vive et bigarrée pour les espèces tropicales nourrit ainsi durablement l'imaginaire coloriste exotique des Lumières, comme on peut le voir par exemple dans l'illustration du toucan **(fig. 45)** ; imaginaire renforcé encore du fait que les « animaux de Buffon » deviennent également le décor de nombreux objets du quotidien (porcelaines, tissus)[20].

Fig. 45 : Georges-Louis Leclerc, comte de Buffon, « Toucan à gorge jaune du Brésil » (*Histoire naturelle des oiseaux*, 1783).

En outre, de nombreuses expéditions lointaines répondent directement à des impératifs commerciaux et coloniaux, où exploration et exploitation se trouvent intimement liées. Par ailleurs, on l'a vu (voir p. 65 et suiv.), avec l'essor de la traite atlantique au XVIIIe siècle, la couleur de la peau devient un vecteur de différenciation et un marqueur racial : avec l'esclavage massif des Africains, ce n'est plus la nudité des corps qui est au cœur des descriptions mais leur coloration. La couleur devient le prisme privilégié du questionnement sur la diversité humaine. Se met alors en place un *continuum* entre la peau, la parure et la nature[21] – à la fois les ressources naturelles mais aussi les plantes, les animaux, les paysages, voire le climat. Par exemple une thèse traverse le XVIIIe siècle, celle de la détermination mixte de la peau « rouge » des natifs américains sous l'effet à la fois du climat et du maquillage[22]. Cette contamination qui fait des mondes lointains des mondes de couleurs produit alors des effets pervers de visibilisation et d'invisibilisation : le regard de l'Européen colore mais aussi décolore, invisibilise. En ce sens, il s'agit bien d'un regard *colorisateur*. La distinction entre *couleur* naturelle (colorer) et *coloris* artificiel (coloriser), reprise à la théorie de l'art à la même époque, permet de mieux appréhender ce qui se passe avec la fabrique de ces mondes de couleurs : ils ne sont pas *colorés* mais *colorisés*. Ce qui implique la construction d'un regard observateur et descripteur qui n'est pas étranger au fait ni à l'imaginaire coloniaux, combinant paradigmes scientifiques (naturalistes, anthropologistes, anatomistes), politiques, commerciaux et esthétiques. Colorisation et colonisation vont de pair. Comment donc se colorent ces mondes lointains ? Qu'est-ce qui est coloré, qu'est-ce qui ne l'est pas ? Et de quelles couleurs, selon quelle grammaire ?

Plutôt que de réexaminer l'espace outre-Atlantique déjà amplement documenté y compris dans cette perspective coloriste[23], nous prendrons comme espace exemplaire celui des Mascareignes, et ce, pour plusieurs raisons : les îles de France (Maurice), Rodrigue (Rodrigues) et Bourbon (La Réunion) présentent en effet à la fois une histoire politique et économique (îles désertes avec des populations multiculturelles, colonisation avec esclavage, organisée d'abord par la Compagnie française des Indes orientales puis par le roi de France après la rétrocession des années 1760, au cœur de la mondialisation du commerce maritime européen par la route des Indes) où la couleur est un vecteur essentiel (couleur des peaux, cotonnades indiennes, denrées colorées ou colorantes) et un espace (insulaire, « édénique », tropical) propice à la fabrique d'un imaginaire chromatique. Enfin, ce sont les Mascareignes qui constituent l'expérience viatique et tropicale du grand écrivain chromaticien et coloriste Bernardin de Saint-Pierre dont on a déjà amplement parlé (voir p. 81 et suiv.).

## La couleur des Mascareignes

Ce qu'il faut souligner en premier lieu, c'est la façon dont, dans un ensemble de textes disparates (mémoires officiels et administratifs, relations de voyage ou d'observations diverses sur les Mascareignes), l'espace et les « choses » sont cadrés et construits par un regard, qui peut être panoramique, avec ou sans déplacement circulaire, contemplatif ou instantané, un « coup d'œil », etc. François Leguat, huguenot français envoyé dans les Mascareignes pour y fonder une république idéale protestante, à la fois explorateur et potentiellement colon, donne ainsi, dans son *Voyage et aventures en deux îles désertes des Indes orientales*, en 1707, une description exemplaire d'un tel cadrage « d'ensemble » sur l'île Bourbon (en fait sûrement Maurice) depuis son vaisseau qu'il n'a pu quitter[24] :

> De l'endroit où nous nous arrêtâmes, pour jeter les yeux pendant quelques moments sur cet admirable pays, nous en découvrîmes diverses beautés. Des montagnes s'élèvent vers le milieu, mais toute la partie de l'île qui se présentait de notre côté, nous parut être un pays presque uni. Et nous pouvions aisément discerner l'agréable mélange de bois, de ruisseaux et de plaines émaillées d'une ravissante verdure[25].

C'est alors bien la couleur des bois, ruisseaux et verdure qui structure le regard, d'autant qu'on peut remarquer le recours au lexique de la peinture (émail) qui introduit en plus du ton, une brillance voire un effet de miroitement multicolore (habituellement, une prairie émaillée est une prairie couverte de fleurs diversement colorées[26]). Par ailleurs, le renvoi quasi systématique des descripteurs à l'art de peindre, est bien le signe d'un conditionnement pictural de la vue.

De la même façon, lorsque Leguat débarque cette fois-ci à Rodrigues et peut voir « de près » après l'avoir vue « de loin[27] », l'île, c'est encore une vue d'ensemble structurée par les couleurs qu'il donne à voir :

> Nous ne pouvions nous lasser de regarder les petites montagnes dont elle [l'île] est presque toute composée, tant elles étaient richement couvertes de grands et beaux arbres. Les ruisseaux que nous en voyions découler, tombaient dans des vallons de la fertilité desquels il nous était impossible de douter ; et après s'être répandus dans quelques espaces de terrain uni, auxquels je ne donnerai le nom ni de forêt ni de plaine, quoiqu'ils pussent recevoir, l'un et l'autre, ils se venaient jeter à nos yeux dans la mer[28].

Remarquons la composition (le terme est présent) toute coloriste de la vue dont témoigne par exemple le terme « uni » mais aussi la distribution des ombres et des lumières (les ruisseaux qui « tombaient » dans des vallons).

Chez Bernardin de Saint-Pierre, la vision panoramique et les jeux de focales sont décisifs et souvent associés au spectacle des couleurs dans les descriptions *pittoresques* récurrentes des levers et couchers du soleil déjà évoquées (p. 87) : « J'ai admiré souvent le lever et le coucher du soleil. C'est un spectacle qu'il n'est pas moins difficile de décrire que de peindre. Figurez-vous à l'horizon une belle couleur orange qui se nuance de vert et vient se perdre au zénith dans une teinte lilas, tandis que le reste du ciel est d'un magnifique azur », etc.[29]

Ce fantasme de vue globale et ses liens avec l'esthétique du sublime trouvent une réalisation dans le dispositif panoramique comme forme spécifique de grand paysage inventé par le peintre irlandais Robert Barker en 1787 et qui se développe au tournant 1800[30] **(fig. 46)**. Un texte, au début XIX$^{e}$ siècle, le *Voyage aux colonies orientales, ou Lettres écrites des îles de France et de Bourbon...* d'Auguste Billiard semble d'ailleurs tout entier informé par ce nouveau dispositif. La Lettre III, datée du 19 mars 1819, relate ainsi l'arrivée à l'île Bourbon :

> Quand on découvre Saint-Paul du côté de la mer, on croit qu'il touche à la montagne : il en est séparé dans toute sa longueur par l'étang qui fut autrefois le fond de la rade, avant qu'il se fût formé des atterrissements sur lesquels le quartier s'est établi.
>
> Vous auriez sans doute le projet de faire le tour de l'étang, en suivant le pied des remparts et en revenant par cette longue chaussée plantée d'arbres qui sert de promenade d'un bout à l'autre du quartier : quand on prend le chemin des roches, c'est celui qui est du côté de la montagne : on dit que ces cascades, ces ravines, ces groupes de verdure, rappellent les sites les plus variés, les plus pittoresques de la Suisse. Enfin les yeux ne se lassent point de parcourir ce gracieux paysage, soit qu'ils se portent sur la plaine sans aller jusqu'à la savane aride qui s'étend au-delà de Saint-Paul jusqu'à la Possession, soit qu'ils s'élèvent sur les coteaux de l'amphithéâtre couverts de belles cultures et de riantes habitations. Nous avons pris un matin du mois de mars pour faire notre promenade : c'est au moment où l'air, chargé d'une brume légère, commence à s'éclaircir ; la fraîcheur de la végétation semble un vernis répandu sur le tableau presque jusqu'au sommet de ces montagnes bleuâtres qui sont les hauts de la rivière des Galets et de la ravine à Marquet[31].

Fig. 46: Robert Barker, *Panorama coloré d'Édimbourg*, 1792 (aquarelle, University of Edinburgh, Rare Books Collections).

Les variations sur les conditions de l'observation (vue d'ensemble, vues parcellaires construites sur le modèle de la promenade, changements de focales) déterminent des espaces de taches colorées (groupes de verdure, savane aride, belles cultures, riantes habitations qui suggèrent là encore comme « émaillé » du brillant et du multicolore) : le paysage est aplati (« quand on découvre Saint-Paul [...] on croit qu'il touche à la montagne ») et l'esprit, comme pour les aveugles opérés de la cataracte qui fascinent les Lumières (voir p. 65), doit interpréter ce que les yeux voient afin de créer des reliefs.

Quelles couleurs et surtout quelle grammaire des couleurs surgissent alors de ces descriptions ?

Commençons par ce qui s'est imposé dans les textes déjà cités : le vert. C'est sans doute la seule couleur qui se détache nettement des autres. « L'île Rodrigue est couverte de plantes, d'arbrisseaux et d'arbres toujours verts » note en 1762-1763 l'astronome et savant Alexandre-Gui Pingré dans son *Voyage à Rodrigue*[32]. La verdure nommée ou évoquée par l'énumération des plantes et végétaux assimile l'île à un éden où règne un printemps éternel, un « éden vert[33] », et constitue à la fois le premier plan et le fond d'un tableau sur lequel les autres couleurs peuvent se détacher et apparaître.

Rappelons simplement la définition classique de « verdure » telle qu'on la trouve chez Furetière (*Dictionnaire universel*, 1690) qui associe clairement le terme à l'art :

> VERDURE. Plantes et feuilles verdes. La campagne est belle au printemps à cause de la *verdure*. Des cabinets de *verdure* ou de feuilles, des lits de *verdure* ou de gazon. On appelle aussi une *verdure*, une tapisserie de paysages où le verd domine.

Quelques exemples alors pour compléter ceux déjà cités. Chez Leguat, aussi, la vue d'ensemble de l'arrivée à Rodrigues[34], se détaille dans la description des nombreux arbres qui font l'émerveillement de l'apprenti colon : « Mais ce qu'il y a de remarquable encore, c'est que la plupart des arbres de ce petit Éden ne sont pas moins utiles, ou nécessaires, qu'ils sont propres à récréer les yeux et l'esprit[35]. » L'expression même de « récréer les yeux » est directement empruntée à l'art de peindre (on la trouve un peu plus tard dans les *Salons* de Diderot et en particulier pour évoquer le charme du coloris de Chardin). On le voit, la « verdure » n'est pas (ou pas seulement) appréhendée en termes de denrées ou de ressources mais d'abord

comme tableau. Outre les palmiers, lataniers, banians, Leguat s'arrête en particulier sur un arbre qu'il nomme « pavillon » et que Pingré identifie un demi-siècle plus tard comme étant le vacoa[36] :

> Parmi le grand nombre, et la grande diversité d'arbres que la Nature y a plantés, il y en a un admirable, et digne d'être particulièrement observé, pour sa beauté, sa grandeur, la rondeur et la rare symétrie de son magnifique branchage. [...] Pour moi je le voulais nommer pavillon. Les feuilles, d'un vert admirable [...]. Les plus grandes ont quatre à cinq pouces de large par le haut, et finissent en pointe, leur longueur étant d'environ quinze pouces. Elles forment de gros bouquets, et laissent entrevoir çà et là les grappes, qui sont de diverses couleurs, selon qu'elles sont plus ou moins avancées[37].

La description dit exemplairement (même si bien entendu on ne saurait y voir une dimension théorique quelconque) ce qu'il en est de la génération des couleurs dans la grammaire qui nous intéresse ici : du vert naissent toutes les autres couleurs, les autres couleurs se perçoivent par contraste avec le vert. Il est intéressant alors de rapprocher cette perception du paysage insulaire avec la valorisation du vert au XVIIIe siècle (couleur médiane de la séquence chromatique de sept couleurs de Newton) perçue comme couleur du repos de l'œil :

> VERD, (Physiq.) il y a des écrivains fort distingués, qui ont regardé comme un effet de la providence, le soin qu'elle a eu de tapisser la terre de verd, plutôt que toute autre couleur, parce que le verd est un si juste mélange du clair et du sombre, qu'il réjouit et fortifie la vue, au-lieu de l'affaiblir ou de l'incommoder. Delà vient que plusieurs peintres ont un tapis verd pendu tout auprès de l'endroit où ils travaillent, pour y jeter les yeux de tems en tems, et les délasser de la fatigue que leur cause la vivacité des couleurs. Toutes les couleurs, dit Newton, qui sont plus éclatantes, émoussent et dissipent les esprits animaux employés à la vue ; mais celles qui sont plus obscures ne leur donnent pas assez d'exercice, au lieu que les rayons qui produisent en nous l'idée du verd, tombent sur l'œil dans une si juste proportion, qu'ils donnent aux esprits animaux tout le jeu nécessaire, et par ce moyen ils excitent en nous une sensation fort agréable. Que la cause en soit tout ce qu'il vous plaira, on ne saurait douter de l'effet, et c'est pour cela même que les Poètes donnent le titre de gai à cette couleur[38].

La fortune du vert dans la culture matérielle des Lumières se traduit ainsi dans l'art de celui qu'on appelle alors le « tapissier », notre commissaire d'exposition (curateur) actuel : des murs verts accueillent les collections de tableaux afin de favoriser le repos de l'œil du spectateur et de faire d'autant mieux ressortir les couleurs des toiles[39]. Et c'est sur cette toile de fond que se construit la métaphore coloriste des îles coloniales perçues sous le paradigme du multicolore et du bigarré.

La bigarrure concerne de fait tous les éléments, inertes ou animés, de l'espace insulaire : la faune, la flore, les vêtements et le corps lui-même, la peau. Parmi la faune, une place privilégiée est conférée aux oiseaux et parmi eux, aux perroquets en particulier, qui semblent constituer un horizon d'attente du voyageur aux Mascareignes même si la multitude dont témoignent François Leguat en 1707 et Julien Tafforet en 1726 semble avoir déjà nettement diminuée quand écrit Pingré[40]. Ainsi, à Rodrigues, Leguat mentionne une multitude de perroquets verts et bleus que Tafforet détaille :

> Les perroquets sont de trois sortes et en quantité [...]. Les plus gros sont plus gros qu'un pigeon et ont une queue fort longue, la tête grosse aussi bien que le bec. [...] La seconde espèce est un peu plus petite et beaucoup plus belle, parce qu'ils ont leur plumage vert comme les précédents un peu plus bleu et le dessus des ailes un peu rouge, aussi bien que leur bec. La troisième espèce est petite, et est tout vert et le bec noir[41].

Le perroquet, on le voit, participe encore de cet imaginaire du vert : le modèle de référence pour un Européen de cette époque reste le perroquet (ou la perruche) vert, même si d'autres espèces sont bien sûr représentées (le peintre animalier Jean-Baptiste Oudry peint ainsi un magnifique perroquet jaune-doré et bleu sur un fond doré **(voir illustration de couverture)** qui combine une nouvelle fois, comme son canard blanc, dimension naturaliste et discours sur la couleur[42]). C'est l'un des exemples choisis par Antonio Telesio de Cosenza ou Patrick Syme pour illustrer le vert ; c'est le nom d'un vert (vert perroquet) chez Antoine Janot ; Frétillon, le chien du conte « Gracieuse et Percinet » chez d'Aulnoy est « vert comme un perroquet » (voir p. 145). C'est même le nom du personnage principal d'un poème burlesque de Jean-Baptiste-Louis Gresset, intitulé *Vair vert* [Vert-vert] (1734), qui raconte ainsi l'histoire d'un perroquet vert, dévot (du moins au début), chéri d'un monastère de visitandines à Nevers, « Transplanté-là de l'Indien Rivage[43] ».

Dans la faune, citons aussi les lézards chez Leguat, dans la mesure justement où ils sont l'expression de ce monde coloré : « Les palmiers et les lataniers sont tous chargés de lézards de la longueur d'un pied : on ne saurait se lasser d'en considérer la beauté. Il y en a de noirs, de bleus, de verts, de rouges, de gris, et de tout cela du plus vif, et du plus éclatant[44]. » Pingré reprend et prolonge alors Leguat dans sa description du caméléon :

> Les principaux insectes de Rodrigue sont [...] des lézards semblables en tout à nos petits lézards de murs ; d'autres lézards longs de près d'un pied ; les couleurs les plus vives, le bleu, le vert, le jaune, le blanc, etc. semblent se disputer à qui revêtira ces lézards avec plus de vivacité ; cependant le vert et le bleu dominent sur la tête et sur le dos. François Leguat prétend en avoir vu de noirs, de bleus, de verts, de rouges et de gris, et de tout cela, dit-il, du plus vif et du plus éclatant. Voici ce que je suis assuré d'avoir vu. [...] J'avais vu entrer dans une crevasse un lézard dont les couleurs étaient superbes avec une broussaille, je fis sortir de la même crevasse un lézard dont la couleur noir sale me fit presque horreur : j'en avais déjà remarqué quelques-uns ainsi décolorés ; je ne doutais pas que ce ne fût une autre espèce. Enfin, j'en considérais un attentivement ; je ne remuais pas de peur de le mettre en fuite ; la vivacité de ses couleurs bleue, verte, jaune, etc. me charmait : un instant après, le lézard m'aperçut ; des taches noires dépareillèrent l'éclat de sa peau, ces taches s'accrurent bientôt et dans un petit nombre de secondes mon lézard, couvert d'un noir hideux dans toute l'étendue de son corps, se réfugia dans l'intérieur du rocher[45].

Notons que la diversité des tons s'accompagne aussi des paramètres de la brillance et de la clarté (vif, éclatant) et se renforce bien sûr de la profusion. Et notons surtout que les couleurs sont *belles*, charment et supportent presque à elles seules le caractère merveilleux du bestiaire, ce sont les couleurs des choses plus que les choses elles-mêmes qui sont les nouvelles *mirabilia*.

Parmi les fruits, ce sont aussi surtout les plus colorés qui sont mis en valeur : l'ananas et la pastèque, à l'écorce verte et à la chair rouge « comme du sang[46] ». Prenons alors l'exemple de l'ananas, fruit parfaitement connu, documenté et illustré quand écrit Leguat, ce dont il témoigne par une prétérition avant d'entamer sa description : « Je ne dirais rien des ananas, des bananes, beaux et excellents fruits qu'ils ont en abondance, parce que toutes les relations en ont parlé, s'il n'y en avait de diverses sortes[47]. » Ce faisant, il reproduit, pour décrire l'ananas de l'île Maurice, presque à l'identique les propos qu'on trouve chez Jean de Léry à la fin du XVIe siècle :

> L'ananas de l'île Maurice sort de terre comme un artichaut, et il se provigne de même ; sa semence est dans le bouquet qui couronne le fruit. La plante n'en porte qu'un seul ; il est communément de la grosseur d'un médiocre melon, formé à peu près en pomme de pin, et brillant de toutes les plus belles et vives couleurs. Il porte une espèce de couronne, et ne peut se lasser de le regarder, non plus que d'en admirer la douceur et la délicatesse exquise : mais, comme il est extrêmement froid, il en faut user avec beaucoup de modération[48].

On trouvait, en effet, chez Léry :

> Elle [la plante de l'Ananas] croît aussi non seulement amoncelée comme un grand chardon, mais aussi son fruit, qui est de la grosseur d'un moyen Melon, et de façon comme une pomme de Pin sans pendre ni pencher de côté ni d'autre, vient de la propre sorte de nos Artichauts.
>
> Et au reste quand ces Ananas sont venus à maturité, étant de couleur jaune azuré, ils ont une telle odeur de framboise, que non seulement en allant par les bois et autres lieux où ils croissent, on les sent fort loin, mais aussi quant au goûts fondants en la bouche, et étant naturellement si doux, qu'il n'y a confitures de ce pays qui les supassent : je teins que c'est le plus excellent fruit de l'Amérique[49].

Pourtant la comparaison entre les deux descriptions permet de voir l'inversion hiérarchique qui s'effectue entre la primauté de la vue chez l'un et du goût chez l'autre et aussi la différence de fonction de la notation colorée : distinctive et référentielle chez Léry, purement plastique et esthétique chez Leguat. Les fruits sont loués non seulement pour leurs qualités nutritionnelles ou gustatives mais aussi pour leur couleur.

Enfin, la métaphore coloriste des îles indianocéaniques s'élargit aux textiles, à la parure et à la peau :

> C'est à la sortie de la messe, où il va ordinairement beaucoup de monde, que le coup d'œil est le plus animé : il n'y a pas une femme en souliers, car les esclaves vont pieds nus, qui n'ait une ombrelle pour se garantir le teint, quoiqu'un grand nombre de la classe des *libres* n'aient pas besoin de prendre cette précaution. Cette multitude d'ombrelles de diverses couleurs produit un agréable effet : [...] toutes [ces dames] sont vêtues de blanc, à l'exception de celles qui sont en deuil ; à moins qu'elles n'aient un chapeau de paille, toutes les jeunes femmes sont ordinairement coiffées en cheveux ; celles d'un certain âge se coiffent avec un mouchoir de soie, ou avec un paliacate, que nous appelons en France un

> madras. Les bonnes mamans qui n'ont point voulu changer leurs habitudes, ont conservé le costume des créoles d'autrefois ; c'est encore le fourreau en étoffe rayée ; le mouchoir leur fait un bandeau sur le front, et retombe en s'étendant sur les épaules, absolument comme aux statues égyptiennes que nous avons au Muséum ; la ressemblance de la tête ainsi coiffée est parfaite avec ces monuments égyptiens chez les vieilles mulâtresses qui ont le nez écrasé, et la grosse lèvre des Africains[50].

Sont ainsi liées les questions du teint, du textile et de la teinture. Les îles, dépendant directement pour le commerce de la Compagnie des Indes orientales, sont ainsi au cœur de la mondialisation des ressources et des produits de la couleur : à la fois réservoir des ressources naturelles colorantes (indigo, rocou, bois colorants) et humaines (l'esclavage des Noirs) et partie prenante de la circulation et de la mode des nouveaux textiles colorés, ces cotonnades légères, résistantes et imprimées de divers motifs en provenance de l'Inde appelées toiles peintes ou indiennes qui constituent l'une des principales monnaies d'échange dans le commerce des esclaves et sont donc au fondement même du système colonial[51]. L'indienne, de fait, peut être considérée comme le premier produit manufacturé des débuts de la mondialisation[52].

Les indiennes, en outre, ne sont pas uniquement des objets marchands colorés, elles supportent également un discours sur la couleur car elles constituent, pendant une large part du XVIIIe siècle, une « énigme chromatique » pour les Européens qui ne connaissaient pas les techniques utilisées pour obtenir ces motifs polychromes particulièrement solides. Un mémoire, manuscrit, rédigé vers 1732-1734, par un capitaine de vaisseau de la Compagnie des Indes orientales, Henry Nicolas Georges de Beaulieu, et accompagné d'échantillons, en décrivant, l'une des toutes premières fois, la manière de fabriquer des toiles peintes, témoigne *a contrario*, par l'intérêt qu'il a suscité et sa large circulation, de la méconnaissance des procédés[53] **(fig. 47)**. Comme on l'a vu (voir p. 64), le nouveau métier désigné sous le terme de « coloriste » désigne d'abord ces professionnels spécialisés dans l'impression des indiennes qui doivent combiner savoirs théoriques, en chimie notamment, et pratiques.

Ainsi, le monde colonial, tropical, exotisé, représente pour les Européens le lieu originel des couleurs : là où elles apparaissent, d'où on les extrait, exporte, reproduit. Un monde coloré qui détient d'une certaine façon le secret de la couleur, un monde qui se confond avec celui de la couleur.

Le *continuum* entre le végétal et le textile est de fait très sensible dans l'imaginaire des voyageurs. Par exemple, Leguat, pour décrire les palmiers, use de la métaphore textile : certaines feuilles sont « comme des linges, ou des étoffes de soie », d'autres « sont des peaux de chevreau habilement préparées, c'est du linge, c'est du satin, ce sont des nappes ou des serviettes, c'est tout ce qu'il vous plaira[54] ».

Les Mascareignes sont dès lors vues et décrites selon une grammaire des couleurs marquée d'abord par une contamination : la description du lézard-caméléon chez Pingré qu'on peut aussi lire comme fantasmatiquement anthropomorphisée avec sa parure colorée qui dissimule un « noir hideux », invite à lier les différents éléments qui impriment un imaginaire coloré dans la vie quotidienne des îles en contexte esclavagiste. S'établit par exemple une circulation entre la noirceur du café, celle des esclaves et celle des plantes

Fig. 47 : Henry Nicolas Georges de Beaulieu [Antoine de Beaulieu], Toile peinte (indienne), *Manière de fabriquer les toiles peintes dans l'Inde* (v. 1732), Paris, Museum national d'Histoire naturelle, Ms 193 (1, 2), p. 13.

ou bois tinctoriaux, avec au premier chef, l'indigo – ou plus exactement, l'obsession de remplacer une partie de la production de café par l'indigo dont Pingré relate l'échec[55]. Un constat aussi brutal que celui qu'on trouve dans la correspondance de la Compagnie des Indes en 1735 dissimule en fait une dynamique chromatique sous-jacente : « La culture du café demande beaucoup de noirs[56]. » On peut y lire, de fait, une véritable contamination de la couleur du café et de la peau des esclaves et un *continuum* entre couleur de la plante, de la peau et du textile coloré comme en témoigne justement l'entrée dans le lexique des couleurs au XVIIIe siècle de la couleur « café », qui peut déjà s'appliquer aussi bien à une étoffe qu'à la peau : « [...] un taffetas d'une couleur très foncée comme cannelle et café[57] ». En même temps, le café lui-même est l'occasion d'une évocation de son dégradé de couleurs suivant son degré de maturation et l'état de sa conservation. Ainsi, cette remarque au sujet de la moindre qualité du café et de la façon d'y remédier :

> [...] que ce café, après avoir été cueilli, ne reçoive plus ni pluie ni la moindre humidité qui le gâte, le rend noir, de mauvaise odeur, et est cause qu'il se moisit dans la calle des vaisseaux qui le transportent en France ; et cette condition dépend autant de la Compagnie que de l'habitant, étant impossible qu'un homme qui n'a qu'une médiocre quantité de noirs puissent suffire aux besoins journaliers de sa maison et de son ménage, mettre son café au soleil pendant des quatre à cinq mois que dure la récolte, le resserrer promptement à la moindre apparence de pluie, faire construire des magasins de grandeur et de situation convenable pour que son café une fois sec y soit à couvert des pluies, qui sont presque continuelles au quartier Suzanne[58].

Difficile de ne pas évoquer alors le texte saisissant de Bernardin de Saint-Pierre, qui conclut ses « Réflexions sur l'esclavage » dans le *Voyage à l'Île de France* (1773) et qui fait écho aux célèbres mots du « nègre de Surinam » chez Voltaire (« C'est à ce prix que vous mangez du sucre en Europe », *Candide*, 1759, chap. 19) :

> Je suis fâché que des philosophes qui combattent les abus avec tant de courage, n'aient guère parlé de l'esclavage des Noirs que pour en plaisanter. Ils se détournent au loin. Ils parlent de la Saint-Barthélemy, du massacre des Mexicains par les Espagnols, comme si ce crime n'était pas celui de nos jours, et auquel la moitié de l'Europe prend part. Y a-t-il donc plus de mal à tuer tout d'un coup des gens qui n'ont pas nos opinions qu'à faire le tourment d'une nation à qui nous devons nos délices ? *Ces belles couleurs de rose et de feu dont s'habillent nos dames, le coton dont elles ouatent leurs jupes, le sucre, le café, le chocolat de leurs déjeuners, le rouge dont elles relèvent leur blancheur, la main des malheureux Noirs a préparé tout cela pour elles.* Femmes sensibles, vous pleurez aux tragédies –, et ce qui sert à vos plaisirs est mouillé des pleurs, et teint du sang des hommes[59] !

De fait, si on réexamine ce texte, non à l'aune (du moins pas directement) d'une argumentation abolitionniste, mais dans la perspective du paradigme coloriste, on voit à quel point la couleur est au centre de la société coloniale insulaire.

D'abord, Bernardin établit explicitement le lien entre couleurs et colonisation. Celle-ci est directement décrite et condamnée par le biais de la colorisation. La couleur est à l'origine de celle-ci (la mode, le luxe) et à son arrivée (le sang). Ensuite, il établit une interaction dynamique entre couleur de la peau et des marchandises (tissu et denrées alimentaires), teint et teinture. Enfin, il esquisse un véritable système structurant, et aussi symbolique, des couleurs. Il organise des couplages, blanc-noir mais aussi blanc (du teint)-rouge (du fard, du sang) ou noir-rouge, mais également des dégradés, de bruns (café, chocolat, Noirs) et de rouges (couleur de rose, de feu, fard rouge, sang), avec une gradation du rosé au sombre (sang). Ces groupements s'ordonnent alors suivant une symbolique binaire, d'un côté les teintes du plaisir et du paraître, de l'autre celles de la peine et de l'être (la main noire). On y retrouve la grammaire chromatique générale qui, comme on l'a vu (voir p. 121 et suiv.), se met en place dans la langue, les camaïeux, les contrastes. Le cliché des variétés de peaux noires, organisées en dégradés, est amplifié à La Réunion par la diversité des provenances des populations esclaves :

> On emploie les Noirs de Madagascar à toutes sortes de métiers où ils réussissent bien étant bons serruriers, charpentiers, menuisiers adroits [...]. Il y en a qui ont le nez écrasé, le teint noir, les cheveux crépus. D'autres couleurs de café, d'autres encore plus clairs comme les Balamboous qui ont les cheveux longs[60].

Ou encore, à propos des « Malabares », originaires de la côte sud-ouest de l'Inde : « Ce peuple est d'une teinte plus foncée que les insulaires de Madagascar qui sont de véritables Nègres [...][61] ».

Il est permis alors, dans ce contexte esclavagiste, d'émettre une hypothèse sur l'enjeu idéologique du regard colorisateur blanc – au moins dans cette aire indianocéanique marquée par une survalorisation du vert. Il paraît intéressant, en effet, une nouvelle fois, de mettre en perspective cette esthétisation du monde tropical et la théorie de l'art à la même époque. Dans la correspondance du théoricien et amateur d'art allemand Christian Ludwig von Hagedorn (1712-1780), on trouve alors cette réflexion sur la loi de contrastes chromatiques qui doit régir la mise en valeur des œuvres :

> Les peintures sont colorées. Il faut par conséquent pour quelque chose de multicolore établir un repos que l'on obtient grâce à la couleur verte sous-jacente qui se trouve entre les cadres. Les estampes sont cependant elles-mêmes noires et plus sombres que les tableaux. C'est peut-être pourquoi elles figurent mieux sur un fond plus clair[62].

Sur un fond vert, le noir ne se voit pas. Seul le blanc pourrait faire apparaître le noir. Le regard colorisateur blanc produit un monde multicolore qui invisibilise le noir. Le végétal et le chatoiement de la faune et des textiles colorés réservés aux colons oblitèrent la réalité noire – dans tous les sens du terme – du système esclavagiste. Ce que les images montrent peut-être plus explicitement : après la parution du roman de Bernardin de Saint-Pierre *Paul et Virginie* en 1788, Jean-Frédéric Schall a peint une série de six illustrations

Fig. 48 : Jean-Frédéric Schall (dess.) et Charles Melchior Descourtis (grav.), « La visite de M. de La Bourdonnais », ill. de *Paul et Virginie* de Bernardin de Saint-Pierre, 179. (manière de lavis imprimé en couleurs, 32 x 41 cm).

Fig. 49 : Louise Bouteiller, *Césarine d'Houdetot lisant* Paul et Virginie, 1818 (huile sur toile, 193,5 x 143 cm, Melbourne, Musée national du Victoria).

gravées par Charles-Melchior Descourtis. La troisième scène représentée est celle de la visite du gouverneur Mahé de La Bourdonnais : tandis que les figures principales reçoivent une forte lumière, un jeune esclave noir est fondu dans la végétation vert-brunâtre à l'arrière-plan et y disparaît **(fig. 48)**.

Le tableau de la peintre Louise Bouteiller (1783-1828), représentant *Césarine d'Houdetot lisant* Paul et Virginie (1818) dans un décor mauricien constitue également un bon exemple de la chromatique tropicale en cours de constitution : la jeune femme à la peau et à la tunique blanches est installée dans un décor végétal vert et assise sur une étoffe orangée avec des broderies vertes. Le rappel des deux coloris, vert et orangé, est effectué dans les deux foulards noués, l'un sur la chevelure, l'autre sous le buste. De plus, le motif floral de la broderie trouve un écho dans les fleurs représentés dans le décor végétal. Les deux coloris complémentaires vert et orangé structurent ainsi la composition et mettent sur le même plan étoffes, paysage et personnage. Le blanc, lumineux, surgit du vert, par le moyen de l'orangé **(fig. 49)**.

La grammaire des couleurs des tropiques coloniaux combine alors deux modes de structuration : par contamination et par complémentarité. Tous deux contribuent néanmoins au même *continuum*, étant donné que la composition, d'abord, coloriste, invisibilise les distinctions entre les différents objets de la représentation. La peau est traitée comme un tissu, le paysage également. On assiste alors à une véritable politique des couleurs : au cœur du système colonial, celles-ci magnifient la puissance des États coloniaux et deviennent des outils de discrimination et de domination. Le regard coloriste porté sur la nature, les habitants, les artefacts des mondes tropicaux, conditionne un ensemble de gestes de maîtrise (extraction, défrichage, arrachage, exploitation, plantation, hiérarchisation) qui recompose un paysage à l'usage de l'Europe[63].

Même si l'on ne peut négliger le fait que chaque espace colonial a sans doute sa propre logique chromatique et que tous les mondes lointains ne sont pas exactement colorés de la même façon, l'exemple des Mascareignes permet de cerner de plus près la fabrique de ces mondes *colorisés* et la rupture qui s'est opérée depuis les relations de voyage des XVI^e^ et XVII^e^ siècles. Avec les Lumières naît un paradigme esthétique et spectaculaire : sont mis en avant la beauté des couleurs et le sublime des paysages tropicaux. À l'autre bout de la terre, dans une autre langue, l'expérience neuve du véritable nouveau monde pour le XVIII^e^ siècle qu'est la Polynésie est elle aussi relatée dans une prose poétique et coloriste par un jeune naturaliste dessinateur, Georg Forster, le fils du naturaliste allemand Johann Forster, tous deux embarqués dans la deuxième expédition autour du monde de Cook (1772-1775). Voici l'extrait éloquent de la relation de voyage que le jeune Forster écrit en anglais à son retour sur la base des notes de son père (*A voyage round the world*, 1777) où il décrit leur arrivée au lever du soleil en vue de Tahiti :

> C'était une de ces belles matinées que les poètes de tous les pays ont tenté de décrire, lorsque nous vîmes l'île d'O-Tahitee, à moins de deux milles devant nous. Le vent d'est qui nous avait portés jusqu'ici avait entièrement disparu, et une faible brise ne faisait que diffuser, depuis la terre, un parfum délicieux et courber la surface de la mer. Les montagnes, recouvertes de forêts, s'élevaient majestueusement en diverses formes spiralées sur lesquelles nous percevions déjà la lumière du soleil levant : plus près de l'œil apparaissait une chaîne de collines plus basses, plus faciles à gravir, boisées comme les précédentes, et colorées de plusieurs nuances agréables de vert, sobrement mélangées à des bruns automnaux [ma traduction][64].

La couleur devient bien une détermination dans l'appréhension des mondes lointains : à la fois le regard de l'Européen les colorise et, simultanément, cette colorisation produit une représentation colorée du monde des Lumières ; d'une certaine façon les deux mondes européen et lointain s'*exotisent*, la fabrique d'un monde colonial coloré contribue, en retour, à nourrir une vision et une culture coloriste de l'Europe des Lumières.

# *L'épreuve des couleurs*

Avec le basculement dans une représentation colorée du monde et une langue, verbale et iconique, pour l'exprimer, l'âge des Lumières effectue donc un changement de paradigme – ce que je nomme « l'invention de la couleur ». La « découverte » de Newton, expression commode pour parler du surgissement d'un ensemble de questions et de solutions scientifiques nouvelles apportées par une époque qui lui permet, pour un temps, de se penser, nourrit une réflexion plus générale (philosophique, esthétique, sociale, politique) et s'inscrit dans des pratiques culturelles et des mutations sociétales profondes qui affectent la perception d'un monde devenu un monde de couleurs. Reste à voir comment celle-ci est *affectée*, quel est l'effet produit par ce changement majeur ? Quelle expérience des couleurs font les contemporains des Lumières ? Qu'est-ce que voir *en couleurs* et non plus seulement voir *les couleurs* ? Comment les femmes et les hommes du XVIIIe siècle vivent-ils dans ce nouveau monde ? Les couleurs n'étant plus désormais dans les objets mais dans la perception, elles deviennent des expériences et s'éprouvent. Vivre *en* couleurs, ce n'est pas seulement vivre *dans la* couleur, *au milieu de* couleurs, c'est également ressentir la couleur, nouer une relation personnelle, affective, sensitive, esthétique avec la couleur. Cette dernière partie explore sous trois angles les implications de ce changement de paradigme qui met au centre l'émotion : les régimes symbolique et esthétique des couleurs, les figurations chromatiques scientifiques et artistiques, enfin, les harmonies colorées et synesthésies.

# 1
# De la valeur à la couleur

## *Lovely*[1]

Revenons un instant à Robert Boyle, croisé à l'occasion (voir p. 44), et à son histoire expérimentale des couleurs (1664)[2], ce qui permet aussi de modifier un peu la perspective habituelle, newtonienne, d'une histoire des couleurs qui n'est pas, on l'a vu, la nôtre.

Le propos affiché par le physicien et chimiste irlandais dans son ouvrage n'est pas à prendre à la légère, comme le serait un simple artifice rhétorique : en relatant une série d'expériences qu'il a menées sur les couleurs, il se propose, écrit-il, à la fois de divertir (*divert and recreate*) et de donner du plaisir (*delight*) à son lecteur. Le plaisir sensoriel est, de fait, au cœur de sa démarche théorique et chacun de ses comptes rendus d'expériences regorge de termes relevant des affects. L'un des termes les plus fréquemment utilisés mérite alors qu'on s'y attarde un peu, il s'agit de « *lovely* » qui peut alors qualifier à peu près n'importe quelle couleur : *a lovely red* (rouge), *white* (blanc), *purple* (pourpre), *green* (vert)[3], etc. « *Lovely* » est également parfois doublé d'un autre terme intéressant, « *deep* » (profond) et plus généralement des épithètes « *vivid* » (vif), « *various* » (varié) auxquels s'ajoutent des indications de degré « *very* » (très) : certain liquide infusé qui apparaît sombre et rougeâtre (*dark and reddish*) à la lumière, s'il est placé à l'écart de la lumière, apparaît d'un bleu céruléen « *deep and lovely*[4] ». L'expérience XXV, qui consiste à écraser des mûres sur du papier blanc imprégné en deux endroits de deux sortes différentes de solutions chimiques, permet à Boyle de constater que l'une transforme le jus épais en un « *lovely red* » et l'autre en un « *delightfull green* » (vert délicieux)[5].

*Lovely* pose un problème de traduction[6] : *a lovely colour* peut être tout à la fois une belle, une aimable ou une agréable couleur. L'adjectif, proche d'un hypocoristique, suggère avant tout la participation du locuteur à son énoncé. C'est une couleur qui fait plaisir, qu'on aime à voir. Les autres épithètes permettent de préciser quelle est la nature de ces couleurs qui suscitent du plaisir : les plus vives, celles qui sont saturées, le multicolore aussi. Et c'est la grande leçon de ce changement de paradigme : la couleur fait plaisir. Quelle que soit la différence générique des textes, du plus savant au plus léger, la couleur devient une expérience sensorielle de jouissance.

La conteuse Marie-Catherine d'Aulnoy lorsque l'un de ses princes héros, perdu en forêt, cherche un fruit pour se rassasier, fait la remarque suivante : « Il marcha longtemps ; et comme il s'était échauffé, il fut *ravi* de trouver des pommes *dont la couleur lui fit plaisir*[7] » (*a lovely colour* ?). Il faut écouter le texte et percevoir sous le badinage apparent la radicale étrangeté du propos : un prince à la virilité affichée, le bien nommé Guerrier, s'est perdu lors d'une partie de chasse, chasse à la biche qui est en fait une très cruelle chasse à l'homme, ou plutôt à la femme puisque la cible est une jeune princesse métamorphosée en biche. C'est alors qu'« échauffé » par la chasse, il choisit une pomme *pour sa couleur*. Mieux : il est *ravi*, au double sens du terme, séduit et heureux, par une couleur. Le conte, dont on a vu qu'il constituait l'un de ces nouveaux univers colorés – y pénétrer, c'est percevoir un monde fortement chromatique –, est une nouvelle fois un bon indice pour saisir la mutation qui s'effectue dans le régime symbolique des couleurs au XVIII^e^ siècle. La pomme et l'usage qu'en fait la conteuse est ainsi exemplaire : motif iconologique et fortement symbolique de toute la littérature biblique (le fruit défendu du jardin d'Éden) et merveilleuse (les pommes d'or du jardin des Hespérides), le fruit est ici débarrassé de tout ce substrat[8]. Le choix du prince est motivé à la fois de façon réaliste, la couleur pouvant être un signe de maturité du fruit, et pulsionnelle : la couleur l'appelle, l'attire, l'aimante comme le spectateur l'est par le coloris d'un tableau selon Roger de Piles. Si la pomme du conte relève *a priori* d'un régime symbolique, sa couleur pourtant ici ne fait pas *sens* mais *effet*. Elle ne signifie pas, elle suscite une sensation et produit un plaisir. On peut même penser, si on fait l'effort justement, en lisant, de sortir du régime symbolique de la couleur, que la couleur mentale qui s'impose à nous (rouge, doré)[9] n'est peut-être pas celle qui s'imposait à la conteuse et à ses lecteurs : rappelons que c'est le vert et non le rouge qui est la couleur favorite de ses héroïnes, c'est celle que préfère notamment Désirée, la princesse transformée en biche que traque le prince de ce conte (voir p. 145) et rappelons-nous également que le vert *pomme* devient au cours du siècle une couleur à la mode. Ainsi, en mentionnant, en passant, on pourrait dire gratuitement, la jouissance toute chromatique du prince, d'Aulnoy opère une déliaison entre la couleur et le symbole. Le genre du conte est, on le voit, un espace profondément travaillé par la concurrence entre ce que nous appellerons différents *régimes* (ensembles organisés de pratiques et de normes propres à un domaine et qui déterminent un type de fonctionnement) de couleurs, principalement le symbolique et l'esthétique. En ce sens, il constitue une bonne entrée pour les confronter[10].

## Régime symbolique *versus* esthétique des couleurs

Commençons donc, ou plutôt recommençons, par les contes. Michel Pastoureau leur accorde une place dans *Rouge* et lie alors étroitement couleur et symbole. Mettant en relation la rareté (qu'il suppose) des notations de couleur dans les contes et leur portée symbolique, il considère ceux-ci comme « un domaine où les termes de couleur ne sont pas très abondants mais constituent toujours des notations hautement signifiantes[11] ». Nous avons montré, au contraire, combien la pratique spécifique et toute littéraire du genre aux XVII^e^ et XVIII^e^ siècles (qui n'est certes pas l'objet du propos de l'historien) s'éloignait d'une telle conception. Mais il est intéressant, pour caractériser des régimes de couleurs, de voir comment ceux-ci précisément s'articulent dans les mêmes textes et contribuent *ensemble* à l'écriture chromatique des contes des Lumières.

La plupart des couleurs saillantes des contes, sans doute toutes époques confondues, semblent de fait relever d'un régime symbolique fortement connoté culturellement[12]. On l'a dit (p. 67), la blancheur, dans la société d'Ancien Régime, n'est pas une couleur mais une valeur, morale et sociale : le blanc du visage est ainsi rehaussé le plus souvent par un fard rouge (le « vermillon terrible » d'usage à la cour[13]) et des « mouches » noires. Ainsi, « plus les femmes sont noires, plus elles ont soin de se moucheter[14] » pour relever leur blancheur. Les Princesses blanches (au teint de lys et de rose) de la féerie sont autant des modèles curiaux que moraux : chez Perrault, on peut noter par exemple que l'évanouissement de La Belle au bois dormant ne lui « avait pas ôté les couleurs vives de son teint : ses joues étaient incarnates, et ses lèvres comme du corail[15] ». C'est à partir de cette couleur-valeur que s'organise alors le système chromatique attendu du conte merveilleux : le noir, le gris, le brun, connotent autant le vice, la méchanceté que la bassesse sociale, pain noir contre pain blanc. Le passage par le sombre, le grisâtre, le noirâtre (la rencontre avec une vieille et « bonne » femme, un bûcheron, mieux encore, un *charbonnier*[16]) ne dure pas ; le blanc et le brillant finissent par l'emporter. Les couleurs, en ce sens, sont narrativisées, elles structurent le récit et bien sûr apparaissent comme des métaphores transparentes. Les notations chromatiques, aussi discrètes soient-elles, font image et, vite, symbole. Et l'on pense immédiatement – preuve que les couleurs y jouent bien un rôle premier – au fameux chaperon rouge et à la barbe bleue, à la fois attributs, personnages et titres de contes.

Ces deux attributs colorés ont suscité de nombreuses analyses culturelles et symboliques. Pour le « bleu » de la barbe, on peut suivre Michel Pastoureau pour qui le bleu est la couleur qui « monte » depuis le Moyen Âge[17] tout en restant encore ambivalent, à la fois couleur de la vierge et du pouvoir royal et, dans son versant sombre, du vice et de la bâtardise. L'historienne Catherine Velay-Vallantin, à la suite de Claude Brémond, rappelle quant à elle que le « bleu » de la barbe est propre au personnage de Perrault, tandis que la monstruosité du mari peut prendre dans d'autres versions diverses formes, ogre, géant, animal, diable, et la barbe diverses couleurs, verte, noire. Ce peut donc être un indice de virilité (la barbe) dévoyée, une tache infamante ou encore, dans le contexte louis-quatorzien dans lequel Perrault écrit, l'indice de la roture du mari : « barbe bleue n'est pas sang bleu[18] ». Quant au rouge du chaperon, plus amplement commenté encore[19], il est intéressant, comme le fait Michel Pastoureau, de l'intégrer à la triade ethnologique des trois couleurs de base blanc-rouge-noir[20]. L'historien des couleurs attire ainsi l'attention sur la circulation entre le rouge du chaperon, le blanc du petit pot de beurre et le noir de l'habit de la mère-grand et du loup qui la remplace.

À ce titre, ce conte partage la même grammaire et symbolique des couleurs que d'autres où le « blanc-rouge-noir » domine comme celui de « Blanche-Neige » (*Schneewittchen* chez W. et J. Grimm, 1812) et toute une série de contes européens depuis le Moyen Âge où l'on retrouve le motif des taches de sang tombées sur de la neige, le *Conte du Graal* de Chrétien de Troyes (v. 1180), « Les Trois Cédrats » et « Le Corbeau » de Giambattista Basile (1634-1636) ou encore, pour notre période, le conte anonyme « Incarnat, blanc et noir »

(1718 ou 1731) inspiré des deux précédents et qui repose tout entier sur le choc émotionnel déclenché par la triade chromatique[21]. Le conte s'ouvre en effet sur la vision d'un roi qui se promène seul, en hiver, et tue une corneille qui tombe dans la neige : « L'éclat de son plumage noir, la blancheur de la neige et la rougeur de son sang produisirent un assemblage de couleurs dont le prince fut frappé[22]. » Et c'est ce spectacle, décrit, on le voit, en termes picturaux (ce qui est peut-être l'indice de la réécriture rococo du conte), qui détermine une quête amoureuse toute chromatique elle aussi, celle d'une « personne dont le teint incarnat et blanc serait relevé par des cheveux d'un noir parfait[23] ». Ainsi, il existe bien un régime symbolique des couleurs dans les contes qui perdure au XVIIIe siècle et au-delà, même si, comme nous l'avons montré, le genre, dans sa forme mondaine et littéraire, est l'un des types de textes qui accueillent le mieux le nouvel univers coloré. Les deux régimes symbolique et esthétique coexistent, même si le second prend le pas et cela nous permet de mieux comprendre alors ce qui se joue entre les deux.

Le philologue suisse et grand spécialiste des contes merveilleux, Max Lüthi, considère que les couleurs franches (*pure colors*) sont des marqueurs du style abstrait des contes qui permettent de distinguer et de caractériser les personnages. Selon l'auteur, les contes préfèrent ainsi les couleurs claires, franches et pures (« *the folktale prefers clear, ultrapures colors* ») aux nuances infinies du monde réel[24].

C'est un point important car nous avons jusqu'à présent interprété le passage à l'abstraction comme un indice d'autonomisation des couleurs et comme une marque d'entrée dans cette nouvelle culture coloriste des Lumières (voir p. 123 et suiv.). L'abstraction est-elle alors du côté du symbolique ou de l'esthétique ? Il nous semble que Lüthi pointe ici, en fait, un autre mode d'abstraction lié à la fonction distinctive des couleurs qui existe dans les deux régimes. Cette abstraction est du même type que celle de l'emblématique et de l'héraldique (voir p. 33 et suiv.) : les couleurs *représentent* des identités et des personnes et ne valent pas pour elles-mêmes. L'abstraction des Lumières, au contraire, ne *représente* rien, elle n'cst pas *mise pour*, *à la place de*, elle ne re-produit pas, elle est présence et non re-présentation, elle *est*. Elle n'est pas le substitut de quoi que ce soit, pas une analogie, pas une métaphore : tout ce que je fais entrer dans ce que j'appelle donc un régime symbolique des couleurs et qu'à l'aide de l'exemple des contes, je peux maintenant préciser.

Ce que j'appelle le régime symbolique des couleurs comprend donc tous les systèmes qui font reposer les couleurs sur une correspondance et établissent un lien avec une autre entité, idée, chose concrète, individu, etc. Les couleurs « culturelles » ou « politiques » comme les nomme Bernardin de Saint-Pierre (le vert pour les musulmans, le jaune pour les Chinois, etc., voir p. 85) en relèvent. Le codage en est d'une certaine façon le comble, comme dans l'héraldique médiévale ou ses équivalents contemporains (drapeaux, *pins* et rubans rouges, roses, etc.). En ce sens, le régime symbolique des couleurs est aussi une sémiotique : il fait correspondre un signe et un sens. Dans ce régime, le signe est un signal et un message, il sert à communiquer, signifie ou au moins désigne comme dans les codes-couleurs. La couleur des lumières, au contraire, est « pur » signe, pur visuel ou plus exactement pur « percept[25] ». C'est pourquoi l'on peut parler dans le premier cas d'une couleur-valeur et dans le second d'une « pure » couleur ; le XVIII^e^ siècle marquant donc le passage de l'une à l'autre, de la *valeur* à la *couleur*.

Cette dernière relève alors de ce que je choisis d'appeler un régime « esthétique », parce que le terme intègre à la fois une dimension artistique (ou « plastique ») dont on a vu qu'elle était très présente dans la constitution de cet univers coloré et une dimension affective, un plaisir ou un déplaisir (qui correspond à une coupure entre couleurs plaisantes et désagréables voire repoussantes). Enfin, c'est un mot et un concept de l'époque : il s'élabore en France avec Jean-Baptiste Du Bos (*Réflexions critiques sur la poésie et sur la peinture*, 1719) qui place au centre de l'analyse des œuvres le spectateur et son émotion[26] mais surtout en Allemagne qui invente le terme (Alexander Gottlieb Baumgartner dans *Méditations*, 1735, puis *Aesthetica*, 1750), en fait une discipline philosophique et produit un ouvrage aussi décisif que la *Critique du jugement* de Kant (1790)[27]. Le régime esthétique des couleurs repose donc tout entier sur un effet, il n'est pas le produit d'une idée, n'est pas un signe articulé à un sens, il ne signifie pas mais, on le répète, s'éprouve.

Le récit d'*Aladdin* d'Antoine Galland (posth. 1717) est un bon exemple de cette mutation d'une couleur-valeur en une « pure » couleur plastique. Il faut rappeler au préalable que le conte ne fait pas partie du manuscrit arabe des *Mille et Une Nuits* et que l'orientaliste a utilisé pour les deux derniers volumes de ses contes une autre source, appartenant sans doute à la tradition orale syrienne transmise par un maronite, Hannâ Diyâb, de passage à Paris : *Aladdin* (comme *Ali Baba*) est ainsi directement inventé sur la base au mieux d'un canevas. Le texte est tout imprégné du contexte rococo dans lequel écrit Galland et sa poétique est bien propre à son auteur et à celle de son siècle[28]. Arrêtons-nous alors un instant sur l'un des épisodes les plus célèbres, lorsque le jeune garçon pénètre dans la grotte où l'a conduit un magicien africain afin d'y prendre la fameuse lampe merveilleuse. S'étant saisi de la lampe, Aladdin s'arrête alors dans un verger (il faut concevoir la grotte comme un ensemble de salles avec jardin et terrasse) et s'extasie devant la beauté de ce qu'il prend pour des fruits colorés et qui sont, en réalité, des pierres précieuses de grand prix :

> Les arbres de ce jardin étaient tous chargés de fruits extraordinaires. Chaque arbre en portait de différente couleur : il y en avait de blancs, de luisants, et transparents comme le cristal ; de rouges, les uns plus chargés, les autres moins ; de verts, de bleus, de violets, de tirant sur le jaune, et de plusieurs autres sortes de couleurs. Les blancs étaient des perles ; les luisants et transparents, des diamants ; les rouges les plus foncés, des rubis ; les autres moins foncés, des rubis balais ; les verts, des émeraudes ; les bleus, des turquoises, les violets, des améthystes ; ceux qui tiraient sur le jaune, des saphirs ; et ainsi des autres[29].

On est loin de la simple reprise d'un cliché qui touche aussi bien le naïf (l'enfant) que le natif (des colonies ou des utopies) et qu'on trouve, par exemple, presque au même moment, dans l'épisode furtif de *Candide* (1759), où les enfants natifs de l'Eldorado jouent au palet avec des cailloux colorés qui sont en fait de l'or et des pierreries :

> Quelques enfants du village, couverts de brocarts d'or tout déchirés, jouaient au palet à l'entrée du bourg ; nos deux hommes de l'autre monde s'amusèrent à les regarder : leurs palets étaient d'assez larges pièces rondes, jaunes, rouges, vertes, qui jetaient un éclat singulier. Il prit envie aux voyageurs d'en ramasser quelques-uns ; c'était de l'or, c'était des émeraudes, des rubis, dont le moindre aurait été le plus grand ornement du trône du Mogol[30].

Chez Voltaire, la couleur, réduite à trois mentions sans nuances (jaune, rouge, vert), est immédiatement escamotée au profit de la valeur. Chez Galland, on assiste au contraire à une complexe correspondance entre les deux régimes de couleurs qui ne se réduit pas à une traduction en valeur monétaire (les blancs sont des perles, les rouges des rubis, etc.). Le texte met en scène la concurrence entre deux regards, celui de l'enfant ébloui par la couleur et celui du conteur aguerri intéressé par la valeur. C'est le point de vue de l'enfant-spectateur qui dirige la description : l'énumération des couleurs répond à une logique visuelle, qui prend en compte la clarté, la transparence, la saturation et qui distingue des ensembles de teintes, les blancs et les rouges mis en avant, un groupe de verts-bleus, un « tirant sur le jaune ». Le système d'équivalence monétaire peine à s'ordonner, tâtonne : il y a bien une ligne dépréciative, qui semble mener des pierres précieuses les plus chères aux moins chères. Le rubis balais désaturé, rosé-jaune paille, est beaucoup moins prisé que le rubis, les deux sont également suivis d'un dégradé de valeurs (émeraudes, turquoises, améthystes). Mais l'ordre a ses limites : le saphir, qui vient à la fin, coûte bien plus cher que l'émeraude et devrait être placé avant ; et le rubis, au moins jusqu'au milieu du XIX^e^ siècle, l'emporte sur le diamant et devrait venir en tête[31]. Le texte ajoute en outre que si le jeune Aladdin s'en remplit les poches, ce n'est ni par l'appel d'un gain qu'il ignore ni par celui de la faim ou de la gourmandise puisque les fruits ne lui paraissent pas comestibles, mais par seul désir *chromatique* pourrait-on dire : « La diversité de tant de belles couleurs néanmoins, la beauté et la grosseur extraordinaire de chaque fruit, lui donna envie d'en cueillir de toutes les sortes[32]. » Le choix porte alors bien non sur la valeur mais uniquement sur la couleur. Dans le régime symbolique, ce sont les matériaux précieux et l'éclat comme marqueurs sociaux qui comptent, dans l'esthétique, c'est la teinte et les paramètres de clarté et de saturation.

## La persistance du symbolique

Ne reste-t-il donc rien du régime symbolique des couleurs au XVIII^e^ siècle ? On voit bien ce que la remarque a de provocateur voire d'absurde puisque ce régime perdure encore (les livres de Michel Pastoureau en rendent largement compte), qu'on a opposé, par ailleurs, deux textes des Lumières chronologiquement proches (Galland et Voltaire) et que la société d'Ancien Régime et même la période révolutionnaire font un usage structurant et massif des couleurs emblématiques et symboliques : qu'on pense à l'importance qu'y jouent les livrées et les uniformes ou à tous les codes-couleurs des rituels religieux. La vie de cour est par exemple rythmée par les couleurs du deuil, violet pour le roi, noir pour la reine et les autres :

> Le dimanche 19 septembre [1728], le Roi prit le deuil[33] pour quatre mois et demi en habit violet doublé de laine, cravate de baptiste de grand ourlet, grandes et petites manchettes plates avec un crêpe violet à son chapeau. Gants, épée et souliers violets, la robe de chambre et la toilette[34] violette. Les carrosses du corps de Sa majesté furent drapés de drap violet, les autres carrosses de noir. Toute la livrée fut habillée de deuil et carreau d'église violet.
>
> La reine prit le deuil le même jour en habit de laine noire et linge de baptiste ; la toilette noire ; les carrosses chaises à porteurs drapés de noir et toute la livrée habillée en noir ; les draps de pied, fauteuil et carreau d'église de drap noir[35].

La période révolutionnaire est même marquée par une surenchère de règlements et de codifications des couleurs qui vont bien au-delà de l'injonction à porter la cocarde et les couleurs nationales : par exemple, le 3 octobre 1793, le conseil municipal de la commune d'Aix fait adopter une réglementation des couleurs des rubans portés à la boutonnière par les magistrats. Le maire doit arborer une « petite écharpe » avec une frange jaune, les officiers et notables une frange blanche, le procureur et son substitut, une violette. On peut citer aussi la savoureuse et effrayante interdiction de porter des cravates vertes proclamée par le bureau de police de la même municipalité le 20 octobre 1795 :

> Les cravates vertes ayant été dans plusieurs communes regardées comme un signe d'indifférence et de mépris pour les couleurs nationales, il est essentiellement du devoir de tout bon citoyen de s'abstenir d'en porter.
>
> En conséquence la municipalité prévient tous les citoyens qu'ils aient à ne porter aucunes cravates vertes, à peine d'être regardés comme ennemis de l'ordre public et mis en arrestation (fig. 50).

Un dernier exemple : par la loi des 22 et 28 juillet 1791, l'Assemblée nationale décrète que seules les affiches des actes émanant de l'autorité publique pourront être imprimées sur papier blanc tandis que celles des particuliers devront l'être sur papier de couleur. La valeur distinctive du blanc, signe de qualité (et pas seulement de celle du papier), persiste donc bien.

On pourrait même considérer qu'avec le XVIII<sup>e</sup> siècle, les couleurs symboliques (au sens où on l'a défini), notamment distinctives, au contraire se développent : la « mise en uniforme » des troupes militaires à partir de la seconde moitié du XVII<sup>e</sup> siècle produit

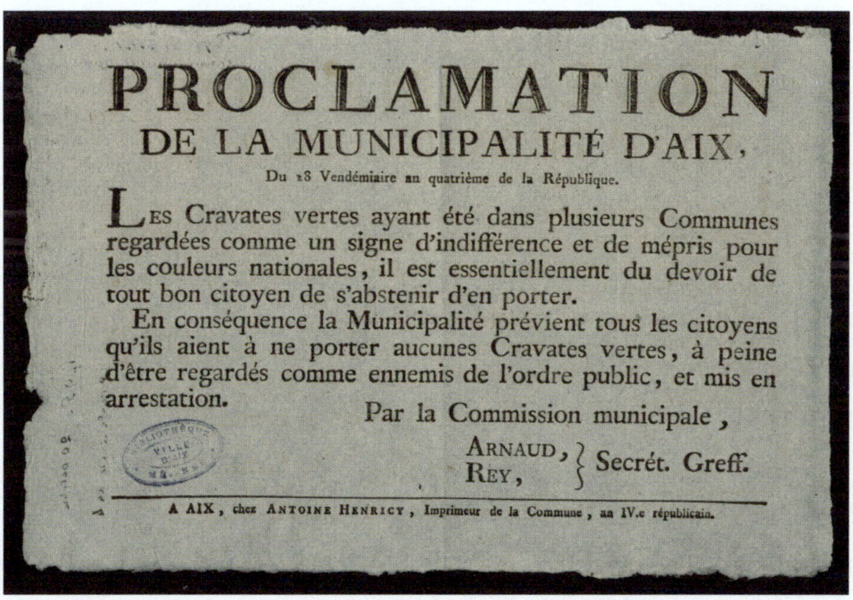

PROCLAMATION

DE LA MUNICIPALITÉ D'AIX,

Du 28 Vendémiaire an quatrième de la République.

LES Cravates vertes ayant été dans plusieurs Communes regardées comme un signe d'indifférence et de mépris pour les couleurs nationales, il est essentiellement du devoir de tout bon citoyen de s'abstenir d'en porter.

En conséquence la Municipalité prévient tous les citoyens qu'ils aient à ne porter aucunes Cravates vertes, à peine d'être regardés comme ennemis de l'ordre public, et mis en arrestation.

Par la Commission municipale,

ARNAUD, REY, } Secrét. Greff.

A AIX, chez ANTOINE HENRICY, Imprimeur de la Commune, an IV.e républicain.

Fig. 50 : Bureau de police d'Aix-en-Provence, « Interdiction du port des cravates vertes », 1795 (affiche, 0,21 x 0,31 m, Aix-en-Provence, bibliothèque Méjanes).

une progressive unification des couleurs, surtout dans l'infanterie. L'armée de la première révolution anglaise (*New Model Army*) d'Oliver Cromwell en 1645 est vêtue de rouge ; en France, c'est l'habit gris-blanc qui l'emporte, les Allemands sont en bleu[36]. Toujours dans le domaine militaire qui subit alors d'importantes mutations avec la consolidation de la monarchie absolue, le développement de l'armée permanente et la naissance de l'artillerie moderne, un code cartographique des couleurs se met en place sous Vauban qui est détaillé dans *L'art de Laver* (les plans) de Hubert Gautier (1687) et repris par Nicolas Buchotte (*Règles du lavis et du dessin*, 1722). En Angleterre, le dessin cartographique, enseigné en particulier à la nouvelle Académie royale militaire de Woolwich (1741) devient une discipline principale pour les futurs officiers. John Muller, qui y enseigne comme professeur d'artillerie et de fortification, publie un traité de fortification (1746) qui devient un livre de référence. Y est détaillée la liste des six pigments spécifiques aux codes de couleurs des cartes, en plus de l'encre de Chine qui s'utilise pour dessiner les lignes et faire les ombres : le carmin, pour colorer les plans des bâtiments, le vert-de-gris ou vert de mer (*verdegrease* ou *sea-green*) pour les étendues d'eau, le vert de vessie (*sap-green*) pour l'estompage des bordures inclinées des rivières, la gomme-gutte (*gum-bouch*) pour indiquer les ouvrages inachevés et les tranchées, la terre d'ombre (*umber*) brun-jaune pour les fossés, le sable ou la terre, l'indigo pour les objets métalliques et les toits d'ardoise, éventuellement remplacé ou complété par le bleu de Prusse, beaucoup moins cher. Ces différents pigments étaient en outre plus ou moins dilués pour obtenir des nuances, codifiées elles aussi : du carmin concentré pour les parties essentielles de maçonnerie, dilué pour les élévations de moindre importance, etc. La carte « d'une partie des environs de Bayonne devant la ville haute et château vieux » de 1747 donne un bon aperçu (malgré l'action du temps) du rendu du codage[37] **(fig. 51)**.

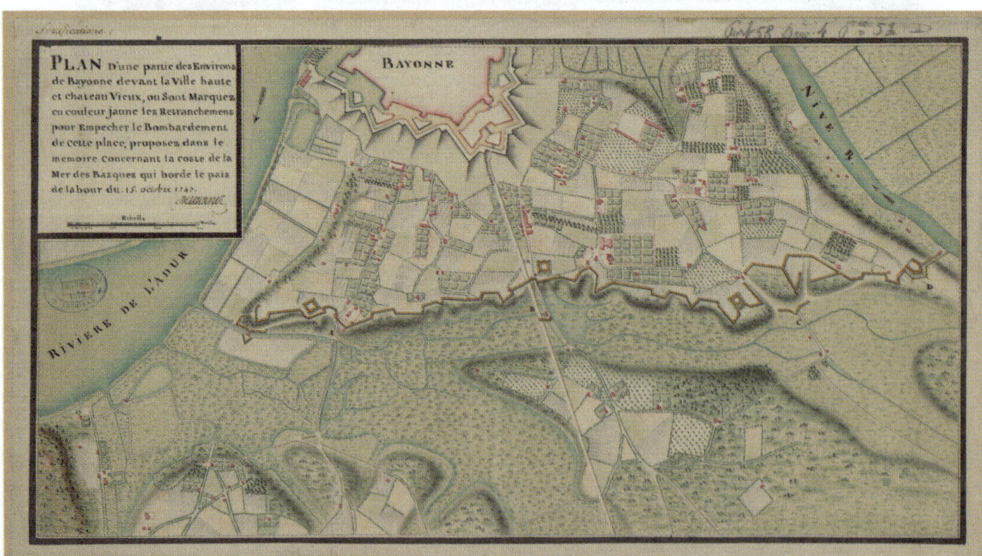


Fig. 51 : « Plan d'une partie des environs de Bayonne », 1747 (ms col., encre et aquarelle, 37,5 x 94,5 cm, BnF).

Qu'en est-il donc au juste de ce régime symbolique des couleurs au XVIIIe siècle ? S'atténue-t-il, s'étend-il ? Les deux régimes sont-ils en tension, en concurrence ?

Sans nier l'importance persistante des couleurs symboliques à l'époque des Lumières, il me semble que le dernier exemple est une bonne illustration de la façon dont une partie au moins de l'usage des couleurs dans le régime symbolique lui-même se modifie : la volonté de codifier est étroitement liée à l'idée de standardisation et au grand projet classificateur et encyclopédique du siècle, à la fonction distinctive donc, dont on a montré qu'elle n'était pas spécifique du régime symbolique. Par ailleurs, cette codification à visée d'abord stratégique s'accompagne d'un véritable art de la nuance dont la dimension esthétique n'est pas du tout absente, la cartographie s'appuie sur l'art de laver, art de la nuance par excellence, qui est une partie de l'art de la miniature (qui peut être à l'huile ou à la détrempe) dont on a vu là aussi à quel point elle s'étendait en se modifiant au XVIIIe siècle (voir p. 58-61). L'invention du nuancier moderne, sans doute par le hollandais A. Boogert (*Le Miroir éclairé de la peinture*, 1692, près de 400 feuillets et 5 000 teintes) et les diverses entreprises de nomenclatures et de catalogues des couleurs, sur lesquelles on reviendra dans le chapitre suivant, sont les signes au contraire d'une explosion des couleurs qu'il s'agit de discipliner.

Enfin, un ouvrage comme le *Traité historique et moral du blason* de Jean-Baptiste Dupuy-Demportes (1754) témoigne a contrario de la désuétude de cette perspective symbolique en plein XVIIIe siècle. Son entreprise, partant du constat que « le blason n'a jamais été aussi négligé qu'aujourd'hui », vise, en effet, à restaurer « le véritable usage du blason » et s'inscrit dans une rhétorique de la décadence. Mais, plus intéressant encore, le long chapitre qu'il consacre aux couleurs passe en revue les différentes théories depuis l'Antiquité en se concentrant sur l'opposition entre Aristote et Descartes, le déplacement entre la couleur comme qualité de l'objet et la couleur comme perception (et en passant absolument sous silence Newton) et établit un inventaire des différentes conceptions, philosophiques et artistiques, permettant d'aboutir à des sélections différentes de couleurs simples ou principales. L'argumentation sous-jacente semble être que chaque classement dépend d'un usage et s'inscrit dans une pensée ou une pratique : à la fin de la démonstration, les cinq couleurs du blason (avec le pourpre), sont ainsi justifiées dans la mesure où elles appartiennent, comme les autres couleurs principales des autres « systèmes », à un domaine spécifique : « nous ne nous arrêtons plus à ces différents sentiments. Pour parler des couleurs qui entrent dans le blason [...][38] ». L'ouvrage est ainsi particulièrement intéressant puisque tout en s'inscrivant dans le prolongement d'une perspective symbolique, il rompt avec elle en disant la nécessité d'un détour par la théorie et l'histoire : le traité est à la fois, comme l'indique son titre, *moral* (symbolique) et *historique*, et en ce sens regarde au moins autant du côté des Lumières que du Moyen Âge. Le recours au symbolique et à l'emblématique ne va donc plus de soi[39] et y recourir implique forcément un *discours sur*, une prise de conscience et une mise à distance. D'une certaine façon, les couleurs-valeurs au XVIIIe siècle s'autodésignent, ce qui permet aux grands écrivains ironistes du siècle de jouer avec les symboles qu'elles véhiculent. La réduction d'un individu à son emblème devient une arme critique qui touche principalement la religion et participe du discours anticlérical : les hommes noirs ou gris, suivant l'ordre auquel ils appartiennent pour les abbés, les violets pour les évêques ou les rouges pour les cardinaux, sont réduits à leurs fonctions, déshumanisés et signalent par là la déshumanisation et l'intolérance de l'Église. Cela peut aller du simple clin d'œil amusé – Diderot dans son roman oriental *Les Bijoux indiscrets* (1748) nomme le père Louis Bertrand Castel (celui de l'*Optique des couleurs*) le « brame noir » – à la satire anticléricale la plus féroce chez Voltaire. Dans ses romans et contes, les hommes *vêtus de noir*, *en manteau noir*, voire simplement *noirs* désignent par excellence les acteurs de l'Inquisition[40].

*Les Lettres d'Amabed* (1769) de Voltaire racontent ainsi l'histoire d'un couple d'amants indiens, Amabed et Adaté, séparés par le père Fa Tutto (celui *qui fait tout* – et surtout le pire) qui enferme le jeune homme dans une prison et viole la jeune femme. Les deux jeunes gens, une fois libérés, embarquent pour l'Italie où ils espèrent être entendus par le pape afin que soit condamné Fa Tutto, ce qui, on s'en doute, n'arrive pas. Dans ce roman épistolaire, Voltaire utilise alors le procédé du regard étranger porté par les deux Indiens sur la société européenne : les Indiens, ignorant les distinctions d'ordre et de rang de l'institution ecclésiastique, désignent donc ses différents représentants uniquement par la couleur de leurs vêtements, noire, violette ou rouge. Le récit progresse par rétrécissement progressif du descriptif vers le métonymique : l'*obispo* (évêque) est d'abord un homme « vêtu de violet » avec des gants violets, avant de devenir simplement « l'homme violet » et finalement « le violet[41] ». Le recours aux couleurs emblématiques va alors de pair avec une condamnation de l'institution et de la société qui en font usage : elles appartiennent bien alors, pourrait-on dire, à un régime ancien et bientôt à un Ancien Régime… mais ce serait oublier l'extraordinaire usage qu'en fait, on l'a vu, à la fin du siècle, la période révolutionnaire et qui perdure de nos jours. Il est plus juste sans doute de considérer que si le régime esthétique des couleurs est celui qui caractérise le mieux le basculement dans un monde de couleurs, l'efficacité distinctive et didactique du régimc symbolique assure sa propre pérennité. Ensemble, même, ils se renforcent l'un l'autre : le monde est d'autant plus coloré qu'il intègre plus de couleurs. Plus la sensation chromatique est sollicitée, plus elle s'intensifie.

## L'effet chromatique : jouissance et dégoût

Quel est donc l'effet *spécifique* que produisent les couleurs ? Comment agissent-elles ? Et peut-être lesquelles en particulier ?

L'effet premier est sans nul doute émotionnel : la couleur est en prise directe avec le sentiment. Charles-Nicolas Cochin rapporte une anecdote séduisante sur le grand peintre coloriste Jean Siméon Chardin :

> Un jour, un artiste faisait grand étalage des moyens qu'il employait pour purifier et perfectionner ses couleurs. M. Chardin, impatienté de ce bavardage de la part d'un homme en qui il ne reconnaissait d'autre talent que celui d'une exécution froide et soignée, lui dit : « Mais qui vous a dit qu'on peignît avec les couleurs ? – Avec quoi donc ?, répliqua l'autre fort étonné. – On se sert des couleurs, reprit M. Chardin, mais on peint avec le sentiment[42].

La couleur n'est rien sans le sentiment. S'il faut un grand art pour maîtriser la couleur en peinture, le propre de celle-ci n'est néanmoins pas d'ordre *technique* ou alors justement elle manque son but, son effet spécifique. Et de fait, dans la conception coloriste de la peinture, depuis Roger de Piles, la couleur produit des émotions fortes, immédiates et universelles. La peinture appelle et surprend par « la force de l'effet » qu'elle produit, effet qui repose d'abord sur le coloris. C'est par ce dernier qu'elle parle aussi bien aux doctes, amateurs, connaisseurs, qu'aux ignorants[43]. L'expression, devenue un cliché au XVIII<sup>e</sup> siècle, est reprise presque à l'identique par Diderot :

> Rien dans un tableau n'appelle comme la couleur vraie. Elle parle à l'ignorant comme au savant. Un demi-connaisseur passera, sans s'arrêter, devant un chef-d'œuvre de dessin, d'expression, de composition ; l'œil n'a jamais négligé le coloriste[44].

C'est le coloris, disait déjà Henri Testelin, qui « *charme* le plus et le plus universellement, les ignorants comme les savants[45]. » Le terme « charme » (au sens ancien d'une puissance magique) souligne la force de l'attrait et rappelle la condamnation traditionnelle morale des couleurs trompeuses et ensorceleuses mais la redirige vers une pensée physiologique.

La couleur engage le corps : selon Diderot, le peintre coloriste, « celui qui a *le sentiment* vif de la couleur » (je souligne), « a les yeux attachés sur sa toile ; sa bouche est entrouverte, il halète[46] ». Chez Diderot, qui a justement, comme écrivain, ce « sentiment vif de la couleur », la couleur est même une sorte de sensation primale : elle fait remonter aux émotions premières avant toute mise en ordre. Avant d'être une émotion précise (surprise, joie, colère, peur, tristesse, dégoût), l'effet chromatique se confond avec l'expérience même de l'émotion (*ex-movere*), il fait sortir de soi, remue, ébranle, bouleverse. « C'est le dessin qui donne la forme aux êtres ; c'est la couleur qui leur donne la vie[47]. » La couleur provoque alors un plaisir violent, qui, à ce titre, peut donc être réversible : une joie, le plus souvent, mais aussi, par l'expérience du sublime, l'effroi voire le dégoût. C'est par la « couleur vraie » que les scènes de martyre qu'affectionne Diderot provoquent chez le spectateur un sentiment de terreur. C'est par la maîtrise du coloris que les scènes « d'inhumanité et de fureur » peintes dans les *Saint Victor* ou *Saint André* de Jean-Baptiste Deshays exposés au Salon de 1761 produisent un mélange d'admiration et de souffrance : « On souffre beaucoup à le[s] voir[48] ».

Esthétique, philosophie et médecine portent alors une même attention à cette dimension physiologique de la sensation chromatique et s'intéressent notamment aux thèmes de la « satisfaction » ou, à l'inverse, de la fatigue de l'œil : la distinction entre couleurs plaisantes ou désagréables ne s'effectue pas à partir de critères symboliques ou culturels mais physiologiques. La couleur désagréable est celle qui fatigue l'œil : l'expérience de pensée menée par Condillac dans son *Traité des sensations* (1754) met en scène, on l'a vu (voir p. 125), une statue, successivement « bornée » à chacun des cinq sens. Le philosophe imagine donc le cas d'un humain réduit au seul sens de la vue : parmi toutes les couleurs qu'il peut voir, la première qu'il remarque et qui le « frappe » est alors le rouge. Puis, « son œil étant fatigué, il change de situation, et il rencontre une autre couleur, du jaune, par exemple ». Une nouvelle fatigue de l'œil appelle une troisième couleur, « du vert, par exemple[49] ». Le choix des couleurs ni leur ordre n'est aussi arbitraire que le « par exemple » pourrait laisser le croire. C'est le début de la suite newtonienne sans les deux couleurs supplémentaires que sont l'orange et l'indigo (rouge, jaune, vert, bleu, violet), surtout ce sont des couleurs fréquemment évoquées dans les philosophies de la sensation. Si l'on excepte le blanc et le noir qui sont alors traités comme des présence ou absence de lumière, le rouge est la couleur la plus fréquente (pas seulement pour des raisons culturelles) : c'est la couleur médiane chez Bernardin de Saint-Pierre comme chez Goethe entre le jaune tout proche de la lumière et le bleu tout proche du noir ; c'est une couleur qui, employée absolument, est perçue à la fois comme lumineuse, vive et saturée, et qui, par là, fait relief. C'est aussi la *belle* couleur par excellence. Rappelons-nous (voir p. 85) la remarque de Bernardin : « Les Russes, pour dire qu'une fille est belle, disent qu'elle est rouge. » C'est sans doute pourquoi Condillac fait l'hypothèse que c'est elle, d'abord, qui « frappe » davantage l'œil. Les deux couleurs suivantes semblent alors correspondre à une atténuation, d'abord de la saturation (un « jaune », employé absolument, sans nuances, est perçu comme moins saturé et vif qu'un rouge) puis de la clarté, le vert, est la couleur *douce* par excellence, celle du repos de l'œil en peinture, etc. (voir p. 158).

Ainsi le plaisir chromatique repose sur une subtile mécanique : des couleurs vives, saturées et claires produisent une jouissance immédiate mais vite irritante, qu'il faut estomper par des couleurs plus ternes et plus sombres :

> Cependant ses yeux se fatiguent, soit parce que cette couleur agit avec vivacité, soit parce qu'ils ne sauraient demeurer sans quelque effort dans la situation qui les fixe sur elle. Ils en changent donc par un mouvement machinal : ils en changent encore, s'ils sont par hasard frappés d'une couleur trop vive pour leur plaire ; et ils ne s'arrêtent que lorsqu'ils en rencontrent une qui leur est plus agréable, parce qu'elle est un repos pour eux.
>
> Après quelques temps ils se fatiguent encore, et ils passent à une couleur moins vive. Ainsi ils arriveront par degrés à mettre leur plus grand plaisir à ne remarquer que du noir[50].

Tout l'art du peintre coloriste réside alors dans une bonne compréhension de ces règles dictées par la sensation : « il n'y a que l'intelligence du clair-obscur qui puisse procurer à la vue la jouissance paisible de son objet[51] ». En ce sens, sentiment esthétique et sensation chromatique tendent aussi à se confondre : si toutes les couleurs ne sont pas belles, la beauté picturale, elle, se conçoit difficilement sans couleur. Dans sa conférence de 1671 sur *La Vierge à l'enfant* de Titien, au début de la querelle française du coloris, Champaigne s'exclame ainsi : « Ne faut-il pas avouer que ce paysage est extraordinairement beau ? Il est *coloré* [...][52]. »

Mais faire l'expérience de la couleur, ce n'est pas seulement ressentir de fortes ou de douces émotions, c'est également faire une expérience cognitive.

La statue, bornée au sens de la vue, se sent ainsi « comme une étendue colorée », sans surface ni grandeur, sans idée de figure, de lieu ni de mouvement mais avec une impression d'immensité et une absence de limites. Elle se sent « partout » et « tout »[53]. Ainsi, tout en étant une sensation qui ne permet pas de sortir de soi et de prendre connaissance des objets extérieurs comme le toucher, la couleur donne l'impression, confuse, indéterminée,

Fig. 52 : John Constable, *Vue à Epsom*, 1809 (huile sur toile, 298 x 359 cm, Londres, Tate Britain).

d'un vaste monde même si celui-ci ne peut pas encore être reconnu comme monde extérieur. Ce sentiment d'illimité explique d'ailleurs sans doute cet enthousiasme esthétique, proche du délire frénétique (les yeux exorbités, le halètement), que Diderot attribue aux individus doués du « sentiment vif de la couleur ».

Enfin, un dernier ensemble d'effets touche à ce que l'on peut appeler, à la suite des Lumières, « la magie des couleurs ». L'expression est un lieu commun qu'on trouve sans cesse sous la plume de Diderot et de ses contemporains : pour Diderot, c'est Chardin qui est le grand magicien des couleurs[54]. En quoi consiste cette magie ? En un art illusionniste : « c'est vous, c'est moi que Chardin trompera, quand il voudra[55] ». Diderot détaille alors le mécanisme de cette illusion :

> On n'entend rien à cette magie. Ce sont des couches épaisses de couleur, appliquées les unes sur les autres, et dont l'effet transpire de dessous en dessus. D'autres fois on dirait que c'est une vapeur qu'on a soufflée sur la toile ; ailleurs, une écume légère qu'on y a jetée. Rubens, Berghem, Greuze, Loutherbourg vous expliqueraient ce faire bien mieux que moi ; tous en feront sentir l'effet à vos yeux. Approchez-vous, tout se brouille, s'aplatit et disparaît. Éloignez-vous, tout se crée et se reproduit[56].

L'expérience chromatique relatée par le critique est très proche de celle décrite dans les relations qui sont faites du résultat de la célèbre opération de la cataracte de William Cheselden en 1728 sur un jeune aveugle. Condillac y consacre un chapitre entier de son *Traité* : au début, le jeune homme « apercevait les objets pêle-mêle et dans une grande confusion » ; ne distinguant ni leur forme ni leur grandeur, il ne voyait pas les reliefs, seulement des « plans différemment colorés[57] ». Il avait, dit Condillac, l'impression que les objets se trouvaient « au bout de l'œil ». Deux mois après l'opération, ayant pris l'habitude de regarder et toucher à la fois, il se met à distinguer les objets solides et à lier la forme à la taille. Les objets colorés vus *de près,* se brouillent, s'aplatissent et disparaissent ; *de loin*, tout se crée et se reproduit. C'est d'ailleurs, à partir de ce moment-là, lorsqu'il a suffisamment exercé sa vue, que le jeune homme est capable de comprendre les jeux de distance et de perspective et de s'émerveiller de la « magie des couleurs », dirait Diderot : et ce, par deux fois, en faisant l'expérience grâce à deux « tableaux », de l'art du « petit » et du « grand ». La première fois, ainsi, il s'extasie à la vue d'un portrait en miniature : « Mais un prodige pour lui, ce fut le portrait en miniature de son père. Cela lui paraissait aussi extraordinaire, que *de mettre un muid dans une pinte* : c'était son expression[58]. » La seconde fois, il fait face à un paysage de campagne : « Il parut surtout enchanté, lorsqu'on le conduisait à Epsom, où la vue est très belle et très étendue. Il appelait ce spectacle, une nouvelle manière de voir[59]. » On peut d'ailleurs s'en faire une idée avec le tableau de John Constable (*Vue à Epsom*, 1809) au ciel immense et aux savants contrastes de teintes douces, vertes et grises **(fig. 52)**.

L'effet que produit cette « magie des couleurs » est alors double : d'une part, il s'agit une nouvelle fois d'une émotion, l'émerveillement, mêlant surprise extrême et admiration. Mais il s'agit aussi d'une expérience de type plus cognitif : l'émerveillement s'accompagne d'un apprentissage où l'on passe de la vue au regard, où l'on distingue, organise, hiérarchise, recompose et fabrique en définitive un objet. Il y a un plaisir à considérer les couleurs « l'une après l'autre », « plusieurs » ou toutes à la fois[60]. La fonction distinctive intrinsèque des couleurs (« les couleurs sont donc par leur nature des sensations, qui tendent à se démêler[61] » écrit Condillac) transforme le spectateur en créateur. Sans l'action d'un regard, les couleurs sont chaos. Avec l'exercice du regard, les couleurs deviennent tableau. C'est exactement, une nouvelle fois, cette expérience-ci, démiurgique, que retrace Diderot, et sa description vaut aussi bien pour celle du peintre-artiste que pour celle de tout individu : c'est la suite de la citation déjà commentée qui vaut la peine d'être continuée.

> Celui qui a le sentiment vif de la couleur, a les yeux attachés sur sa toile ; sa bouche est entrouverte, il halète ; sa palette est l'image du chaos. C'est dans ce chaos qu'il trempe son pinceau, et il en tire l'œuvre de la création. Et les oiseaux et les nuances dont leur plumage est teint ; et les fleurs et leur velouté ; et les arbres et leurs différentes verdures ; et l'azur du ciel et la vapeur des eaux qui les ternit ; et les animaux et les longs poils et les taches variées de leur peau, et le feu dont leurs yeux étincellent. Il se lève, il s'éloigne, il jette un coup d'œil sur son œuvre. Il se rassied, et vous allez voir naître la chair, le drap, le velours, le damas, le taffetas, la mousseline, la toile, le gros linge, l'étoffe grossière ; vous verrez la poire jaune et mûre tomber de l'arbre, et le raisin vert attaché au cep[62].

Reste en suspens la question du dégoût : il existe bien des objets dégoûtants, mais l'art du grand coloriste consiste justement à les transformer en objets de plaisir – esthétiques[63]. Ainsi en est-il de la *Raie* peinte par Chardin : « L'objet est dégoûtant » mais le peintre a le « secret de sauver par le talent le dégoût de certaines natures[64] ». Alors, y a-t-il des couleurs dégoûtantes ? On a vu qu'il existait des couleurs désagréables, chaque couleur en elle-même pouvant selon les conditions de fatigue de l'œil, le contexte d'utilisation, son mélange harmonieux ou disharmonieux avec d'autres teintes, son degré de saturation ou d'éclat, selon qu'elle « papillote » ou non, être plaisante ou déplaisante : le jaune peut n'être guère à la mode et proscrit pour les brunes mais magnifique lorsqu'il dore les moissons[65]. Il y a des « couleurs ennemies[66] ». Le rouge (le « beau rouge »), quant à lui, semble toujours agréable. Y a-t-il donc des couleurs véritablement dégoûtantes, répulsives, qui provoquent recul, haut-le-cœur, horreur ?

Certains pigments ou préparations, à cause de leur odeur ou de leur dangerosité, sont sans aucun doute des éléments de répulsion, comme le bleu de Prusse qui nécessite d'énormes quantités de sang de bœuf, la cochenille, le jaune indien ou le vert de Scheele, à base d'arsenic.

Le décret impérial du 15 octobre 1810 relatif aux « Manufactures et Ateliers qui répandent une odeur insalubre ou incommode » prend ainsi un certain nombre de mesures pour réduire les nuisances de pigments comme le bleu de Prusse, le blanc de céruse ou le noir de fumée (autorisation préalable, fabrication à l'extérieur des villes, etc.)[67]. Mais la répulsion semble strictement attachée au pigment et sans conséquence, dans tous les textes que nous avons consultés, sur l'effet produit par la couleur.

Le terme de couleur, non plus, quand il réfère pourtant à des objets dégoûtants, au bas corporel, au sale, comme boue de Paris, caca-dauphin ou merde d'oie, ne produit pas de répulsion : mieux, il semble y avoir une saveur particulière à l'utiliser, comme un jeu verbal, une gageure. François-Félix Nogaret célèbre ainsi, on l'a vu (p. 132), dans un poème satirique (« À une dame qui aimait les étoffes couleur Merde d'oie »), le « merde d'oie ».

Le noir, au contraire, qui peine à se débarrasser comme couleur de son régime symbolique négatif, ravivé par le discours sur la couleur de la peau en contexte colonial, semble être la seule couleur au potentiel véritablement répulsif.

Il est de fait intéressant de mettre en parallèle l'expérience théorique de la statue chez Condillac et celle, chez ce même auteur, bien réelle, du jeune aveugle lorsqu'il se met à voir. Les chapitres qui les concernent dans *Le Traité des sensations* sont éloignés, la statue vient en premier, le jeune opéré ensuite. Il faut noter par ailleurs que l'expérience réelle menée avec le jeune homme n'a pas le statut de « preuve » : c'est l'expérience de pensée qui l'a, celle du jeune opéré n'en est qu'une illustration ou une variante. Or l'expérience du noir donne justement lieu à une divergence : on l'a vu, la statue, fatiguée, recherche de plus en plus des couleurs douces, sombres, jusqu'à trouver son plus « grand plaisir à ne remarquer que du noir ». Mais rien de tel chez le jeune homme, bien au contraire : « on remarque que le noir lui était désagréable, et que même il se sentit saisi d'horreur la première fois qu'il vit un nègre. C'est peut-être parce que cette couleur lui rappelait son premier état[68] ». La répulsion pour le noir qu'éprouve le jeune opéré est donc motivée pour Condillac par l'état pathologique premier dans lequel celui-là se trouvait et n'est pas donné comme une remise en cause de l'expérience imaginaire. Le jeune homme, dans un premier temps, semble ne pas faire de distinction, à la manière des Anciens, entre le visible, l'objet (la chose vue, le « nègre »), et le regard, le sujet (le défaut de vision) : l'homme à la peau noire est une projection de la nuit intérieure dans laquelle se trouvait le jeune aveugle. On peut difficilement néanmoins, ne serait-ce que par la gradation entre « désagréable » et « saisi d'horreur », ne pas donner à ce dégoût-ci une dimension raciale et sociétale : le noir, tant qu'il n'est pas une teinte mais un degré de clarté, tant qu'il reste donc du « sombre », produit du plaisir, mais quand il est une teinte, il peut difficilement se départir de sa fonction symbolique. Valeur et couleur, on le voit, sont loin d'être des régimes étanches.

# 2
# Figurations chromatiques

S'intéresser à l'effet sensoriel et cognitif des couleurs, comme on vient de le faire dans le chapitre précédent, conduit alors directement à explorer l'univers mental qui s'est mis en place et la façon dont il s'exprime dans de nouvelles figurations des couleurs. Le basculement dans un monde de couleurs implique aussi que le système même de représentation de celles-ci se modifie. La multiplication des couleurs dans la vie quotidienne et l'univers mental des Lumières s'est ainsi accompagnée de nombreux modes de figurations chromatiques visant à nommer, classer, inventorier, bref, discipliner et maîtriser ces nouvelles sensations[1].

Pour les Lumières, en effet, la sensation chromatique est directement liée à la représentation : le monde est un tableau imprimé dans l'esprit, et un tableau coloré.

La couleur relève, de fait, de la production des images et est indissociable de la faculté maîtresse pour le XVIII<sup>e</sup> siècle qu'est l'imagination. Selon Voltaire qui rédige l'article « Imagination, imaginer » de l'*Encyclopédie*, c'est même peut-être « le seul instrument avec lequel nous composions des idées, et même les plus métaphysiques » :

> Vous prononcez les termes abstraits, *grandeur, vérité, justice, fini, infini* ; mais ce mot *grandeur* est-il autre chose qu'un mouvement de votre langue qui frappe l'air, si vous n'avez pas l'image de quelque grandeur ? Que veulent dire ces mots *vérité, mensonge,* si vous n'avez pas aperçu par vos sens que telle chose qu'on vous avait dit existait en effet, et que telle autre n'existait pas ? et de cette expérience ne composez-vous pas l'idée générale de vérité et de mensonge ? et quand on vous demande ce que vous entendez par ces mots, pouvez-vous vous empêcher de vous figurer quelque image sensible, qui vous fait souvenir qu'on vous a dit quelquefois ce qui était, et fort souvent ce qui n'était pas[2] ?

L'imagination est ainsi conçue comme une sorte de toile mentale où s'impriment les sensations avant qu'elles ne deviennent des idées : « Notre âme est un tableau mouvant d'après lequel nous peignons sans cesse[3] », écrit Diderot. L'imagination, ainsi, recompose une image du réel, filtré par l'organe : en ce sens l'image re-présente bien le réel, elle en est le substitut, le simulacre. Le philosophe a d'ailleurs du mal à concevoir comment cette « toile mentale » pourrait n'être pas colorée. En 1749, dans la *Lettre sur les aveugles*, à propos de l'aveugle-né du Puiseaux, il affirmait péremptoirement, « il ne se passe rien dans sa tête d'analogue à ce qui se passe dans la nôtre : il n'imagine point ; car pour imaginer il faut colorer un fond[4] ». L'imagination de l'aveugle serait donc plus abstraite[5]. Rappelons le mot de Goethe : « on ne peut parler de la couleur avec un aveugle[6] ».

La sensation chromatique est ainsi, d'une certaine façon, celle qui, au sens le plus concret du terme, fait la plus forte *impression*. Ce n'est pas une sensation *fondamentale* au sens où l'entend Condillac, la seule sensation fondamentale étant le toucher qui permet de « sortir de soi » et par là de prendre conscience de son corps et de son existence, ce n'est pas non plus une sensation fiable, puisqu'elle est (ce n'est pas une nouveauté) trompeuse, aléatoire, mais c'est une sensation directement liée à la représentation, qui façonne la manière de concevoir le monde. Les figurations chromatiques du XVIII^e^ siècle sont ainsi les expressions matérialisées de cette image mentale.

Enfin, comme on l'a également vu dans le chapitre précédent, les dimensions sensorielles, scientifiques et esthétiques étant foncièrement mêlées, il est difficile et peu probant dans notre perspective de séparer les figurations scientifiques des artistiques ou les savantes des commerciales. Tout au plus peut-on parler d'usages différents. Il nous semble donc plus intéressant de distinguer des grands ensembles de formes ou de dispositifs qui constituent autant de modèles de représentation du monde.

## Diagrammes et figures[7]

Outre le modèle de représentation des couleurs, sémiotique et narrativisé, de l'héraldique et de l'emblématique qu'on trouve par exemple chez Sicile (voir p. 33 et suiv. et **fig. 4**), il existe depuis le Moyen Âge quelques figurations géométriques des couleurs : la plus célèbre est sans doute la « roue » médiévale des urines, l'examen des urines, qui repose pour une large part sur leurs différentes couleurs, étant l'une des clés du diagnostic. La roue est ainsi l'expression visuelle des listes de teintes établies dans un premier temps et caractéristiques du discours médical médiéval : la roue, dans une visée didactique, tend progressivement à se substituer à la liste avec la diffusion des illustrations en couleurs (ou en noir et blanc que l'acheteur pouvait colorier à la main). La roue propose alors une gamme chromatique de vingt couleurs allant, en suivant le sens de lecture, de gauche à droite, du blanc au noir en passant par des séries de jaunes et de rouges. Les différentes teintes correspondent aux transformations subies à l'intérieur du corps par les qualités élémentaires et les humeurs et une gamme chromatique fixe s'établit à partir des XII^e^-XIII^e^ siècles[8].

Prenons pour exemple l'ouvrage imprimé et colorié à la main d'Ulrich Pinder (*Epiphanie medicorum,* Nuremberg, 1506) **(fig. 53)**. Le nom (latin) de chaque couleur est précisé par une comparaison et constitue ainsi un outil lexical à la manière du dictionnaire de Telesio (*Libellus de coloribus*, 1528, voir p. 38 et suiv.) : le blanc est comparé à l'eau d'une source (*albus color ut aqua fons*), le « glauque » (un blanc ici) à une corne brillante (*glaucus color ut cornu lucindum*), le vert à une tige verte, le bleu-noir (*lividus*) à du plomb, etc. La figure circulaire s'accompagne en outre d'une table qui transpose le cercle en colonnes (à moins que ce ne soit l'inverse) : la lecture se fait alors de haut en bas sur une première colonne puis même chose sur la seconde. Le blanc et le noir au lieu d'être

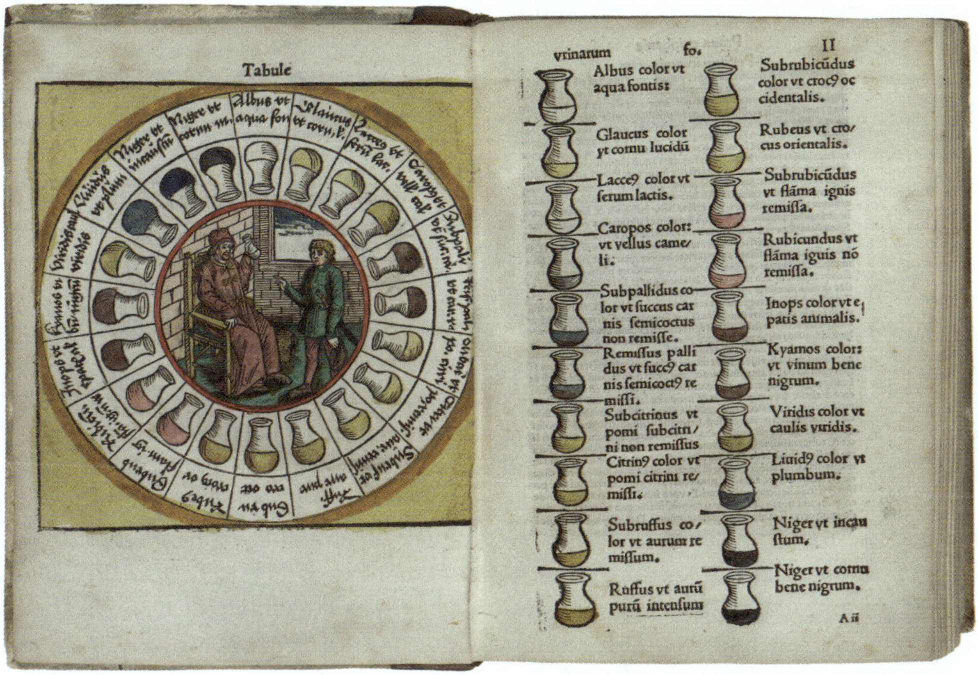


Fig. 53 : Ulrich Pinder, Table des urines (*Epiphanie medicorum,* 1506, gravure sur bois coloriée à la main).

juxtaposés en haut de la roue sont écartés aux extrémités (haut gauche et bas droit) de la page. La table apparaît ainsi comme un intermédiaire visuel entre la liste et le cercle. Elle n'apporte aucune information supplémentaire, elle n'est pas vraiment une légende ni un commentaire, elle offre seulement un autre modèle figuratif, proche du magasin d'apothicaire avec ses macules posées sur des lignes-tablettes. En « redressant » néanmoins le cercle, elle lui donne une plus grande lisibilité. Les deux modèles de la roue et de la table semblent faire double emploi mais, en réalité, se renforcent pour une plus grande efficacité didactique. Cette visée est d'ailleurs narrativisée par la saynète à l'intérieur de la roue où un médecin, flacon d'urine à la main, se livre au « jugement des urines ». Le dispositif de la roue et de ses éventuels compléments, listes, tables, miniatures, apparaît alors comme un vaste et très efficace système de traduction : entre lisible et visible, entre signe et signification linguistiques (il existe également des roues en français et en anglais). Le modèle figuratif, complexe, constitue ainsi l'ancêtre à la fois des cercles newtoniens et post-newtoniens, des tables des couleurs et des nuanciers. Il en diffère néanmoins par plusieurs aspects : il offre une gamme étroite de couleurs, appliquée à un seul objet, il n'est donc pas un nuancier *des* couleurs mais seulement de quelques couleurs. En outre, son objet n'est pas la couleur elle-même mais une matière (un liquide) colorée. Enfin, il n'est pas un *système* des couleurs montrant les relations qui existent entre celles-ci. Les subdivisions de la roue sont des nuances et non des types de couleurs. Bref, c'est bien un modèle figuratif mais qui se sert des couleurs plutôt qu'il ne les présente ou ne les analyse, il nous renseigne d'abord sur l'état de santé et secondairement sur les teintes et valeurs (clair, foncé, etc.) : c'est, comme il prétend d'ailleurs l'être, une roue, colorée certes, *des urines* mais pas des couleurs.

Les véritables systèmes des couleurs qui existent alors, avant le XVIIe siècle, s'inscrivent dans la tradition aristotélicienne et se passent généralement, quant à eux, de représentations, s'exprimant par le seul langage, sous la forme de discours ou de listes. Il en existe néanmoins quelques-unes, notamment dans l'enseignement scholastique : on a mentionné celle de la planche « Optique » de la synthèse des différents savoirs de Christophe Savigny à la fin du XVIe siècle (voir p. 21 et **fig. 1**) qui prend la forme d'un arbre encyclopédique avec des phylactères où sont inscrites les différentes parties de l'optique et parmi elles, les couleurs. La figuration suit l'échelle linéaire aristotélicienne, repose sur un mode de lecture textuelle (de gauche à droite) et relève au moins autant du lisible que du visible : c'est le système qui est montré, les couleurs, quant à elles, sont *écrites*. Par ailleurs, là encore la représentation des couleurs n'est pas isolée et n'est qu'une partie d'un ensemble.

C'est au XVIIe siècle que les premières tentatives de figurations spatiales isolées des couleurs se constituent : l'astronome finlandais Aron Sigrid Forsius propose dans son manuscrit *Physica* (1611) à la fois une roue et une première sphère schématique. Robert Fludd, médecin, savant et mystique anglais, fournit dans sa *Medicina catholica* (1629) qui comprend d'innombrables dessins, accolades et diagrammes, en noir et blanc, la première représentation circulaire imprimée des couleurs sous la forme d'un anneau (*colorum annulus*) de sept couleurs blanc, jaune, safran, rouge, vert, bleu, noir (*albus, flavus, croceus, rubeus, viridis, coeruleus, niger*) **(fig. 54)**. On a déjà mentionné les traités de François d'Aguilon (1613) et d'Athanasius Kircher (1646) qui comprennent, eux, un diagramme des couleurs en forme d'arceau[9] **(fig. 2 et 3)**. Dans tous ces cas, peu nombreux par ailleurs, le modèle de représentation intègre toujours le noir et le blanc comme teintes et reste essentiellement linéaire en correspondance avec l'échelle linéaire des couleurs du système aristotélicien qui fait de la couleur un obscurcissement de la lumière. À la différence d'ailleurs de la roue des urines, ces figurations sont en noir et blanc : le modèle géométrique ne donne pas à voir les couleurs, il les *remplace*.

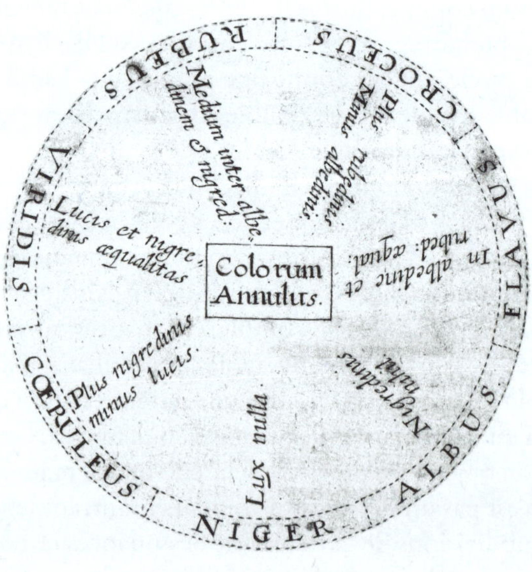

Fig. 54 : Robert Fludd, « Anneau des couleurs » (*Medicina Catholica*, 1629).

La mathématisation du monde à l'âge classique, tout en rompant avec la tradition aristotélicienne, produit alors un nouveau type de géométrisation des couleurs : le système n'est plus linéaire mais les figurations chez Descartes sont réduites à des diagrammes. Ceux-ci ne représentent pas même les couleurs

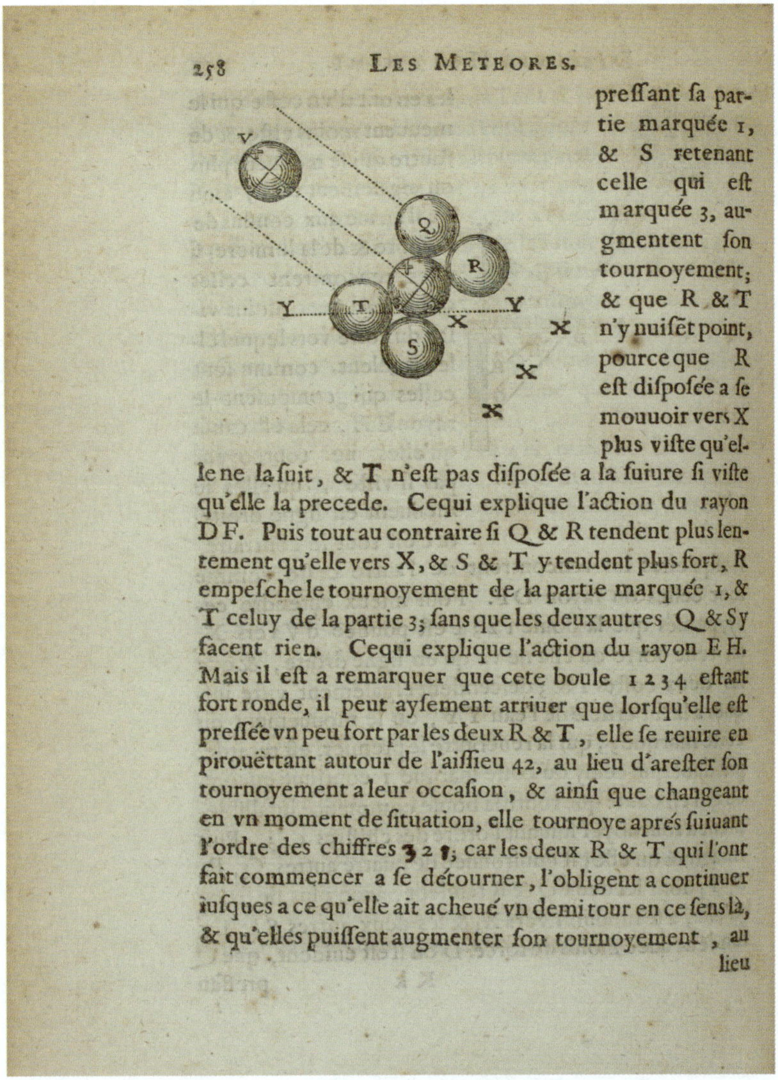
258 LES METEORES.



preſſant ſa partie marquée 1, & S retenant celle qui eſt marquée 3, augmentent ſon tournoyement; & que R & T n'y nuiſét point, pource que R eſt diſpoſée a ſe mouuoir vers X plus viſte qu'elle ne la ſuit, & T n'eſt pas diſpoſée a la ſuiure ſi viſte qu'elle la precede. Cequi explique l'action du rayon DF. Puis tout au contraire ſi Q & R tendent plus lentement qu'elle vers X, & S & T y tendent plus fort, R empeſche le tournoyement de la partie marquée 1, & T celuy de la partie 3; ſans que les deux autres Q & S y facent rien. Cequi explique l'action du rayon EH. Mais il eſt a remarquer que cete boule 1234 eſtant fort ronde, il peut ayſement arriuer que lorſqu'elle eſt preſſée vn peu fort par les deux R & T, elle ſe reuire en pirouëttant autour de l'aiſſieu 42, au lieu d'areſter ſon tournoyement a leur occaſion, & ainſi que changeant en vn moment de ſituation, elle tournoye aprés ſuiuant l'ordre des chiffres 3 2 1; car les deux R & T qui l'ont fait commencer a ſe détourner, l'obligent a continuer iuſques a ce qu'elle ait acheué vn demi tour en ce ſens là, & qu'elles puiſſent augmenter ſon tournoyement, au lieu

Fig. 55 : René Descartes, boules tournoyantes des couleurs (*Les Météores*, 1637).

mais la théorie corpusculaire sur les causes des perceptions que nous appelons couleurs, c'est-à-dire le mécanisme de production de celles-ci et non celles-ci : le diagramme très schématique avec chiffres et lettres montre, sous forme de petites boules, le fonctionnement du tournoiement des corpuscules – plus ils tournent fort, plus on s'approche du rouge, moins ils vont vite, plus on s'approche du bleu. Le diagramme rend donc compte du phénomène des couleurs sans avoir besoin de les représenter **(fig. 55)**.

Le XVIIIe siècle se caractérise alors à la fois par une géométrisation accrue mais aussi une complexification des figures et une systématisation des représentations colorées. On passe d'une représentation visuelle simplifiée en noir et blanc à des figures géométriques complexes en couleurs, majoritairement circulaires ; on quitte le schéma ou le diagramme pour des cercles, des sphères, des prismes ou des pyramides multicolores. Car le modèle géométrique se double d'un modèle sensualiste : l'approche des couleurs comme phénomène de perception et comme sensation nécessite de prendre en compte les affects dans la transmission des images ; il s'agit de construire des figurations des couleurs en s'appuyant sur l'effet produit par celles-ci. Tandis que le modèle diagrammatique *remplace* comme on l'a dit les couleurs, le modèle sensualiste les *imite*.

Le cercle de Newton inséré dans l'*Opticks* (1704) **(fig. 56)** constitue sans nul doute une étape décisive dans l'engouement pour les figurations circulaires. Le cercle rompt avec le système linéaire qui était encore présent dans les deux tentatives, manuscrite de Forsius et imprimée de Fludd. Les figurations circulaires antérieures à Newton relevaient, en effet, plutôt du modèle de la roue ou de l'anneau : la roue (des urines) et l'anneau (*colorum annulus* de Fludd) s'organisent autour d'un axe et tournent. Le cercle de Newton a un centre, non un axe. La direction du regard change : non plus linéaire (dans le sens d'un obscurcissement ou d'un éclaircissement) mais convergent ou divergent (de la périphérie vers le centre, du centre vers la périphérie). La figure reste néanmoins très proche du diagramme, en noir et

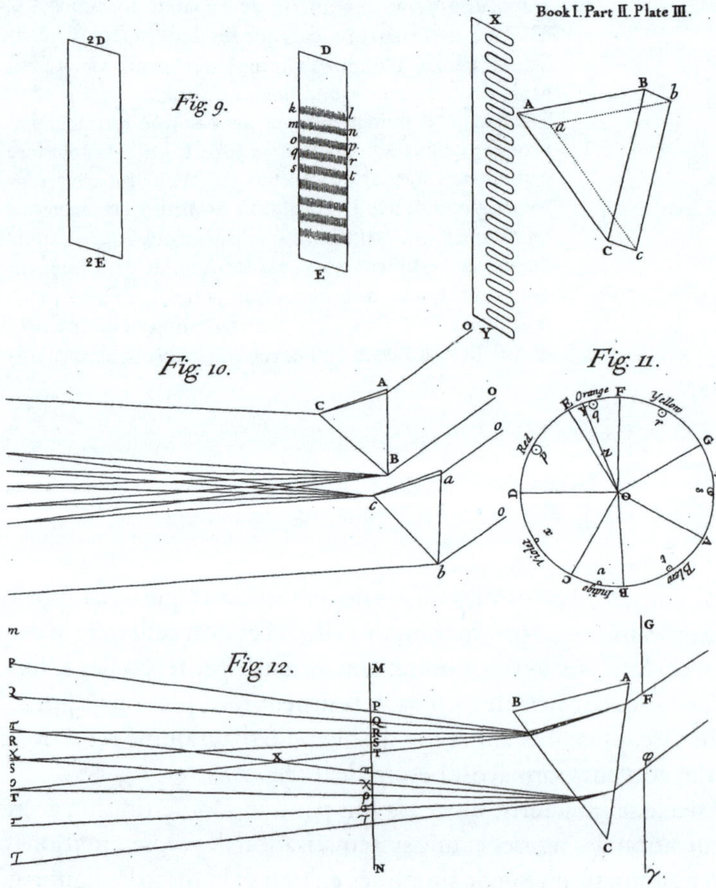


Fig. 56 : Isaac Newton, cercle chromatique (*Opticks*, 1704, fig. 11).

blanc, avec deux systèmes de lettres majuscules et minuscules. Chez Newton, contrairement aux représentations qui en sont données par la suite, du XVIIIe siècle à nos jours, la figure n'est d'ailleurs pas isolée des autres figures géométriques de sa démonstration : intitulée « figure 11 », elle n'a aucun statut visuel particulier dans la planche où elle se trouve, ni par sa dimension (moyenne à petite) ni par sa place (au milieu à droite). La planche elle-même est insérée dans le cours du traité, ce qui n'est plus le cas dès ses traductions latine d'abord (*Optice*, Londres, Smith et Walford, 1706) puis française (*Traité d'optique*, trad. Pierre Coste, Amsterdam, P. Humbert, 1720) où les illustrations sont réunies dans un cahier à la fin. Les planches (également éditées à part et qui circulent), et parmi elles la figure spécifique du cercle, acquièrent ainsi progressivement au cours du siècle une autonomie. Le cercle se colore et donne lieu à des variations ou des transformations, quittant ainsi progressivement son pur statut diagrammatique et scientifique. L'autre caractéristique intéressante de cette figure chez Newton est qu'elle comprend les noms des couleurs et n'est pas seulement visible mais aussi lisible. Les dénominations elles-mêmes ont également leur importance car elles contribuent, par leur simplicité et leur « traductibilité », à faire des couleurs des types et à ériger la figure en système : *red, orange, yellow, green, blue, indigo, violet* // rouge, orangé, jaune, vert, bleu, indigo, violet[10].

L'une de ces reprises du cercle newtonien est particulièrement intéressante : une planche, anonyme, insérée dans l'une des nombreuses rééditions au XVIIIe siècle du *Traité de la peinture en mignature* de Claude Boutet (1re éd. 1672), auteur dont nous avons déjà analysé l'importance pour le genre de la peinture en miniature (voir p. 58-59), présente, en effet, deux cercles directement inspirés de l'*Opticks* (**fig. 27**). L'insertion dans cette édition hollandaise de 1708, qui comprend également un petit *Traité de la peinture au pastel*, est déjà, en elle-même, le signe de l'intérêt porté par les peintres à cette représentation. La figure s'affranchit du livre et du discours scientifiques et s'intègre dans l'écrit sur l'art qui, du coup, la transforme pour son usage propre.

On peut comparer, en effet, les deux figurations : d'abord, ce qui frappe le plus sans doute, c'est que l'anonyme est coloré et fait directement appel à la sensation chromatique. C'est d'ailleurs le premier cercle coloré (à la main) connu[11]. Ensuite, il est dédoublé. Nous avons deux cercles et non un seul : le premier comprend sept teintes comme chez Newton (nous allons voir néanmoins les différences), le second douze. Le dédoublement transforme ainsi le discours porté par l'image : le premier cercle se présente comme un système de couleurs typifiées ; le second comme un nuancier. Les deux cercles de l'anonyme sont par ailleurs placés dans un décor scénarisé dans le goût rococo : la première scène montre, dans un jardin princier, un *putto*-peintre, palette à la main et un portrait sur un chevalet – notons au passage qu'on n'est plus uniquement dans le contexte de la miniature, puisque l'atelier est en plein air, et que l'image tire le traité du côté de la grande peinture à l'huile et vaut donc pour l'art de peindre en général. La seconde scène, dans un décor très semblable mais apparemment dans une partie du jardin plus proche du palais, propose à nouveau un *putto* mais cette fois-ci avec un portrait à la main qu'il présente à une aristocrate. La disposition des deux scènes, à gauche et à droite, indique ainsi un sens de lecture et raconte une histoire (un avant et un après) : la première scène est l'étape de la création du tableau, la seconde, celle de la présentation à son modèle et sans doute commanditaire. Les deux cercles sont pris dans ce discours et cette histoire : le premier correspond aux couleurs sur la palette (rappelons que le *putto* a le pouce dans une palette), le second à celles sur le tableau. Les deux images illustrent le processus de création, de la couleur au coloris. Le cercle newtonien devient donc l'expression visible de l'art coloriste mais au prix de quelques transformations.

Le premier cercle, en effet, comprend sept couleurs, ce qui vaut comme une sorte de « citation », mais l'indigo est remplacé par un rouge et celui-ci se trouve donc divisé en deux nuances, rouge de feu et rouge cramoisi. Par ailleurs, si l'ordre des couleurs reste le même, le sens de lecture est inversé : le jaune précède l'orangé, le vert précède le jaune, le bleu, le vert, etc. Si l'on compare les deux suites dans un sens de lecture textuel : on a rouge, orangé, jaune, vert, etc., chez Newton, et vert, jaune, orangé, jaune, etc., dans l'anonyme. Pour rétablir le cercle de Newton, il faut donc lire la figure de gauche à droite – alors que la forte narrativisation et la disposition des deux planches suggèrent le contraire. On se trouve ainsi devant une figuration hybride qui mêle ce que l'on appelle de nos jours couleur-pigment et couleur-lumière. Les cercles de l'anonyme suivent bien la thèse newtonienne : au centre des rayons se trouve le blanc, réunion de toutes les couleurs. Mais elle est adaptée à l'art (pigmentaire) de la peinture. D'où le second cercle qui est un véritable nuancier avec des dégradés (vert jaunâtre, jaune doré, bleu de mer, etc.) et qui abandonne même la subdivision en sept ou, comme on aurait pu s'y attendre, en son double (quatorze) au profit de douze nuances. Enfin, signe ultime qu'on tend vers le nuancier : la forme circulaire emprunte à nouveau au modèle de la roue (avec l'axe blanc) et de l'anneau avec les deux (et même trois) lignes de circonférence.

Il nous est impossible, dans les limites de cet ouvrage, de développer et d'analyser toutes les figurations géométriques qui ont émergé dans le courant du siècle, on peut en retenir néanmoins quelques principales en soulignant leurs enjeux communs dans la perspective qui est nôtre, toujours celle d'une représentation colorée du monde. L'évolution des représentations géométriques suit en effet quelques principes : la multiplication, la complexification géométrique soit dans les formes circulaires soit dans la tentative de prise en compte de la tridimensionnalité avec des volumes, sphères et pyramides, la nuance avec l'explosion du nombre de teintes, l'inventivité et l'appel à la sensation chromatique, l'esthétisation. Il faut mentionner aussi les profils très divers des auteurs, naturalistes, mathématiciens, artistes – parfois tout cela à la fois, qui témoignent de l'intrication des discours et enjeux et est un indice de plus de la désectorisation des savoirs sur la couleur et de la généralisation de cet univers mental chromatique.

On peut ainsi évoquer au plus près du modèle newtonien et au titre de la complexification des systèmes circulaires, le cercle prismatique de Moses Harris (*The Natural System of Colours*, vers 1769) **(fig. 57)**, entomologiste et graveur britannique, lecteur de Newton mais aussi connaisseur de Le Blon (voir p. 74 et suiv.) : c'est le premier cercle de couleur qui propose un véritable système de nuances (ce que n'était pas celui de l'anonyme de 1708) et la prise en compte du paramètre de clarté pour chaque teinte, d'où son nom de « prismatique ». La figure se complique en outre d'une série de triangles de primaires en son centre qui produisent du noir. Si la figuration newtonienne est conservée, on en est donc très loin et le système est tout à fait contraire à celui de Newton : c'est ce qu'on appelle désormais

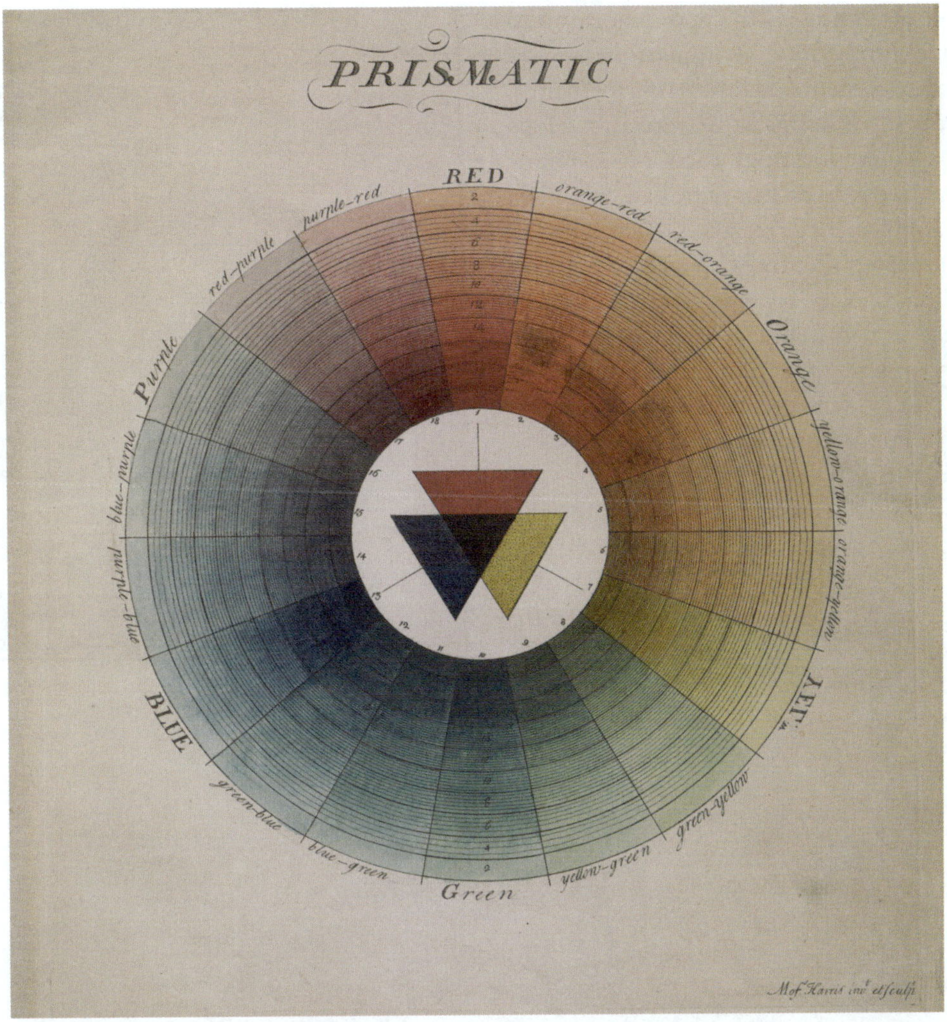


Fig. 57 : Moses Harris (dess. et grav.), le cercle prismatique (*The Natural System of Colours*, 1769).

un mélange soustractif de couleurs et non additif comme celui de Newton. Il s'agit de couleurs pigmentaires et non spectrales. La figure géométrique est intégrée à une perspective coloriste-artistique. Le livre est d'ailleurs dédié au peintre anglais Joshua Reynolds.

On retrouve la même prise en compte des nuances dans l'anneau d'un autre entomologiste, spécialiste des papillons, autrichien, Ignaz Schiffermüller (1772)[12] avec une figuration diagrammatique où des nombres romains correspondent aux différentes espèces de couleurs, ici douze et non sept comme chez Newton **(fig. 58)**. Le nombre 12 tend d'ailleurs à se généraliser : c'est celui retenu par l'anonyme de 1708 dans son second cercle mais aussi par Castel dans son *Optique des couleurs* (1740) (voir p. 80), même si à chaque fois la liste offre quelques variations : ici bleu, vert de mer, vert, vert olive, jaune, orangé, rouge de feu, rouge, rouge carmin, rouge-violet, bleu-violet, bleu de feu[13]. Chez l'anonyme, par exemple, il n'y avait pas de « bleu de feu » mais un « jaune doré » entre le jaune et l'orangé. On s'approche de notre roue chromatique colorimétrique avec ses douze couleurs de base, trois primaires, trois secondaires et six tertiaires, mais le système n'est pas encore clairement établi comme en témoigne l'absence ou le redoublement de certaines « tertiaires » : par exemple, entre le bleu et le jaune, on a bien un vert, entre le vert et le bleu un vert de mer ; entre le jaune et le rouge, un orangé, mais rien entre l'orangé et le jaune – pas d'ambre – et au contraire un bleu surnuméraire, le « bleu de feu » entre le bleu et le bleu-violet.

L'autre cercle, le plus célèbre sans doute, est celui de Goethe, aquarellé et annoté par lui-même en 1809, qui constitue, malgré sa petite taille (sept centimètres de diamètre) qu'on oublie souvent du fait de sa diffusion imprimée **(fig. 59)**, l'exemple parfait du

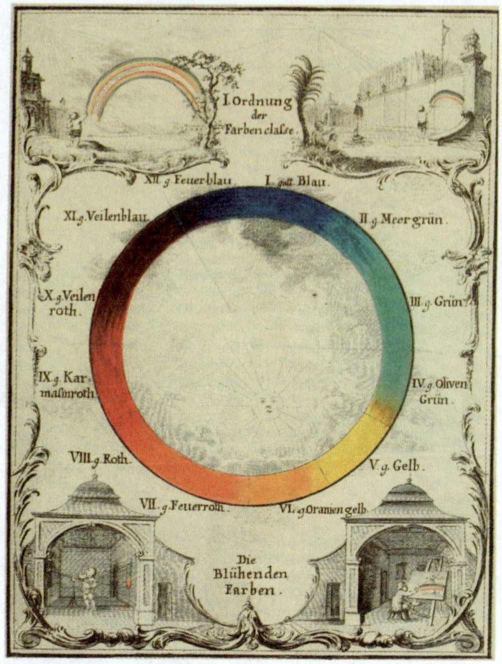


Fig. 58 : Ignaz Schiffermüller, l'anneau des couleurs (*Versuch eines Farbensystems*, 1772).

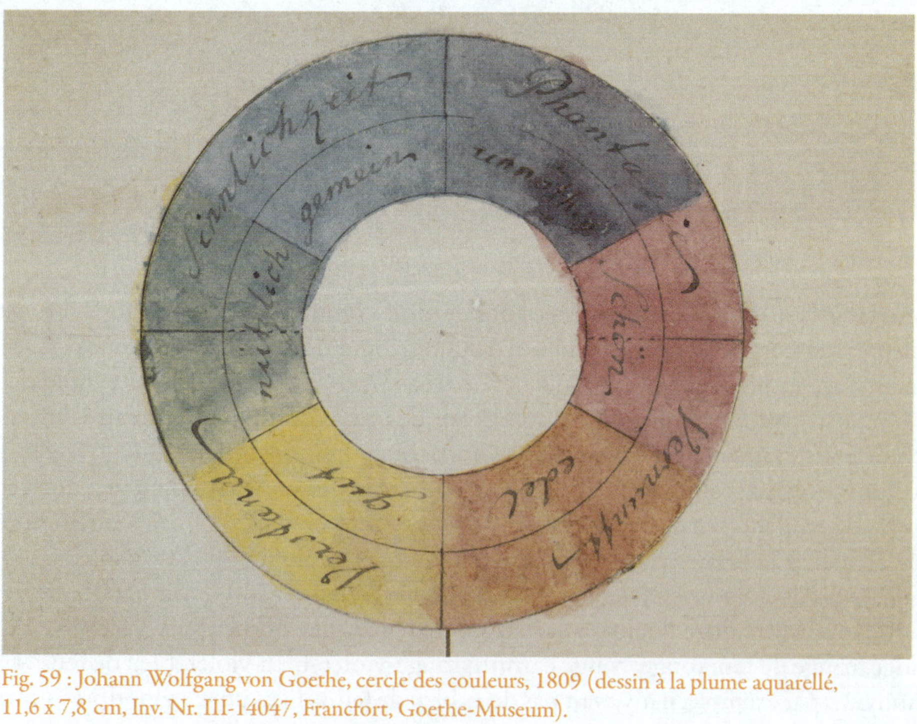


Fig. 59 : Johann Wolfgang von Goethe, cercle des couleurs, 1809 (dessin à la plume aquarellé, 11,6 x 7,8 cm, Inv. Nr. III-14047, Francfort, Goethe-Museum).

nouvel univers mental coloré qui s'est mis en place. Décrite dans son *Traité des couleurs* (*Zur Farbenlehre*, 1810), la figure témoigne en effet pleinement du basculement dans une perception sensorielle des couleurs et ce, à deux titres : d'une part, parce que ce cercle se fonde sur une approche sensorielle et illustre « l'effet sensuel et moral – physico-moral – des couleurs », condensé des thèses de l'auteur, d'autre part parce qu'il est *en lui-même* une expérience qui met en acte la théorie. Il constitue donc au sens strict une *épreuve* des couleurs : il explique mais aussi produit l'effet chromatique. Ce que font aussi, on l'a dit, de nombreuses autres figurations du siècle qui sont autant des expériences esthétiques que des représentations, mais Goethe en est l'expression la plus aboutie car il montre et en même temps tient un discours sur ce qu'il montre, non pas seulement sur le contenu de ce qu'il montre mais aussi sur le mode de figuration lui-même.

L'évocation du cercle apparaît, de fait, à la fin de l'ouvrage, après tous les chapitres consacrés aux différentes explications scientifiques (physiologiques, physiques, chimiques) de la couleur, conçue comme un attribut du monde phénoménal, dans une progression menée à partir de l'observation[14]. La dernière partie, alors, porte sur l'effet chromatique (« Effet physico-moral de la couleur ») et le cercle qu'il commente est à la fois l'expression, la figuration de cet effet et un exemple de cet effet lui-même : il produit, selon Goethe, une impression sensorielle harmonieuse dans la mesure où il est l'expérience unique du rassemblement total des couleurs. Goethe s'inscrit, en effet, contre la conception newtonienne de l'arc-en-ciel comme représentation naturelle de la totalité des couleurs. Pour Goethe, « la nature ne nous montre aucun phénomène général où la totalité des couleurs soit entièrement rassemblée[15] ». C'est donc au cercle colorié que revient cette tâche :

> L'ordonnancement en cercle du phénomène complet nous apparaît le plus aisément compréhensible lorsqu'on utilise des pigments sur du papier jusqu'à ce que, selon nos dispositions naturelles, mainte expérience et notre entraînement, nous nous soyons finalement entièrement pénétrés de l'idée de cette harmonie et la sentions présente à notre esprit[16].

D'où le plaisir sensuel que provoque la vue de la figure : « Nous pouvons dire que le cercle chromatique, tel que nous l'avons établi, produit déjà de par sa substance une impression agréable[17] ». D'où également son statut expérimental et didactique : regarder le cercle permet d'apprendre à regarder l'harmonie des couleurs – ce que nous détaillerons dans le dernier chapitre.

Parmi les nouvelles figurations qui tentent alors de représenter les couleurs de manière tridimensionnelle à l'aide de volumes, on peut citer justement la magnifique sphère de couleur du peintre allemand Philipp Otto Runge (*Die Farbenkugel*, 1810), élaborée à partir du cercle chromatique de son ami Goethe (fig. 60).

Une figuration mérite également qu'on s'y attarde un peu : la pyramide de Lambert (fig. 61). Le mathématicien franco-allemand, Johann Heinrich Lambert, connu pour ses travaux sur la mesure de la lumière (la loi de Lambert), imagine en effet, en 1772[18], une pyramide, sur le modèle d'une autre figuration triangulaire qui l'avait intéressé, celle que Tobias Mayer, également mathématicien, avait présentée en 1758 à l'Académie des sciences de Göttingen[19]. La pyramide conçue par Lambert propose un système d'organisation des couleurs véritablement comme une sorte de nuancier à destination des peintres ou des différents coloristes, marchands de couleurs, teinturiers, etc. Il s'agit d'une sorte de petite boîte pyramidale dessinée en perspective et séparée en sept étages de compartiments en forme de triangle isocèle. Chaque étage correspond à une aire chromatique et chaque côté, en partant de la base jusqu'au sommet, diminue dans une échelle de 9 à 1 : 9 tons sur le premier côté de la base, 7 sur le second, etc., jusqu'à un seul en haut de la pyramide. Les sommets des triangles, eux, contiennent les trois primaires, rouge, jaune, bleu et les teintes se dégradent au fur et à mesure qu'on monte : la base comprend les couleurs les plus saturées, le sommet les plus blanches. À chaque étage les trois primaires sont mélangées, graduellement, de façon à obtenir la gamme la plus large. L'entreprise est donc à la fois scientifique et artistique comme l'illustrent bien les deux

Fig. 60 : Philipp Otto Runge, sphère de couleurs (*Farben-Kugel*, 1810).

Fig. 61 : Johann Heinrich Lambert, pyramide de couleurs (*Beschreibung einer mit dem Calauschen Wachse ausgemalten Farbenpyramide*, 1772).

pyramides insérées à la fin de l'ouvrage, l'une diagrammatique, composée de chiffres, l'autre imitative et colorée. Lambert a d'ailleurs fait appel au peintre de la cour de Prusse Benjamin Calau, qui avait expérimenté une technique de peinture à l'encaustique, pour l'aider à construire sa pyramide, le titre de l'ouvrage y fait référence, *Beschreibung einer mit dem Calauschen Wachse ausgemalten Farbenpyramide,* qu'on peut traduire par *Description d'une pyramide de couleurs peinte à la cire de Calau.*

Avec cette dernière figuration, on touche alors de très près à l'autre grande catégorie de représentation des couleurs au XVIII<sup>e</sup> siècle, celle du modèle tabulaire dont relèvent les catalogues, tables et nuanciers.

## Tables, catalogues et nuanciers

Le modèle de la table répond de fait à une autre logique : elle reprend le modèle de la liste et son principe énumératif mais, par le biais d'un classement, vise à une standardisation des couleurs à usage des coloristes ou des naturalistes. Les deux modèles de figurations, circulaire et tabulaire, peuvent néanmoins être employés par les mêmes auteurs et parfois dans les mêmes ouvrages : Ignaz Schiffermüller publie dans son *Essai d'un système chromatique*[20] mentionné ci-dessus, en plus du cercle du début, une planche de bleus et plus loin, une table de correspondances avec les termes de couleurs en trois langues (allemand, latin et français) **(fig. 62a et 62b)**. Mais c'est la seule planche et le livre dans son ensemble tire plus du côté du système que du catalogue.

L'idée d'une standardisation à usage des praticiens est en revanche celle qui préside à l'un des plus anciens exemples de tableau systématique des couleurs, celui que Richard Waller, naturaliste anglais[21], fait paraître en 1686 dans les *Philosophical Transactions* de la Royal Society de Londres[22] **(fig. 63)**. C'est d'ailleurs la première illustration couleur de l'histoire de la revue. La table, composée de 119 couleurs, a pour ambition de permettre aux naturalistes de décrire sans ambiguïté les couleurs des objets de la nature, des végétaux en particulier. C'est également une nomenclature établie en quatre langues, latin, grec, français et anglais. Si la table comprend des considérations théoriques, sa visée est d'abord pratique : Waller ne prétend pas donner tous les mélanges de couleurs qui sont, dit-il, infinis, et il suggère même au « lecteur habile » (*skillful*) de compléter les traductions des termes de couleurs qu'il n'a pas trouvées.

Au modèle du simple tableau qui tient encore sur une seule planche comme chez Waller, le XVIII<sup>e</sup> siècle substitue alors plutôt celui du catalogue : celui-ci est ainsi l'expression figurée de l'engouement du siècle pour le classement et les nomenclatures. Là encore, il est tout à fait – encore plus même – impossible de cerner, dans les limites de cet ouvrage, ne serait-ce qu'une partie de toute cette production. On peut juste indiquer les quelques formes particulières les plus répandues : le catalogue-nomenclature, notamment naturaliste ; le catalogue-collection, notamment celui d'échantillons de tissu, et le nuancier à proprement parler qui naît à la fin de XVII<sup>e</sup> siècle.

Quelques exemples : pour les nomenclatures des couleurs, l'espace germanique est particulièrement dynamique[23]. Le cas de la nomenclature des minéraux du géologue allemand Abraham Gottlob Werner (1774) et aussi de sa riche diffusion via la traduction

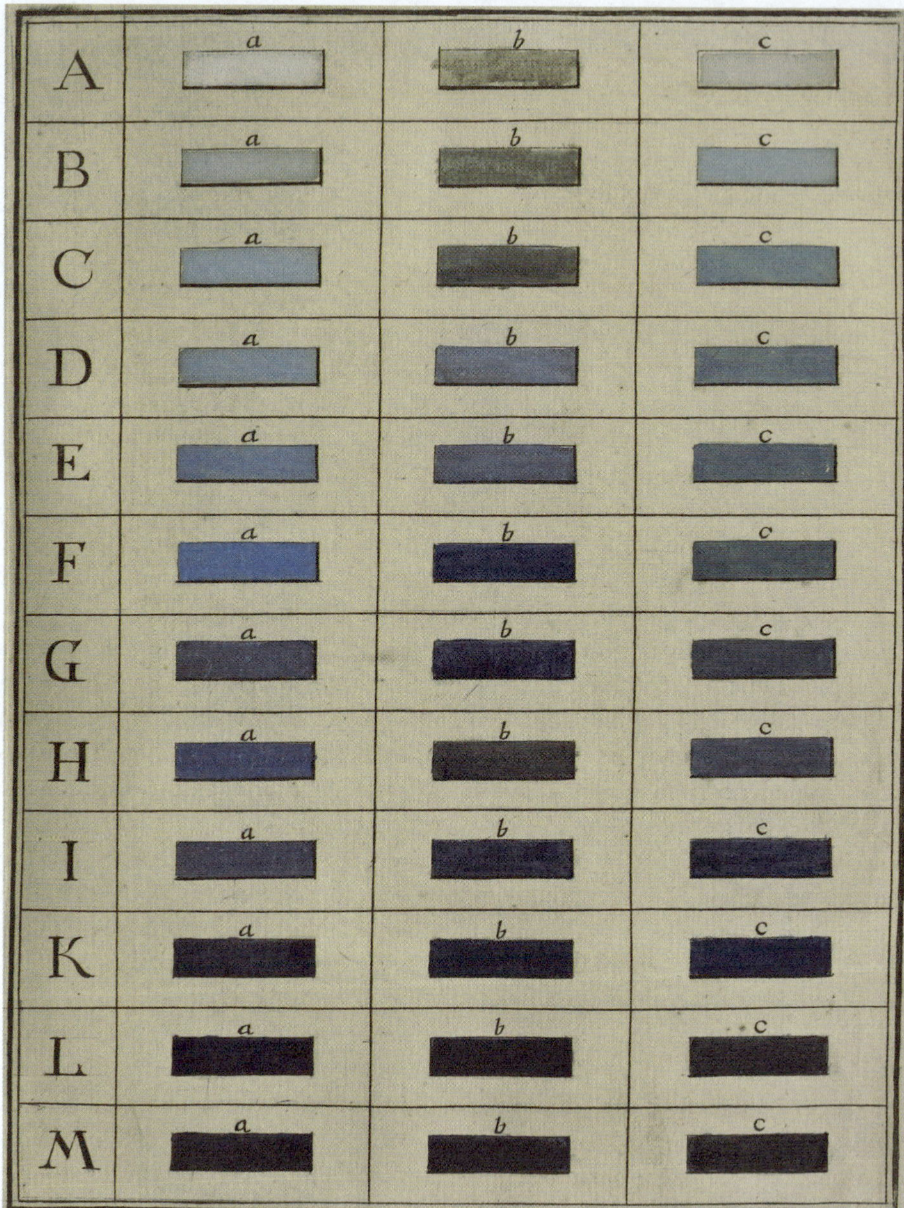
A a b c
B a b c
C a b c
D a b c
E a b c
F a b c
G a b c
H a b c
I a b c
K a b c
L a b c
M a b c

Pag. 25

| I. Gatt. | Blaue Schattirung. | Color Caeruleus. | Les Nuances du Bleu. |
|---|---|---|---|
| A | *a.* Weiß. (Schneeweiß.)<br>*b.* Silberweiß. Perlenweiß. **<br>*c.* Milchweiß. Milchfarbe. Weißlicht. | *a.* Albus. (Niveus. Candidus. *)<br>*b.* Argenteus.<br>*c.* Lacteus. Lacteſcens. | *a.* Blanc. Blanc pur.<br>*b.* Blanc d'argent. Blanc arg[enté]. Blanc de perle.<br>*c.* Blanc de lait. Couleur laite[use] |
| B | *a.* Blauweiß. Blaulicht. Porcellanfarbe.*<br>*b.* Perlenfarbe.<br>*c.* Blaulichtweiß. Waſſerfarbe. Diamantfarbe. | *a.* Lacteocaeruleus.<br>*b.* Margaritaceus.<br>*c.* Albocaeruleus. Aqueus. | *a.* Bleu blanc. Bleuâtre.<br>*b.* Couleur de perles. Coul[eur] de nac[re]<br>*c.* Couleur d'eau. |
| C | *a.* Weißlichtblau.<br>*b.* Silberblau.<br>*c.* Waſſerblau. | Caeruleſcens.<br>Subcaeruleus. | Bleu naiſſant. |
| D | *a.* Mattblau. Magerblau. Schwachblau. Glockenblumfarbe.<br>*b.* Graublau. Hechtenblau. *<br>*c.* Blaßblau. Bleumourant. (Blümerant.) Bleichblau. | *a. c.* Pallide caeruleus. (Caeruleus pallens, tabſcens, languidus, evanidus.)<br>*b.* Caeſius. * *<br>Dilute caeruleus. | Bleu mourant.<br>Bleu pâle. |
| E | *a.* Feinblau. Sächſiſchblau. Zartblau.<br>*b.* Aſchenblau.<br>*c.* Lieblichblau. Sanftblau. | Blande caeruleus.<br>Suaviter caeruleus. | Bleu mignon.<br>Azurin. |
| F | *a.* Himmelblau. Lebhaftblau. (Himmelſchön.)<br>*b.* Lichtblau.<br>*c.* Saphirblau. Hellblau. | Caeruleus.<br>Belle, laete caeruleus.<br>(*Caeleſtinus. Aereus.*)<br>Saphirinus. | Bleu celeſte.<br>Couleur du Ciel. |

Fig. 62 a et b : Ignaz Schiffermüller, les nuances de bleus (*Versuch eines Farbensystems*, 1772).

Fig. 63 : Richard Waller, Table des couleurs (« A Catalogue of Simple and Mixt Colours », *Philosophical Transactions of The Royal Society of London*, 1686).

française de Claudine Picardet (*Traité des caractères extérieurs des fossiles* de Werner, 1790) est bien documenté[24] : elle dresse une liste de 54 couleurs qu'elle classe en huit catégories principales (blanc, gris, noir, bleu, vert, jaune, rouge et marron) qu'elle complète à l'aide de mélanges (rouge carmin, noir-bleu, etc.) et décline en ajoutant le paramètre de la clarté, ce qui donne un total de 216 couleurs. On le voit, le modèle est bien celui du catalogue et non du système : il ne s'agit pas de rendre compte de l'organisation structurelle des couleurs, les couleurs principales ne sont pas des primaires mais des genres, déclinés en espèces comme dans le système linnéen[25]. D'où l'apparition de couleurs comme le gris et le marron. Mais si la couleur est bien, chez lui, l'outil classificatoire privilégié, sa figuration suit néanmoins le modèle encyclopédique sous forme de liste avec accolades **(fig. 64)** et ne comprend aucun échantillon qui permettrait de visualiser le lexique[26]. C'est l'artiste écossais Patrick Syme qui, au début du XIX^e^ siècle, en reprenant la nomenclature et en l'étendant aux végétaux, le donne à voir avec des échantillons de couleur[27].

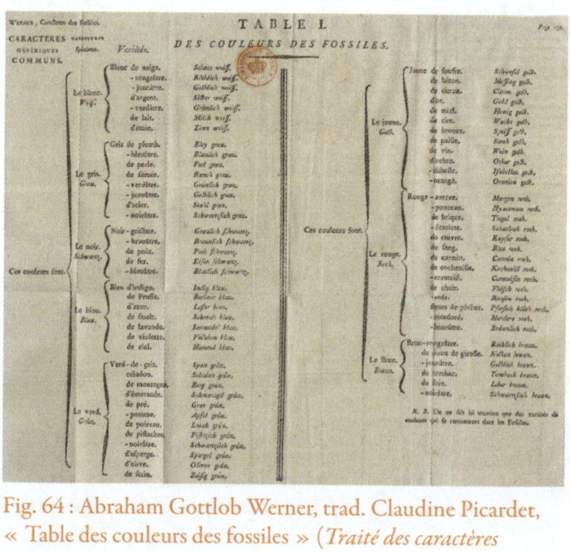


Fig. 64 : Abraham Gottlob Werner, trad. Claudine Picardet, « Table des couleurs des fossiles » (*Traité des caractères extérieurs des fossiles*, 1790, t. 1).

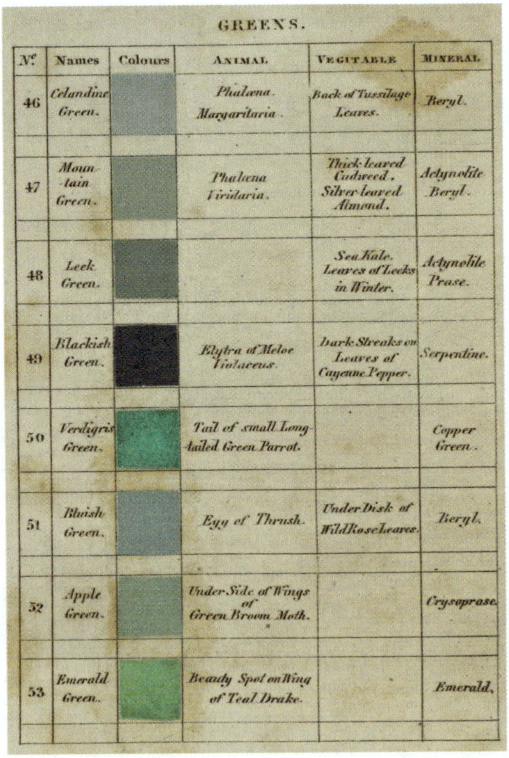

GREENS.

| Nº | Names | Colours | Animal | Vegetable | Mineral |
|---|---|---|---|---|---|
| 46 | Celandine Green. | | Phalæna. Margaritaria. | Back of Tussilage Leaves. | Beryl. |
| 47 | Moun-tain Green. | | Phalæna Viridaria. | Thick-leaved Cudweed. Silver-leaved Almond. | Actynolite Beryl. |
| 48 | Leek Green. | | | Sea Kale. Leaves of Leeks in Winter. | Actynolite Prase. |
| 49 | Blackish Green. | | Elytra of Meloe Violaceus. | Dark Streaks on Leaves of Cayenne Pepper. | Serpentine. |
| 50 | Verdigris Green. | | Tail of small Long-tailed Green Parrot. | | Copper Green. |
| 51 | Bluish Green. | | Egg of Thrush. | Under Disk of Wild Rose Leaves. | Beryl. |
| 52 | Apple Green. | | Under Side of Wings of Green Broom Moth. | | Crysoprase. |
| 53 | Emerald Green. | | Beauty Spot on Wing of Teal Drake. | | Emerald. |

Fig. 65 : Patrick Syme, les verts (*Werner's nomenclature of colours*, 1821).

Patrick Syme, Écossais, peintre de fleurs extrêmement renommé, auteur d'un traité de peinture en miniature, dessinateur pour deux sociétés savantes d'histoire naturelle, et étudiant en botanique et en entomologie, a de fait une double compétence en histoire naturelle et en art. Ainsi, tout en proposant un contenu scientifique décisif pour le futur référencement des couleurs par les naturalistes au XIXe siècle, il produit un livre « pratique », *portatif* comme l'on disait alors, de petit format, avec une mise en pages claire, logique, colorée. Chaque planche est composée de six colonnes correspondant à un numéro identifiant la couleur (110 en tout), à son nom, à un échantillon de peinture, puis aux noms d'un, parfois plusieurs, exemples d'animal, de végétal et de minéral **(fig. 65)**. En outre, la planche fait partie d'un dispositif de lecture : elle est accompagnée, le plus souvent en vis-à-vis, d'une description sommaire de la manière d'obtenir par le mélange de pigments chacune des 110 couleurs. Prenons la première planche des verts : le n° 50 « vert vert-de-gris » (*verdigris green*) a pour équivalent visuel, outre l'échantillon, la queue d'une petite perruche verte à longue-queue (*tail of small long-tailed green parrot*), le cuivre vert, et s'obtient par le mélange de vert émeraude, de beaucoup de bleu de Prusse et d'un peu de blanc[28].

Ce modèle tabulaire, ainsi, en faisant correspondre un lisible et un visible coloré, informe mais aussi forme un regard sur le monde. Il fabrique une manière d'appréhender l'univers naturel par sa couleur, à partir d'un monde de référence occidental à un moment précis de son histoire marqué par les progrès de la chimie mais aussi une désormais longue tradition de relations commerciales, scientifiques et coloniales avec les autres continents, particulièrement sensible dans le lexique employé pour nommer les couleurs et les exemples fournis d'espèces animales, végétales ou minérales : les verts ainsi réfèrent à la fois à la campagne anglaise (ou allemande lorsqu'il reprend Werner), vert poireau, pomme, herbacé, exemplifiés par des canards, des insectes ou des plantes communes (sarcelle, chou, noctuelle), et à l'univers aristocratique des marchandises importées, céladon, perruche, émeraude. Le bleu de Prusse, premier pigment synthétique (voir p. 62), apparaît en bonne place dans la nomenclature, soit comme coloris, soit comme pigment. Ce qui se présente, en effet, comme une réédition de la nomenclature de Werner (*Werner's Nomenclature of Colours*, 1814 et 1821) est bien une nomenclature *des couleurs* et non plus

Fig. 66 : A. Boogert, page de nuancier, 1692 (*Klaer lightende spiegel der verjkonst...*, Delft, ms, aquarelle et encre, pl. 26, Aix-en-Provence, Bibliothèque Méjanes).

seulement *des fossiles*. L'ouvrage comprend 13 planches représentant chacune une aire chromatique : les blancs, les gris, les noirs, les bleus, les mauves (*purples*), les verts, les jaunes, l'orangé, les rouges et les bruns. Trois couleurs nécessitent deux planches : les verts, les jaunes et les rouges. Notre perception de la nature est bien devenue celle-ci : un vert « écologique » sur le fond duquel se détachent des jaunes-rouges (voir p. 158). Rappelons que les études ethnologiques ont montré à quel point ce modèle n'est pas général et dépend de la catégorisation de la couleur. David Turton qui a étudié la langue des Mursi, peuple d'une région reculée du sud de l'Éthiopie, a constaté qu'elle n'avait pas de termes distincts pour le vert et le bleu, le violet ni le noir et qu'en revanche elle possédait une très large variété de termes pour les bruns car leur modèle était celui de la nature environnante et du bétail[29].

Si l'on peut bien sûr parler de nuancier pour Syme, il existe néanmoins un type « strict » de nuancier, ancêtre du Pantone si l'on veut, à vocation uniquement coloriste : le premier retrouvé est un manuel hollandais de préparation des peintures à l'eau destiné à colorier gravures et dessins. Ce nuancier de A. Boogert, peintre néerlandais inconnu, est achevé à Delft en 1692, entièrement aquarellé et reste jusqu'à la fin du XIX$^e$ siècle le plus foisonnant jamais établi avec plus de 732 pages et 5 045 nuances[30] **(fig. 66)**. Chaque planche comprend une ou plusieurs nuances, généralement trois, et est accompagnée d'un texte explicatif sur la manière d'obtenir la couleur. Au XVIII$^e$ siècle les nuanciers se multiplient alors à grande échelle, notamment ceux de ce type, destinés aux peintres ou encore à la tapisserie. Il existe un nuancier des couleurs (initialement appelé « tableau coloré ») employé à la manufacture des Gobelins, composé par Antoine Quémizet, teinturier novateur notamment par ses connaissances en chimie, embauché en 1773 par le responsable du nouvel atelier des teintures des Gobelins, Jacques Neilson. Le recueil, illustré par Louis Bonvallet autour de 1780, présente des images des échantillons de fils torsadés avec le pigment correspondant et des explications sur la manière d'obtenir les teintes **(fig. 67)**[31].

L'aboutissement de ce désir de catalogage des couleurs est sans doute le *Dictionnaire des couleurs* de Christian Friedrich Prange (*Farbenlexicon,* 1782), ouvrage encyclopédique de plus de 700 pages, comprenant à la fois une partie de traité où sont repris tous les systèmes depuis la Renaissance et un catalogue de 4 608 couleurs peintes à la main (48 planches de 6 colonnes, chacune divisée en 16). Il devient un ouvrage de référence mais d'une

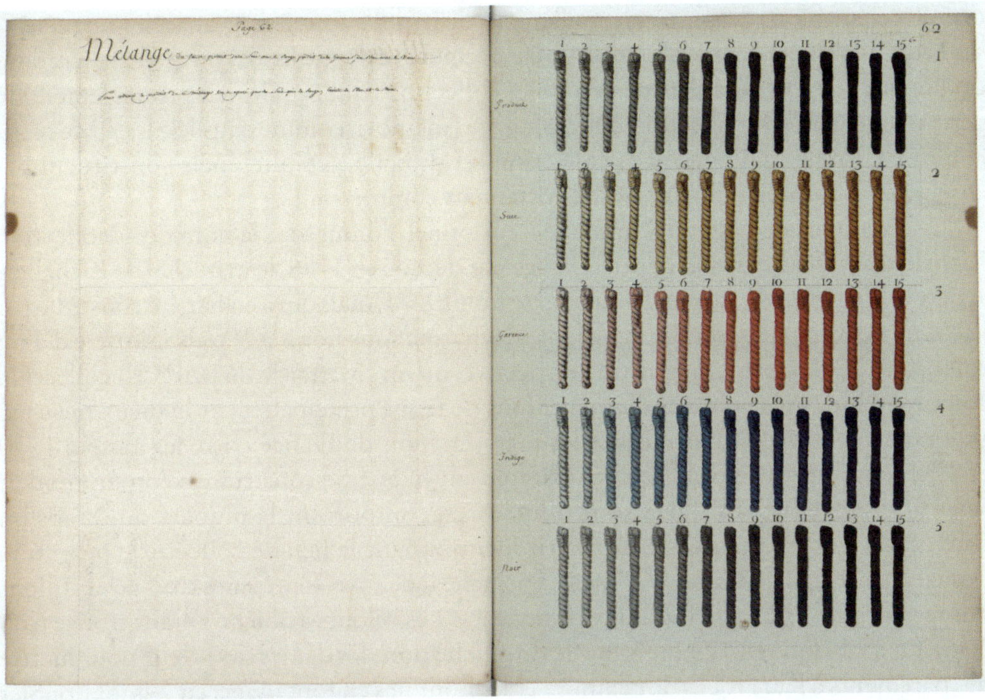

Fig. 67 : L. Bonvallet (grav.), *Nuancier de couleurs employées à la Manufacture des Gobelins,* 1780 (ill. en coul (enluminé) ; 68 cm, p. 62, BnF).

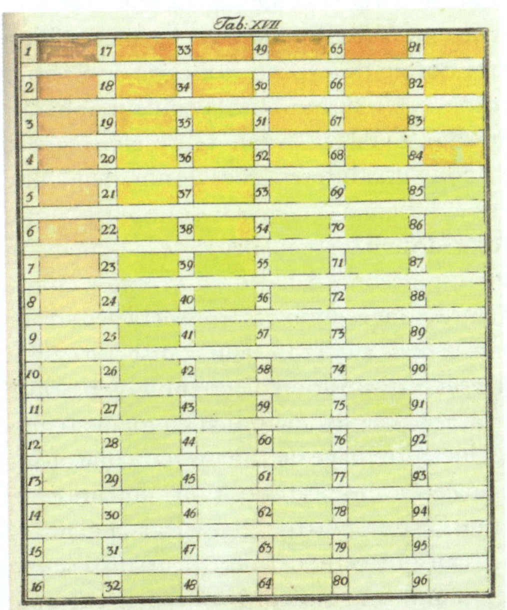


Fig. 68 : Christian Friedrich Prange, table de jaunes (*Farbenlexicon*, 1782, tab. xvii, Yale University Library).

diffusion quasi inexistante, restreinte à l'espace germanique et à une petite dizaine de riches souscripteurs étant donné son coût[32] **(fig. 68)**.

Enfin, à côté de ces nuanciers, se développe également la pratique de l'échantillonnage avec la constitution des catalogues de tissus par les praticiens, teinturiers, ou marchands, en relation avec l'essor des foires et des commis voyageurs : certains sont bien documentés comme ceux d'Antoine Janot, teinturier occitan, qui a laissé deux mémoires manuscrits (1744) avec des échantillons et des recettes (voir p. 97 et **fig. 20**), ou de Gio Batta Moccafy, marchand de draps piémontais, qui effectue en 1766-1767 un vaste voyage dans les manufactures textiles d'une large part de l'Europe et rapporte à son retour un ensemble de plus de 500 échantillons de tissu, essentiellement de laine[33]. Tous ne sont pas des nuanciers : selon qu'ils s'intéressent à la teinture exclusivement (celui de Janot) ou au tissu. Certains catalogues peuvent aussi être de véritables collections qui ne relèvent pas seulement du geste marchand de la collecte et du catalogage (même si, comme dans le cas de Moccafy, la limite entre le catalogue et la collection est difficile à établir) mais constituent des ensembles organisés à des fins non directement commerciales.

Un catalogue de tissus, document exceptionnel, connu sous le nom de « collection Richelieu » du nom de son dernier possesseur décédé en 1788, le maréchal de Richelieu, arrière-petit-neveu du cardinal ministre de Louis XIII, mais qui a en fait été constitué par le comte de Maurepas, secrétaire d'État à la marine sous Louis XV puis ministre d'État sous Louis XVI, mérite, dans cette perspective, qu'on s'y attarde un peu[34]. La collection comprend huit gros volumes d'échantillons de tissus principalement luxueux mais pas uniquement, collectés dans toutes les manufactures de France entre les années 1720 et 1740 et se présente comme une véritable encyclopédie construite selon un modèle scientifique : les échantillons sont numérotés, comportent la plupart du temps un titre et souvent un petit texte explicatif mentionnant le lieu de collecte, le prix voire l'usage. Ainsi la planche des « Pluches [peluches] de soye » présente trois échantillons numérotés de 61 à 63 suivis d'un petit texte : « Les velours à pluche s'étant trouvé trop épais, on a fabriqué en 1732 une étoffe de pluche dont les dames se servent pour mettre des parements à leurs robes de chambre et les hommes en font usage, en faisant doubler leurs vestes et justaucorps de cette étoffe. » **(fig. 69)**.

Inséré dans un ensemble de textes réunis sous le titre d'« Anecdotes de notre temps », le recueil a une visée de propagande politique : il fonctionne à la manière d'un lieu de mémoire et répond à la volonté de montrer l'excellence des manufactures textiles françaises dans un contexte de concurrence avec l'Angleterre. Ce n'est pas un nuancier, l'organisation de l'ensemble repose plutôt sur des types d'étoffes ou de matières (draps, taffetas, soie, laine, gaze, velours, coton, etc.), néanmoins la couleur apparaît comme la première sous-catégorie : un même morceau de tissu dans une même matière est représenté par plusieurs échantillons de couleurs différentes et donne lieu à une véritable composition de la page. La page des « rubans à la crème » dont « les dames se servent [...] pour mettre sur leurs coiffures » donne un bon aperçu de la dimension artistique de celle-ci : non seulement les rubans sont déclinés dans leurs différentes teintes, bleu, jaune, blanc, vert, rose, mais certaines teintes sont redoublées (rose et bleu), créant ainsi des couplages et des contrastes (bleu/rose, mais aussi rose/jaune, rose/vert). Les formes, en outre, varient (carrés ou rectangles) et la disposition d'ensemble, construite autour du blanc central, entre en résonance avec le cercle newtonien en même temps qu'elle produit une image florale **(fig. 70)**. Une autre page de rubans joue plutôt sur d'autres paramètres des couleurs : l'irisé, le camaïeu, avec une disposition tabulaire cette fois et une progression du petit au grand et de l'étroit au large **(fig. 71)**, à la manière de celle des pluches de soie déjà mentionné, sauf que cette dernière peut aussi se lire comme une réunion de couleurs primaires, jaune-rouge-bleu. Un dernier exemple donne une bonne illustration de composition chromatique extrêmement travaillée : la page des quatre échantillons 1186-1189, sans titre ni explication s'organise autour de

[Collection Richelieu] Fig. 69 (en haut à gauche) : « Pluches de soye », 1732 (n°61-63) ; fig. 70 (en haut à droite) : « Rubans à la crème », 1735 (n°147-153) ; fig. 71 (en bas à gauche) : « Ruban ressemblant à celui de la Régence », 1735 (n°139-142) et fig. 72 (en bas à droite) : échantillons de satins, 1736 (n°1186-1189) (*Échantillons d'étoffes et de rubans recueillis par le Maréchal de Richelieu*, BnF).

deux grands triangles rose et doré, séparés à l'oblique par une fine bande multicolore à motifs et à dominante blanche et grise avec des rappels de rose et de jaune, le tout souligné, en bas de la page par une autre fine bande, rayée cette fois-ci et graduée du gris pâle au rose vif en passant par des jaunes et des rosés (fig. 72). L'impression d'ensemble est celle d'une grande abstraction ; difficile alors de ne pas la mettre en relation avec le passage à l'abstraction qu'on trouve dans l'usage des couleurs dans la langue à la même époque (voir p. 123) – un « effet Rothko », pourrait-on dire, renforcé dans cette page en particulier par l'absence de tout titrage ou commentaire. Ce que révèle, enfin, du point de vue des couleurs, cette extraordinaire collection qui n'a pas été exposée à la lumière et a gardé intactes ses teintes, c'est la vivacité, presque fluo, de certaines d'entre elles comme celles des pluches.

## Palettes

Une dernière sorte de figuration des couleurs dont la critique, notamment de ces dernières décennies avec la réhabilitation de la culture matérielle et l'intérêt porté aux outils de l'artiste, a montré l'importance, est celle des palettes, de leur théorisation et représentation dans les tableaux. Il ne s'agit pas ici de revenir sur la multiplicité de leurs enjeux comme marqueur d'une identité voire d'une lignée, comme autoportrait du peintre, discours réflexif sur l'art de peindre ou encore synecdoque du tableau et il ne saurait, une nouvelle fois, s'agir de tout dire[35]. Ce qui nous intéresse dans la palette, c'est la façon dont elle tient un discours sur les couleurs en même temps qu'elle les représente.

L'histoire de la palette, de fait, mène de l'outil de l'artiste, l'objet lui-même, à la notion de « palette » pour exprimer la tonalité d'ensemble d'une peinture. L'essor de l'objet, comme petite surface portative, apparu vers le XVe siècle en Italie, avec le développement de la peinture à l'huile et la pratique du mélange des couleurs qui ne se fait guère avant, date, comme sa représentation dans les tableaux, de la fin du XVIe siècle et devient un sujet de débats au milieu du XVIIe.

L'organisation typique de la palette était alors la suivante : les couleurs étaient disposées, souvent en deux rangées parallèles, sur les bords avec une zone vide au centre qui servait surtout à la tempérance à l'huile, les mélanges étant souvent faits en amont et seulement éventuellement retravaillés. Le blanc avec les clairs (rouge, jaune) étaient placés près du pouce et les sombres (brun, bleu, noir) à l'extrémité opposée. Des palettes spécifiques pouvaient également être utilisées pour peindre certaines parties des tableaux.

Roger de Piles, en France, toujours lui (voir p. 50 et suiv.), est le premier à avoir donné une grande importance à l'objet et marque justement le passage de la palette comme outil à une palette tonale, conçue comme une gamme de couleurs (l'anglais, plus clair, distingue *color box* et *palette*). Dans ses *Premiers éléments de la peinture pratique*, publiés en 1684 avec la collaboration du peintre Jean-Baptiste Corneille qui en assure les illustrations, de Piles s'intéresse ainsi à la valeur tonale des couleurs et fournit deux images de palette. Il distingue huit couleurs qu'il appelle « capitales », les autres résultant du mélange de celles-ci. Il représente alors une première palette avec ces huit couleurs disposées selon

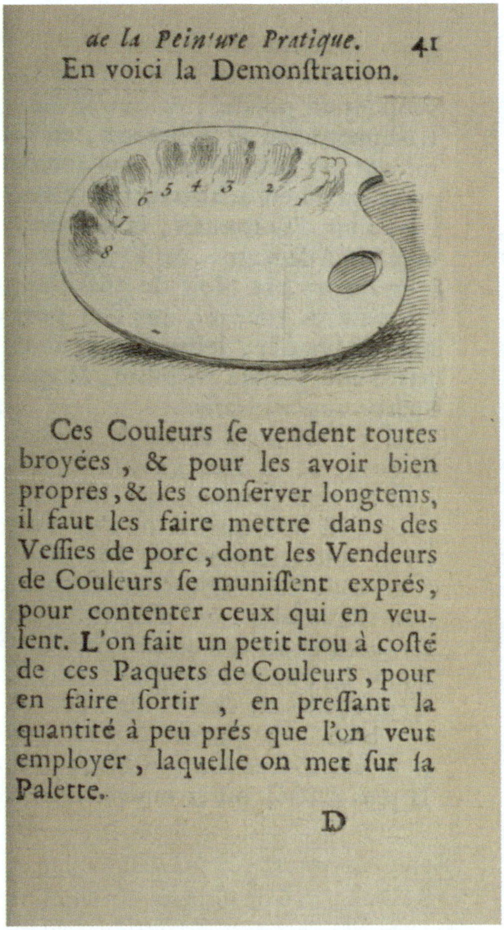
de la Peinture Pratique. 41

En voici la Demonſtration.

Ces Couleurs ſe vendent toutes broyées, & pour les avoir bien propres, & les conſerver longtems, il faut les faire mettre dans des Veſſies de porc, dont les Vendeurs de Couleurs ſe muniſſent exprés, pour contenter ceux qui en veulent. L'on fait un petit trou à coſté de ces Paquets de Couleurs, pour en faire ſortir, en preſſant la quantité à peu prés que l'on veut employer, laquelle on met ſur la Palette.

D

Fig. 73 : Roger de Piles, palette avec les couleurs capitales (*Les premiers éléments de la peinture*, 1684).

l'ordre qui suit, en partant du blanc du côté du trou pour le pouce jusqu'au noir à l'autre extrémité : blanc de plomb, ocre-jaune, brun-rouge, laque, stil de grain, terre verte, terre d'ombre, noir d'os ou de charbon **(fig. 73)**. Ce faisant, il fournit la séquence désormais conventionnelle de la palette. Pour l'organisation des autres couleurs, qui dépendent du sujet ou des parties du tableau, il prend alors l'exemple-type du rendu d'une carnation de tête.

Cette seconde palette est alors beaucoup plus complexe et répond à une double logique, scientifique et pratique : les couleurs capitales sont disposées en petits paquets sur une première rangée en haut avec une couleur supplémentaire, le noir de charbon qui peut se substituer au noir d'os si nécessaire ; les demi-teintes, obtenues par mélange au-dessous sur quatre rangs, toujours en partant du plus clair du côté du pouce jusqu'au plus sombre à l'autre bout, mais avec des aménagements pour faciliter la pratique du peintre. Les teintes signalées par des lettres se placent ainsi juste en dessous de la couleur capitale avec laquelle elles peuvent être employées : le vermillon, signalé par la lettre A se place ainsi en tête de la palette mais en petite quantité ; le massicot (jaune, B) sous l'ocre-jaune, la laque fine (rouge, C) sous la laque, l'outremer (bleu, D) sous la terre-verte. Viennent ensuite deux autres rangées, pour « les jours » au-dessus et les ombres au-dessous, et entre les deux, une couleur isolée, un jaune (E) parce qu'il est « plus commode de le prendre là avec le pinceau pour le mêler en peignant avec les teintes que l'on a préparées[36] » **(fig. 74)**.

Cette palette confirme alors la géométrisation (notamment avec la présence des lettres) et complexification croissante des autres figurations des couleurs dans le siècle : on peut en mesurer la différence avec le modèle canonique qui s'était progressivement constitué depuis le XVIe siècle avec sept pigments standard (blanc, jaune, rouge, un ou deux bruns, un ou deux bleus, noir charbon) répartis sur le bord de la palette, les clairs côté pouce, les sombres à l'autre extrémité et un large espace au centre pour les mélanges. Chez de Piles : aucun vide et un véritable « système » des couleurs incluant les valeurs tonales dérivées de trois primaires (jaune B, rouge

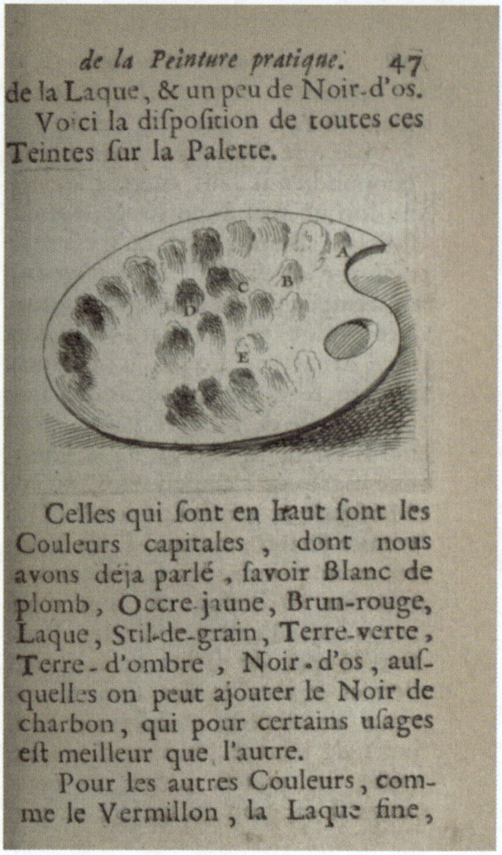

*de la Peinture pratique.* 47

de la Laque, & un peu de Noir-d'os.

Voici la diſpoſition de toutes ces Teintes ſur la Palette.

Celles qui ſont en haut ſont les Couleurs capitales, dont nous avons déja parlé, ſavoir Blanc de plomb, Occre-jaune, Brun-rouge, Laque, Stil-de-grain, Terre-verte, Terre-d'ombre, Noir-d'os, auſquelles on peut ajouter le Noir de charbon, qui pour certains uſages eſt meilleur que l'autre.

Pour les autres Couleurs, comme le Vermillon, la Laque fine,

Fig. 74 : Roger de Piles, palette avec toutes les teintes (*Les premiers éléments de la peinture*, 1684).

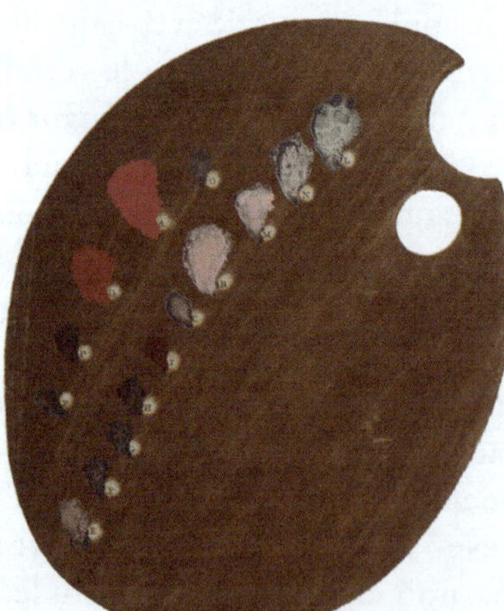

Fig. 75 : Jacob Christoph Le Blon, palette des couleurs (version « vermillon ») (*Coloritto*, 1725, est., manière noire en coul., rehauts de gouache, burin ; 27,8 x 23 cm, BnF).

C, bleu D). Ces deux illustrations (la deuxième surtout) inaugurent alors la complexité de certaines palettes théoriques des Lumières parmi lesquelles on peut retenir celle qui est insérée par Jacob Christoph Le Blon dans son *Coloritto* (1725) **(fig. 75)** et celle de Jacques Fabien Gautier-Dagoty (1749) (voir p. 74 et suiv.), son élève, qui en découle. Les deux écrits, rappelons-le, sont destinées à la gravure en couleurs, inventée par l'un et perfectionnée par l'autre.

Le Blon prend comme de Piles pour modèle la carnation d'une tête de femme et propose deux palettes suivant la teinte désirée, l'une à base de vermillon pour la couleur principale, l'autre, « terre rouge ». Dans la palette « vermillon », la teinte principale est indiquée en A, sur la première rangée. Juste en dessous se trouve la « couleur de chair » (B), obtenue à partir du vermillon mêlé de blanc. Ce sont les deux plus gros « paquets » de peinture. En mêlant A et B avec un peu de noir, on obtient une demi-teinte ou demi-ombre (*mezzatinta* francisé en « mezzeteinte » dans le texte) idéale (C) et à partir de celle-ci, en ajoutant en proportions variables du noir, sont obtenues toutes les autres demi-teintes regroupées selon leur degré de clarté mais sans suivre pour autant un ordre linéaire : les deux vermillons clairs (« teinture réfléchie » D et « reflet » E) sont éloignés ; les trois degrés d'ombre se suivent (FGH) et sont placés sous les « deux fuyants dans l'ombre » (PP) et non à leur suite, etc. La disposition n'est d'ailleurs pas explicitée dans le texte et, on le voit, il n'y a que deux références de teintes (vermillon et couleur de chair) ; le blanc

Fg. 76 : Jacques-Fabien Gautier d'Agoty, *Système pratique des couleurs* (*Mercure de France*, juillet 1749, BnF).

et le noir nécessaires aux mélanges ne sont pas représentés : c'est bien une palette particulièrement restreinte – alors que de Piles utilisait aussi, pour peindre les carnations, des jaunes et des bleus – et sa représentation est particulièrement géométrisée, avec un alignement strict, des lettres, et un grand espace laissé on ne sait au juste pourquoi, étant donné que les différents mélanges sont déjà faits.

La palette insérée dans le *Système pratique des couleurs* de Gautier-Dagoty (fig. 76) prolonge et développe encore cette mathématisation. Sa palette expose de fait l'ensemble de son « système », non réduit à un modèle en particulier : les lettres majuscules simples représentent les quatre couleurs primaires dont il use séparément pour chaque planche gravée avant de les superposer, A noir (noir d'ivoire), B bleu (outremer ou bleu de Prusse), C jaune (ocre claire), D rouge (cinabre) avec une couleur supplémentaire E blanc qui est le « blanc du papier ». La richesse des différents mélanges se traduit alors par le nombre de lettres accolées : AC, mélange de noir et de jaune représente une ocre foncée (ocre de Rome), si on y ajoute du rouge, une ocre brûlée (ACD), du bleu, la « terre d'ombre » (ABCD). On obtient ainsi un système de 22 teintes savamment représentées dans la figure numérotée en forme de palette. Celle-ci est néanmoins loin d'être une équivalence visuelle de l'explication : elle est beaucoup plus complexe, elle suit à la fois une organisation horizontale et verticale, comme en témoigne notamment l'orientation des lettres, et la figuration déborde même l'espace de la palette avec un système non explicité de lettres minuscules, le tout théâtralisé sur un papier grisâtre où sont figurés les clous qui censément tiennent le dessin sur la page du livre. Répondant à des critères à la fois scientifiques et esthétiques, la planche produit alors l'image d'un monde coloré et même multicoloré qu'on peut d'une certaine façon comparer au système solaire figuré dans les *Entretiens sur la pluralité des mondes* de Fontenelle (fig. 7) : un système où des taches de couleur remplacent les planètes, une véritable toile mentale colorée.

Quant aux palettes représentées dans les tableaux eux-mêmes, elles suivent généralement l'organisation ancienne standardisée (les sept teintes du clair au foncé[37]) mais avec là encore une complication dans l'organisation et une multiplication des couleurs : les trois primaires qui se dégagent et font consensus au cours du siècle sont mises en valeur et généralement disposées en une deuxième rangée ou au centre de la palette ; le nombre de teintes dans la première rangée s'accroît et compte de plus en plus de nuances (plus de jaunes, de bruns, de bleus suivant les styles des uns et des autres ou le discours porté par la palette). Les palettes des différentes versions des *Attributs des arts*[38] ou des *Attributs du peintre* chez Chardin (fig. 77) sont ainsi disposées[39]. Celles des *Allégorie de la Peinture* de Carle van Loo (1752-53, musée des

Fig. 77 : Jean-Baptiste Siméon Chardin, *Les Attributs du peintre*, v. 1725 (huile sur toile, 50 x 86 cm, Princeton University Art Museum).

Beaux-Arts de San Francisco) ou de François Boucher (v. 1760, Saint-Pétersbourg, musée de l'Ermitage), comprennent une première rangée d'une dizaine de teintes et au centre la ou les couleurs rococo caractéristiques des carnations, le rose seul (van Loo) ou associé au bleu (Boucher). La palette représentée dans l'autoportrait, morceau de réception du peintre franco-néerlandais Philippe Henri Coclers van Wyck à l'académie de Marseille en 1778, est particulièrement intéressante par son originalité : la première rangée en bord de palette n'est composée que de bruns ou rouges-bruns et est complétée par deux voire trois autres rangées beaucoup plus courtes avec des teintes inédites comme le violet et le vert **(fig. 78)**. Plus complexe encore est la palette de la *Nature morte en trompe-l'œil* (1756) attribuée au peintre troyen Pierre Guillaume Cossard. Comprise dans un ensemble qui s'expose explicitement comme une anthologie (plus qu'une allégorie) flamande (avec une estampe flamande comme enseigne) des instruments et objets d'artistes et de loisir (pipe, jeu de cartes, livres, etc.), elle semble reproduire, presque comme une citation, la palette théorique de Gautier : il s'agit bien d'une palette tonale avec une multiplication de nuances, l'espace central est tout entier occupé, les mélanges sont faits au préalable, la disposition en une longue rangée sur l'un des bords extérieurs et plusieurs rangées plus courtes sur le reste de la palette, l'importance des bruns, le triangle dessiné par les trois primaires, bleu-jaune-rouge, tout évoque Gautier, y compris le nombre quasi identique – 23 teintes et même peut-être 22, comme chez Gautier, si l'on exclut la tache rouge

Fig. 78 : Philippe Henri Coclers, dit Van Wyck, *Autoportrait* [détail], 1778 (huile sur toile, 0,84 x 0,7, Marseille, musée des Beaux-Arts).

Fig. 79 : Pierre Guillaume Cossard, *Nature morte en trompe-l'œil*, 1756 (huile sur toile, 104 x 82 cm Strasbourg, musée des Beaux-Arts).

au-dessus du blanc sur le bord extérieur gauche, qui ne ressemble pas à un petit paquet épais de peinture comme les autres. **(fig. 79)**.

Enfin, il faut joindre à ces tableaux qui mettent en scène des palettes, une autre série de toiles où d'autres supports (tapisserie, étoffe, plumage, etc.) présentent aussi ce qu'on

Fig. 80 : Jean Raoux, *Diane au bain,* v. 1721 (huile sur toile, 0,797 x 0,642 cm, Montpellier, musée Fabre).

peut appeler un « effet palette ». Les trois primaires sont ainsi très souvent mises en valeur par leur juxtaposition dans les vêtements : les étoffes rouge, bleu et jaune de la sultane et du serviteur noir dans *Mademoiselle de Clermont en sultane* (1733, Londres, Wallace Collection) de Jean-Marc Nattier, participent d'une fabrique orientale mais aussi d'un discours coloriste[40]. Même juxtaposition de larges étoffes rouge-bleu-jaune chez Jean Raoux dans une *Diane au bain* (1721) **(fig. 80)** ou dans le *Portrait de l'abbé de Saint-Non* (1769) de Fragonard. La touche de Fragonard qui souligne le geste du peintre renforce encore cette réflexivité picturale relative à la couleur. On peut aussi penser aux trois pelotes de fils posées sur le métier à broder des *Deux sultanes faisant de la broderie* de Carle van Loo (1752). « L'effet palette » est alors d'autant plus fort que les formes utilisées (ronds, rectangle) géométrisent l'espace **(fig. 81)**[41].

Le XVIII^e siècle inaugure un nouveau regard porté sur les couleurs et ce nouveau regard colore le monde qui nous entoure.

Fg. 81 : Carle Van Loo, *Deux sultanes faisant de la broderie*, 1752 (huile sur toile, 120 x 127 cm, Saint-Pétersbourg, musée de l'Ermitage).

# 3
# Harmonies des couleurs et synesthésies

Enfin, si nous nous sommes intéressés à l'effet chromatique en essayant d'en cerner au plus près la spécificité, celui-ci vient rarement seul et s'éprouve souvent en même temps que les effets d'autres sensations : le terme même « d'harmonie » utilisé par les peintres pour décrire la juste disposition des ombres et des clairs et l'effet de « tout ensemble » qu'elle produit, est un mot de la musique. La distinction, qui commence au XVIII^e^ siècle, entre couleurs chaudes et froides, engage le toucher et sans doute également le goût. La jouissance chromatique, ainsi, se trouve combinée à d'autres plaisirs sensoriels : comment démêler dans le floral, qui fournit de très nombreux termes de couleur (rose, violette, jonquille, lilas), ce qui relève de la couleur ou de l'odeur ? Du goût ou du velouté du toucher dans la couleur « pêche » ou « abricot », dans le moiré et l'ondé ? Un promeneur est amené à croiser toutes sortes de fleurs et de plantes qui, par leurs couleurs « égayent le sein de la nature et la parfum[e]nt en même temps des plus douces odeurs[1] ». L'entrelacement des lexiques textile, végétal, animal, minéral, culinaire (la crème fouettée d'un Fragonard), etc., mobilisés pour nommer ou décrire les couleurs produit une polysensorialité.

Le philosophe Charles Bonnet, dans son *Essai analytique sur les facultés de l'âme* (1760) estime que chaque sens est séparé et a « sa mécanique, son action, sa fin ». Il ne saurait alors y avoir de rapport « entre une odeur et un son, entre une saveur et une couleur ». Néanmoins, précise-t-il, l'expérience, en nous apprenant à nous servir de deux ou plusieurs sens, produit « ce que l'on nomme association des idées[2] ». C'est cette « association » qui nous intéresse maintenant. Jusqu'à présent, en effet, nous avons parlé de la dominante chromatique : mais qu'en est-il lorsqu'il devient presque impossible de savoir quel effet domine ? Que se passe-t-il lorsqu'on éprouve plusieurs sensations à la fois ? Y a-t-il assemblage, polysensorialité – et dans ce cas, l'effet est-il harmonieux ou dissonant ? Y a-t-il correspondance, analogie, c'est-à-dire « synesthésie » au sens neuronal actuel d'une corrélation entre deux voire plusieurs sensations[3] ? Obtient-on une sensation mêlée ou une sensation *transformée* voire *augmentée* ? Et dans ce cas, l'augmentation est-elle une intensification, dans le cas des couleurs, une hyperchromatie, ou produit-elle une nouvelle sensation, éventuellement inconnue, indicible ? Ce sont aussi toutes ces questions que posent et explorent les Lumières.

## Des tons et des sons

Par le biais de la notion de « gamme » – une gradation régulière –, puis de « mode » (ensemble ordonné d'intervalles musicaux), le son et la couleur ont été associés depuis l'Antiquité, de même que leurs arts correspondants, musique et peinture[4]. L'idée d'une quantification possible et par là d'une mathématisation avec des lois de proportions est courante chez les Grecs. Sons et tons relèvent tous deux d'une science des nombres. Dans « De la Sensation et des sensibles » (*De Sensu*), Aristote met ainsi en rapport gammes diatoniques et des couleurs[5], harmonies des couleurs et accords musicaux :

> Et l'on peut supposer que les couleurs s'agencent de la même manière que les accords musicaux. En effet, ce sont les couleurs qui s'expriment numériquement de la manière la plus simple (comme c'est le cas des accords musicaux) qui apparaissent comme les plus agréables de toutes, comme le pourpre, le rouge écarlate et quelques rares couleurs de même type (elles sont rares en vertu de la même cause qui explique le petit nombre des accords musicaux)[6].

L'idée d'une proportionnalité des couleurs parcourt ainsi tout le Moyen Âge et la Renaissance et se retrouve jusque dans la conception pourtant novatrice de François d'Aguilon (1613), considéré, on l'a vu, comme l'un des « précurseurs » de la distinction entre couleurs primaires et secondaires : son diagramme **(fig. 2)** emprunte à la figure géométrique qu'utilise Gioseffo Zarlino, compositeur et théoricien de la musique italienne, initiateur de la conception moderne des modes musicaux, majeur et mineur, pour exprimer les proportions harmoniques[7]. Zarlino est d'ailleurs également sollicité, via cette théorie, en peinture. Dans ses *Istitutioni harmoniche* (1558), il reprend en effet l'antique distinction des modes, la revisite et met en relation ceux-ci avec des affects (*affetti*). C'est cette théorie que transpose à la peinture Nicolas Poussin dans une lettre restée célèbre à son ami et commanditaire Paul Fréart de Chantelou (24 novembre 1647)[8]. À la suite de Zarlino, il détermine pour chacun des cinq modes musicaux de la Grèce antique (lydien, hypolydien, phrygien, dorique, ionique), un style et un effet propres : le mode phrygien est véhément, furieux, et produit l'étonnement, le mode lydien est grave et produit un effet pathétique, l'hypolydien est doux et produit de la joie, etc. Cette théorie musico-picturale trouve alors un grand écho dans l'Académie royale de peinture et de sculpture[9] et la métaphore musicale est ensuite réactivée avec la conception coloriste, avancée par de Piles, du « tout ensemble » : l'harmonie des couleurs d'un tableau crée une unité qui doit pouvoir s'apprécier en un seul « coup d'œil ». Tout le développement sur l'art du coloris que livre Antoine Coypel lors d'une conférence à l'Académie en 1713 repose sur une comparaison étroite avec la musique :

> Plus il entre de parties différentes dans un chœur de musique, plus l'harmonie en est parfaite. Plus il entre de tons de couleurs variées dans la machine d'un tableau, plus il devient harmonieux. Si chaque partie qui compose un chœur de musique chante bien, l'harmonie du tout ensemble augmente infiniment. Plus les parties qui composent un tableau sont belles et recherchées, plus le tout ensemble devient parfait.

Coypel entre même dans le détail des accords harmonieux ou dissonants :

> En peinture comme en musique, un ton en demande toujours un autre. Les yeux ne sauraient regarder sans peine un bel azur auprès d'un âpre vermillon, et l'on ne se doit servir de ces extrémités contraires que comme les grands musiciens se servent de dissonances ou fausses relations, que l'on souffre en musique pour faire goûter plus agréablement la douceur des accords parfaits[10].

S'il est, certes, difficile de savoir si l'on est alors en présence d'une métaphore ou d'un véritable système analogique, on peut retenir néanmoins que, du point de vue des effets, la sensation chromatique s'appréhende à l'aide de la sensation musicale : dans le texte de Coypel, pourtant, elles ne se confondent pas tout à fait. Là où elles sont confondues, c'est dans leurs fins avec la notion d'harmonie qui dépasse de beaucoup le seul champ de la musique, l'harmonieux arrangement du monde supposant la correspondance de tous les sens. Même si le substrat théologique de la conception, encore essentielle chez Poussin, s'atténue, se transforme ou même disparaît avec les Lumières (pas avec toutes, loin de là, pas chez Castel, Pluche ni Bernardin de Saint-Pierre par exemple) et que la nature prend la place de l'ancien divin (le *deus sive natura* de Spinoza), la correspondance entre sensation chromatique et musicale reste largement tributaire d'une vision globale du monde. En ce sens, la question de l'appréciation du caractère métaphorique ou non de la corrélation a finalement assez peu d'importance. Il existe néanmoins des systèmes explicitement analogiques élaborés vers le milieu du XVIIe siècle et bien connus des auteurs des Lumières.

Le médecin et philosophe français Marin Cureau de La Chambre établit ainsi en 1650 dans ses *Nouvelles observations et conjectures sur l'iris* un système de correspondances entre sons et couleurs fondée sur l'idée justement de convenance (harmonie) et disconvenance (dissonance) : certaines couleurs juxtaposées « blessent la vue », il faut donc rechercher quelles associations produisent un effet agréable. Pour cela, l'auteur emprunte à la théorie musicale de son temps : la plus agréable harmonie est l'octave, puis la double octave, la quinte, la douzième, la quarte et enfin la onzième « qui est la moins agréable de toutes[11] ». Dans ce système, par exemple, le blanc, le vert et le noir ne font dissonance avec aucune couleur ; le jaune fait dissonance avec le pourpre et le rouge mais fait une octave avec le bleu, avec le vert une quinte, une douzième avec le noir et une quarte avec le blanc. Un diagramme intitulé « Harmonies des couleurs » représente alors ces différentes relations et proportions **(fig. 82)**.

Cette conception qui n'a rien d'isolée et se retrouve chez plusieurs mathématiciens ou savants du XVIIe siècle, chez Marin Mersenne et Athanasius Kircher notamment (voir p. 23), est encore, on l'a vu, celle qui prévaut chez Newton et détermine son choix de sept couleurs en analogie avec les sept notes de la gamme musicale (voir p. 46). C'est dans ce contexte que le projet synesthésique d'un « clavecin des couleurs » a pris naissance.

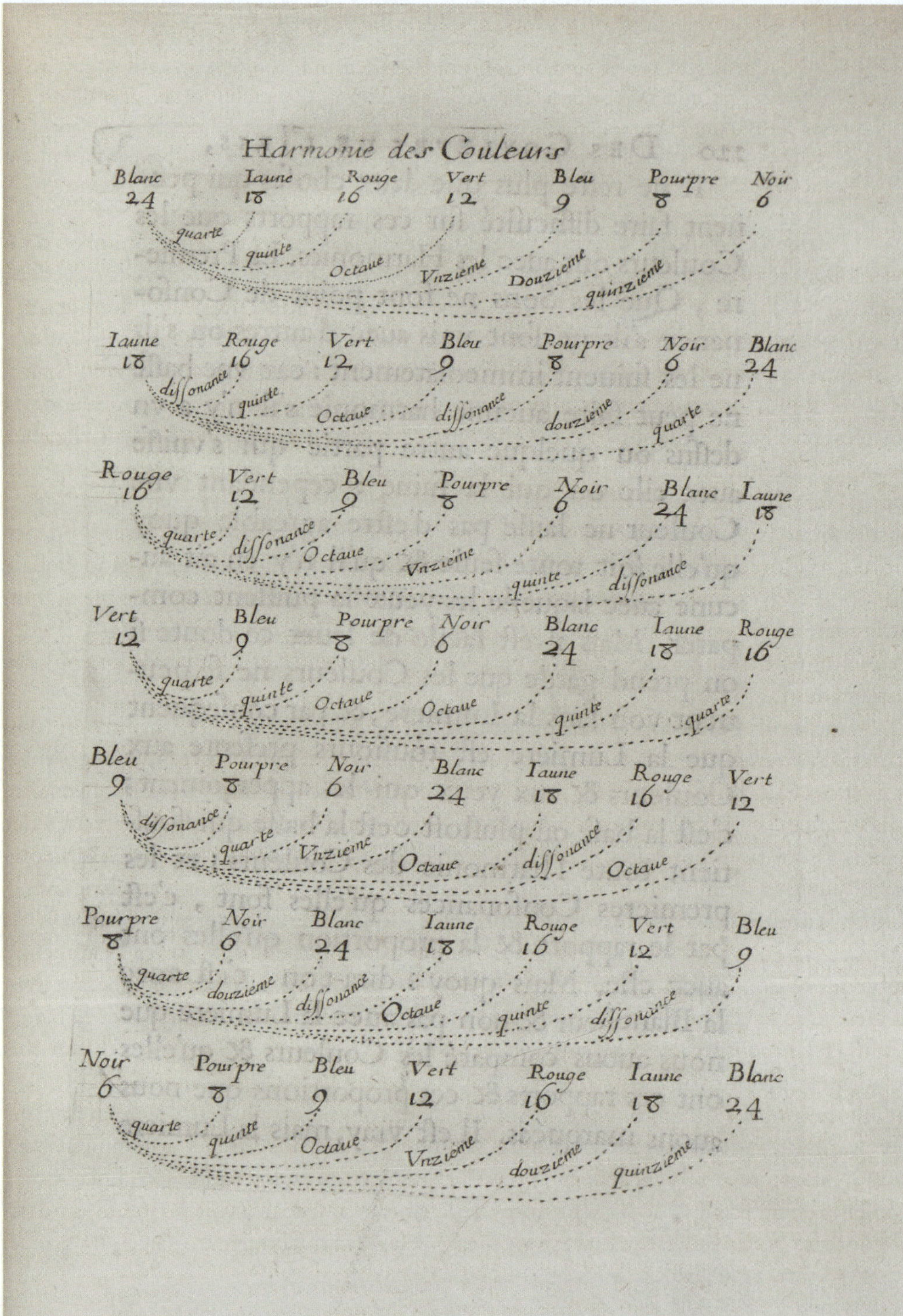


Fig. 82 : Marin Cureau de La Chambre, « Harmonie des couleurs » (*Nouvelles observations et conjectures sur l'iris*, éd. 1662).

## Le clavecin oculaire

Louis Bertrand Castel, que nous avons croisé à plusieurs reprises tant il est central pour l'analyse des couleurs (voir notamment p. 78 et suiv.), reprend dans son *Optique des couleurs* (1740) l'analogie établie par Newton et la commente de la sorte :

> M. Newton en mesurant l'espace qu'occupent les couleurs au nombre de sept qu'il a comptées dans l'arc-en-ciel, pouvant, s'il l'avait voulu, y en compter bien davantage, a trouvé des espaces relativement égaux à ceux des cordes qui sonnent les sons du système mineur de la musique, *la, si, ut, ré*, etc.
>
> Voilà toute l'analogie que ce grand géomètre a jamais trouvée entre les sons et les couleurs ; à quoi va cette analogie, et d'où vient-elle ? Je n'en sais rien[12].

Castel, quant à lui, entend établir un véritable système analogique qui déboucherait sur une « nouvelle musique chromatique[13] ». Le projet même est novateur, à la fois théorique et pratique, philosophique et artisanal, ce qui donne lieu à l'ambiguïté fondamentale de son invention d'un « clavecin oculaire[14] ». S'agit-il d'une construction imaginaire ou y a-t-il eu un véritable clavecin ? Diderot conclut l'article CLAVECIN OCULAIRE qu'il rédige pour l'*Encyclopédie* en 1753 par ces mots :

> On ne peut imaginer une pareille machine sans être très versé en Musique et en Optique ; on ne peut l'exécuter avec succès sans être un rare machiniste.
>
> Le célèbre P. Castel jésuite en est l'inventeur ; il l'annonça en 1725. La facture de cet instrument est si extraordinaire, qu'il n'y a que le public peu éclairé qui puisse se plaindre qu'il se fasse toujours et qu'il ne s'achève point[15].

Il s'agit, de fait, d'abord, d'un projet théorique. Par « nouvelle musique chromatique », il faut entendre l'établissement d'un système d'analogie entre sons et couleurs, exemplifié par une machine : un clavecin « pour les yeux » susceptible de produire des couleurs et non des sons, des couleurs qui se substitueraient à la musique, un clavecin « oculaire », pour la vue donc, et non « ordinaire », pour l'oreille. Il s'agit de « musicaliser » les couleurs[16]. L'invention du « clavecin oculaire » a donc d'abord le statut d'une expérience de pensée et l'instrument est une machine philosophique[17]. Mais l'exemplarisation du système s'incarne également dans la fabrication d'un clavecin réel et son histoire est donc double : d'une part on a une série d'écrits de Castel qui explique l'objet théorique et d'autre part, on a des témoignages de l'avancée d'un ou plusieurs prototypes. La difficulté provient du fait qu'on a peu de descriptions très détaillées de ce dernier, notamment sur la manière dont étaient produites les couleurs, que les témoignages sont rares et parfois divergents et qu'on n'a pas non plus de gravure excepté celle du *Livre de caricatures* (1740-1757) de Charles-Germain de Saint-Aubin, frère du célèbre peintre Gabriel-Jacques de Saint-Aubin, à la dimension explicitement burlesque puisque Castel y est présenté en soutane en train d'actionner à l'aide de la pédale du clavecin un énorme clystère **(fig. 83)**[18]. L'image néanmoins fournit une bonne indication sur la façon dont les contemporains qui avaient lu *sur* le clavecin ou entendu parler du clavecin, très commenté, sans l'avoir jamais vu[19], pouvaient se

Fig. 83 : Charles-Germain de Saint-Aubin, le clavecin du père Castel, v. 1755 (*Livre de Caricatures*, aquarelle, encre et crayon, 18,7 x 13,3 cm, Waddeston, National Trust).

représenter l'objet : un clavecin « ordinaire » avec des papiers colorés attachés à des leviers entraînés par les touches du clavier. Sur l'image, la suite de couleurs reprend par ailleurs à peu près l'analogie entre les sept sons et tons telle que la donne Castel dans ses écrits : aux sept notes de la gamme diatonique (ou majeure, ut, ré, mi, fa, sol, la, si) correspondent les sept couleurs prismatiques (bleu, vert, jaune, aurore, rouge, violet, turquin – bleu foncé). La palette de peintre, à terre, à côté de l'instrument de musique, établit bien la liaison entre les deux arts. Le clystère n'est pas non plus anodin : il appartient, certes, à l'arsenal satirique, mais il souligne aussi le lien qu'entretient l'objet avec le sensoriel y compris le bas sensoriel, l'esthétique et la sensorialité – même si la perspective de Castel est tout autre.

Concernant les écrits, la première description du clavecin de Castel paraît en 1725 dans le journal le *Mercure de France* sous le titre « Clavecin pour les yeux, avec l'art de peindre les sons et toutes sortes de pièces de musique[20] ». Elle est ensuite développée en 1735 dans une série d'articles adressés à Montesquieu et insérés dans le périodique les *Mémoires de Trévoux*, enfin elle revient encore dans l'*Optique des couleurs* (1740). À partir de cet ensemble de textes et malgré des variations et une évolution, on peut reconstituer les bases de son système.

Castel, donc, semble d'abord poursuivre l'analogie à peine ébauchée par Newton : aux douze sons de la gamme chromatique (les douze demi-tons) répondent les douze couleurs, proches de la liste des douze couleurs de base de notre système colorimétrique actuel (trois primaires, trois secondaires, six tertiaires) et pouvant être figurées sur un cercle :

Ut : bleu
Ut dièse : céladon
Re : vert gai
Re dièse : vert olive
Mi : jaune
Fa : aurore
Fa dièse : orangé
Sol : rouge
Sol dièse : cramoisi
La : violet
La dièse : violet bleu (ou agate)
Si : bleu d'iris (ou turquin)
Ut : bleu, etc.

La gamme se continue alors de même pour l'octave suivante à la seule différence que les teintes sont plus claires.

On reconnaît les primaires bleu/jaune/rouge ; les secondaires vert/orangé/violet. Les tertiaires ne suivent pas complètement « notre » classification et témoignent d'une approche graduée plus que systématique : céladon (bleu-vert), olive (vert-jaune), aurore (jaune-orangé), rien entre orangé et rouge, cramoisi (rouge foncé-violet), puis deux nuances entre violet et bleu au lieu d'une seule dans notre système actuel, agate (violet bleu) et turquin (bleu foncé). Il envisage alors de la même façon un « cercle des sons ». Les deux gammes de douze, tons et sons, sont fondées en nature pour Castel car elles correspondent à la limite de la perception humaine : perception visuelle pour les nuances de couleurs avant qu'elles ne deviennent indistinctes, perception auditive pour les demi-tons, seuil en dessous duquel l'oreille ne perçoit plus de modification.

On le voit, son projet est en fait tout autre que celui de Newton (rappelons qu'il fait partie des anti-newtoniens) et prolonge en fait plutôt les systèmes d'analogies des mathématiciens, Athanasius Kircher au premier chef qu'il cite d'ailleurs et qui propose dans sa *Musurgia universalis* (1650) plusieurs modèles d'orgues « scientifiques », un orgue « de la création du monde » ou, beaucoup plus dérangeant, un orgue « à chats », où sont encagés des chats vivants qui font de la musique avec le battement de leur queue. Castel s'inscrit en effet dans cette ancienne conception d'une harmonie universelle et s'intéresse aux analogies en tant justement qu'elles sont harmonieuses ou dissonantes. Il s'appuie également sur les récentes théories musicales définissant des sons harmoniques, celle de Zarlino reprise par le musicien Jean-Philippe Rameau dans *Traité de l'harmonie réduite à ses principes naturels* (1722), selon lesquelles il existerait trois sons « primaires » fondamentaux (la quinte – intervalle de cinq degrés, les tierces majeure et mineure) et trois consonances secondaires (la quarte et les sixtes mineure et majeure). Le « système » de Castel repose, de fait, sur l'idée qu'il existe une base ou une « basse » (Castel y voit la même étymologie) qui est celle de l'accord parfait (*ut, mi, sol*) qu'il met en rapport avec les trois primaires harmonieuses *bleu, rouge, jaune*[21]. Le bleu, couleur « céleste » et « tout harmonique », couleur divine, occupe alors un statut spécifique. Elle est la couleur par excellence, celle qui les réunit toutes et qui, associée aux deux autres primaires, compose une trinité explicitement inspirée de la religion catholique : « Comment le bleu donnerait-il le ton au rouge et au jaune et par leur moyen à toutes les couleurs, si ces couleurs n'avaient avec ce bleu des rapports secrets d'affinité, et comme de parenté et d'alliance, de paternité et de filiation »[22]. Son cercle de couleurs, ainsi, commence et finit par le bleu.

L'analogie a donc une direction et un enjeu : il s'agit de rendre visible l'harmonie céleste, foncièrement *synesthésique*. Le spectacle coloré traduit la musique du monde et ses correspondances secrètes.

Concernant l'objet réel, Castel aurait sollicité au moins deux fabricants d'instruments de musique ou menuisiers, d'abord un certain Rondet puis un certain Touronde et il semble qu'au moins un prototype ait été réalisé en 1734, modèle qu'aurait vu Montesquieu, ami de longue date de Castel qui est le précepteur de son fils Jean-Baptiste à Louis-le-Grand. Le musicien allemand Georg Philipp Telemann, de passage à Paris en 1737-1738, a donné une description d'un concert avec l'instrument :

> Comme la touche en pressant ou en tirant une targette, une pilore ou un talon ouvre une soupape pour opérer un son, de même le P. Castel s'est servi de cordons de soie, de fils d'archal, ou de languettes de bois, qui, étant tirées ou poussées par le derrière ou le devant de la touche, ouvrent un coffre de couleurs, un compartiment, ou une peinture, ou une lanterne éclairée en couleurs. De manière qu'au même instant que vous entendrez un son, vous voyez une couleur relative à ce son[23].

Enfin, en 1755, un autre (ou le même ?) prototype est achevé et le 18 décembre, Castel organise un concert pour une cinquantaine de personnes, dont Fontenelle qui désirait voir le clavecin avant de mourir (il a alors quatre-vingt-dix-huit ans !). L'objet reste ensuite exposé au public. La description la plus détaillée est donnée, plus de vingt ans plus tard, par un marchand-épicier, Mauclerc, dans son *Traité des couleurs et vernis* (1773) – ce qui confirme par ailleurs la portée largement trans-sectorielle de l'invention, loin de concerner uniquement les scientifiques et philosophes :

> Un buffet haut de huit pieds, dont la base avait environ trois pieds et demi de largeur et de profondeur sur la hauteur de trois pieds, contenait trois jeux d'orgue, un [pertevent] porte-vent masqué par un tableau couvert par un double clavier. Le haut du buffet, de même largeur, sur la profondeur d'environ deux pieds, était rempli d'éventails fermés, placés à distances suffisantes pour être tous ouverts sans se gêner les uns les autres. La même touche, qui tirait un son de l'orgue, ouvrait un éventail dont la couleur était analogue au son. D'abord, les éventails étaient d'une seule teinte, mais ils ont été ensuite historiés ; les uns représentaient des oiseaux sur des arbres ; d'autres, des paysages ; ceux-ci, des incendies, et ceux-là des tempêtes ; chacun portait une couleur dominante analogue au son ; le reste de l'éventail était en harmonie avec la couleur dominante et d'accord avec les accompagnements de l'orgue[24].

Il s'agit donc sans doute d'un autre prototype, les couleurs étant disposées en éventails et non dans un coffre ou dans une lanterne. Diderot, en 1748, dans son roman les *Bijoux indiscrets*, évoque d'ailleurs des « éventails ». On peut remarquer aussi que le clavecin matériel, à la différence du clavecin théorique, produit *à la fois* des sons et des couleurs. Il s'agit donc moins d'une analogie que d'un spectacle total polysensoriel. La musique n'est pas à proprement parler *oculaire*, la sensation chromatique ne remplace pas la musicale. Dans les deux prototypes réalisés, à chaque fois, les deux sens de l'ouïe et de la vue sont sollicités. L'objet réalisé, en ce sens, diffère du projet strictement analogique de Castel. Et c'est bien ce point de l'analogie qui est contesté par ses détracteurs, au premier chef desquels on trouve Rousseau : « J'ai vu ce fameux clavecin sur lequel on prétendait faire de la musique avec des couleurs ; c'était bien mal connaître les opérations de la nature de ne pas voir que l'effet des couleurs est dans leur permanence et celui des sons dans leur succession[25] ».

Edmé-Gilles Guyot, inventeur d'instruments scientifiques et de prestidigitation, consacre un chapitre de ses *Nouvelles récréations physiques et mathématiques* (1769), au clavecin de Castel et récuse l'idée de la substitution d'une sensation à l'autre :

> Il prétend qu'en faisant paraître successivement aux yeux ces couleurs, au lieu des sons qu'il suppose leur être analogues, et en observant que ce soit dans les intervalles de temps de même durée que ceux des notes d'un air, il s'ensuivra que l'âme recevra par la vue successive de toutes ces couleurs une sensation absolument semblable à celle qu'elle recevrait par les sons. [...] il s'en faut de beaucoup que ces différents changements et accords de couleurs fassent une impression telle qu'il se l'est imaginé ; [...] il n'y a aucune analogie sensible entre les couleurs et le son ; et [...] elle existe tout au plus dans le rapport de la durée des sons comparée à celui du temps que les couleurs restent devant les yeux[26].

Guyot propose alors la fabrication d'un dispositif concurrent, une sorte de boîte constituée d'un cylindre qui contient une lanterne et est percée de petites ouvertures dans lesquelles sont disposés des serpentins de papier qui apparaissent lorsqu'on tourne la manivelle actionnant le cylindre **(fig. 84)**. La petite machine, très simple, est donnée par son inventeur comme un équivalent portatif du clavecin. Mais il s'agit bien dans ce dernier cas, d'une « musique oculaire », comme l'intitule d'ailleurs son auteur, où la couleur *imite* et *exprime* le son et non l'accompagne :

> Lorsqu'on aura éclairé le dedans de ce cylindre, si l'on tourne la manivelle O, on fera alors passer au-devant de chaque ouverture faite au côté de la boîte et dans des intervalles de même durée que celles des notes de l'air qu'on s'est proposé d'imiter, toutes les couleurs qui leur sont analogues, et ce morceau de musique se trouvera en quelque sorte exprimé par l'effet des couleurs qui passeront successivement devant les yeux[27].

Mais l'expérience du clavecin oculaire de Castel, du moins de son prototype réalisé, n'est pas celle-ci. On n'est pas dans le cas d'une correspondance, d'un remplacement ou d'une redirection, mais dans celui d'une augmentation – la sensation chromatique s'augmente d'une sensation musicale. En termes de synesthésie, on n'est pas dans le cas relativement commun d'une « audition colorée » (le son produit des couleurs) ni dans celui de couleurs bruissantes ou musicales (les couleurs produisent des sons) que relate par exemple Théophile Gautier un siècle plus tard lors de prise de haschich : « Mon ouïe s'était prodigieusement développée : j'entendais le bruit des couleurs. Des sons verts, rouges, bleus, jaunes, m'arrivaient par ondes parfaitement distinctes[28]. »

Ainsi, s'il existe bien un clavecin réel, celui-ci ne rend compte que d'un aspect du projet de son auteur : il est bien un spectacle harmonieux, compatible avec une vision mystique, mais pas véritablement analogique. Et c'est ce dernier aspect, pourtant, qui enthousiasme les contemporains : ce qui fascine c'est la possibilité d'une telle machine, plus que la machine réalisée elle-même, forcément frustrante, décevante, limitée et finalement assez peu originale.

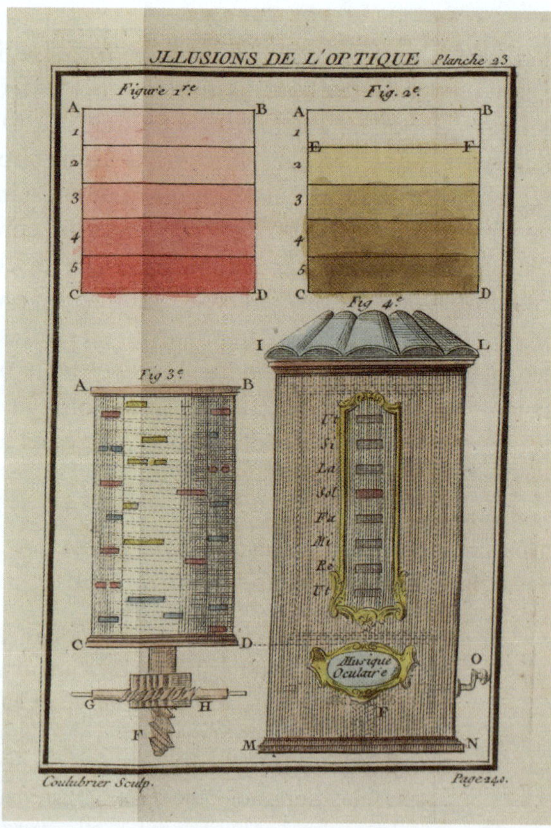


Fig. 84 : Edme-Gilles Guyot et Colubrier (grav.), « Musique oculaire » (*Nouvelles récréations*, 1770).

Les contemporains de Castel, Diderot en particulier, s'intéressent, en effet, à l'instrument dans une perspective matérialiste et non mystique. Par là, celui-ci quitte son statut de spectacle et devient une machine sensualiste qui permet de rendre compte non de la musique secrète du monde mais du fonctionnement caché du corps humain, conçu sur le modèle justement d'un « clavecin sensible », « vivant et résonnant » : « nos sens sont autant de touches qui sont pincées par la nature qui nous environne, et qui se pincent souvent elles-mêmes[29] ». Se succèdent et se superposent ainsi diverses sensations suscitées par les différentes impressions provoquées par l'environnement ou même les organes internes :

> Et voici, à mon jugement, tout ce qui se passe dans un clavecin organisé comme vous et moi. Il y a une impression qui a sa cause au-dedans ou au-dehors de l'instrument, une sensation qui naît de cette impression, une sensation qui dure ; car il est impossible d'imaginer qu'elle se fasse et qu'elle s'éteigne dans un instant indivisible ; une autre impression qui lui succède et qui a pareillement sa cause au-dedans ou au-dehors de l'animal ; une seconde sensation et des voix qui les désignent par des sons naturels ou conventionnels[30].

Diderot se saisit alors de l'instrument de Castel pour réfléchir à la manière dont les sens correspondent ou éventuellement se suppléent. Dans sa *Lettre sur les sourds et muets* (1751), il met ainsi en présence du clavecin un sourd et muet de naissance et étudie sa réaction :

> Vous connaissez au moins de réputation une machine singulière sur laquelle l'inventeur se proposait d'exécuter des sonates de couleurs. J'imaginai que, s'il y avait un être au monde qui dût prendre quelque plaisir à de la musique oculaire et qui pût en juger sans prévention, c'était un sourd et muet de naissance. Je conduisais donc le mien rue Saint-Jacques dans la maison où l'on voyait la machine aux couleurs. Ah ! Monsieur, vous ne devinerez jamais l'impression que cette machine fit sur lui, et moins encore les pensées qui lui vinrent[31].

D'abord, Diderot élimine l'idée de « musique colorée » : n'ayant aucune idée du son, le sourd et muet ne peut en effet pas ressentir les deux sensations en même temps ni *transposer* une sensation en une autre, il ne comprend pas même qu'il s'agit d'un instrument de musique. Il y voit en revanche un instrument de communication à l'usage des sourds et muets :

> Mon sourd s'imagina que ce génie inventeur était sourd et muet aussi ; que son clavecin lui servait à converser avec les autres hommes ; que chaque nuance avait sur le clavier la valeur d'une des lettres de l'alphabet, et qu'à l'aide des touches et de l'agilité des doigts, il combinait ces lettres, en formait des mots, des phrases, enfin tout un discours en couleurs[32].

L'expérience fait donc des couleurs un langage à part entière où les couleurs sont des signes qui produisent non des effets sensoriels (du moins pas directement) mais de la signification (qui, elle, peut entraîner des émotions). Si l'on est bien dans une sémiotique et une sémantique des couleurs, on n'est plus néanmoins dans un régime symbolique : la couleur en elle-même n'est porteuse d'aucune signification, c'est par convention (couplage arbitraire et fixe avec un signifié) qu'elle peut produire du sens.

Elle est abstraite et pensée en termes d'agencement. C'est aussi la première et seule mention que j'ai trouvée dans le siècle (mais on peut raisonnablement penser qu'il y en a d'autres) d'une correspondance entre lettres et couleurs. Certes, ce ne sont pas les lettres qui sont directement colorées, mais on s'approche néanmoins d'une synesthésie graphème-couleur (voir p. 7).

Diderot, par ailleurs, se saisit aussi de l'invention, de façon parodique et burlesque, comme le fait aussi, on l'a vu, dans les mêmes années Saint-Aubin, pour expérimenter d'autres correspondances. Il imagine, en effet, dans une fiction orientale, *Les Bijoux indiscrets* (1748), un usage détourné du clavecin : un groupe d'insulaires qui possède la machine mais en ignore l'usage « normal » s'en sert pour déterminer la couleur des vêtements à porter pour être à la mode.

> « Je veux aujourd'hui que ma fontange soit verte et or. Trouvez-moi le reste. » La plus jeune [femme de chambre] pressa les touches, et fit sortit un rayon blanc, un jaune, un cramoisi, un vert, d'une main, et de l'autre un bleu et un violet. « Ce n'est pas cela, dit la maîtresse d'un ton impatient ; adoucissez-moi ces nuances. » La femme de chambre toucha de nouveau, blanc, citron, bleu turc, ponceau, couleur de rose, aurore et noir. « Encore pis ! dit la maîtresse. Cela est à excéder. Faites le dessus. » La femme de chambre obéit ; et il en résulta : blanc, orangé, bleu pâle, couleur de chair, soufre et gris. « Si madame voulait faire attention, dit une des deux autres femmes, qu'avec son grand panier et ses petites mules... – Mais oui, cela pourrait aller... » Ensuite la dame passa dans un arrière-cabinet pour s'habiller dans cette modulation[33].

Derrière la satire, banale, de la mode, qui transforme les personnages en figures carnavalesques[34], les pages (il y a plusieurs essais de la machine) que consacre Diderot à cet usage détourné sont très intéressantes dans notre perspective. D'abord, elles développent l'un des plus extraordinaires lexiques chromatiques insérés dans une œuvre de fiction du siècle – et confirment donc l'esthétique coloriste de son auteur. Ensuite, elles font là encore des couleurs un langage, des signes organisés en discours – trois années seulement séparent le roman de la *Lettre sur les sourds et muets*. Elles suggèrent également une tactilité des couleurs par le biais des étoffes et de leur matérialité, velours, soie, drap, plumes, etc. Elles interrogent, de surcroît, le lien entre sensations et esthétique, sens et jugement de goût, et font des couleurs la pièce maîtresse de cette articulation. La machine est ainsi un instrument à stimuler des correspondances synesthésiques : de la vibration des cordes du clavecin naissent des sensations multiples et combinées, musicale, chromatique, haptique.

L'exploration des synesthésies touche en effet tous les sens. De la même façon qu'il existe un clavecin des couleurs, Algarotti, auteur d'un *Newtonianisme pour les dames* (1738) et qui, avant Diderot, avait aussi suggéré d'utiliser l'instrument pour décider de la toilette des dames, imagine sur le même modèle un « clavecin pour les ragoûts[35] », projet systématisé ensuite par l'invention d'un « orgue des saveurs » (1755) par un amateur de chimie, Polycarpe Poncelet[36] – les deux sans couleurs[37]. Néanmoins, la couleur n'est pas seulement associée à la musique, le ton au son. L'expérience de la sensation chromatique peut aussi être tactile, voire gustative ou olfactive.

## Couleurs, saveurs, odeurs, tact et émotions

Les contemporains des Lumières évoquent ainsi le « tact flou et séduisant des couleurs » ou « un cliquetis de couleurs âcres[38] ». Même si la limite n'est pas toujours aisée à tracer comme dans le « cliquetis de couleurs âcres », qui associe couleur, son, saveur et odeur, on peut néanmoins établir, en plus de la correspondance entre ton et son, trois autres grands ensembles de synesthésies : entre toucher et couleur, entre saveur-odeur et couleurs[39] et entre couleurs et émotions.

L'expérience esthétique coloriste des Lumières laisse, de fait, une grande place à la dimension haptique des couleurs : la couleur est texturée. C'est évidemment très net dans les catalogues d'échantillons de tissus ou dans le lexique des couleurs, riche de termes, on l'a vu, qui dénotent à la fois une nuance et une matière : damassé, chiné[40], « pluché », émaillé, flambé[41], jaspé, lamé, marbré, moiré, veiné, tabisé (de *tabis*, sorte de gros taffetas ondé), etc. La disposition du cabinet du grand collectionneur qu'est Jean de Jullienne répond à un souci d'harmonie générale qui s'appuie sur les deux sens du toucher et de la vue : le tout doit pouvoir s'apprécier d'un seul « coup d'œil flatteur » ; ainsi, ce qui préside au choix des porcelaines est à la fois la teinte, la nuance et le toucher – soit « réel » (on peut toucher les objets dans un cabinet de curiosités ou une collection), soit par l'intermédiaire de ce que Herder à la fin du siècle nomme « le toucher de l'œil[42] ». C'est là qu'on peut apprécier, en plus des pâtes colorées, le « tact flou et séduisant des couleurs » ou le grenu fin des porcelaines du Japon. Il y a une valeur sensuelle des objets qu'on peut alors « effleurer, caresser, manipuler », voire « entrechoquer pour en entendre le timbre[43] ».

Le lexique technique de la peinture comprend également plusieurs termes qui font appel au toucher comme « rompre » et « fondre ». Une couleur « rompue » (de même que la « fonte » des couleurs) est le terme technique qui correspond au sémantisme de la douceur, de la suavité, tendreté, légèreté, du moelleux : Diderot fustige « la couleur dure et non rompue[44] ». Antoine Coypel en 1719 parle des « nuances douces de couleur que l'on appelle rompues[45] ». Son fils Charles-Antoine juge, quant à lui, dans sa conférence de 1745 sur la « vie » précisément de son père, que dans la réalisation du plafond de la chapelle de Versailles, celui-ci « perdit cette suavité, ce goût moelleux, cette légèreté de pinceau qui, jusqu'alors, ne l'avaient point abandonné[46] ». Il faut noter en particulier l'extraordinaire promotion du « moelleux » au cours du XVIII^e siècle : un écrivain polygraphe, Neufville de Brunaubois-Montador, commente les portraits d'Aved et de Tocqué exposés au Salon de 1739, en s'exclamant « c'est une touche moelleuse ; c'est un coloris vivant[47] ». Un autre critique, anonyme, décrit un portrait de Mme Cousin par Robert Tournières, exposé au Salon de 1741 : « Sa robe est blanche et interrompue par une draperie d'un bleu plus moelleux et plus céleste que tout ce qu'on peut croire[48]. »

Mais ce n'est pas la seule épithète qui caractérise la dimension haptique de la couleur : on trouve aussi fréquemment « caressé » (« une couleur fondue et caressée[49] ») ou encore « fouetté », dans le registre culinaire (crème fouettée), et toute une déclinaison d'adjectifs en « – eux », outre moelleux donc, « vaporeux », « duveteux », « écumeux », « gracieux » qui expriment une matérialité[50]. Dans certains cas, comme le pastel, la teinte est même totalement éclipsée au profit du matériau tactile. Le même Neufville de Brunaubois-Montador, déjà mentionné, commente ainsi des pastels de La Tour :

> Rien n'est plus léger et plus gracieux que sa touche. On voit, on sent, on croit aller toucher tout ce qu'il peint. C'est du velours, c'est une pelisse, c'est de la gaze ; il n'est pas possible que ce ne soit qu'une imposture de couleurs[51].

Pris en mauvaise part, l'art du coloriste est d'ailleurs appelé, on l'a vu (p. 112-113), un « tartouillis[52] », terme qui évoque bien une texture : c'est ainsi que sont nommées les « chairs virtuoses » de Fragonard au « coloris neuf » dans les *Dialogues sur la peinture*, attribués à Antoine Renou, qui sont une critique du Salon de 1773 et qui évoquent le premier cycle des *Progrès de l'amour* peint pour le pavillon de Madame du Barry à Louveciennes. Le célèbre érudit « antiquaire » Raffaello Fabretti (1620-1700), ou quelqu'un de sa lignée, y converse avec un non moins célèbre marchand de tableaux à Paris, Pierre Remy (1715-1797) :

> M. Remi. Vous avez à Lussienne [Louveciennes] encore *le nec plus ultra*, pour *le heurté, le roulé, le bien fouetté*, le *Tartouillis*. Le voilà, le voilà le véritable *Tartouillis*.
>
> M. Fabretti. Le roulé, le bien fouetté, le *Tartouillis*, sont-ce des injures, Monsieur Remi, ou des éloges !
>
> M. Remi. Comment, vous vous moquez, je crois, c'est du divin Frag[onard] dont je vous parle, le pinceau le plus capital selon les chefs de notre peinture[53].

Enfin, même *a priori* non texturée, Diderot n'exclut pas la possibilité d'une essence tactile de la couleur, conçue non comme simple surface visible mais comme expérience chromatique totale qui la rendrait perceptible par exemple par quelqu'un qui n'aurait pas les mêmes dispositions visuelles que la norme, voire qui aurait un défaut de la vue, un aveugle : « On m'a parlé d'un aveugle qui connaissait au toucher quelle était la couleur des étoffes[54]. »

Le second type de synesthésie auquel convie l'expérience coloriste des Lumières est celle qui associe les couleurs, les saveurs et les odeurs. Le « tartouillis » et le « fouetté » de la touche coloriste de Fragonard relèvent également de l'art culinaire et l'auteur des *Dialogues* de 1773 mentionne aussi à d'autres occasions des « ragoûts de couleurs[55] ». Par ailleurs, la mode, à la fin du siècle, est aux liqueurs colorées[56]. Chez Tiphaigne de La Roche, grand inventeur d'objets scientifiques[57], le repas imaginaire du voyageur égaré dans l'île utopique de Giphantie (1765) est assaisonné de sels colorés qui déterminent le goût des aliments :

> Tout ce que je voyais à Giphantie était extraordinaire ; le repas auquel on m'invita ne le fut pas moins. Trente salières remplies de sels de différentes couleurs occupaient une partie de la table et formaient un cercle, au milieu duquel on avait placé un fruit assez semblable à nos melons. À côté était une carafe pleine d'eau, autour de laquelle d'autres salières formaient un cercle[58].

Melon et eau étant insipides, ce sont les sels qui leur donnent du goût. Il existe ainsi pour la nourriture, des sels de bécasse, de caille, de truite, d'orange, d'ananas, etc. Pour la boisson, des sels de différents vins, de Champagne, de liqueurs diverses (huile de Vénus, crème des Barbades). On peut mesurer l'écart avec le modèle que constitue, au siècle précédent, le voyage de Cyrano et son repas de fumées[59] : la propriété de la couleur est bien une qualité distinctive des Lumières. La correspondance entre saveurs et couleurs est d'ailleurs explicite : « je décompose actuellement les saveurs avec la même facilité que Newton décomposait les couleurs[60] », s'exclame le narrateur.

Un autre voyage imaginaire, interplanétaire, lui, écrit par Marie-Anne Robert (*Voyages de Milord Céton dans les sept planètes*, 1765) propose à nouveau un repas mêlant couleur et saveur, de façon plus saisissante encore :

> [...] la chère était délicate, servie en petits plats de tout ce qu'on avait pu trouver de plus nouveau : c'était des fricassées de Chérubins, accommodées au camaïeu, de petites tortu[r]es à la sauce bleue, des huîtres vertes à la giroflée, des hirondelles aux pistaches, des escargots aux roses, de sauterelles au gratin, et que sais-je encore[61] ?

Enfin, un dernier ensemble de synesthésies impliquant la couleur est celui de la corrélation établie par Goethe en particulier entre couleurs, température et émotions. L'analyse des couleurs qu'il mène, en effet, dans son *Traité des couleurs*, dépasse de loin la question de l'effet chromatique général, du plaisir ou dégoût des couleurs (voir p. 180 et suiv.), d'où sa place ici.

C'est à la suite du théoricien et peintre britannique Jonathan Richardson, à partir de 1715, que la distinction entre couleurs chaudes et froides apparaît dans le discours sur l'art. Dans son *Traité de la peinture et de la sculpture* (trad. fr. 1728), il évoque par exemple le « très beau coloris, mûr et chaud » d'un tableau du Guide, opposé à ses autres productions qui « penchent plutôt du côté du froid », ou ailleurs le « teint uni, brun et chaud[62] » d'une toile de Giorgione. Le couplage entre « mûr » et chaud oriente en outre la correspondance vers le sens du goût et de l'odorat et pas seulement du tact. La distinction du chaud et du froid vient relayer, de fait, l'opposition entre couleurs douces et « fières » (les bleus, les verts, les gris) et vigoureuses ou fortes (les jaunes et les rouges), que combine par exemple le peintre et théoricien Joshua Reynolds dans ses discours sur la peinture en 1787 :

> Il me paraît indispensable de bien prendre garde que les masses de lumière dans un tableau soient toujours d'un ton chaud et fier, soit qu'on emploie le jaune, le rouge ou le blanc-jaunâtre ; et que le bleu, le gris, ou le vert se trouvent presque entièrement tenus hors de ces masses, et ne soient employés que pour donner de la vigueur à ces couleurs chaudes, ou à les faire mieux sortir ; et une petite quantité de couleurs douces et fuyantes, suffit pour cet effet[63].

Mais l'opposition entre couleurs chaudes et froides ne relève justement pas seulement du toucher mais d'une appréhension sensorielle plus vaste (qu'on nomme désormais la thermoception), celle atmosphérique de l'air par exemple[64]. Cette nouvelle sensorialité, voire ce potentiel polysensoriel de la température, permet alors à Goethe de renouveler et d'asseoir sur des bases perceptives l'assimilation plus convenue des couleurs et des émotions exprimée par la distinction entre couleurs gaies et tristes. Il en décline alors tout un nuancier : le bleu, par exemple, « donne une impression de fraîcheur » ; le jaune a un effet « réchauffant » et procure ainsi à la fois « une impression de chaleur et de bien-être[65] ».

Dès lors, la liaison étroite, systématique et automatique qu'établit l'auteur dans son dernier chapitre intitulé « Effet Physico-Moral de la couleur » entre couleurs et émotions l'apparente à une forme de synesthésie, qu'on nomme « émotionnelle » où des couleurs ou des formes sont associées à des personnes et des humeurs[66] – même si, ici, la correspondance est donnée comme universelle et non « neuro-atypique ». Les impressions colorées, selon Goethe, exercent sur l'homme un effet émotionnel et moral spécifique[67]. La liaison va même plus loin : les couleurs ne se contentent pas de *produire* des émotions, elles y sont étroitement associées et vont jusqu'à se confondre avec elles. Lorsque l'œil est entièrement environné par une couleur spécifique, écrit Goethe, il s'identifie à elle et celle-ci « crée l'unisson entre elle, l'œil et l'esprit[68] ». Les couleurs, alors, se caractérisent par des humeurs qui leur sont propres : ainsi le jaune « possède un caractère de serein enjouement et de douce stimulation[69] ». La tonalité est *en elle-même* émotionnelle.

L'auteur définit alors deux « zones » ou pôles oppositionnels selon la proximité de la couleur avec l'ombre ou la lumière : le Plus comprend le jaune, l'orange et le rouge et incline vers « l'animation, la vivacité, l'effort » ; le Moins englobe le bleu, l'indigo et le violet et fait « naître un sentiment d'inquiétude, de douceur et de nostalgie[70] ». L'émotion portée par chaque couleur en particulier ainsi que par les nuances intermédiaires est ensuite précisée :

> Cette couleur [Le jaune] est, dans sa pureté et à l'état clair, agréable et égayante ; dans toute sa force elle a quelque chose d'enjoué et de noble ; par contre, elle est sensible à l'extrême et fait une impression très désagréable lorsqu'elle est salie ou incline quelque peu vers le Moins. Ainsi la couleur du soufre, qui tend vers le vert, a-t-elle quelque chose de désagréable[71].

Chaque couleur a ainsi son émotion propre mais peut, selon son degré de saturation ou de clarté, décliner tout un éventail d'autres sensations. Par ailleurs, l'œil ne se satisfait pas d'une seule couleur mais a besoin de la totalité du cercle chromatique : il tend ainsi à reconstituer cette totalité et pour cela est attiré par la tonalité qui lui est le plus opposée[72]. L'accord de ces deux couleurs crée alors une sorte d'équilibre harmonieux. Le cercle chromatique **(fig. 61)** basé sur six couleurs principales, constitue une synthèse visuelle des couples oppositionnels et des correspondances : le jaune « appelle » le violet, le bleu l'orange, le rouge/pourpre, le vert[73]. Aux différentes couleurs correspondent différentes zones réparties en deux anneaux, l'extérieur avec les grandes facultés (esprit, raison, imagination, sensualité), l'intérieur avec des émotions et des qualités (noble, beau, bon, utile, etc.).

Avec Goethe, se noue ainsi durablement non seulement une série d'interrogations nouvelles, caractéristiques d'un monde devenu un monde *de* et *en* couleurs, non seulement une réflexion sur la sensation chromatique et la façon dont elle s'éprouve et s'expérimente mais aussi un *sentiment* de la couleur.

# Conclusion

Le XVIIIe siècle nous fait entrer dans un monde de couleurs : parce qu'il les conçoit, les fabrique, commercialise, nomme, désire. « À la fin de l'Ancien Régime, du haut en bas de l'échelle sociale, on aspire à un cadre de vie plus coloré[1]. » Ces couleurs se déclinent en nuances, brillances, vivacités. Ces couleurs sont texturées, sensuelles, polysensorielles. Elles sont un nouveau mode d'appréhension du monde, de relation à l'espace et aux autres. Un mode situé, historiquement et géographiquement, qui reste encore majoritairement le nôtre – en liaison avec une technè, la mondialisation des échanges, la colonisation, les transformations de la société, du cadre de vie, de la place du sujet, etc., je l'ai amplement montré.

C'est en ce sens que les couleurs fondent une nouvelle épistémologie : l'expérience des couleurs, comme toute expérience dans la perspective sensualiste des Lumières, est connaissance. En ce sens, elle ne relève pas seulement de l'observation, ou alors elle relève d'une observation conçue comme une participation au monde qui nous entoure, un regard qui éprouve ; elle devient une forme de compréhension du monde, c'est-à-dire d'accès à une vérité. À propos de l'approche esthétique de Diderot, Paolo Quintili parle d'une « école du sentir et du voir ». La vision des couleurs, pour Diderot, permet la connaissance expérimentale du monde, son esthétique est une épistémologie[2] : « j'ai conçu la magie des lumières et des ombres ; j'ai connu la couleur ; j'ai acquis le sentiment de la chair[3] ». Le sentiment de la chair ou de « la chose même », donné par la maîtrise du coloris en peinture, est une forme d'accès à la nature même des choses : « Ô Chardin, ce n'est pas du blanc, du rouge, du noir que tu broies sur ta palette ; c'est la substance même des objets [...][4]. »

On voit alors le potentiel philosophique ouvert par de telles conceptions, combien cette nouvelle expérience des couleurs a partie liée avec une approche phénoménale qui conduit également le questionnement phénoménologique – sans pour autant bien entendu enrôler les Lumières dans des problématiques qui leur sont étrangères[5]. Avec Locke, la couleur, qualité seconde, n'est pas dans les corps mais est d'ordre phénoménal. C'est ainsi également que Goethe définit la couleur : « La couleur tient dans la série des phénomènes naturels primordiaux, une place éminente [...][6]. » Et Ludwig Wittgenstein, écrit, à la fin de sa vie (1951) : « Je puis fort bien comprendre qu'une théorie physique (comme celle de Newton) soit incapable de résoudre les problèmes qui animaient Goethe, même s'il ne les a pas non plus résolus lui-même[7]. » Dans cette perspective, la tâche du philosophe ne peut faire l'économie d'une description des couleurs expérimentées, la couleur n'existe qu'en relation, en référence, à un observateur. Je m'arrête là, je l'ai dit d'emblée, mon objet n'est pas de définir la couleur, comme propriété du monde par exemple, mais de montrer quand et comment elle a surgi, au croisement des domaines et des disciplines des savoirs, comme catégorie de représentation du monde, intégrée dans la langue, les images et les artefacts. C'est bien parce qu'il s'agit d'un changement épistémologique et pas seulement « culturel » (un nouveau regard porté sur le monde et pas seulement un changement d'activités humaines ou d'environnement) que de tels questionnements sont ouverts.

Reste alors à affronter deux questions que j'ai soigneusement évitées jusqu'à présent mais auxquelles il me paraît important d'apporter des éléments de réponse.

La première est celle de la « couleur » des Lumières. Un monde de couleurs, certes, mais lesquelles ? Laquelle ? Le XVIIIe siècle a-t-il une couleur « favorite », à laquelle on pourrait l'identifier ? Sans approfondir les problèmes méthodologiques inévitables liés à ce type de questionnement (sur quelles bases établir la préférence en l'absence de tout sondage possible ?), l'examen, volontairement *désectorisé*, auquel je me suis livrée m'amène à une conclusion assez différente de celle de Michel Pastoureau et de sa thèse sur le bleu, « couleur préférée des Français » et des occidentaux, depuis le XVIIIe siècle justement :

> Cependant, à partir du XVIIIe siècle, il en va différemment. Le recul très net des tons rouges dans le costume et dans la vie quotidienne – recul amorcé dès le XVIe siècle – laisse une large place au bleu, qui devient non seulement une des couleurs les plus présentes sur l'étoffe et le vêtement mais aussi, et surtout, la couleur préférée des populations européennes. Il l'est resté jusqu'à aujourd'hui, loin devant toutes autres[8].

Les enquêtes d'opinion menées depuis la Première Guerre mondiale, ont de fait confirmé cette primauté, une préférence désormais « plus intellectuelle ou symbolique que strictement matérielle » précise l'historien : en Europe occidentale et aux États-Unis, plus de la moitié des personnes sondées préfèrent le bleu, 20 % le vert, puis le blanc et le rouge (autour de 8 %)[9]. Outre la longue montée du bleu en concurrence avec le rouge depuis l'époque médiévale, l'historien explique cette préférence du XVIIIe siècle pour le bleu par l'emploi de deux nouveaux colorants, le bleu de Prusse et l'indigo américain colonial qui supplante le pastel européen beaucoup plus cher[10].

Je serai d'abord tentée de ne pas choisir : on l'a vu, le goût du XVIIIe siècle va à la bigarrure, au multicolore, aux reflets et chatoiements. Michel Pastoureau, comme la plupart des autres historiens des couleurs (Manlio Brusatin, John Gage), concède d'ailleurs, avant de mettre en avant le bleu, que le XVIIIe siècle est « clair et coloré, vif et bigarré[11] ». Néanmoins, on a bien croisé des couleurs privilégiées (préférées ?) : le rose, au premier chef, indice justement du basculement dans un monde coloré – en rose, donc, mais aussi le puce, circonscrit il est vrai aux deux dernières décennies du siècle, le bleu également et le vert. Surtout, on a bien croisé l'idée même d'une préférence en quelque sorte « gratuite », non symbolique, non emblématique, pas celle des lignées, blasons et livrées : le vert pour les héroïnes de Catherine d'Aulnoy, le rose pour le prince de Ligne qui surenchérit justement sur ses armes familiales en affichant *sa préférence*. Peut-on voir dans cette idée (nouvelle ?) d'une couleur *préférée* le signe d'une prise de conscience nouvelle de la sensation chromatique ?

S'il faut choisir, je pencherai donc plutôt pour le vert dont le goût ne viendrait qu'à la toute fin du siècle et surtout au XIX^e^ siècle d'après Michel Pastoureau : « Le siècle des Lumières est un grand siècle du bleu, pas du vert, tant s'en faut[12]. » Je reprendrai ici brièvement les arguments en faveur du vert que l'on a amplement croisé (voir p. 144-146 ; 158-159).

D'abord, le vert, dans la théorie newtonienne est la couleur médiane de la séquence chromatique de sept couleurs et comme telle, elle est unanimement reconnue au XVIII^e^ siècle comme la couleur du repos de l'œil et donc la plus « agréable » ; non pas nécessairement la plus belle mais la plus délassante, récréative, la plus « amie des yeux » :

> Verd. La couleur la plus variée, et la plus amie des yeux. Il n'y a pas deux plantes ni deux herbes qui aient la même nuance, et combien n'y en a-t-il pas de répandues sur la surface de la terre[13] !

La citation fournit le second argument : c'est la couleur de la nature ; l'engouement pour la campagne, le spectacle de la nature, le paysage (en peinture ; la « verdure », en tapisserie), le pastoral ou le champêtre (en littérature) est bien antérieur à la fin du XVIII^e^ siècle et à la sensibilité romantique[14]. À quoi on peut ajouter l'imaginaire de « l'éden vert » que seraient les tropiques avec ses perruches vertes comme marqueurs d'exotisme et sa politique environnementale (son « colonialisme vert »).

« L'endroit nommé jardin était un carré de trente à quarante pas, qui n'avait de délectable que *la couleur verte*[15] », écrit Casanova qui peut aussi, à l'occasion, instrumentaliser dans un finalisme providentiel la couleur culturelle (« politique » dit Bernardin de Saint-Pierre) des musulmans. Ainsi s'exprime un Turc : « Telle est la vue d'une vaste prairie toute couverte d'herbe. La couleur verte tant recommandée par notre divin prophète frappe ma vue, et dans ce moment je sens mon esprit nager dans un calme si délicieux qu'il me semble d'approcher l'auteur de la nature[16]. » L'article VERT de l'*Encyclopédie* de Diderot et d'Alembert, dans son éloge du vert, ne faisait d'ailleurs pas autre chose : « si la terre est recouverte de verdure, plutôt que de toute autre couleur, c'est pour reposer et réjouir l'œil[17] ».

On l'a vu, le *fond* vert, toujours dans cette perspective est aussi utilisé en muséographie[18] et même, si l'on en croit toujours l'article de l'*Encyclopédie*, on le retrouve dans l'atelier des peintres sous la forme d'un tapis vert suspendu près de la toile pour que les artistes puissent y jeter les yeux de temps en temps et « se délasser de la fatigue que leur cause la vivacité des couleurs[19] ». Le vert est d'ailleurs également très présent dans la décoration intérieure des foyers parisiens et londoniens[20].

Enfin, dans le domaine de la mode et dans le lexique qu'il fournit avec celui de la teinturerie, les verts sont d'une extrême variété (comme le dit la citation ci-dessus), beaucoup plus que les bleus[21] – ce qui n'indique pas, bien sûr, qu'ils soient plus portés, mais au moins qu'ils suscitent un intérêt esthétique par l'étendue de leur nuancier : céladon, « des céladons bruns nommés verts-canards[22] », olive, pistache, bouteille, campan, pré, prairie, herbe, perroquet, etc. Les « années puce » sont d'ailleurs également des « années vert pomme ».

La seconde question que je n'ai pas posée mais qui l'est implicitement, par le titre même de cet ouvrage, est celle de la liaison entre les Lumières philosophiques et la lumière-couleur. En d'autres termes : mon titre est-il autre chose qu'une (belle, j'espère) formule ? Sans entrer dans un débat historiographique long et inadéquat, j'ai utilisé, on l'a vu, tout au long de ce livre l'expression « les Lumières » comme un simple équivalent de « XVIIIe siècle », sans référence à une période plus fine (celle du « combat des Lumières », dans la 2nde moitié du siècle, celle de l'*Encyclopédie*), sans référence à des courants idéologiques (lumières radicales ou modérées) ni même à un socle de pensée plus ou moins consensuel autour de l'idée de la liberté de pensée, de la levée des préjugés, etc. – le « *Sapere aude* ! », « ose savoir », repris à Horace par Kant dans *Qu'est-ce que les Lumières ?* (1784).

Pourtant, sans nier mon attrait pour la formule, je conçois bien un lien entre la pensée des philosophes des Lumières et la question des couleurs : la métaphore de la lumière ou de la clarté dans les autres langues européennes (*Aufklärung* en allemand, *Enlightenment* en anglais) qui sert d'enseigne aux penseurs du XVIIIe siècle pour désigner la lutte contre l'obscurantisme et l'éveil de la raison débarrassée des préjugés[23], de la religion en particulier, construit un imaginaire coloriste. Le théoricien et critique d'art La Font de Saint-Yenne, au milieu du siècle, on l'a vu (voir p. 53), considère les tons clairs, les miroitements des « glaces », qui réfléchissent la lumière, les camaïeux, le rose, comme des marqueurs de rupture civilisationnelle entre le XVIIe siècle et le premier XVIIIe siècle, « rococo ». Il ne s'agit pas seulement de peinture : la défense de la peinture d'histoire à laquelle il se livre est le signe d'une décadence générale de l'esprit et des mœurs et de l'avènement d'une société mondaine, soumise à la mode : « Le Peintre Historien est le seul Peintre de l'âme, les autres ne peignent que pour les yeux[24]. » Le critique fait d'ailleurs, dans un autre texte (*L'Ombre du Grand Colbert*, 1752), l'éloge du Siècle de Louis XIV.

Enfin, le « Discours préliminaire » de l'*Encyclopédie* construit une fable d'origine de ceux que nous appelons les penseurs des Lumières et les inscrit dans une généalogie d'auteurs qui ont « éclairé » le monde parmi lesquels, au premier chef, Newton et Locke, dont on a vu l'importance décisive, l'un pour la physique de la lumière, l'autre pour la perception chromatique :

> Newton, à qui la route avait été préparée par Huygens, parut enfin, et donna à la philosophie une forme qu'elle semble devoir conserver. Ce grand génie vit qu'il était temps de bannir de la physique les conjectures et les hypothèses vagues, ou du moins de ne les donner que pour ce qu'elles valaient, et que cette science devait être uniquement soumise aux expériences et à la géométrie [...]. Ce que Newton n'avait osé, ou n'aurait peut-être pu faire, Locke l'entreprit et l'exécuta avec succès. On peut dire qu'il créa la Métaphysique à peu près comme Newton avait créé la physique[25].

En d'autres termes : les Lumières philosophiques, quand bien même elles ne se reconnaissent pas dans l'esthétique « rococo » du premier XVIIIe siècle, comme Diderot, sont coloristes, comme Diderot toujours, figure exemplaire du lien entre philosophie, esthétique et littérature. Une fois encore : la sensation chromatique qui façonne désormais l'univers des Lumières est indissociable d'une primauté donnée à la sensibilité qui prend la forme, entre autres, d'une philosophie « sensualiste », propre aux penseurs des Lumières.

Enfin, quant à ma synesthésie, évoquée en ouverture du présent ouvrage : Wittgenstein imagine un peuple de daltoniens qui n'auraient pas les mêmes concepts de couleurs que la norme (il dit « nous ») ou des individus qui auraient toute une série de dispositions différentes en ce qui concerne la vision des couleurs : « Ainsi des hommes différents pourraient avoir des concepts différents de la couleur ? – *Quelque peu* différents. Différents par un aspect ou par l'autre. Et cela altérerait leur compréhension mutuelle plus ou moins, *souvent presque pas*[26] ». Je vous en laisse juges.

# Annexe
# Petit lexique des mots de couleur du XVIII$^{e}$ siècle

Ce lexique, sélectif et non exhaustif, et qui n'est pas établi selon des catégories linguistiques, recense les noms, adjectifs, participes et verbes de couleur rencontrés dans les différents corpus, généraux et parfois spécialisés (dans les domaines de la teinturerie, de la mode et de la peinture pour l'essentiel) mais toujours couramment utilisés, de cet ouvrage. Il n'a d'autre visée que de rendre sensible l'élargissement de la palette et son entrée dans la langue. Il n'a donc pas pour but premier une définition ni une identification mais un usage : le mot est ainsi suivi de l'extrait du texte dans lequel il a été repéré et éventuellement, si la citation n'est pas suffisamment éclairante, d'une définition tirée d'un dictionnaire de l'époque.

Toujours dans la même perspective, le lexique principal recense le ton (la nuance) éventuellement avec des attributs de clarté ou de saturation mais uniquement lorsque ceux-ci ne sont pas interchangeables. Ne sont donc pas mentionnées toutes les constructions très nombreuses, qui fournissent des indications de clarté ou de saturation par ajout d'adverbes ou d'adjectifs et sont interchangeables : fort/fin, clair/foncé, vif/pâle, faible, terne, mat, plein, bien, gros/petit, sale, tendre, beau (c'est-à-dire vif, saturé). En conséquence, sont omis également dans le lexique secondaire les termes correspondants : éclaircir, obscurcir, clarté, ténèbres, etc. De même sont omises toutes les constructions associant des termes de couleur de base (gris-blanc, gris-bleu, bleu-noir, vert-noir, etc.).

Ce lexique principal est suivi d'un second (« Termes connexes : lexique autour de la couleur ») qui recense les principaux autres paramètres (texture, forme, agencement). La distinction n'est pas toujours évidente, certains termes évoquant à la fois un ton et une forme ou une texture. Par exemple, pour les termes qui indiquent un agencement des couleurs : si les couleurs changent d'un contexte à l'autre, ils ne sont pas considérés comme des termes de couleur (teinte) *stricto sensu*, mais si la teinte est fixe, ils sont classés dans le premier tableau. C'est la différence entre « truité » (parsemé de taches de rousseur, classé dans le premier lexique) et « tacheté » (classé dans le second).

Par ailleurs, la plupart des mots de couleurs pouvant se construire à l'aide du nom « couleur » + terme de couleur ou « couleur de » + terme de couleur ; seuls les termes de couleurs qui n'ont pas été identifiés en dehors de cette construction ont été recensés à l'entrée « couleur » : « couleur de suie » qu'on trouve aussi sous la forme non-construite « suie » apparaît donc à l'entrée « suie » ; tandis que « couleur pied de cheval d'Henri IV » qui n'est pas attesté sans le terme « couleur », aura une entrée distincte.

Ont été également réunies sous une même entrée toutes les différentes classes grammaticales d'une même nuance (dans l'ordre nom, adjectif, verbe, participe).

Enfin, ne sont retenus que les termes de couleurs rencontrés dans les bornes chronologiques larges de notre étude (1670-1800), sont exclus aussi bien les termes attestés en aval qu'en amont. La citation retenue est soit la plus ancienne rencontrée dans nos corpus, soit celle qui rend mieux compte de l'usage courant qu'en fait le XVIIIe siècle, soit parfois simplement celle qui nous a paru la plus belle. Parfois les trois.

*Les références des citations comportent le nom de l'ouvrage (liste des abréviations en fin de lexique) d'où elles sont extraites ainsi que l'année suivie éventuellement de la tomaison et systématiquement de la page. Nous avons exceptionnellement conservé l'orthographe de l'époque pour les termes de couleur.*

Enfin : l'établissement du lexique a bénéficié de l'aide de Corentin Robinet, l'un de mes anciens étudiants de master, qu'il en soit ici remercié.

## Lexique des termes de couleur

**Acier, s. m. :** « un coupon de satin gris boue de Paris ou d'acier » (IAD, 1787)

**Agathe, s. m. :** « ces couleurs sont le *bleu*, le *céladon*, le *verd*, l'*olive*, le *jaune*, l'*aurore*, l'*orangé*, le *rouge*, le *violet*, l'*agathe* et le *violant* » (OdC, 1740, 476)

**Aile de corbeau : voir Corbeau**

**Alezan, s. m. (voir égal. Aubert) :** « Il y en avait de Frise, qui sont plus hauts & plus longs que les chevaux ordinaires, d'allezan, de gris de souris, de gris pommelé, bay, & plusieurs autres sortes » (MG, 8/1698, 278) ; **Alezan, ane, adj. [déf.] :** « de couleur fauve, tirant sur le roux. Il ne se dit qu'en parlant de chevaux » (Académie, 1762)

**Amarante, adj. / couleur d'Amarante (voir égal. Céladon) :** « une robe de satin amarante doublée de bleu » (AUL 1, 1697, 155). **/ Amarante, s. f. [déf.] :** « fleur d'un rouge très vif » (Richelet, 1680)

**Ambré : voir Jaune ambré**

**Ardoise, s. m. (voir égal. Bleu d'Ardoise, Gris d'Ardoise et Belette) :** « L'ardoise et le gris de rat sont, à proprement parler, la même couleur dans des nuances différentes ; celle-là doit être foncée, celle-ci claire » (NT, 1799, 122)

**Argent, s. m. :** « un large ruban jaune à paillettes d'argent » (MdMN, 30/7/1788, 206) **/ Argent [déf.] :** « se dit quelquefois de la couleur blanche et éclatante » (Furetière, 1690)

**Argentin, argentine, adj. :** « Monsignor Fabretti. – C'est une excellente chose : choix de site, ciel frais et brillant, finesse de ton dans les lointains, touche des arbres, transparence et légèreté des eaux, couleur argentine, tout est intéressant par la fraîcheur des tons » (Renou, 1773, 37) **/ Argentin, adj. [déf.] :** « blanc, de couleur d'argent, clair » (Richelet, 1680).

**Aubère, s. m. et adj. :** « Selon cette méthode, les couleurs simples [des chevaux] sont, le blanc, l'isabel, l'alzan, le bai et le noir, les couleurs composées sont : le gris, le louvet, le rouan et le rubican ; enfin les couleurs extraordinaires sont le tigre, la pie, la porcelaine et l'aubert ou fleur de pêcher » (BUFF, 1753, 270) **/ Auber [déf.] :** « poil de cheval qui approche de la couleur de la fleur de pêcher » (Richelet, 1680)

**Aurore, s. m. et adj. (voir égal. Agathe, Couleur de Prince et Jaune d'œuf) :** « le grand casque [un mollusque], dont les couleurs sont aurore ; le casque blanc truité » (VIF, 1773, 579) ; « l'aurore brun n'est pas aurore, il est café » (OdC, 43)

**Aviné, e, part. et adj. : voir Améthyste**

**Azur, s. m. / Azuré, e, part. et adj. :** « Bleu qui retrace la sérénité du ciel » (CAR, 1768, 1, 19) ; [un rayon] azur » (BI, 1748, 62) ; « flots azurés de safran et de pourpre » (EN, 1784, 462) ; L'éclat de ses [le geai] couleurs azurées » (VS, 1756, 62) **/ Azur [déf...] :** « Bleu. Couleur bleue » (Richelet, 1680)

**Bai, s. m. et adj. (voir égal. Alezan et Aubère) :** « Il y en avait de Frise, qui sont plus hauts & plus longs que les chevaux ordinaires, d'allezan, de gris de souris, de gris pommelé, bay, & plusieurs autres sortes » (MG, 8/1698, 278)

**Bariolé, e, part. et adj. / Barioler, v. :** « une multitude d'individus bariolés » [les jours de fêtes aux Tuileries à Paris] (PM, 40) **/ Barioler [déf...] :** « Peindre de diverses couleurs mises sans règle » (Académie, 1740)

**Basané, e, part. et adj. :** « la couleur basanée de leur peau » (EN, 1784, 468) **/ Basané [déf.] :** « qui a le teint noirâtre » (Académie, 1798)

**Belette, s. m. et adj. / Belette à rat (voir égal. Rat) :** « Des couleurs composées. Des ardoises, gris de rat et belettes » (NT, 1799, 111) ; « toutes les couleurs d'ardoise, de rat et belette à rat » (NT, 1799, 127)

**Bergère (vive), s. m. et adj. (voir égal. Cuisse de nymphe) :** « les [satins brochés et peints] les plus à la mode sont couleur de soupir étouffé : les verd de pomme rayé de blanc, ont aussi un grand succès : on les nomme *vive bergère* » (JPL, 1er juillet 1776, 304)

**Beurre frais, s. m. et adj. :** « un coupon gros de Naples beurre frais » (IAD, 1787)

**Bistre, s. m. et adj. :** « Elles sont imprimées sur papier de grand colombier en couleur bistre ou en noir » (JP, 1er avril 1779, p. 365)

**BLANC, Blanche, s. m. et adj. / Blancheur, s. f. / Blanchâtre, adj. / Blanchir, v. :** « une palatine blanche » (BI, 1748, 62) ; les nègres peignent le diable d'une blancheur éblouissante » (LP, 1721, LIX, 211) ; une lymphe blanchâtre et visqueuse » (MG, 1/1700, 121) ; [elles] se blanchissent les cheveux à force de les laver. » (MG, 1/1700, 223)

**Blanc de candie :** « Elles [dames] doivent surtout donner la préférence à celles [préparations] qui sont tirées des végétaux et des animaux ; tel est le carmin, que donne la cochenille, le blanc de candie, fait avec les coquilles d'œufs. » (LFST, 2/1777, 39)

**Blanc de craie :** « mais un blanc pur, un blanc de craie tel que celui dont nos peintres enluminent les figures de fantômes » (EN, 1784, 467).

**Blanc de faïence :** « l'œuf, d'un blanc de faïence » (VIF, 1773, 580)

**Blanc de lait :** « Dont le teint frais & délicat/Brilloit d'un blanc de lait & d'un doux incarnat » (MG, 9/1691, 139)

**Blanc de lin :** « une coiffe blanche de lin » (MG, 2/1684, 209)

**Blanc de suif :** « [pierre] d'un blanc de suif fort sale » (PF, 1801, 248)

**Blanc laiteux :** « L'huile de Tartre faite par défaillance y a produit un blanc laiteux » (MG, 1/1707, 149)

**BLEU, s. m. et adj. / Bleuâtre, adj. :** « une riche robe de velours bleu » (GB, 1715-1735, 512) ; des mésanges bleuâtres » (EN, 1784, 498)

**Bleu anglais :** « un coupon de satin bleu anglais » « satin bleu anglais fort » (IAD, 1787)

**Bleu céleste :** « le fond du ciel se colora de teintes légères, de pourpre, de vert et de bleu céleste » (VIF, 1773, 496).

**Bleu ciel, Bleu de ciel, :** « soie bleu de ciel » (MdMN, 1787, 5) ; « Ha ! dit la cadette, si j'avais ma chaussure bleu-ciel ! » (RET, 1797, IV, 637)

**Bleu dauphin :** « un coupon de serge bleu dauphin » (IAD, 1787)

**Bleu d'ardoise (voir égal. Ardoise) :** « Elle est vêtues par dessous ce pierrot, d'une pièce d'estomac bleu d'ardoise » (MdMN, 11/06/1789, 155)

**Bleu d'enfer :** « bleus noirs, ou bleus d'enfer » (OdC, 28)

**Bleu de Roi/Bleu roi (voir égal. Gris américain et Couleur de roi) :** « de gros pigeons d'un beau plumage bleu de roi » (BOUG, 1768, 48) ; « un coupon de croisé bleu roi » (IAD, 1787)

**Bleu de turquoise :** « Ses pieds, dont la couleur est d'un bleu de turquoise. » (LFST, 07/03/1777, 138)

**Bleu mignon :** « ces bleus mignon » [Couleurs que la cuve produit] (JA, 1744, 100)

**Bleu mourant (voir égal. Céladon) :** « d'un grand Drap mortuaire de bleu-mourant » (MG, 10/1683, 18)

**Bleu-pré :** « Les nymphes aux visages bleu-pré » (LU, 1743, 219)

**Bleu turc ou turquin :** « [un rayon] bleu turc » (BI, 1748, 61) ; « Ajoutez-y les deux cassolettes de marbre bleu turquin garnies de bronzes dorés au mat » (CdM, 01/04/1786, 78)

**Bleu-violant : voir Violant**

**Bleu violâtre : voir Violâtre**

**Blond, e, s. m. et adj. :** « et l'autre a les cheveux parsemés d'une poudre blonde » (MdMN, 10/01/1787, 43)

**Blond phébus, s. m. et adj. :** « le soleil paraît avoir une petite teinture de jaune, d'où lui vient le nom de *Blond Phébus* » (OdC, 1740, 41)

**Boue, adj. :** « un coupon de soie gris boue » ; « un coupon de satin boue fort » (IAD, 1787)

**Boue de Paris, s. m. et adj. (voir égal. Acier) :** « [les couleurs] boue de Paris et merde d'oie ont prévalu depuis » (TP, 1781-1788, I, 398) ; « Les couleurs des habits [...]

sont toujours les plus sombres qu'ils [jeunes gens] choisissent : c'est le puce foncé, c'est le suie de cheminée, c'est le boue de Paris, c'est l'impossible, c'est le carmélite, c'est le vert-bouteille, c'est le plume de corbeau, c'est le col de canard, c'est le bleu-noir, c'est le vert-noir, et c'est le noir lui-même. » (MdMN, 30/04/1788, 130)

**Bronze, s. m. (voir égal. Couleur de pied de cheval d'Henri IV) / Bronzé, part. et adj. :** « les ovales font accompagnez de thermes peints couleur de bronze » (MG, 12/1684, 15) ; « garni de boutons d'acier bronzé » (MdMN, 10/02/1788, 68)

**BRUN, e, s. m. et adj. / Brunir, v. / Bruni, e, part. et adj. / Rembruni, e, part. et adj. :** « vous vous coiffez en brun » (BI, 1748, 61) ; « les Grecques & les Romaines se les [yeux] brunissaient. » (MdMN, 11/04/1789, 110) ; « le lièvre, d'une belle couleur fauve rembrunie » (VIF, 1773, 1, 580)

**Caca-dauphin, s. m. et adj. :** « je quitte mon habit Opéra brûlé, mon frac tison et je m'habille ce soir en Caca-dauphin » (TP, 1781-1788, I, 398)

**Café, Couleur de café, s. m. et adj. (voir égal. Aurore et Cardinal) :** « un taffetas d'une couleur très foncée comme cannelle et café » (MdF, 1/03/1729, 612)

**Canard, col de : voir Boue de Paris**

**Cannelle, s. m. et adj. : voir Café**

**Cannelle brûlée, s. m., s. f. et adj. :** « cannelle brûlée » [couleurs de cannelle et ses différentes espèces] (NT, 1799, 216)

**Capucine, adj. :** « [un habit à] raies violettes et capucines » (IAD, 1787)

**Cardinal, e, adj. :** « Brun, gris, bleu, jaune et vert/Thé, café, blanc et noir/Tout change dans mon creux, en couleur cardinale » (MG, 10/1702, 424) [Énigme – le sang]

**Carmin, s. m., carminé, E, adj. (voir égal. Jaune d'œuf) :** « le flamant [...] a son plumage blanc lavé de carmin » (EN, 1784, 505) ; « je préfère au rouge la couleur carminée qui a une nuance de violet » (EN, 478)

**Carmélite, adj. (voir égal. Boue de Paris) :** « [d']un large ruban à raies bleues, blanches et carmélites » (MdMN, 20/12/1787, 28) ; « *Couleur carmélite,* Couleur d'un brun pâle » (Académie, 1879 – 1re entrée dans le dictionnaire)

**Cassis, s. m. et adj. :** « cassie » [préparation du bouillon des couleurs suivantes] (JA, 1744, 106)

**Castor, s. m. :** « couleur de castor, gris de castor » (NT, 1799, 152)

**Céladon, s. m. et adj. :** « Couleur entre le bleu et le verd. Par le caprice des Dames de la Cour, cette couleur a été ainsi appelée de *Céladon,* personnage du Roman de l'Astrée. Ces Dames ont de mesme appelé d'autres couleurs, *couleur d'Astrée, couleur d'Espagnol malade ; d'Amarante ; de fille émue ; de barbe à Neptune,* etc. » (Ménage, 1694) ; « Sorte de bleu mourant » (CAR, 1, 36) ; « un ciel vert céladon un peu rembruni » (LU, 1743, 216)

**Cendré, e, part. (voir égal. Couleur de cendre et Cheveux de la Reine) :** « Beaucoup de troupeaux de bêtes à corne de couleur cendrée » (PD1, 1785, 181)

**Cerise, s. m. et adj. :** « un gilet de satin jaune à larges raies de velours cerise » (MdMN, 20/01/1788, 51)

**Chamois, s. m. et adj. :** « une culotte et des bas chamois » (BI, 1748, 63)

**Chair, s. m. et adj., Couleur de chair :** « un jupon couleur de chair » (BI, 1748, 62) ; « Ils [les rouges cramoisis] sont vrais cramoisis, vifs et beaux dans les quatre [degrés] moyens, roses, chairs, blancs, dans les clairs » (OdC, 1740, 276)

**Châtain, adj. :** « [castors] Jaunes et couleur de paille chez les Illinois, châtains un peu plus haut, couleur foncée de marron au nord du Canada » (Hd2I, 1776, VI, 15-18)

**Cheveux de la Reine, s. m. (voir égal. Soupir étouffé) :** « la robe de la couleur la plus à la mode est appelée cheveux de la Reine » (AAA, 1776, 104) ; « Sa Majesté en a choisi principalement un [satin] d'un gris cendré. *Monsieur* s'est écrié qu'il était *couleur des cheveux de la Reine* » (MS, 1775, 8, 248)

**Cinabre, s. m. :** « Elle était nouvellement peinte de ce beau rouge de cinabre, que plusieurs estiment plus que la dorure. » (MG, 04/1701, I, 216)

**Cire, cire jaune, s. m. et adj. :** « cire jaune » [préparation du bouillon des couleurs suivantes] (JA, 1744, 101)

**Citrine, s. m. et adj. :** « couleur citrine » (DO, 1676, 93)

**Citron, s. m. et adj. :** « Sa culotte est d'un drap casimir, de couleur citron pâle » (CdM, 01/06/1786, 108)

**Clair-obscur, adj. :** « [un rayon] clair-obscur » (BI, 1748, 61)

**Col de canard : voir Boue de Paris et Lie de vin**

**Coquelicot, s. m. et adj. :** « une ceinture de large ruban coquelicot » (MdMN, 11/1787, 3) / « la jeune baronne lui en a demandé un coquelicot comme étant la couleur la plus à la mode » (JP, 22 janvier 1788, 101)

**Corail, s. m. / Corallin, e, adj. :** « Les Poètes se servent de cette expression au figuré, pour exprimer le vermeil des lèvres » (CAR, 1768, 1, 73) ; « des fleuves de lumière qui se précipitent en lingots d'or et d'argent sur des rochers de corail » (EN, 1784, 461) ; « ces riches teintes corallines » (EN, 1784, 465)

**Corbeau, aile de, Plume de (voir égal. Boue de Paris) :** « ces ailes de corbeau » [Couleurs que la cuve produit] (JA, 1744, 100)

**COULEUR, s. f. / Couleur de, s. m. et adj. / Colorer, v. / Coloré, e, adj. / Coloris, s. m. :** « la transparence de la toile laisse passer les rayons colorés » (PF, 284) ; « avec des Frontons ceints de marbre, sur chacun desquels sont deux enfants de coloris » (MG, 12/1684, 15)

**Couleur d'Astrée : voir Céladon**

**Couleur d'eau (voir égal. Vert d'eau) :** « la nuit dans la partie d'en bas, qui est d'acier couleur d'eau » (MG, 02/1700, 54)

**Couleur d'ébène (voir égal. Couleur de cendre) :** « de cierges attachez sur une corniche couleur d'ébeine » (MG, 10/1683, 40)

**Couleur d'Espagnol malade : voir Céladon**

**Couleur d'hyacinthe :** « Leurs souliers étaient de couleur de pourpre (c'est le violet parmi les Hébreux) et de couleur d'Hyacinthe » (MG, 11/1696, 92)

**Couleur d'opale :** « Dedans son sein couleur d'opale » (EMG, 07/1680, 295)

**Couleur de barbe à Neptune : voir Céladon**

**Couleur de brique :** « Le reste de la muraille était peint en couleur de brique » (MG, 05/1701, II, 314)

**Couleur de cendre (voir égal. Cendré) :** « vous avez la peau couleur de cendre, et nous de couleur d'ébène » (SCAR, 1756, 178)

**Couleur de chocolat :** « ils sont liés d'un ruban couleur de chocolat » (MdMN, 20/09/1788, 245)

**Couleur de cuivre :** « Les naturels de cette côte sont d'une stature moyenne, vigoureux et trapus, de couleur de cuivre » (MdMN, 20/07/1788, 198)

**Couleur de cul-de-bouteille :** « Surtout de drap, couleur de cul-de-bouteille » (CdM, 01/01/1786, 27)

**Couleur de feu :** « votre robe de gaze couleur de feu » (BI, 1748, 62)

**Couleur de fille émue : voir Céladon**

**Couleur de franchipane :** « Les femmes portent de souliers de cuir blanc, ou de couleur de franchipane » (EMG, 01/1678, 350)

**Couleur de fumée, Couleur de fumée de pipe (voir égal. Enfumé) :** « la plupart des Noirs de Madagascar ont les cheveux longs les traits de visage semblables à nous et la teinte couleur de fumée » (VIF, 1773, 2, 967) ; « Il y en [des couleurs des nuages] a alors de cuivrées, de couleur de fumée de pipe, de brunes, de rousses, de noires, de grises, de livides, de couleur marron et de celle de gueule de four enflammé. » (EN, 1784, 460)

**Couleur de gens nouvellement arrivés :** « ayant un chat [une palatine en duvet de cygne] sur les épaules, couleur de gens nouvellement arrivés » (AAA, 1776, 104)

**Couleur de Grenat :** « une huile transparente, couleur de grenat » (IND, 1770, 87)

**Couleur de gueule de four enflammé : voir Couleur de fumée**

**Couleur de lait :** « le visage rond, la bouche étroite, le nez retroussé, belle voix gorge entre deux, couleur de lait » (QUINT, 31 juillet 1719, 1)

**Couleur de Lapis :** « des bas-reliefs de couleur de Lapis sur des fonds d'or » (MG, 09/1679, 57)

**Couleur de loup :** Elle portait à ses mains un gros manchon de chèvre d'Angora, couleur de loup » (CdM, 15/03/1786, 67)

**Couleur de marbre :** « Ce superbe balcon enrichi de dorure, ces murs couleur de marbre » (MG, juin 1700, 59) ; « les pieds de la table sont tenus par une planche, peinte en couleur de marbre Saint-Leu, ou de marbre rouge veiné, entourée d'une balustrade de cuivre doré d'or moulu » (MdMN, 20/09/1788, 244)

**Couleur de mer :** « l'œil de couleur de mer » (MG, 01/1709, 100)

**Couleur de pêcher (voir égal. Fleur de pêcher) :** « des madrépores blancs à fleur couleur de pêcher » (EN, 1784, 510)

**Couleur de perle :** « Il en donna huit [chevaux] de carrosse de couleur de perle aux crins blancs » (MG, 12/1684, 175)

**Couleur de pied de cheval d'Henri IV :** « Bronze, ou couleur de pied de cheval d'Henri IV » (CdM, 01/12/1785, 12)

**Couleur de poil de carotte :** « Eh, voyez le roi Salomon avec son nez à pain de sucre et ses cheveux couleur de poil de carotte ? » (IMI, 1765, 121)

**Couleur de poix :** « un petit menteur, face de couleur de poix [jeune eunuque noir] » (GAL, 441)

**Couleur de Prince (voir égal. Gris de prince) :** « Le fond est de couleur de Prince, et de noisette et aurore » (EMG, 01/1678, 353)

**Couleur de roi (voir égal. Bleu-roi et Œil de roi) :** « Changement en couleur de roi. On les [rouges de garance] passe sur une cuve pour leur donner la couleur de bleu à la nuance de bleu de ciel » (NT, 1799, 1, 283)

**Couleur de rose, de rose sèche (voir égal. Rose) :** « Leur plumage est blanc, mais d'un blanc plus clair que celui des cygnes ; même de près il paraît carné, et tire sur la couleur de rose vers la racine. On ne peut rien voir de plus beau : ce sont espèce de cormorans » (PSY, 1669,45) ; « un peuple qui a l'imagination couleur de rose » (COY2, 1751, 40) ; « une peau ridée et couleur de rose sèche » (CAD, posth. 1775, 417)

**Couleur de rouille :** « des plantes marines [...] couleur de rouille » (EN, 1784, 511)

**Couleur de saphir :** « des yeux couleur de saphir » (MONC, 1738, 511)

**Couleur de soupir étouffé :** « les [satins] les plus à la mode sont couleur de soupir étouffé » (AAA,1776, 104)

**Couleur de terre, de terre cuite, de terre d'ombre (voir égal. Terreux) :** « vêtu d'un sac couleur de terre » (MG, 01/1696, 15) ; « de très longues franges noires et couleur de terre cuite » (MdMN, 21/04/1789, 116) ; « Ce Masque est blanc ou noir, ou de couleur de terre d'ombre » (MG, 04/1683, 33)

**Couleur de topaze :** « Trente-deux gros diamants au tour du piédestal, moitié en couleur de rubis, et moitié en couleur de topaze » (MG, 09/1686, 255)

**Couleur gorge de pigeon :** Un homme vêtu d'une houppelande de camelot poil, couleur gorge de pigeon » (MdMN, 10/03/1787, 93)

**Couleur de ventre de biche :** « d'une étoffe de laine fine, couleur de ventre de biche » (MG, 06/1683, 337)

**Couleur poil de renard, queue de renard :** « son manchon de loup de Sibérie, teint en couleur poil de renard » (MdMN, 01/03/1789, 75) ; « duvet de cigne teint en couleur queue de renard » (MdMN, 30/12/1787, 34)

**Couleur de vase :** [des coquillages] « enduits d'un tartre couleur de vase » (EN, 1784, 509)

**Cramoisi, e, s. m. et adj. :** « un tapis de velours cramoisi » (MG, janv. 1700, 57) « les rouges cramoisis » (OdC, 276) ; « Rouge foncé qu'on peut porter à tout âge, et qui tient le milieu entre la couleur mordorée et la couleur pompadour » (CAR, 1768, 1, 80) **/ Cramoisi [déf.] :** « se dit absolument d'un rouge plus foncé. *Voilà un beau cramoisi* » (Académie, 1740)

**Cuisse de nymphe, de nymphe émue, s. m., s. f. et adj. (voir égal. Désirs satisfaits) :** « Rubans et couleurs : puce, demi-puce, soupirs de Vénus, soupirs étouffés, vive bergère, cuisse de nymphe émue » (FA, 1776, 20) ; « un habit couleur de cuisse de nymphe » (RO, 1765, 17, 93)

**Cuivré : voir Couleur de fumée**

**Désirs satisfaits :** « Les femmes s'entretinrent des modes et demandèrent au Chevalier quelles étaient les couleurs les plus en vogue ; il leur répondit qu'on portait maintenant le *soupir étouffé*, la *cuisse de nymphe émue*, les *désirs satisfaits*, la *passion dévorante*, le *lendemain de noces* » (LI, 1783, 3, 66)

**Doré, e, adj :** « des millions d'astres dorés » (IMI, 1765, 79)

**Écarlate, s. m. et adj. (voir égal. Gris américain et Émaillé) :** « de couleur ponceau et écarlate » (VIF, 1773, 1, 496)

**Émeraude, s. m. et adj. :** « Émeraude » [préparation du bouillon des couleurs qui suivent] (JA, 1744, 101)

**Empourpré, e, part. : voir Pourpre**

**Enfumé, e, part. (voir égal. Couleur de fumée) :** « un jaune enfumé » (EN, 478)

**Fauve, adj. :** « Partout les oiseaux de proie ont des couleurs terreuses opposées à des couleurs fauves » (EN, 1784, 468)

**Fer, Gris-de-fer, s. m. et adj. :** « Il y avait des hommes couverts d'armures de carton, peintes couleur de fer » (MG, 04/1701, I, 226) ; « Bas de soie gris-de-fer chinés » (GdM, 1781, 2, 36)

**Feuille morte, s. m. et adj. :** « Il avait les cheveux galamment noués, un chapeau relevé d'un bouquet de plumes de feuille-morte » (GB, 1715-1735,171) ; « un chapeau couleur de feuille morte » (BI, 1748, 62)

**Fleur de pêcher : voir Couleur de pêcher, Giroflé et Aubère.**

**Giroflé, s. m. :** « Les nuances claires de cette couleur [le pourpre], telles que le giroflée, le gris de lin, le fleur de pêcher » (BER, 1804, 2, 324) [abs. de la 1re éd. de 1791 et du NT]

**GRIS, s. m. et adj. / Grisâtre, adj. :** « [un rayon] gris » (BI, 61) ; « une pierre grisâtre » (MG, janv. 1700, 29)

**Gris américain :** « Vous pouvez mettre le gros-vert sous un bleu de Roi, l'écarlate sous un vert Dragon, le lilas sous un vert d'eau, le paille sous un gris Américain » (CdM, 01/06/1786, 107)

**Gris d'acier : voir Acier**

**Gris d'ardoise (voir égal. Ardoise et Belette) :** « L'habit est de drap gris d'ardoise » (MdMN, 28/02/1787, 84)

**Gris de bézoard :** « Gris de blezouard » [espèces de gris] (JA, 1744, 105)

**Gris de castor : voir Castor**

**Gris de fer : voir Fer**

**Gris de lin :** « le violet clair, m'a-t-on dit, n'est pas violet, il s'appelle gris-de-lin » (OdC, 1740, 43)

**Gris de Maure/ de mort :** « un drap de Bourbon, à écailles gris de Maure » (CdM, 01/04/1786, 74) ; « un jupon de taffetas gris de mort » (MdMN, 11/08/1789, 203)

**Gris de perle (voir égal. Couleur de perle et Sanglant) :** « Couleur qui se soutient comme étant de tous les âges » (CAR, 1768, 2, 224)

**Gris de prince (voir égal. Couleur de prince) :** « Gris de prince » [autres espèces de gris] (JA, 1744, 105)

**Gris de rat : voir Ardoise et Belette**

**Gris de souris :** « Il y en avait de Frise, qui sont plus hauts & plus longs que les chevaux ordinaires, d'allezan, de gris de souris, de gris pommelé, bay, & plusieurs autres sortes » (MG, 08/1698, 278) ; « le gris-de-souris [est la couleur du deuil] au Pérou » (TP, 1781-1788, II, 583)

**Gris de taupe :** « Gris de taupe » [espèces de gris] (JA, 1744, 105)

**Gris pommelé (voir égal. Pommelé et Gris-de-souris) :** « Il se dit particulièrement des chevaux, quoiqu'on commence à donner ce nom à des fracs d'un gris ondoyé » (CAR, 1768, 1, 267)

**Gueule, s. :** « Dans le premier [emblème], on voyait quatre-vingt-dix-neuf moutons et un Champenois, dans un fond de gueule ; dans le second, deux lèchefrites en sautoir dans un champ d'or ; dans le troisième, cinq têtes à perruque dans un champ de sinople ; dans le dernier carton, trois seringues, avec un sauvage qui marchait à quatre pattes dans un fond de sable » (IMI, 1765, 99-100) **/ Gueules [déf...] :** « au plur. est un terme de Blason, qui veut dire le Rouge » (Furetière, 1690)

**Impossible, s. m. et adj. (voir égal. Boue de Paris) :** « un coupon de serge impossible » (IAD, 1787)

**Incarnat, e, s. m. et adj. :** « leur [oiseaux] couleur est d'un incarnat charmant » (FOI, 1676, 161) ; « une fleur incarnate sans pareille » (FOI, 1676, 151)

**Indigo, s. m. et adj. :** « l'azur, ensuite le gros bleu ou indigo » (EN, 1784, 460)

**Isabelle, s. m. et adj. (voir égal. Aubère) :** « des isabelles bruns nommés *café* » (OdC, 1740, 42)

**Jais, s. m. et adj. :** « vos souliers de jais » (BI, 1748, 61)

**JAUNE, s. m. et adj. / Jaunâtre, adj. / Jaunir, v. (voir égal. Livide et Safrané) :** « un [rayon] jaune » (BI, 1748, 61) ; « Vitriol bleu jaunâtre, le verd venant d'Angleterre » (MG, 07/1704, 256) ; « Il n'y a pas de plus beau spectacle que de voir jaunir les moissons » (CAR, 1768, 1, 305).

**Jaune ambré :** « Icy, le jaune ambré du roussâtre Muscat » (MG, 02/1690, 150)

**Jaune citron (voir égal. Jaune d'œuf) :** « un volant de gaze jaune citron » (MdMN, 10/04/1788, 115)

**Jaune d'œuf :** « [progression des couleurs dans le ciel le matin] dans cet ordre : le blanc, le jaune soufre, le jaune citron, le jaune d'œuf, l'orangé, la couleur aurore, le ponceau, le rouge plein, le rouge carminé, le pourpre, le violet, l'azur, l'indigo et le noir » (EN, 463)

**Jaune d'or, doré (voir égal. Doré, Mordoré et Or) :** « une aigrette de plumes de paon, peintes en vert, et, sur les bords, en jaune d'or » (MdMN, 21/12/1788, 19)

**Jaune de soufre, soufre, ou soufré (voir égal. Soufre et Jaune d'œuf) :** « une couleur tout unie, ou verte, ou rose, ou bleu de ciel, ou nakara, ou jaune de soufre » (MdMN, 01/08/1789, 193) ; « jaune soufré » [préparation du bouillon des couleurs qui suivent] (JA, 1744, 101)

**Jaune-paille, s. m., et adj. (voir égal. Paille) :** « des gants de peau jaune-paille » (MdMN, 10/02/1788, 68)

**Jaune-serin, s. m., et adj. (voir égal. Serin) :** « des gants de peau très longs, teints en couleur jaune-serin » (MdMN, 11/1787, 11)

**Jonquille, s. m., et adj. :** « le rose, le jonquille, la violette, le mordoré et toutes les autres couleurs devaient régner à leur tour » (RO, 1765, 17, 124)

**Jujube, s. m., et adj. :** « jujube » [préparation du bouillon des couleurs suivantes – les rouges] (JA, 1744, 106)

**Langouste, s. m., et adj. :** « langouste » [préparation du bouillon des couleurs suivantes – les rouges] (JA, 1744, 106)

**Lendemain de noces : voir Désirs satisfaits**

**Lie de vin, s. m., et adj. :** « les culottes de soie couleur col de canard, les culottes de soie vert d'eau, les culottes de soie vert-noir, les culottes de soie lie de vin » (MdMN, 10/07/1787, 187)

**Lilas, s. m. et adj. (voir égal. Gris américain) :** « dans une teinte lilas » (VIF, 1773, 1, 496) **/ Lilas :** « Cette couleur eut toujours l'avantage de plaire aux personnes qui ont le goût fin et délicat » (CAR, 1768, 1, 374)

**Lis, s. m. [Lys] :** « Il se prend souvent pour blancheur, et en ce sens, on dit une teinte de lis » (CAR, 1768, 1, 377)

**Livide, adj. (voir égal. Couleur de fumée) :** « Le fond de sa [serpent] couleur était un jaune livide » (VS, 1756, 128) **/ Livide [déf.] :** « Qui est de couleur plombée et tirant sur le noir (Académie, 1718)

**Louvet, adj. (voir égal. Aubère) :** « ce mot ne se dit guère qu'au masculin et en parlant du poil de certains chevaux. Il veut dire une sorte de poil qui tire sur le poil de loup » (Richelet, 1680)

**Lys : voir Lis**

**Marron, s. m. et adj. (voir égal. Couleur de fumée) :** « Ce marron de M. Guillaume est-il plus dans la nature que le bleu céleste et que le gris de lin ? » (MAR, 1762, 85)

**Merde d'oie, ou merdoie (voir égal. Boue de Paris et Vert pomme) :** « Un coupon de tissu merdoie » (IAD, 1787)

**Mordoré, adj. : voir Jonquille et Sang de bœuf**

**Musc, s. m. et adj. :** « un pourpoint avec un haut-de-chausses d'un beau drap musc » (GB, 1715-1735, 514) ; « le fond couleur de gris de musc » (MG, 09/1680, 166)

**Nacarat, e, s. m. et adj. :** « Couleur mélangée de rouge et d'orangé » (CAR, 1768, 2, 102) ; « et les deux autres [losanges], qui devraient être dans l'ombre, sont teints d'un superbe nacarat » (EN, 1784, 461)

**NOIR, e, s. m. et adj. / Noirâtre, adj. / Noiraud, adj. / Noirceur, s. f. / Noircir, v. :** « la peau noire de ces peuples » (EN, 1784, 467) ; « des queues de martre formant de larges raies noirâtres ou roussâtres » (MdMN, 30/01/1788, 59) ; « Les auteurs qui écrivent correctement n'emploient guère ce mot ; que pour exprimer la scélératesse, ou la perfidie d'une action. Aussi dit-on, noir de fumée, et non pas noirceur » (CAR, 1768, 2, 118) ; « le visage quarré, noirault, assez haut en couleur » (MG, 08/1709, 255) ; « Elles se noircissent les dents avec de certaines herbes » (MG, janv. 1700, 223)

**Noisette, s. m. et adj. (voir égal. Couleur de Prince) :** « Il est vêtu d'un habit noisette » (GdM, 1779, 1, 85)

**Œil de perdrix, s. m. et adj. :** « D'un Vin couleur d'œil de Perdrix » (MG, 05/1693, 118) ; « Ils sont parvenus à le [vin de Champagne] rendre, à volonté, couleur de cerise, œil de perdrix, de la dernière blancheur, ou parfaitement rouge » (PLU, 2, 344) **/ Œil de perdrix [déf.] :** « variété de figue » (Huguet, XVIe siècle)

**Œil de Roi, s. m. et adj. (voir égal. Couleur de Roi et Bleu-roi) :** « Fourreau à collet, à l'Anglaise, de couleur œil de roi » (CdM, 15/12/1785, 22) ; « un coupon de soie Dauphin œil de Roi et blanc » (IAD, 1787)

**Olive, s. m., s. f. et adj., pourrie, sèche (voir égal. Agathe) / Olivâtre, s. m. et adj. :** « sa [bézoard oriental, un ruminant] couleur est ordinairement d'un vert d'olive, brun en dehors et en dedans » (BUFF, 1764, XII, 433) ; « Vert d'olive pourrie », « vert d'olive seiche » [préparation du gaudage des couleurs qui suivent] (JA, 1744, 102) ; « les Sauvages sont tous sanguins et de couleur presque olivâtre » (LAH, 1703, 633)

**Opéra brûlé : voir Caca-dauphin**

**Or, s. m. et adj. (voir égal. Jaune d'or) :** « votre jupon céladon et or » (BI, 1748, 61)

**ORANGE, orangé, s. m. et adj. :** « un mantelet orange » (BI, 1748, 62) / [un rayon] orangé » (BI, 1748, 61)

**Paille, s. m. : voir Châtain et Gris américain**

**Passion dévorante : voir Désirs satisfaits**

**Pers, e, adj. :** « La couleur de l'iris était bleu ou perse » (MG, 12/1708, 76) **/ Pers :** « qui est de couleur bleue, ou tirant sur le bleu » (Furetière, 1690)

**Pie, s. f. et adj. (voir égal. Auber) :** « ces *Domino* gris, bruns, noirs, blancs ou pies » (COY1, 1746-1748, 4) **/ Pie, s. f. [déf.] :** « on appelle, *Cheval-pie,* Un cheval blanc et noir » (Académie, 1694)

**Plombé : voir Livide**

**Plume : voir Corbeau**

**Pompadour : voir Cramoisi**

**Ponceau : voir Écarlate**

**Poil d'étourneau, adj. :** « deux juments, l'une rouge, l'autre poil d'étourneau » (AF1, Part. 3, 51)

**Porcelaine, s. f. et adj. Voir Aubère**

**Pourpre (voir égal. Azuré / Pourpré, e, part. et adj. / Empourpré, e, part. et adj. / Purpurin, e, adj. :** « comme de longs rubans d'un vert pourpré » (PeV, 1788, 220) ; « Là brillait le teint vif des pêches empourprées » (MG, 02/1690, 150) ; « la partie supérieure du ciel fut teinte pendant quelques instants d'une couleur purpurine » (GdF, 28 septembre 1781, 362)

**Purpurin (voir égal. Pourpre) / Purpuriner, v. :** « Purpuriner une étoffe, un cuir, un papier etc. Donner la couleur purpurine. La nature purpurine le pavot » (NEO, 1801, 199) [néologisme]

**Prasin, e, adj. : voir Sinople**

**Prune :** « un coupon de satin prune » (IAD, 1787)

**Prune-Monsieur/Prune de Monsieur, s. m. et adj. :** « Habit de satin prune de Monsieur clair » (CdM, 1/01/1785, p. 10)

**Puce, demi-, dos de, ventre de, s. m. et adj. (voir égal. Boue de Paris, Cuisse de nymphe et Vert pomme) :** « La baigneuse que porte la femme vêtue d'une robe de satin puce » (MdMN, 30/11/1786, 11) ; « la couleur générale, au moment que j'écris, est dos et ventre de puce » (TP, 1781-1788, 1, 398)

**Queue de serin, s. m. et adj. (voir égal. Serin et Violet d'évêque) :** « un satin queue de serin à raies noires » (MdMN, 20/11/1786, 2)

**Rat, s. m. et adj. : voir Ardoise, Belette**

**Rembruni, e, adj. : voir BRUN et égal. Céladon**

**ROSE, s. m. et adj. (voir aussi Couleur de Rose) :** « couverte [...] de gaze verte, rose et citron » (AUN, 1702, 713)

**Rose anglais :** « satin rose anglais » (IAD, 1787)

**Rosé, e, adj. :** « un habit, veste et culotte de moire fond rosée » (IAD, 1787) / Le visage efféminé, les couleurs vives et rosées de mon frère annonçaient plutôt une fille déguisée qu'un véritable garçon » (NEO, 1801, 230) [néologisme]

**Rouan, adj. (voir égal. Auber) :** rouan, adj. : « ce mot ne se dit *qu'au masculin,* et il se dit du poil de certains chevaux » (Richelet, 1680)

**ROUGE, s. m. et adj. / Rougeâtre, adj. / Rougeur, s. f. / Rougir, v. / Rougissante (voir égal. Rubiconder) :** « une nuance de rouge » (BI, 1748, 62) ; « qui sont [guirlandes] de diverses couleurs, nuées, blanchâtres, verdâtres, & rougeâtres. » (MdMN, 11/05/1789, 130) ; « et dans les bras du berger qu'elle adore, elle va cacher sa rougeur » (MdMN, 10/10/1788, 264) ; « ils la [crinière] rougissaient avec une pommade », (MdMN, 11/04/1789, 109) ; « La mère et les filles me saluèrent avec une politesse rougissante » (NEO, 1801, 254) [néologisme]

**Rouge de cinabre : voir Cinabre**

**Rouge vineux : voir Vineux**

**Roux, rousse, s. m. et adj. / Roussâtre, adj. / Rousseur, s. f. (voir égal. Alezan, ambré, Couleur de fumée, Jaune noirâtre et Truité) :** « Toute personne qui a les cheveux roux sent ordinairement mauvais » (CAR, 1768, 3, 106) ; « faire disparaître les taches de rousseur » (MdMN, 01/05/1789, 125) **/ Rousseurs [déf.] :** « Taches qui viennent au visage, et qui désolent une jeune fille, lorsqu'elle en est marquée » (CAR, 1768, 3, 105)

**Rubican, adj. (voir égal. Auber :** « Ce mot se dit du poil de certains chevaux. C'est à dire, qui est noir, ou alzan, mais il ne se dit ordinairement qu'au *masculin* » (Richelet, 1680)

**Rubicond, adj. / Rubiconder [déf.] :** « Cette couleur se prend souvent dans le vin » (CAR, 1768, 3, 107) ; « Rendre rouge, faire rougir » (NEO, 1801, 254) [néologisme])

**Rubis, s. m. (voir égal. Couleur de Topaze) :** « le calice argenté [du lys] se marie au rubis de la fraîche groseille » (MdMN, 30/09/1788, 255)

**Sable, s. m. (voir égal. Gueule) :** « en termes de Blason, signifie le noir » (Furetière, 1690)

**Sablé, part. :** « des chittes [toiles de coton des Indes] de toutes couleurs et des plus rares, à fond sablé et à rameaux verts » (PeV, 1788, 246)

**Safran, s. m. et adj.**

**Safrané, part. (voir égal. Azuré) :** « On dit d'un teint jaune qu'il est safrané » (CAR, 1768, 3, 114)

**Sang, s. m. et adj. / Sanglant, e, adj. / Sang de bœuf (voir égal. Vermillon) :** « Mais rien n'est plus aimable qu'une tourterelle d'Afrique, qui porte sur son plumage gris de perle précisément à l'endroit du cœur, une tache sanglante mêlée de différents rouges » (EN, 1784, 464-5) ; « les crabes couleur de sang » (EN, 1784, 508) ; « la mode des habits de drap couleur sang de bœuf ou mordoré foncé » (MdMN, 01/05/1789, 123)

**Serin, s. m. et adj. (voir égal Queue de serin) :** « un coupon de soie serin » (IAD, 1787)

**Sinople, s. m. (voir égal. Gueule) :** sinople : « terme de Blason. C'est ainsi qu'on appelle le verd ou la couleur *prasine* dans les Armoiries » (Furetière, 1690)

**Souci, s. m. et adj. :** « un jupon de satin couleur souci chiné en noir », (MdMN, 10/02/1788, 65) ; « un très gros nœud quadruple fait de ruban satin vert à liseré souci » (MdMN, 10/02/1788, 66)

**Soufre, s. m. et adj. (voir égal. Jaune de soufre et Sulfurin) :** « des bas soufre » (BI, 1748, 61)

**Soupe au vin, s. m. et adj. :** « Soupe au vin » [bouillon pour l'écarlate qui sert à plusieurs autres couleurs] (JA, 1744, 107)

**Soupirs de Vénus : voir Cuisse de nymphe**

**Soupir étouffé, s. m. et adj. (voir égal. Bergère, Cuisse de nymphe et Désirs satisfaits) :** « Madame *** était dernièrement à l'opéra avec une robe soupir étouffé, ornée de regrets superflus, avec un point au milieu, de candeur parfaite, une attention marquée, des souliers de cheveux de la reine » (JPL, 1er juillet 1776, 305)

**Suie, Couleur de suie, de suie brûlée, de suie de cheminée, de suie des cheminées de Londres, s. m. et adj. (voir égal. Boue de Paris) :** « un homme à visage couleur de suie » (CAN, 1759, XXVI) ; « Il est en dessus et dessous de drap couleur de suie brûlée » (MdMN, 30/05/1787, 155) ; « ce gilet, couleur de suie des cheminées de Londres » (MdMN, 29/02/1788, 81)

**Sulfurin, ine, adj., :** « Vous aurez successivement le ponceau, l'orangé, le jaune, le citron, la couleur sulfurine et le blanc » (EN, 1784, 465)

**Tabac, s. m. et adj. :** « Tabac » [préparation du bouillon des couleurs qui suivent] (JA, 1744, 101)

**Tanné, ée, part. :** « Les bruns qu'on donne à une couleur claire, sont ce qu'on appelle les couleurs tannées qui sont fort ternes, et ont quelque chose de sale et de gris » (OdC, 35)

**Terreux, se, adj. : voir Couleur de terre et Fauve**

**Thé : voir Cardinal**

**Tigre : voir Aubère**

**Tison : voir Caca-dauphin**

**Truité, e, adj. (voir égal. Alezan et Bai) :** « on l'appelait Truitonne, car son visage avait autant de taches de rousseur qu'une truite » (AUL 2, 1697, 190) ; « le grand casque [mollusque], dont les couleurs sont aurore ; le casque blanc truité » (VIF, 1773, 1, 579) ; **Truité :** « ce mot se dit des chevaux et veut dire moucheté d'alzan et de bai » (Richelet, 1680) « Marqueté de petites taches rousses, comme une truite » (Académie, 1694)

**Tuile, s. m. et adj. :** « La couleur tuile » [préparation du bouillon des couleurs qui suivent] (JA, 1744, 104)

**Turquin : voir Bleu turc**

**Verdâtre : voir Vert**

**Verdir : voir Vert**

**Vermeil, s. m. et adj. :** « des tétons ronds et évidents, plus vermeils que rouges » (FOI, 1676, 118) ; « une tasse de vermeil doré » (MG, juin 1700, 154)

**Vermillon, s. m. et adj. (voir égal. Sang de bœuf) :** « cette nuance d'orangé s'élève en vermillon vif » (EN, 1784, 460) ; « le vermillon que les femmes s'appliquent ressemble plus au sang de bœuf que toute autre chose » (CAR, 1768, 3, 296)

**VERT [Verd], s. m. et adj. : voir ROSE / Verdâtre, adj. / Verdure, s. f. / Verdir, v. :** « La couleur [vert] la plus variée, et la plus amie des yeux » (CAR, 1768, 3, 290) ; « une robe d'une étoffe verdâtre » (FON, 1682, 488) ; « La couleur [verdure] des arbres » et des prés » (CAR, 1768, 3, 291) ; « Jardins verdis par l'art » (MdMN, 11/1787, 23)

**Vert anglais :** « bordure de taffetas rose chiné, soulier rose bordé de verd anglais à rosettes » (GdM, 1779, 1, 138) ; « un coupon de soie vert anglais » (IAD, 1787)

**Vert antique :** « des vases de marbre noir, ou bleu, ou vert antique » (MdMN, 20/03/1788, 100)

**Vert-bouteille : voir Boue de Paris**

**Vert canard :** « des céladons bruns nommés verts-canards » (OdC, 1740, 42)

**Vert campan :** « Dans la sixième [cour], la plus simple de toutes, quoique de marbre vert campan, étaient les volières, dont les treillis étaient d'émeraudes et de saphirs » (BEAU, 1737, 1040)

**Vert citron :** « la longueur de la queue, est faite de taffetas fond vert-citron à mouches roses » (MdMN, 30/08/1788, 228)

**Vert d'eau : voir Gris américain et Lie de vin**

**Vert d'herbe :** « Vert d'herbe » [préparation du bouillon des couleurs qui suivent] (JA, 1744, 101)

**Vert d'olive : voir Olive**

**Vert de chou :** « nous avons omis de mettre à son rang la couleur vert de chou, vert de mer, et vert céladon » (JA, 1744, 106)

**Vert de mer (voir égal. Vert de chou) :** « le visage aigu, le nez pointu, deux petits yeux vert-de-mer » (GRIMM, mars 1777, t. 9, 321)

**Vert de prairie :** « des damas d'un blanc satiné, d'autres d'un vert de prairie » (PeV, 1788, 246).

**Vert de pré :** « Verd de pré » [Manière de faire toutes sortes de beaux verds sans verd de vessie] (IND, 1770, 83)

**Vert de sève :** « les baies de Noirprun doivent être [...] très vertes pour faire la couleur que les peintres appellent *vert de sève* » (*Journal de commerce et d'agriculture*, 1er fév. 1760, p. 55)

**Vert dragon : voir Gris américain**

**Vert émeraude :** « un coupon de serge vert émeraude » (IAD, 1787)

**Vert marbre campan :** « c'est un fond couleur de vert marbre campan réhaussé par beaucoup d'ornements dorés » (GRIMM, mai 1783, t.11, 375)

**Vert perroquet :** « Vert perroquet » [préparation du bouillon des couleurs qui suivent] (JA, 1744, 101)

**Vert pistache :** « Vert pistache » [préparation du bouillon des couleurs qui suivent] (JA, 1744, 101)

**Vert pomme, de pomme :** « un coupon de satin vert pomme » (IAD, 1787) ; « les [satins] vert de pomme » (AAA, 1776, 104) ; « le vert pomme » (MdF, 1er janvier 1752, p. 87) ; « Partout vous inspirez le plaisir et la joie/Robe rose, ou vert-pomme, ou puce, ou merde-d'oie/Tout vous sied » (NO, 1780, 2-129)

**Vert saxe :** « un coupon de satin vert saxe » (IAD, 1787)

**Vineux, se, adj. :** « le gris venait de la chaîne couleur de chair, qui servait de fonds, et du mélange de quelques rouges vineux, de quelques couleurs de rose, de quelques aurores même et orangés » (OdC, 1740, 251) **/ Vineux, se [déf.] :** « *Terme de Teinturier,* qui se dit des couleurs, et qui signifie tirant sur le vin. [Couleur vineuse] » (Richelet, 1680)

**Violant, s. m. et adj. (voir égal. Agathe) :** « le violet conduit au violant qui a plus de bleu que de rouge » (OdC, 1740, 477)

**VIOLET, violette, s. m, s. f. et adj. (voir égal. Gris de lin) / Violâtre) :** « [il fut] permis néanmoins à chacune d'elle d'en varier les couleurs [...], par ce moyen, le rose, le jonquille, la violette, le mordoré et toutes les autres couleurs devaient régner à leur tour » (RO, 1765, 17, 124) ; « le parasol d'un bleu violâtre très tendre » (GdM, 1779, 1, 74)

**Violet d'évêque, s. m. et adj. :** « Rayés en trois couleurs ; savoir, queue de serin, gros vert et violet d'Évêque » (MdMN, 15/11/1785, 7) ; « la redingote est de drap de Louviers couleur *violet d'évêque* » (CdM, 1/03/1786, 58)

**Vive bergère : voir Bergère**

**Zinzolin, s. m. :** « le pays des Zinzolantins » (LIN 2, 1750, 609) **/ Zinzolin, s. m. [déf.] :** sorte de couleur d'un violet rougeastre » (Acad., 1718)

## Termes connexes : lexique autour des couleurs

**Arc-en-ciel, s. m. et adj. :** « les rubans à l'arc-en-ciel ont pris leur place. Ces rubans sont rayés de différentes couleurs, fondues, pour ainsi dire, les unes dans les autres » (CdM, 15/04/1786, 88) ; « diadème arc-en-ciel (rose, vert, blanc et violet : la raie violette au milieu est large, et coupée par trois zigzags blancs) » (CdM, 15/06/1786, 119)

**Bariolé, e, part. :** « des [poissons] lunes bariolées de différentes couleurs » (VIF, 1773, 1, 571)

**Bigarré, e, part. :** « les appartements étaient bigarrés de mille couleurs différentes » (LAF, 1697, 385) / **Bigarrer [déf.] :** « mettre sur un habit diverses couleurs mal assorties, et qui choquent la veuë » (Furetière, 1690)

**Broché, e, part. :** « un taffetas rose broché en violet » (MdMN, 30/09/1788, 253) / **Brocher :** « Passer l'or, la soie, etc. de côté et d'autre dans l'étoffe » (Académie, 1798)

**Camaïeu ou Camayeu, s. m. :** « dès qu'on paraît à la cour, il faut être bleu comme les autres, ou l'on est extraordinaire, surtout parmi les Camayeuls » (CAZ, 1741, 1036) / « tous les événements y sont peints en camaïeu » (TIPH, 1760, 816) / **Camaïeu [déf.] :** « il se dit plus particulièrement d'un tableau peint avec une seule couleur » (Académie, 1762)

**Carreaux, s. m. :** « à larges carreaux faits par des moyennes raies roses, bordé d'un long effilé de soie vert-pomme, appareillé à la couleur de l'habit. » (MdMN, 10/07/1788, 187)

**Chenille, s. f. / Chenillé, e, part. :** « avec une jupe à fond or et argent, chenillée de couleur de feu » (MG, 11/1679, 325) / **Chenille [déf.] :** « se dit aussi d'un tissu de soye velouté, qui imite la chenille et dont on se sert dans les broderies et dans d'autres ornements » (Académie, 1718)

**Chinure, s. f. / Chiné, e, part : voir Souci :** « [Les robes] les plus nouvelles pour la couleur, sont à petites chinures et à petites raies » (CdM, 01/07/1786, 127) / **Chiner [déf.] :** « Chiner une étoffe, donner des couleurs différentes aux fils de la chaîne, avant de tisser une étoffe, de manière qu'il en résulte un dessin quand l'étoffe est fabriquée » (Académie, 1835)

**Damasquiné, e, part. :** « Elle était de fer poli couleur d'eau, et toute hachée et damasquinée d'or de rapport » (MG, 04/1701, I, 228) / **Damasquiner [déf.] :** « enchâsser de petits filets d'or ou d'argent, dans du fer ou de l'acier entaillé et travaillé exprès pour cela » (Académie, 1718)

**Diaphane, adj. :** « des mouchoirs, des gants et des bas diaphanes » (TIPH, 1760, 758)

**Émaillé, e, part. :** « la couverture d'or émaillé de bleu » (AUL3, 1697, 304) ; « [la prairie] était émaillée de mille sortes de fleurs, dont les couleurs variées se confondaient dans le lointain et formaient des tapis écarlates » (TIPH, 1760, 814) / **Émailler [déf.] :** « couvrir d'émail, orner et embellir avec de l'émail » (Richelet, 1680)

**Enflammé, e, part. : voir Transparent et Flambé**

**Étincelant, e, part. :** « couronné de rayons étincelants où éclatent les couleurs les plus vives et les plus variées » (TIPH, 1760, 796)

**Falballassé, part. :** « des souliers roses falballassés d'un ruban vert » (MdMN, 20/11/1786, 2) / **Falbala, s. m. [déf.] :** « bandes d'étoffe plissées et mises pour ornement sur les jupes et sur les écharpes des femmes et sur les meubles » (Académie, 1718)

**Flambé, e, part. :** « Nom qu'on donne aux taffetas de diverses couleurs » (CAR, 1768, 1, p. 198) ; « Il y a aussi beaucoup de gilets de taffetas flambé ; et chargés de flammes très épaisses » (CdM, 01/06/1786, 109)

**Fonte, s. f. / Fondu, e, adj. (voir égal. Arc-en-ciel) :** « [les vermicelles] d'aujourd'hui sont mélangés noir, bleu, blanc, fondus ensemble » (CdM, 01/07/1786, 126) **/ Fondre [déf.] :** « en termes de peinture, signifie mêler » (Pernety, 1757, 325)

**Gauffré, e, part. :** « les rubans rayés, et les rubans gauffrés » (MdMN, 30/10/1787, 278) **/ Gauffrer [déf.] :** « empreindre, imprimer de certaines figures sur des étoffes, avec des fers faits exprès » (Académie, 1718)

**Glacer, v. / Glacé, e, part. :** « [le paille-en-queue] est quelquefois glacé de rose » (EN, 1784, 499) ; « Quelle autre [doublure] en effet, mettriez-vous avec le gris-blanc, avec le jaune, avec le lilas, avec le chamois, avec le gris d'ardoise, avec le bleu glacé et autres couleurs ? » (CdM, 01/06/1786, 107) ; « La réverbération de ces couleurs occidentales se répand sur la mer, dont elle glace les flots azurés de safran et de pourpre » (EN, 1784, 462) **/ Glacé :** « se dit aussi de plusieurs choses polies et luisantes. Un taffetas *glacé*, pour dire, qui est bien lustré » (Furetière, 1690)

**Haché, e, part. (voir égal. Damasquiné) :** hacher : « en termes de gravure, se dit de plusieurs traits qu'on fait croiser l'un sur l'autre pour faire les ombres d'un dessein, d'une estampe. On dit aussi chez les Orfèvres, de *l'or haché* » (Furetière, 1690)

**Harmonier (s') :** « le blanc et le noir [...] produisent en s'harmoniant tant de couleurs différentes » (EN, 463) **/ Harmonier (s') [déf.] :** « pour exprimer des nuances qui se fondent. Un beau vert, une belle verdure s'harmonie avec l'azur des flots » (NEO, 316)

**Jaspé, e, part. :** « Ce Bonnet est surmonté d'un héron de plumes de paon vert jaspé » (CdM, 01/02/1786, 43) **/ Jasper [déf.] :** « bigarrer de diverses couleurs en forme de jaspe » (Académie, 1694)

**Lame, s. f. ; Lamé, e, part. :** « tissu lamé or et blanc » « tissu en lames d'or » (IAD, 1787) ; « On appelle aussi *Lames,* Certains clinquants d'argent ou d'or, desquels on couvre quelquefois des étoffes, ou qu'on emploie dans les dentelles, dans les galons, etc. » (Académie, 1740)

**Lavé, e, part. :** « le flamant [...] a son plumage blanc lavé de carmin » (EN, 1784, 505) **/ Laver [déf.] :** « se dit en peinture en parlant des couleurs que l'on couche à plat sur un dessein avec le pinceau, à la différence de celles que l'on applique en pointillant comme dans la mignature » (Pernety, 1757, 390)

**Luisant, e, adj. :** « petits boutons noirs luisants » (MdMN, 11/1787, 5)

**Lumineux, se, adj. :** « des gerbes de matière lumineuse, où se peignaient toutes les couleurs de l'iris » (TIPH, 1760, 796)

**Lustre, s. m. / Lustré, e, part., (voir égal. Œil) :** « le poil [de la gazelle] aussi court, plus doux et plus lustré » (BUFF, XII, 425)

**Maillé, e, part. :** « La pintade au plumage maillé » (EN, 1784, 505) / **Maille [déf.] :** « signifie aussi les marques, les taches qui se font sur les plumes du perdreau, lorsqu'il devient fort » (Académie, 1718)

**Marbré, e, part. :** « les raies [...] sont marbrées de blanc et de brun » (EN, 1784, 500)

**Marqueté : voir Truité**

**Mélangé, e, part. : voir Fonte**

**Mêlé, e, part. :** « blanc mêlé de gris » (VIF, 1773, 1, 497) ; « les bas de couleur bleue, grise, mêlée, tranchaient trop durement » (CdM, 01/06/1786, 108)

**Moire, s. f. / Moiré, e, part. (voir égal. Pommelé) :** « un habit, veste et culotte de moire fond rosée » (IAD, 1787) / **Moire [déf.] :** « Étoffe de soie qu'on met sous la calandre, et que ses ondes font paraître de diverses couleurs » (CAR, 1768, 2, 79) / **Moiré [déf.] :** « qui est ondé comme la moire » (Académie, 1740)

**Moucheture, s. f. / Moucheté, e, part. (voir égal. Truité) :** « mélanges de plusieurs petits dessins ronds, ou carrés dont on orne les mousselines, les taffetas, les satins, et que les femmes préfèrent à l'uni, comme une bigarrure qui peint celle de leur esprit » (CAR, 1768, 2, 92-93) / « le papillon si familier et moucheté si joliment » (LIN 1, 1750, 601) / « un gilet de satin rose moucheté à paillettes d'argent », (MdMN, 29/02/1788, 81)

**Nuer, v. / Nué, e, part. / Nuance, s. f. / Nuancé, e, part. (voir égal. Rayé) :** « qui sont [guirlandes] de diverses couleurs, nuées, blanchâtres, verdâtres, et rougeâtres. » (MdMN, 11/05/1789, 130) / **Nuer [déf.] :** « disposer des couleurs selon leurs nuances, les diminuer ou augmenter doucement et insensiblement » (Furetière, 1690) / **Nuance [déf.] :** « mélange, assortiment de couleurs nuées » (Académie, 1694)

**Œil, s. m. :** « un rouge noirâtre avec un peu plus d'œil de bleu et de violet » (OdC, 1740, 275) ; « j'ai conservé de mon mieux à chacune [des couleurs] son caractère et son œil » (OdC, 1740, 274) / **Œil [déf.] :** « Lustre couleur vive. [Ce drap a un bel œil.] » (Richelet, 1680) ; « se dit figur. du lustre des étoffes, de l'éclat des pierreries, et d'autres choses semblables; et en ce sens il n'a d'usage qu'au singulier. *Ces étoffes-là ont un bel œil. Ces perles-là n'ont pas un bel œil. Cette étoffe a un œil verdâtre. Ce saphir blanc à l'œil d'un diamant* » (Académie, 1740)

**Ondé, e, part. (voir égal. Moiré) :** « On dit d'une étoffe qu'elle est ondée, lorsqu'elle a des ombres et des nuances plus ou moins vives » (CAR, 1768, 2, 150)

**Ondoyé, part. : voir Gris pommelé**

**Pailleté, e, part. (voir égal. Moucheté) :** « une robe à la batelière, garnie en velours pailleté » (MdMN, 10/01/1787, 48)

**Panaché, e, part. :** « Encore s'il était d'une rare espèce, singulièrement panaché ! mais point du tout, c'est un pigeon comme tous les pigeons du monde, un pigeon blanc » (OB, 1748, 1462) ; « Deux petits chats, d'ancienne porcelaine, panachée de rouge et de noir » (INVJ, 1767, n°1389) **/ Panaché [déf.] :** « *terme de fleuriste,* c'est à dire, qui est de diverse couleur » (Richelet, 1680)

**Piqué, e, part. :** « drap rouge piqué de blanc » (GdM, 1779, 1, 83) ; « satin gris, piqué » (IAD, 1787)

**Piqueté, e, part. :** « le rouleau [mollusque] commun piqueté de rouge » (VIF, 1773, 1, 579)

**Pois, s. m. :** « Le mantelet de satin noir à pois » (MdMN, 15/11/1785, 7)

**Pommelé, e, part. :** pommelé : « on le dit maintenant d'un habit dont les desseins moirés sont en manière de petites pommes » (CAR, 1768, 2, 270)

**Quatre couleurs (velours de) :** « les olives [coquillages] nuancées comme du velours de trois et quatre couleurs » (EN, 1784, 508)

**Raie, s. f. / Rayé, e, part. (voir égal. Arc-en-ciel) :** « seulement de taffetas, ceints de larges rubans à raies de différentes couleurs. » (MdMN, 11/1787, 4) / « La première femme, vêtue d'un pierrot de taffetas rayé à deux raies bleues nuancées (cette manière de rayure est toute nouvelle) » (MdMN, 10/09/1788, 236)

**Tabisé, e, part. (voir égal. Moiré) :** « en veste de camelot noir tabisé », (MG, 10/1683, 83) **/ Tabis [déf.] :** « gros taffetas qui a passé sous la calandre. On l'applique sur un cylindre où il y a plusieurs ondes gravées ; ce qui rend la superficie de l'étoffe inégale et plus enfoncée en un endroit qu'en l'autre, et fait réfléchir à nos yeux la lumiere différemment. C'est ce qui y fait paraître les ondes, sans qu'on y ajuste aucune eau ni teinture ; et c'est la principale preuve qu'ont les philosophes modernes, pour prouver que les couleurs ne sont que des apparences » (Furetière, 1690)

**Taché, e, part. / Tacheté, e, part. :** « un coupon de velours de printemps gris et taché » (IAD, 1787) ; « ses fleurs pourpres, tachetées de blanc » (TIPH, 1760, 796)

**Tigré, e, part. :** « orné d'une guirlande de crêpe jaune tigré, découpée, garnie de blonde » [dentelle de soie] (MdMN, 20/05/1787, 151)

**Transparent, e, adj. :** « des sables rouges et transparents éclataient au loin ; l'air paraissait enflammé, et le ciel semblait se dissoudre en étincelles » (TIPH, 1760, 736)

**Trois couleurs (velours de) : voir Quatre couleurs**

**Veiné, e, part. [anc. Veineux, se] :** « couverte d'une table de marbre blanc, ou de Saint-Leu, ou rouge veiné » (MdMN, 20/09/1788, 244) **/ Veiné [déf.] :** « Qui est plein de veines. Il ne se dit guère que du bois et du marbre » **/ Veine [déf.] :** « On appelle *Veines,* Les marques longues et étroites qui vont en serpentant dans le bois ou dans les pierres dures » (Académie, 1694) **/ Veiner [déf.] :** « Imiter par des couleurs les veines du marbre ou du bois » (Académie, 1835, 1re occurrence du verbe)

**Velours : voir Quatre couleurs**

**Velouté, e, part. /Velouter, v :** « Ce mot se prend au figuré, et en ce sens on dit que le bon ratafia veloute l'estomac » (CAR, 1768, 3, 282)

**Verni, e, part. / Vernissé, e, part. :** « La caisse doit être peinte d'une seule couleur, vernie très luisante » (MdMN, 01/09/1789, 211) ; « Le bois peut se dorer ; mais le mieux, est qu'il soit en gris-blanc vernissé » (MdMN, 01/08/1789, 194)

**Zèbre, s. m. et adj. :** « vêtue d'un jupon et d'une veste de drap *zèbre* à larges raies gris foncé et blanches » (MdMN, 10/01/1788, 42)

**Zigzag, s. m. (voir égal. Arc-en-ciel) :** « un diadème bleu de ciel à zigzags d'argent » (MdMN, 20/04/1788, 123) ; « Si ces zigzags sont de la couleur du ruban, ils sont alors d'une nuance plus foncée » (MdMN, 20/07/1787, 195)

## Références des abréviations

**AAA :** *Annonces, affiches et avis divers pour la ville du Mans et pour la province*, 24 juin 1776.

**Académie :** *Dictionnaire* de l'Académie française (1694, 1718, 1740, 1762, 1798, 1835)

**AUL1/2/3 :** Aulnoy (Marie-Catherine Le Jumel de Barneville, comtesse d'), « Gracieuse et Percinet » (1697) [AUL 1], « L'Oiseau bleu » [AUL 2], « Le Rameau d'or » [AUL 3], dans *Contes des Fées suivis des Contes nouveaux ou Les Fées à la Mode* (1697), Nadine Jasmin (éd.), Paris, H. Champion, BGF, 1, 2020, 2 t.

**AUN :** Auneuil (Louise de Bossigny, comtesse d'), *La Princesse de Prétintailles* (1702), dans Lhéritier, Bernard..., *Contes*, R. Robert (éd.), Paris, H. Champion, BGF, 2, 2005.

**BEAU :** Beauchamps (Pierre-François Godard de), *Funestine* (1737), dans Aurélia Gaillard (éd.), *Contes*, Paris, H. Champion, 2018, BGF, 11, t. 2, p. 1015-1109.

**BER :** C. L et A. B. Berthollet, *Éléments de l'art de la teinture*, Paris, Didot, 1804, 2 t.

**BI :** Diderot (Denis), *Les Bijoux indiscrets* (1748), dans *Contes et romans*, Michel Delon (éd.), Paris, Gallimard, « Bibliothèque de la Pléiade », 2004.

**BOUG :** Bougainville (Louis-Antoine de), *Voyage autour du monde* [1768], dans *Le Voyage en Polynésie – Anthologie des voyageurs occidentaux de Cook à Segalen*, Jean-Jo Scemla (éd.), Paris, Robert Laffont, « Bouquins », 1994.

**BUFF :** Buffon (Georges-Louis Leclerc de), *Œuvres complètes. Histoire naturelle, générale et particulière* (1749-1789), Paris, H. Champion, 2007 –

**CAD :** Caylus (Anne-Claude Philippe), *Tout vient à point qui peut attendre ou Cadichon* (posth.1775), dans *Le Cabinet des fées*, Amsterdam,1786, t. 25.

**CAN :** Voltaire (François-Marie Arouet, dit), *Candide* (1759), Paris, Gallimard, « Folio classique », 1992.

**CAR :** Louis-Antoine Caraccioli, *Dictionnaire critique, pittoresque et sentencieux*, Lyon, Benoît Duplain, 1768, 3 vol.

**CAZ :** Cazotte (Jacques), « La Patte du Chat, conte zinzinois » (1741), dans *Contes*, A. Defrance (éd.), Paris, H. Champion, BGF, 16, 2008.

**CdM :** *Cabinet des modes, ou les Modes nouvelles*, Buisson, 1785-1786.

**COY1/2 :** Coyer (Gabriel-François), *Les Masques*, s. l., 1746-1748 (COY1) et *La Découverte de l'île Frivole* (1751), Jean-Alexandre Perras (éd.), Cambridge, Modern Humanities Research Association, 2022 (COY2).

**DO :** Dodart (Denis), *Mémoires pour servir à l'histoire des plantes*, Paris, Imprimerie royale, 1676.

**EMG :** *Extraordinaire du Mercure galant* (1678-1685).

**EN :** Bernardin de Saint-Pierre (Jacques-Henri), « Étude de la nature X » (*Études de la nature*, 1784, Colas Duflo (éd.), dans *Œuvres Complètes*, Paris, Classiques Garnier, 2019, t. III, p. 458-468).

**FA** : Favart (Charles-Simon), *La matinée, la soirée, et la nuit des boulevards ; ambigu de scènes épisodiques, mêlé de chants et de danses, divisé en quatre parties : représenté devant Leurs Majestés, à Fontainebleau, le 11 octobre 1776*, Paris, Cailleau, 1776.

**FOI** : Foigny (Gabriel de), *La terre Australe connue* (1676), dans *Trois récits utopiques classiques*, Jean-Michel Racault (éd.), Saint-Denis de La Réunion, Presses universitaires indianocéaniques, 2020.

**FON** : Fontenelle (Bernard Le Bovier de), *Histoire des Ajaoïens* (1682), dans *Trois récits utopiques classiques*, Jean-Michel Racault (éd.), Saint-Denis de La Réunion, Presses universitaires indianocéaniques, 2020.

**Furetière** : Furetière (Antoine), *Dictionnaire universel*, La Haye, A. et R. Leers, 1690.

**GAL** : Galland (Antoine), « Histoire du dormeur éveillé », *Les Mille et Une Nuits*, J. P. Sermain (éd.), Paris, GF Flammarion, 2004, t. 2.

**GB** : Lesage (Alain-René), *Histoire de Gil Blas de Santillane* (1715 pour les livres I à VI, puis 1724 et 1735). Paris, Garnier-Flammarion, 1977.

**GdF** : *La Gazette de France*, (1762 –)

**GdM** : *Galerie des modes et costumes français...*, Paris, Esnauts et Rapilly, 1778-1785.

**Godefroy** : Godefroy (Frédéric), *Dictionnaire de l'ancienne langue française et de tous ses dialectes du* IXe *au* XVe *siècle*, Paris, F. Vieweg, 1881-1902.

**GRIMM** : Diderot (Denis) et Grimm (Friedrich Melchior), *Correspondance littéraire, philosophique et critique* (1753-1790), Paris, Furne, 1829-1831, 16 vol.

**HD2I** : Raynal (Guillaume-Thomas), *Histoire philosophique et politique des établissements et du commerce des Européens dans les deux Indes* (1770), La Haye, Les Libraires associés, 1776.

**IAD** : Dalpuget (Moyse), *Inventaire après décès* (1787), minutes du notaire parisien Jean Antoine Dosfant, Paris, Archives nationales de France, cote MC/ET/XXIV/957, n. p.

**INVJ** : Julliot (Claude-François), *Catalogue raisonné des porcelaines de qualité supérieure*, Paris, 1767 [inventaire de la collection Jullienne à sa mort].

**IMI** : Du Laurens (Henri-Joseph), *Imirce ou la Fille de la nature* (1765), Saint-Étienne, Presses de l'université de Saint-Étienne, 1993.

**IND** : Delormois, *L'Art de faire l'indienne à l'instar d'Angleterre, et de composer toutes les couleurs, bon teint, propres à l'indienne*, Paris, Jombert, 1770.

**JA** : Janot (Antoine), *Mémoire sur les opérations de la teinture du grand et bon teint des couleurs qui se consomment en Levant avec la quantité et qualité des drogues qui les composent* (1744), dans Dominique Cardon, *Des couleurs pour les Lumières. Antoine Janot, teinturier occitan, 1700-1778*, Paris, CNRS Éditions, 2019.

**JP** : *Journal de Paris*, (1777 –)

**JPL** : *Journal de politique et de littérature*, Bruxelles, 1774-1778.

**LAF** : La Force (Charlotte Rose de Caumont), *Vert et Bleu* (1697), dans *Contes*, R. Robert (éd.), Paris, H. Champion, BGF, 2, 2005.

**LAH** : Lahontan (Louis-Armand de Lom d'Arce, baron de), *Mémoires de l'Amérique septentrionale ou la Suite des Voyages de M. le Baron de Lahontan* (1703), dans *Œuvres Complètes*, Réal Ouellet et Alain Beaulieu (éd.), Montréal, Presses universitaires de Montréal, 1990, t. 1.

**LFST** : *La Feuille sans titre contenant toutes les productions d'Esprit, les Pièces de Poésies fugitives...*, Amsterdam [Liège], chez les libraires associés, 1777.

**LI** : *Lettres iroquoises, ou correspondance politique, historique et critique entre un iroquois voyageant en Europe, et ses correspondants...* (30 juillet 1781), Londres, au berceau de la vérité, 1783, 3 t.

**LIN1/2** : Lintot (Catherine Cailleau, de), *Timandre et Bleuette* (1750) (LIN1) et *Le Prince Sincer* (LIN2), dans *Contes*, R. Robert (éd.), Paris, H. Champion, BGF, 13, 2007.

**LP** : Montesquieu, *Lettres persanes*, Paris, Le Livre de Poche, 2005.

**LU** : Lubert (M. de), *La Princesse couleur-de-rose et le Prince Céladon* (1743), Aurélie Zygel-Basso (éd.), Paris, H. Champion, BGF, 14, 2005.

**MAR** : Marmontel (Jean-François), « Le Philosophe soi-disant » (1762), *Alcibiade ou le Moi, Les Quatre flacons et autres contes*, Pierino Gallo (éd.), Paris, L'Harmattan, 2019.

**MdF** : *Mercure de France* (1724 –)

**MdMN** : *Magasin des modes nouvelles françaises et anglaises* [1786-1789]

**Ménage** : Ménage (Gilles), *Dictionnaire étymologique*..., Paris, 1694.

**MG** : *Mercure galant* (1678 –)

**MONC** : Moncrif (François-Augustin Paradis de), *Les Voyageuses* (1738), dans *Le Cabinet des fées*, Amsterdam, 1786, t. 25.

**MS** : Louis Petit de Bachaumont, *Mémoires secrets pour servir à l'histoire de la république des lettres en France depuis 1762 jusqu'à nos jours*, Londres, J. Adamson, 1780-1786, 39 vol.

**NEO** : Mercier (Louis-Sébastien), *Néologie ou Vocabulaire de mots nouveaux*, Paris, Moussard, 1801.

**NO** : Nogaret (François-Félix), *Le Fond du sac*, Venise, Pantalon-Phébus, 1780, 2 t.

**NT** : Delormois, *Le Nouveau Teinturier parfait, ou Traité de ce qu'il y a de plus essentiel dans la teinture*..., nouv. éd., corrigée, 2 tomes, Paris, Barrois l'aîné, 1799, t. 1 [1re éd. 1769].

**OB** : Diderot (Denis), *L'Oiseau blanc, conte bleu* (1748), dans *Contes*, A. Defrance (éd.), Paris, H. Champion, BGF, 16, 2008.

**OdC** : Castel (Louis Bertrand), *L'Optique des couleurs*, Paris, Briasson, 1740.

**PD1** : Panon Desbassayns (Henri-Paulin), *Petit journal des époques pour servir ma mémoire (1784 - 1786)*, Saint-Gilles-les-Hauts/Sainte-Clotilde, 1990.

**PD2** : Panon Desbassayns (Henri-Paulin), *Voyage à Paris pendant la Révolution, 1790-1792*, Paris, Châtillon-sous-Bagneux, 1985.

**Pernety** : Pernety (Antoine-Joseph), *Dictionnaire portatif de peinture, sculpture et gravure*, Paris, 1757.

**PeV** : Bernardin de Saint-Pierre (Jacques-Henri), *Paul et Virginie* (1788), *Œuvres complètes*, J.-M. Racault, G. Armand, C. Duflo et Ch. Meure (éd.), Paris, Classiques Garnier, 2014.

**PF** : Pujoulx (Jean-Baptiste), *Paris à la fin du XVIIIe siècle* (1801), dans *Tableaux de Paris*, Sophie Lefay (éd.), Paris, Société d'étude du dix-huitième siècle, 2016.

**PLU** : Pluche (Antoine), *Le Spectacle de la nature*, Paris, Estienne, 1764-1770 [1732-1742], 8 t.

**PSY** : La Fontaine, Jean de, *Amours de Psyché et de Cupidon* (1669), Paris, GF-Flammarion, 1990.

**QUINT** : *La Quintessence des nouvelles historiques, critiques, politiques, morales et galantes*, La Haye, 1710-1721.

**Renou** : [Antoine Renou], *Dialogues sur la peinture*, Paris, Tartouillis, aux dépens de l'Académie, se distribue à la porte du Salon, 2nde éd., 1773-1774.

**RET** : Nicolas Edme Restif de La Bretonne, *Monsieur Nicolas* (1796-1797), Paris, Pauvert, 1959, 6 t.

**RO** : Roumier Robert (Marie-Anne de), *Voyages de Milord Céton dans les sept planètes, ou le Nouveau Mentor*, dans *Voyages imaginaires, songes, visions et romans cabalistiques*, Amsterdam, 1789, t. 17-18, [1re éd. 1765].

**Richelet** : Richelet (Pierre), *Dictionnaire français*, Genève, J.-H. Widerhold, 1680.

**SCAR** : Voltaire (François-Marie Arouet, dit), *Histoire des Voyages de Scarmentado* (1756), dans *Zadig et autres contes*, Paris, Gallimard, folio classique, 1992.

**TIPH** : Tiphaigne de La Roche (Charles-François), *Giphantie* (1760), *Œuvres complètes*, Paris, Classiques Garnier, 2019, t. 1.

**TP** : Mercier (Louis-Sébastien), *Tableau de Paris* (1781-1788), Jean-Claude Bonnet (éd.), Paris, Mercure de France, 1994, 2 t.

**VIF** : Bernardin de Saint-Pierre (Jacques-Henri), *Voyage à l'Île de France* dans *Voyages* (1773), Ph. Robinson, I. Zatorska, A. Gigan, Vl. Kapor et J.-M. Racault (dir.), *Œuvres complètes*, Paris, Classiques Garnier, 2019, t. II, vol. 1 et 2).

**VS** : Adanson (Michel), *Voyage au Sénégal* (1756), Denis Reynaud et Jean Schmidt (éd.), Saint-Étienne, Publications de l'université de Saint-Étienne, 1996.

# Notes

## Notes dans l'introduction

1. Vladimir Nabokov, *Autres rivages*, Y. Davet (trad.) et Y. Couturier (rév.), dans *Œuvres romanesques complètes*, t. 2, Gallimard, « Bibliothèque de la Pléiade », Paris, 2010, p. 1168.

2. « Synesthetes have a different texture of reality than the rest of us », Richard E. Cytowic, *Synesthesia*, USA, The MIT Press, 2019, p. 87. Sur la définition de l'état neurologique de la synesthésie voir p. 289, note 3.

3. Michel Pastoureau, *Bleu, Histoire d'une couleur*, Paris, Seuil, 2000, p. 25.

4. Je pense notamment aux travaux d'histoire des savoirs (plutôt que des sciences) de Gérard Simon sur la vision et le processus de connaissance : voir Gérard Simon, *Le Regard, l'Être et l'Apparence dans l'optique de l'Antiquité*, Paris, Seuil, 1988.

5. Voir Isabelle Stengers, *L'Invention des sciences modernes*, Paris, Flammarion, « Champs », 1995, p. 98. L'historienne des sciences concède néanmoins qu'on puisse dire que « l'Amérique a été découverte » si on s'entend sur le terme : ce qui a été découvert ne désigne pas ce qui préexistait mais le fait que « pour nous Européens », l'Amérique a fait événement (p. 111).

6. Voir Michel Blay, *La Conceptualisation newtonienne des phénomènes de la couleur*, Paris, Vrin, 1983. Voir également, du même, « Marat et Castel : l'expérience du prisme revisitée », *Dix-huitième siècle*, n° 51, 2019, p. 111-126. M. Blay y compare notamment les deux comptes rendus de la même expérience chromatique (les rayons réfléchis par une feuille d'or) menée à la même époque par Robert Boyle et Isaac Newton et conclut que les deux scientifiques ne « voient pas la même chose » et que c'est le regard porté par Newton sur la lumière et les couleurs qui est nouveau et non pas l'expérience (p. 113-114).

7. Adeline Grand-Clément, *La Fabrique des couleurs. Histoire du paysage sensible des Grecs anciens (VIIIe-début Ve siècle avant notre ère)*, Paris, Éd. de Boccard, 2011, chap. 1, « Les notions de couleur et de coloration ».

8. Voir Hugo Magnus, *Histoire de l'évolution du sens des couleurs*, Paris, C. Reinwald et Cie, 1878. La thèse des Grecs « aveugles » au bleu et au vert a été diffusée par Nietzsche en 1881 dans un célèbre passage d'*Aurore* (§ 426).

9. Voir Georges Roque : « Cette idée que la couleur c'est la teinte est si ancrée dans notre univers culturel depuis la Renaissance qu'on devient littéralement aveugle au fait qu'il n'en a pas toujours été ainsi. » (*Quand la lumière devient couleur*, Paris, Gallimard, 2018, p. 32).

10. La thèse, très débattue, à cause notamment de sa perspective universaliste, des ethnologues américains Brent Berlin et Paul Kay est centrée sur le concept de « *basic color term* » (terme fondamental de couleur) et soutient l'idée d'une séquence évolutive universelle liée au progrès technique. Il y aurait ainsi sept stades dans l'organisation des couleurs et onze termes de base correspondant aux termes équivalents pour un locuteur francophone à *blanc* et *noir*, puis *rouge*, *vert* et *jaune*, *bleu*, *brun* et enfin, pour le dernier stade (notre époque, un ensemble majoritaire de pays industrialisés), *orange*, *rose*, *violet* et *gris*. (Brent Berlin et Paul Kay, *Basic color terms : their universality and evolution*, Berkeley and Los Angeles, University of California Press, 1969).

11. David Turton : « C'est uniquement parce que notre langue nous permet de parler de la couleur, et en particulier de nous demander ce qu'elle est, que nous pensons la couleur comme une chose vue par l'œil, plutôt que comme un attribut qui facilite la connaissance d'autres objets », « La catégorisation de la couleur en mursi (Éthiopie) », dans Serge Tornay (dir.), *Voir et nommer les couleurs*, Nanterre, Labethno, 1978, p. 347-367, p. 349.

12. *Ibid.*, p. 354.

13. Voir l'approche écologique de la perception visuelle proposée par James J. Gibson qui fait de la perception un lien direct à l'environnement, la perception des couleurs dépend ainsi directement des tâches à accomplir dans un environnement donné (*Approche écologique de la perception visuelle*, Éd. Dehors, 2014, [angl. 1979]).

14. Johann Wolfgang Goethe, *Traité des couleurs*, Paul-Henri et Henriette Bideau (éd. et trad.), Laboissière-en-Thelle, Triades, 1980, p. 89.

15. Les expressions sont reprises respectivement à Michel Pastoureau, *Noir. Histoire d'une couleur*, Paris, Seuil, 2008, p. 159 et Manlio Brusatin, *Histoire des couleurs*, Claude Lauriol (trad.), Flammarion, Champs, 1986 [Turin, 1983], p. 49.

16. Robert Boyle, *Experiments and Considerations Touching Colours*, Londres, Henry Herringman, 1664. Voir M. Blay, « Marat et Castel : l'expérience du prisme revisitée », art. cité.

17. Jean Albo, *Instructions générales pour la teinture des laines et manufactures de laine de toutes couleurs*, Paris, François Muguey, 1671, p. 3.

18. Marie-Catherine d'Aulnoy, « La Biche au bois » (1697), dans *Contes Nouveaux ou les Fées à la mode*, Nadine Jasmin (éd.), Paris, H. Champion, BGF, 1, 2020, t. 2, p. 713 (je souligne). Voir Aurélia Gaillard, « Contes en couleur », *Féeries*, n° 17, 2021 (https://journals.openedition.org/feeries/3960).

19. Voir Andrew. S. Curran, *L'Anatomie de la noirceur – science et esclavage à l'âge des Lumières*, Patrick Graille (trad.), Paris, Classiques Garnier, 2017 ; et les travaux d'Anne Lafont, notamment, *L'Art et la Race. L'Africain (tout) contre l'œil des Lumières*, Dijon, Les Presses du réel, 2019.

20. Voir M. Brusatin, *Histoire des couleurs*, éd. citée, p. 55-57.

21. Voir Athanasius Kircher, le chapitre « Chromocritia » du traité *Ars magna lucis et umbrae* (1646).

22. Voir Aurélia Gaillard et Catherine Lanoë (dir.), « La couleur des Lumières », *Dix-huitième siècle*, n° 51, 2019. Pour mesurer l'importance pour les couleurs des progrès de la teinturerie et tapisserie : on passerait d'une vingtaine de tons disponibles au Moyen Âge pour les lissiers à 14 000 au XVIIIe siècle (Alexandra Fau, *Histoire des tissus en France*, Rennes, Ouest-France, 2006, p. 27.)

23. Marie-Madeleine de La Fayette, *La Princesse de Clèves* (1678), Paris, dans *Romanciers du XVIIe siècle*, Paris, Gallimard, « Bibliothèque de la Pléiade », 1958, p. 1107 et 1215.

24. Antoine Furetière, *Le Roman bourgeois* (1666), dans *Romanciers du XVIIe siècle*, éd. citée, p. 932-933.

25. Respectivement Jean-Jacques Rousseau, *Les Confessions* (1765), (Paris, Classiques Garnier, 2011, Livre II, p. 91 et VI, p. 260) ; Denis Diderot, *Jacques le fataliste et son maître* (1765-1780), dans *Romans et contes*, Michel Delon (éd.) (Paris, Gallimard, « Bibliothèque de la Pléiade », 2004, p. 878), « Lettre Du Grandval, du 20 octobre 1760 » (*Lettres à Sophie Volland*, éd. d'Aujourd'hui, 1978, t. 1, lettre 47, p. 255-6) et *Salon de 1761* (Paris, Hermann, p. 116) ; Jacques-Henri Bernardin de Saint-Pierre, *Paul et Virginie* (1787), (Jean-Michel Racault (éd.), Paris, Le Livre de Poche, « Classiques », 2019, p. 161) ; Nicolas-Edme Rétif de La Bretonne, *Le Pied de Fanchette ou le Soulier couleur de rose* (La Haye, 1786, p. 33) et Johann Wolfgang von Goethe, *Les Souffrances du jeune Werther* (*Die Leiden des jungen Werthers*) (1774), éd. bilingue, Paris, Gallimard, « Folio », 1990, p. 256.

26. Onésime de Claireville, *Le Gascon extravagant*, Paris, Cardin Besogne, 1637, p. 489-490, cité par Florent Libral, « Vêtement et quête des sociétés idéales, entre ostentation et révélation (1600-1675) », dans Carine Barbafieri et Alain Montandon (dir.), *Sociopoétique du textile à l'âge classique*, Paris, Hermann, 2015, p. 27-46, p. 35.

27. *Magasin des modes nouvelles françaises et anglaises* [1786-1789], 30 avril 1788, p. 130.

28. Voir Daniel Roche, *La Culture des apparences. Une histoire du vêtement, XVIIe-XVIII[e] siècles*, Paris, Fayard, « Points », 1991 [1989] et Adeline Collange-Perugi et Pascale Gorguet-Ballesteros (dir.), *À la mode. L'art de paraître au 18e siècle*, Heule, Snoeck, 2021.

29. C'est la perspective qu'a renouvelée l'histoire matérielle des couleurs, mêlant dimensions scientifiques, techniques et artistiques et qui s'intéresse en particulier à la fabrique, la « création » des couleurs et non au changement de paradigme que j'appelle « invention » : voir Sarah Lowengard, *The Creation of Color in Eighteenth-Century Europe*, New-York, Columbia University Press, 2006 (www.gutenberg-e.org/lowengard).

## Première partie

### Notes sur le chapitre 1

1. Leon Battista Alberti, *De Pictura* (1435) / *De la Peinture*, J.-L. Schefer (trad.), Paris, Macula, 2014, livre I, § 9, p. 107-109.

2. Gérard Simon, *Le Regard, l'Être et l'Apparence dans l'optique de l'Antiquité*, ouvr. cité, p. 23.

3. *Ibid.*, p. 114.

4. Voir Jean-Pierre Vernant, *Mythe et pensée chez les Grecs*, Paris, La Découverte, 1996 [1965].

5. G. Simon, *Le Regard, l'Être et l'Apparence dans l'optique de l'Antiquité*, ouvr. cité, p. 26-27.

6. Ptolémée, *Optique*, II, 24, cité par G. Simon, *ibid.*, p. 96.

7. G. Simon, *ibid.*, p. 188.

8. Aristote, « De la Sensation et des sensibles » (*De Sensu*), dans *Petits traités d'histoire naturelle*, P.-M. Morel (trad.), GF, 2000 ; « La vue et le visible », dans *De l'Âme*, J. Tricot (trad.), Paris, Vrin, 1995 (II-7, 418a-419b, p. 105-112).

9. Voir Bernard Maitte, *Histoire de l'arc-en-ciel*, Seuil, 2005.

10. Voir H. B. Gottschalk, « The *De Coloribus* and Its Author » (*Hermes*, 1964, vol. 92, p. 59-85) et Pseudo-Aristote, *Des couleurs, des sons, du souffle*, Michel Federspiel et Jean-Yves Guillaumin (éd.), Paris, Les Belles Lettres, 2017, p. 17-18.

11. Aristote, *De l'Âme*, éd. citée, II-7, 418a, p. 105.

12. Une large partie de ces explications sont reprises à B. Maitte, ouvr. cité, p. 34-35.

13. Aristote, *De l'Âme*, éd. citée, II-7, 419a, p. 111.

14. Aristote, « De la Sensation et des sensibles », éd. citée, 439b, p. 74.

15. *Ibid.*, 440b, p. 78.

16. *Ibid.*, 440a, p. 76.

17. Pseudo-Aristote, éd. citée, 791a1 et suiv., p. 68.

18. Voir l'explication d'inspiration nettement aristotélicienne de la couleur de l'air par Léonard de Vinci, *Traité de la peinture*, André Chastel (trad. et éd.), Paris, Berger-Levrault, 1995, § 159, p. 202 et Janis Bell, « Aristotle as a Source for Leonardo's Theory of Colour Perspective after 1500 », *Journal of the Warburg and Courtauld Institutes*, vol. 56, Warburg Institute, 1993, p. 100–18 (https://doi.org/10.2307/751367).

19. Guillaume de Salluste du Bartas, *La Sepmaine ou création du monde*, Paris, Jean Feurier, 1578, 2nd Jour, p. 28 (orthographe modernisée). Nous remercions Violaine Giacomotto-Charra, auteur de *La Forme des choses. Poésie et savoirs dans* La Sepmaine *de Du Bartas* (Toulouse, P. U. du Mirail, 2009) pour nous avoir signalé la référence.

20. Expression reprise à Bernard Maitte, ouvr. cité, p. 77.

21. Voir l'analyse que fait Tawrin Baker des trois manuels scolastiques de Zabarella (1590), Magirus (1597) et Sennert (1618 – traduit en anglais en 1660) : « Colour in Three Seventeenth-Century Scholastic Textbooks », dans *Colour Histories : Colour in the 17th and 18th centuries, Connexions between Science, Arts, and Technology*, Berlin/Boston, Walter de Gruyter, 2015, p. 161-177.

22. Christophe de Savigny, « Optique » dans *Tableaux accomplis de tous les arts libéraux*, Paris, J. et F. Gourmont frères, 1587, non pag.

23. Voir Violaine Giacomotto-Charra, *La Philosophie naturelle en langue française : Des premiers textes à l'œuvre de Scipion Dupleix*, Genève, Droz, 2020.

24. Scipion Dupleix, *La Suite de la physique* (1604), Paris, Louis Giffart et Pierre Des Hayes, 1618, p. 48.

25. Voir notamment Michel Blay, « Couleur », *Dictionnaire d'histoire et philosophie des sciences*, Paris, PUF, « Quadrige », 2006, p. 297-301.

26. François d'Aguilon, *Opticorum libri* sex, Anvers, Vve et fils Moreti, 1613, Prop. 39, p. 40.

27. Athanasius Kircher, *Ars magna lucis et umbrae*, Amstelodami, J. Janssonium, 1671 [1646], I, III, chap. 1, p. 49.

28. René Descartes, *Les Météores*, dans *Œuvres*, André Bridoux (éd.), Paris, Gallimard, « Bibliothèque de La Pléiade », 1953, p. 230 et suiv.

29. Théophraste Renaudot, « Si les couleurs sont réelles », dans *Recueil général des questions traitées es conférences du bureau d'adresse, sur toutes sortes de matières ; par les plus beaux esprits de ce temps*, Paris, L. Chamhoudry, 1656, t. 1, conf. L, p. 831.

30. *Ibid.*, p. 824.

31. Alberti, *De Pictura* (1435) / *De la Peinture*, éd. citée, livre I, § 9, p. 107-109.

32. À partir de la Renaissance, la couleur attribuée à l'élément terre est néanmoins généralement le jaune. Léonard de Vinci retient ainsi pour les quatre éléments : le jaune pour la terre, le vert pour l'eau, le bleu pour l'air et le rouge pour le feu. Voir Léonard de Vinci, *Traité de la peinture*, éd. citée, § 174, p. 209.

33. Alberti, éd. citée, p. 109.

34. Pseudo-Aristote, ouvr. cité, 794b30 et suiv., p. 80-81.

35. *Ibid.*, 792b15, p. 72-73.

36. Alberti, éd. citée, p. 193.

37. Voir Isabelle Bouvrande, « Peindre le corps à la Renaissance : l'art de colorer chez Alberti », *Corps*, vol. 3, n° 2, 2007, p. 73-78.

38. Voir l'introduction de Marie-Élisabeth Boutroue aux éditions numérisées de Pline de la Bibliothèque Medica (Université Paris Cité) : https://www.biusante.parisdescartes.fr/histoire/medica/resultats/index.php?intro=pline

39. Pline l'Ancien, *Histoire naturelle*, Jean-Michel Croisille (trad.), Paris, Les Belles Lettres, t. XXXV, 1997, p. 29.

40. *Ibid.*, p. 31.

41. *Ibid.* Pour l'usage des pigments en teinturerie, voir *ibid.*, p. 131 ou au livre IX, § 133, le développement sur les teintures rouges à base de pourpres.

42. Les différentes couleurs désignent soit des pigments soit la couleur obtenue à partir de pigments ou d'un procédé de fabrication (combustion, mélange). Voir la liste de dix-neuf couleurs détaillée et explicitée dans l'éd. citée, p. 182-183, ici résumée : le *minium* (cinabre, rouge), l'*armenium* (bleu), la *cinnabaris* (laque rouge), la *chrysocolla* (malachite), l'*indicum* (indigo), le *purpurissum* (sorte de pourpre), la *sinopis* (terre d'ocre rouge), la *rubrica* (variété de terre), le *paraetonium* (blanc), le *melinum* (craie argileuse), l'érétrie (craie, blanc), l'orpiment (minéral jaune), l'ocre (jaune), la céruse, l'*usta* (ocre-rouge), la sandaraque (rouge), la *sandyx* (mélange de céruse et de *rubrica*), le *syricum* (rouge) et l'*atramentum* (noir).

43. *Ibid.*, p. 47.

44. *Ibid.*, p. 49.

45. Voir John Gage, *Couleur et culture. Usages et significations de la couleur de l'Antiquité à l'abstraction,* Paris, Thames et Hudson, 2010 [angl. 1993], p. 29.

46. Pline, éd. citée, t. XXXV, § 5, p. 15.

47. Voir Gage, ouvr. cité, p. 30-32.

48. Pline, éd. citée, t. XXXV, § 36, p. 74-75.

49. Giorgio Vasari, *Les Vies des meilleurs peintres* (1568), cité dans Jacqueline Lichtenstein (dir.), *La Peinture*, Paris, Larousse, 1995, p. 525.

50. Voir Gage, éd. citée, p. 133-137.

51. Léonard de Vinci, éd. citée, § 157, p. 201.

52. *Ibid.*, § 76, p. 153.

53. Voir Aude Prigot, « Couleur / Coloris », dans Michèle-Caroline Heck (dir.), *LexArt. Les mots de la peinture (France, Allemagne, Angleterre, Pays-Bas, 1600-1750)*, Montpellier, Presses universitaires de la Méditerranée, 2018, p. 152-159.

54. Voir Pierre Caye, « Couleur et composition dans la théorie de la peinture à l'âge humaniste et classique (Ludovico Dolce et Roger de Piles) », *Lo Sguardo – Rivista di Filosofia*, 10, 2012, p. 169-182.

55. Ludovico Dolce, *Dialogo della Pittura/Dialogue sur la peinture, intitulé l'Arétin* (Venise, 1557), éd. bilingue, Nicolas Vleughels (trad.), Florence, M. Nestenus et F. Moucke, 1735, p. 223.

56. *Ibid.*, p. 219.

57. *Ibid.*, p. 217.

58. Voir M. Brusatin, ouvr. cité, p. 45 et suiv.

59. *L'art d'enluminure : traité du XIV^e siècle*, Louis Dimier (trad.), Paris, 1927, p. 31. Je rétablis les termes latins des couleurs à partir de l'édition latine *L'art d'enluminer : manuel technique du XIV^e siècle*, A. Lecoy de la Marche (éd.), Nogent-le-Rotrou, 1887, p. 5.

60. Voir Pascale Heurtel et Michelle Lenoir, « Vélins de Paris et vélins de Vienne », *Bulletin du Centre de recherche du château de Versailles*, 2022 (https://doi.org/10.4000/crcv.21774).

61. Antoine Furetière, MINIATURE, *Dictionnaire universel*, La Haye, A. et R. Leers, 1690.

62. Michel Pastoureau, *Couleurs, images, symboles*, le Léopard d'Or, 1989, p. 47. La plupart des informations développées ici en sont issues. Voir également du même auteur *L'Art héraldique au Moyen Âge*, Paris, Seuil, 2009.

63. Voir Michel Pastoureau, « Le blanc, le bleu et le tanné », dans Florence Bouchet et Danièle James-Raoul (dir.), *Désir n'a repos*, Pessac, Presses universitaires de Bordeaux, 2015, p. 115-132 (https://doi.org/10.4000/books.pub.15908).

64. Sur les couleurs dans les théories médicales de la tradition hippocratique, voir Edoarda Barra, « Les couleurs du *Corpus Hippocraticum* », *Corps*, vol. 3, no. 2, 2007, p. 25-32.

65. Jean Courtois dit Sicile, « Blason sur les quatre éléments », dans *Le Blason des couleurs en armes, livrées et devises*, Paris, à l'enseigne Saint Nicolas, 1521-1547.

66. Cesare Ripa, *Iconologie* (éd. fr. 1643), Paris, Aux Amateurs de Livres, 1989, II, p. 52-53.

67. Sicile, « Couleurs selon les vertus mondaines », dans *Le Blason des couleurs*, ouvr. cité, f° XXv-XXIr.

68. Voir Michel Pastoureau, « Le blanc, le bleu et le tanné », art. cité, et Martina Crosio, « Les couleurs en bande dessinée ? *L'Exposition des couleurs* de Jean Robertet », Luca Sacchi et Cristina Zampese (dir.), *I colori del racconto, Biblioteca di Carte Romanze*, 10, Milan, Ledizioni LediPublishing, 2020, p. 139-153.

69. André Alciat, « Des couleurs » (LVI), dans *Les emblèmes* (trad. fr.), Cologne, Jean de Tournes, 1615, p. 216-217. J'ai rétabli entre crochets le terme de couleur latin utilisé dans le texte original d'Alciat.

70. Voir M. Brusatin, ouvr. cité, p. 55 et suiv.

71. François Rabelais, *Gargantua*, dans *Les Cinq Livres*, Paris, Le Livre de Poche, « La Pochothèque », 1994, VIII, p. 51-52.

72. Voir Michel Pastoureau, « Mensonges et vérités de la couleur à l'aube des Lumières », dans Florian Rodari et Maxime Préaud (dir.), *Anatomie de la couleur. L'invention de l'estampe en couleurs*, Paris, Bibliothèque nationale de France, 1996, p. 91-93.

73. Claude-François Ménestrier, *Le Véritable Art du blason*, Lyon, Benoît Coral, 1659, p. 87-88.

74. *Ibid.*, p. 88.

75. Michel Pastoureau, *Jaune. Histoire d'une couleur*, Paris, Seuil, p. 86 et sa note 8, p. 22.

76. C.-F. Ménestrier *Le Véritable Art du Blason*, éd. citée, p. 90.

77. Voir Antonio Telesio de Cosenza, *Petit traité des couleurs latines*, Michel Indergand et Christine Viglino (éd. et trad.), bilingue latin-français, Paris, Éd. Estienne, 2010.

78. *Ibid.*, p. 43.

79. On ne saurait trop insister sur la difficulté d'assigner une « traduction » française aux termes latins utilisés par Telesio et dont il montre justement la variabilité. Sur mon choix de traduire « *roseus* » par « incarnat » (alors que la trad. de l'éd. française de Christine Viglino est « rose »), voir p. 94.

80. A. Telesio de Cosenza, *Petit traité des couleurs latines*, éd. citée., p. 67.

## Notes sur le chapitre 2

1. Daniel Roche, *La Culture des apparences. Une histoire du vêtement, XVII^e-XVIII^e siècles*, ouvr. cité.

2. Voir René Démoris, *Le Roman à la première personne. Du classicisme aux Lumières*, Genève, Droz, 2002 [1975].

3. Voir Benedetta Papasogli, *Le « Fond du cœur ». Figures de l'espace intérieur au XVII^e siècle*, Paris, H. Champion, 2000.

4. Diderot se moque dans son roman oriental satirique, *Les Bijoux indiscrets* (1748), de la secte des « verticoles » (tourbillonnaires), dirigé par un certain Olibri, opposée à celle des « attractionnaires », dirigée par Circano.

5. Fontenelle, *Entretiens sur la pluralité des mondes*, Christophe Martin (éd.), Paris, GF Flammarion, 1998, p. 62.

6. Voir Fabrice Chassot, *Le Dialogue scientifique au XVIII^e siècle. Postérité de Fontenelle et vulgarisation des sciences*, Paris, Classiques Garnier, 2011.

7. Fontenelle, *Entretiens...*, éd. citée, 1998, p. 59. Je souligne.

8. « I shall not [...] deny, that considering that I pretended not to write an accurate Treatise of Colours, but an Occasional Essay to acquaint a private friend with what then occurred to me of the things I had thought or try'd concerning them [...] », R. Boyle, *Experiments and Considerations touching Colours*, éd. citée, préface, non p.

9. *Ibid.*, p. 200-203. Dans son ouvrage *Aesthetic Science : Representing Nature in the Royal Society of London, 1650-1720* (Chicago, The University of Chicago Press, 2020), Alexander Wragge-Morley, a montré comment les scientifiques membres de la jeune Académie royale de Londres tels John Ray, Robert Boyle, Robert Hooke ou Thomas Willis concevaient l'étude de la nature comme un projet esthétique.

10. Pour une rapide synthèse sur ce point, voir Christophe Martin, *L'Esprit des Lumières*, Paris, A. Colin, 2017, p. 54-58.

11. Jean Le Rond dit d'Alembert, COULEUR, (*Physiq.*), dans *Encyclopédie ou Dictionnaire raisonné...*, ENCCRE (Édition Numérique Collaborative et CRitique de l'*Encyclopédie*), vol. IV (1754), p. 327b.

12. Voir Michel Blay, COULEUR, *Dictionnaire d'histoire et philosophie des sciences*, Paris, PUF, « Quadrige », 2006, p. 297-301. L'auteur parle aussi, pour les théories mécanistes de la couleur, d'une « déviation de la théorie aristotélicienne » (« Christiaan Huygens et les phénomènes de la couleur », *Revue d'histoire des sciences*, 37, n° 2, 1984, p. 127-150, p. 140, n. 46. DOI : https://doi.org/10.3406/rhs.1984.1997).

13. Descartes, *Les Météores* (1637), dans *Œuvres*, éd. citée, p. 230 et suiv.

14. Descartes, *La Dioptrique*, dans *Œuvres*, éd. citée, p. 205 et suiv.

15. *Ibid.*, p. 201.

16. Voir Bernard Maitte, « Les couleurs en physique au 18e siècle : débats autour du renversement de leur statut par Newton », *Dix-huitième siècle*, n° 51, 2019, p. 93-109.

17. D'Alembert, NEWTONIANISME, (*Physiq.*), « c'est la théorie du mécanisme de l'univers [...]. Dans ce sens, la philosophie newtonienne n'est autre chose que la nouvelle philosophie, différente des philosophies cartésienne et péripatéticienne, et des anciennes philosophies corpusculaires », dans *Encyclopédie ou Dictionnaire raisonné...*, éd. citée, vol. XI (1765), p. 122b. Sur le newtonisme, voir l'état des lieux de Paolo Casini, « Le "newtonianisme" au siècle des Lumières. Recherches et perspectives », *Dix-huitième Siècle*, n° 1, 1969, p. 139-159 ; les travaux de Michel Blay, notamment les articles du dictionnaire critique de Michel Blay et Robert Halleux (dir.), *La Science classique. XVI-XVIIIe siècle,* (Paris, Aubier-Flammarion, 1998), ceux d'Anne-Lise Rey, notamment « La littérarisation de la science newtonienne au XVIIIe siècle : une littérature pour les dames ? » (*Littératures classiques*, vol. 85, n° 3, 2014, p. 303-326), et de Philippe Hamou, « Algarotti entre Fontenelle et Voltaire : philosophie mondaine et vulgarisation scientifique dans le *Newtonianisme pour les Dames* » dans Ph. Beck et D. Thouard (dir.), *Popularité de la Philosophie*, Fontenay-aux-Roses, ENS Éditions, 1995, p. 13-39.

18. Isaac Newton, « *A Letter of Mr. Isaac Newton, Professor of the Mathematicks in the University of Cambridge; Containing His New Theory about Light and Colors : Sent by the Author to the Publisher from Cambridge, Febr. 6. 1671/72; In Order to Be Communicated to the R. Society* », *Philosophical Transactions (1665-1678)*, vol. 6, The Royal Society, 1672, p. 3075.

19. Voir notamment Bernard Maitte, « Les couleurs en physique au 18e siècle... » (art. cité) et Michel Blay, *La Conceptualisation newtonienne des phénomènes de la couleur* (ouvr. cité), ainsi que les éléments bibliographiques fournis par le même auteur dans son article « Marat et Castel : l'expérience du prisme revisitée » (art. cité, p. 112, n. 5).

20. R. Boyle, *Experiments and Considerations Touching Colours*, éd. citée.

21. Newton, « *A Letter of Mr. Isaac Newton...* », éd. citée, p. 3082.

22. B. Maitte, *Histoire de l'arc-en-ciel*, Paris, Seuil, « Science ouverte », 2005, p. 186.

23. Newton, *Optique*, Jean-Paul Marat (trad., 1787), suivi de M. Blay, « Études sur l'optique newtonienne », Paris, Christian Bourgois, 1989, Livre I, Partie 1, p. 53.

24. Louis Bertrand Castel, *Le Vrai Système de Physique générale de M. Newton* (Paris, 1743, p. 446-447), cité par M. Blay, « Marat et Castel... », art. cité, p. 115.

25. Voir Nicolas Class, « Goethe et la méthode de la science », *Astérion*, n° 3, 2005 (https://doi.org/10.4000/asterion.413).

26. Goethe, *Traité des couleurs*, éd. citée, p. 88.

27. Ludwig Wittgenstein, *Remarques sur les couleurs*, Gérard Granel (trad.), Mauvezin, Éditions Trans-Europ-Repress, « T.E.R. bilingue », 1984 [all. 1977], p. 23.

28. Goethe, *Traité des couleurs*, éd. citée, p. 139.

29. *Ibid.*, p. 134.

30. Voir, parmi une ample bibliographie, les travaux fondateurs de Daniel Roche, *Le Siècle des Lumières en province. Académie et académiciens provinciaux (1680-1789)* (Paris, La Haye, EHESS-Mouton, 1978) ou, du même, *Les Républicains des lettres. Gens de culture et Lumières au XVIIIe siècle* (Paris, Fayard, 1988). Voir également James E. McClellan, « L'Europe des académies » (*Dix-huitième Siècle*, n° 25, 1993, p. 153-165) et Irène Passeron, René Sigrist et Siegfried Bodenmann (dir.), « La République des Sciences » (*Dix-huitième siècle*, n° 40, 2008).

31. Voir Antoine Lilti, *Le Monde des salons. Sociabilité et mondanité à Paris au XVIIIe siècle*, Paris, Fayard, 2005.

32. Voir Mireille Touzery, « Émilie Du Châtelet, un passeur scientifique au XVIIIe siècle », *La revue pour l'histoire du CNRS*, n° 21, été 2008, p. 34-38 et Véronique Le Ru, *Émilie du Châtelet philosophe*, Paris, Classiques Garnier, 2019.

33. Voltaire, *Lettres philosophiques* (1734), Olivier Ferret et Antony McKenna (éd.), Paris, Classiques Garnier, 2019, lettre XVI, « Sur l'optique de M. Newton », p. 129.

34. L. B. Castel, *L'Optique des couleurs : fondée sur les simples observations, et tournée surtout à la pratique de la peinture, de la teinture et des autres arts coloristes*, Paris, Briasson, 1740, p. 470.

35. Michel Adanson parle de « la vive couleur de feu des moineaux appelés cardinaux », *Voyage au Sénégal* (1756), Denis Reynaud et Jean Schmidt (éd.), Saint-Étienne, Publications de l'université de Saint-Étienne, 1996, p. 62.

36. Montesquieu, *Lettres persanes*, éd. citée, Lettre 52, p 195.

37. Voir Fabrice Chassot, « Littérature et socialisation des sciences dans le dialogue scientifique », *Littératures classiques*, vol. 85, n° 3, 2014, p. 189-203. Voir également Guilhem Armand, *Les fictions à vocation scientifique de Grands de Bergerac à Diderot : vers une poetique hybride*, Pessac, Presses universitaires de Bordeaux, 2013.

38. Francesco Algarotti, *Le Newtonianisme pour les dames, ou Entretiens sur la lumière, sur les couleurs et sur l'attraction*, Louis-Adrien Duperron de Castera (trad.), Paris, Montalant, 1738, t. 1, p. 79.

39. *Ibid*., p. 4.

40. *Ibid*., p. 10.

41. *Ibid*., p. 44.

42. Voir par exemple les portraits respectifs des deux mondaines Madame de Lursay (« peu de rouge », p. 107) et de Senanges (fortement fardée, p. 151) dans l'ouvrage contemporain de Crébillon fils, *Les Égarements du cœur et de l'esprit* (1736), Paris, Gallimard, « folio », 1977.

43. Algarotti, éd. citée, p. 80.

44. Anne-Lise Rey parle de « littérarisation » de la science non comme simple fait de vulgarisation mais comme approche expérimentale, « La littérarisation de la science newtonienne au XVIII^e^ siècle : une littérature pour les dames ? », *Littératures classiques*, vol. 85, n° 3, 2014, p. 303-326. Voir également Philippe Hamou, « Algarotti entre Fontenelle et Voltaire : philosophie mondaine et vulgarisation scientifique dans le *Newtonianisme pour les Dames* », dans Ph. Beck et D. Thouard (dir.), *Popularité de la Philosophie*, E.N.S. éditions Fontenay Saint Cloud, 1995.

45. Roger de Piles : « La véritable peinture est donc celle qui nous appelle (pour ainsi dire) en nous surprenant : et ce n'est que par la force de l'effet qu'elle produit que nous ne pouvons nous empêcher d'en approcher, comme si elle avait quelque chose à nous dire », *Cours de peinture par principes* (1708), Paris, Gallimard, « Tel », 1989, p. 8.

46. Denis Diderot, *Essais sur la peinture* (1765), Paris, Hermann, 1984, p. 21.

47. Sur ce nouveau public et la hiérarchisation entre amateurs honoraires de l'Académie royale de peinture et de sculpture ou non, curieux et connaisseurs, voir Charlotte Guichard, *Les Amateurs d'art à Paris au XVIII^e^ siècle*, Seyssel, Champ Vallon, 2008.

48. En effet, pour la plupart des peintres, « c'est dans leur pratique plus que dans leurs discours que se mettait en œuvre leur réflexion et c'est cette pratique qu'il s'agit d'examiner afin de s'interroger sur la notion de théorie implicite » (Christian Michel, « Prologue. Les apories du discours théorique : lumière et couleur dans la littérature artistique et la pratique des peintres », dans Michèle-Caroline Heck (dir.) avec la coll. de Marianne Freyssinet et de Stéphanie Trouvé, *Lexicographie artistique : formes, usages et enjeux dans l'Europe moderne*, Montpellier, Presses universitaires de la Méditerranée, 2018, p. 27-46).

49. Voir Jacqueline Lichtenstein, *La Couleur éloquente*, Flammarion, « Champs Arts », 2013 [1989] et Emmanuelle Delapierre, Matthieu Gilles, Hélène Portiglia (dir.), *Rubens contre Poussin*, Ludion, 2004.

50. Il s'agit des conférences à l'Académie royale de peinture et de sculpture des 12 juin 1671, (Philippe de Champaigne sur *La Vierge à l'enfant* de Titien) et 7 novembre 1671 (Gabriel Blanchard, « Le mérite de la couleur »), *Conférences de l'Académie royale de peinture et de sculpture*, Jacqueline Lichtenstein et Christian Michel (éd.), Paris, ENSBA, t. 1, vol. 1, 2006, respectivement p. 409 et 438-9. (https://perspectivia.net/receive/ploneimport_mods_00000002).

51. R. de Piles, *Cours de peinture*..., éd. citée, p. 148-9.

52. *Ibid*., p. 149.

53. *Ibid*., p. 163.

54. R. de Piles, *L'Art de peinture de C.-A. Dufresnoy, traduit en français, enrichi de remarques et augmenté d'un Dialogue sur le coloris*, Paris, Nicolas Langlois, 1673.

55. *Conférences de l'Académie royale de peinture et de sculpture*, éd. citée, t. 1, vol. 2, 2006, p. 684.

56. Voir Christian Michel, « Prologue. Les apories du discours théorique : lumière et couleur dans la littérature artistique et la pratique des peintres », art. cité.

57. Même l'anticolorisme de Rousseau tel qu'il s'exprime en particulier dans l'*Essai sur l'origine des langues* (chap. 13) (v. 1756-1761) n'est pas un retour aux positions de Charles Le Brun mais un refus de l'effet mécanique que la couleur est censé produire, voir René Démoris, « Jean-Jacques Rousseau et le discours sur la peinture » (dans *Annales de la Société Jean-Jacques Rousseau*, Genève, Droz, 2003, t. 45, p. 237-270, p. 252 et suiv.) et Christophe Martin, « Des pouvoirs de la couleur dans *La Nouvelle Héloïse* » (*Dix-huitième siècle*, 2019, n° 51, p. 321-333).

58. Diderot, *Essais sur la peinture* (1765), éd. citée, p. 18.

59. Charles Le Brun présente, en 1668, dans une conférence à l'Académie royale de peinture et de sculpture une allocution *Sur l'expression générale et particulière*, accompagnée d'une série de dessins schématiques où les différentes passions sont

représentées à l'aide de traits marquant les divers mouvements du visage, élévation de sourcils, abaissement de paupières, ouverture de bouche, etc. Sur l'évolution de l'expression des passions en peinture, voir René Démoris « Le langage du corps et l'expression des passions de Félibien à Diderot », dans J.-P. Guillerm (dir.), *Mots et Couleurs*, Lille, PUL, 1986, p. 41-66.

60. Ch. Le Brun, *Conférence sur l'expression générale et particulière* (1668), Paris, Dédale, 1994, p. 120.

61. Diderot, *Essais sur la peinture* (1765), éd. citée, p. 25.

62. Voir A. Gaillard, « Connaître sans savoir : esthétique de l'émotion et *mimèsis* au siècle des Lumières », dans A. Gefen et B. Vouilloux (dir.), *Empathie et esthétique*, Paris, Hermann, 2013, p. 311-327.

63. Antoine-Joseph Pernety, *Dictionnaire portatif de peinture, sculpture et gravure*, Paris, Bauche, 1757, respectivement p. 440, 500 et 503.

64. Voir A. Gaillard, « Mythologies de l'effraction : les repos en peinture dans la première moitié du 18e siècle », dans J. Berchtold, R. Démoris et Ch. Martin, (dir.), *Violences du rococo*, Bordeaux, PUB, « Mirabilia », 2012, p. 77-95.

65. Voir Charlotte Guichard, « Palettes et tableaux : des laboratoires de la couleur ? », *Dix-huitième siècle*, n° 51, 2019, p. 187-204, p. 197 et Guillaume Faroult, *L'Amour peintre. L'imagerie érotique en France au XVIIIe siècle*, Paris, Cohen&Cohen, 2020, p. 175-183.

66. Étienne La Font de Saint-Yenne, *Réflexions sur quelques causes de l'État présent de la peinture en France, avec un examen des principaux ouvrages exposés au Louvre, 1746* (1747), dans *Œuvre critique*, Étienne Jollet (éd.), Paris, ENSBA, 2001, p. 68.

67. *Ibid.*, p. 51.

68. Diderot, *Salon de 1759,* dans *Essais sur la peinture*, éd. citée, p. 102.

69. « [...] les Camaïeux [ont] pris le dessus pour l'embellissement des Carrosses », La Font de Saint-Yenne, éd. citée, p. 50.

70. Respectivement Conférence du 2 septembre 1719 d'Antoine Coypel, commentaire de l'*Épître à son fils*, suite, dans *Conférences...*, éd. citée, t. 4, vol. 1, p. 200 et Diderot, *Salon de 1767*, Paris, Hermann, 1995, p. 162.

71. Respectivement La Font de Saint-Yenne, éd. citée, p. 67 et Diderot, *Salon de 1761* dans *Essais sur la peinture*, éd. citée, p. 116.

72. Jean-Baptiste Oudry, conférence du 7 juin 1749 « sur la manière d'étudier la couleur », *Conférences de l'Académie royale*, éd. citée, t. 5, vol. 1, 2012, p. 324.

73. *Ibid.*, p. 327.

74. Voir Charlotte Guichard, « Palettes et tableaux : des laboratoires de la couleur ? », art. cité, p. 191.

75. Voir par exemple, pour le domaine anglais, Alexander Browne, *Ars Pictoria : or an Academy Treating of Drawing, Painting, Limning, Etching [...]. Collected out of the most Eminent Italian, German, and Netherland Authors,* London J. Reydman, 1669 ; William Salmon, *Polygraphice, Or The Art of Drawing, Engraving, Etching, Limning, Painting, Washing, Varnishing, Colouring and Dying*, London, E. T. et R. H., 1672 ; (Anonyme), *The Excellency of the Pen and Pencil, Exemplifying The Uses of them in the most Exquisite and Mysterious Arts of Drawing, Etching, Engraving, Limning, Painting in Oyl, Washing of Maps & Pictures,* London, Dorman Newman, 1688.

76. R. de Piles, *Les Premiers Élemens de la peinture pratique, enrichis de figures de proportions mesurées sur l'antique, dessinées et gravées par J-B Corneille, peintre de l'Académie royale*, Paris, Nicolas Langlois, 1684.

77. A. Pernety, MINIATURE ou MIGNATURE, *Dictionnaire...*, éd. citée, p. 409.

78. Claude Boutet, *Traité de mignature, pour apprendre aisément à peindre sans maître. Avec le secret de faire les plus belles couleurs, l'or bruny, et l'or en coquille*, Paris, Christophe Ballard, 1696 (3e éd.), « Avis au Lecteur », n. p.

79. Voir Cyril Lécosse, « Quelle légitimité pour les peintres en miniature ? Le petit format à l'épreuve des discours académiques », *Études Épistémè*, n° 36, 2019 (https://doi.org/10.4000/episteme.5384).

80. Pernety, MINIATURE ou MIGNATURE, *Dictionnaire...*, éd. citée, p. 409.

81. C. Boutet, *École de la mignature*, Paris, Bachelier, 1817, p. 20.

82. Catherine Perrot, *Traité de la miniature*, dans Félibien, *Entretiens sur les vies et sur les ouvrages des plus excellents peintres anciens et modernes*, Trévoux, 1725, t. 6.

83. Élisabeth Lavezzi, « Catherine Perrot, peintre savant en miniature, *Les Leçons royales* de 1686 et de 1693 », dans Colette Nativel (dir.), *Femmes savantes, savoirs de femmes. Du crépuscule de la Renaissance à l'aube des Lumières,* Genève, Droz, 1999, p. 229-245, p. 243.

84. Dans le domaine militaire, l'art de la miniature concerne en particulier le coloriage des cartes et l'instauration progressive de codes-couleur, voir Bénédicte Miyamoto, « Colour-Coded Manuscript Maps in the Military Enlightenment », *XVII-XVIII,* n° 78, 2021 (https://doi.org/10.4000/1718.8039). L'étude fournit également une bibliographie étoffée. Voir également Anne-Valérie Dulac et Céline Cachaud, *La Miniature à l'époque moderne, Études Epistémè*, n° 36, 2019 (https://doi.org/10.4000/episteme.4622).

85. C. Boutet, *Traité de mignature,* éd. citée, 1696, p. 83-84.

86. *The Florist : containing sixty plates of the most beautiful flowers regularly dispos'd in their succession of blowing : to which is added an accurate description of their colours, with instructions for drawing & painting them according to nature : being a new work intended for the use & amusement of gentlemen and ladies*

*delighting in that art*, London, Robert Sayer, John Bennett et Carington Bowles, [1770-1784 ?].

87. C. Perrot, *Traité de la miniature*, éd. citée, p. ix.

88. *Ibid*., p. xxxii-xxxiv.

89. Pierre Noël Violet, *Traité élémentaire sur l'art de peindre en miniature*, Rome, Paris, Guillot, 1788, p. 27.

90. *Ibid*., p. 50-53.

91. C'est ce qu'analyse Élisabeth Lavezzi dans son article « Gravure et conception coloriste de la peinture » (*Dix-huitième siècle*, n° 51, 2019, p. 205-217) auquel nous empruntons l'exemple.

92. Philippe Jockey, *Le Mythe de la Grèce blanche*, Paris, Belin, 2013.

93. Voir Édouard Papet, *En couleurs. La sculpture polychrome en France 1850-1910* (Vanves, Hazan, 2018) et pour le domaine anglais Charlotte Ribeyrol, « "Wedding archaeology with art" : the Rediscovery of Ancient Polychromy », dans Charlotte Ribeyrol, Matthew Winterbottom et Madeline Hewitson (dir.), *Colour Revolution. Victorian art, fashion and design* (Oxford, Ashmolean Museum, 2023, p. 131-141).

94. Voir Cécilie Champy-Vinas, « Pour une sculpture pittoresque : l'œuvre de Jean-Baptiste Lemoyne à l'église Saint-Louis-du-Louvre (1743-1768) », *Dix-huitième siècle*, n° 51, 2019, p. 219-233. On distingue, pour la sculpture, deux types de polychromie, la « naturelle » qui résulte d'un assemblage de matériaux naturellement colorés et l'artificielle qui consiste à peindre, dorer ou simplement teinter la sculpture (voir É. Papet, *ibid*., p. 18).

95. Voir Guilhem Scherf, « "on ne voit que la nature qui respire" : la réception critique des matériaux utilisés par les sculpteurs du XVIII^e^ siècle », dans *Jean-Antoine Houdon, la sculpture sensible*, Paris, Somogy, 2009, p. 125-143, et A. Gaillard, *Le Corps des statues : le vivant et son simulacre à l'âge classique (de Descartes à Diderot)*, Paris, H. Champion, 2003.

96. Diderot, *Essais sur la peinture*, éd. cit., p. 24. Voir également Katalin Kovács, « La couleur et le sentiment de la chair dans les premiers *Salons* de Diderot », *Diderot Studies*, 30/2016, p. 125-141.

97. William Hogarth, *Analyse de la Beauté*, Paris, ENSB-A, 1991, p. 147.

98. Pour une vue d'ensemble des différents techniques et secteurs, voir Sarah Lowengard, *The Creation of Color in Eighteenth-Century Europe* (ouvr. cité), mais aussi, plus sectorisés, les travaux suivants : Robert Fox, Agustí Nieto-Galan (dir.), *Natural Dyestuffs and Industrial Culture in Europe, 1750-1880* (Canton, Science history publications, 1999) ; Agustí Nieto-Galan, *Colouring textiles. A History of natural dyestuffs in industrial Europe* (Dordrecht, Kluwer academic publ., 2001) ; Corine Maitte, *Les Chemins de verre. Les migrations des verriers d'Altare et de Venise, XVI^e^-XIX^e^ siècles* (Rennes, PUR, 2009) ; Dominique Cardon, *Le Monde des teintures naturelles* (Paris, Belin, 1999) et *Des couleurs pour les Lumières. Antoine Janot, teinturier occitan. 1700-1778* (Paris, CNRS Éditions, 2019) ; Andrea Feeser, Maureen Daly Goggin, et Beth Fowkes Tobin (dir.), *The Materiality of Color : The Production, Circulation, and Application of Dyes and Pigments, 1400-1800* (Farnham, Ashgate, 2012) ; Isabelle Masse, « Pastels suisses et Swiss crayons : les moyens matériels d'une vogue artistique du 18^e^ siècle » (*Dix-huitième siècle*, n° 53, 2021, p. 503-521).

99. Voir Marguerite Martin, « Pour des couleurs plus solides ? Transgression des règlements et diffusion de l'indigo dans la teinture des étoffes de qualité intermédiaire au 18^e^ siècle », *Dix-huitième siècle*, n° 51, 2019, p. 141-158.

100. Voir Charlotte Guichard, Anne-Solenn Le Hô et Hannah Williams, « Prussian Blue : Chemistry, Commerce, and Colour in Eighteenth-Century Paris », *Art History*, 2023 (https://doi.org/10.1111/1467-8365.12695). Sur l'intense activité d'expertise de l'Académie des sciences concernant les innovations chimiques pour la teinture, voir Christine Lehman, « L'art de la teinture à l'Académie royale des sciences au XVIII^e^ siècle », *Methodos*, n° 12, 2012 (https://doi.org/10.4000/methodos.2874).

101. Pierre-Joseph Macquer, « Sur une nouvelle espèce de Teinture bleue dans laquelle il n'entre ni Pastel, ni Indigo », dans *Histoire de l'Académie royale des sciences année 1749 avec les mémoires de mathématiques et de physique de la même année*, Paris, De l'Imprimerie royale, 1753, p. 255-263. Sur la palette des couleurs chez Macquer voir Francesca Piselli, « L'art tinctorial de la soie chez Macquer ou la couleur en mouvement », *Dix-huitième siècle*, n° 51, 2019, p. 159-185.

102. Voir Marguerite Martin, art. cité, p. 154.

103. Voir Séverine Sofio, « Les marchands de couleurs au XIX^e^ siècle, artisans ou experts ? (Paris, Tours) », *Ethnologie française*, vol. 47, n° 1, 2017, p. 75-86.

104. Voir Ernest Homburg, « From colour maker to chemist : Episodes from the rise of the colourist, 1670-1800 » dans Robert Fox et Agustí Nieto-Galan (dir.), *Natural Dyestuffs and Industrial Culture in Europe, 1750-1880*, Canton, Science history publications, 1999, p. 219-237.

105. Jean Ryhiner, *Traité sur la fabrication et le commerce des toiles peintes*, 1766, cité par Marie-Anne Sarda, « Peinture et teinture, une histoire matérielle commune dans l'Europe des étoffes du XVIII^e^ siècle », dans Adeline Collange-Perugi et Pascale Gorguet Ballesteros (dir.), *À La Mode*, Gand, Éd. Snoeck, 2021 p. 93-97.

106. Marie-Anne Sarda, art. cité, p. 97.

107. John Locke, *Essai sur l'entendement humain* (1689, trad. fr. Pierre Coste 1700), Philippe Hamou (éd.), Paris, Le Livre de Poche, 2009, Livre II, chap. 8 et 9.

108. Voir Marc Parmentier, « Le problème de Molyneux de Locke à Diderot », *Recherches sur Diderot et sur l'Encyclopédie*, n° 28, 2000, p. 13-23.

109. Étienne Bonnot de Condillac, *Traité des sensations* (1754), Paris, Fayard, 1984, p. 267.

110. William Cheselden, « An Account of Some Observations Made by a Young Gentleman Who Was Born Blind, or Lost His Sight so Early, that He Had no Remembrance of Ever Having Seen, and Was Couch'd Between 13 and 14 Years of Age », *Philosophical Transactions*, n° 35, 1729, p. 447-452.

111. Diderot, *Lettre sur les aveugles à l'usage de ceux qui voient*, 1749.

112. Condillac, *Traité des sensations*, éd. citée, p. 197.

113. *Ibid.*, p. 199.

114. Charles Bonnet, *Essai analytique sur les facultés de l'âme*, Genève, Slatkine Reprints, 1970 (1760), p. 426-428. Voir également Oliver Sacks, *L'Odeur du si bémol* (Paris, Seuil, 2014) et Douwe Draissma *Quand l'esprit s'égare*, (Paris, Seuil, 2014).

115. John Dalton, « Extraordinary facts relating to the vision of colours : with observations », *Memoirs of the Literary and Philosophical Society of Manchester*, vol. 5, 1798, p. 28-45.

116. Andrew Curran, *L'Anatomie de la noirceur : Science et esclavage à l'âge des Lumières*, Patrick Graille (trad.), Paris, Classiques Garnier, 2017 [angl. 2011].

117. Voir Edoarda Barra, « Les couleurs du *Corpus Hippocraticum* », *Corps*, art. cité.

118. Voir Aurélia Michel, *Un monde en nègre et blanc. Enquête historique sur l'ordre racial*, Paris, Seuil, « Points Essais », 2020.

119. Jean Henri Samuel Formey, NÈGRE, (Hist. Nat.), *Encyclopédie ou Dictionnaire raisonné…*, éd. citée, vol. 11, 1765, p. 77a.

120. Voir Andrew Curran « Buffon et l'histoire naturelle des Africains », *Dix-huitième siècle*, n° 44, 2012, p. 183-199.

121. J. H. S. Formey, art. cité, p. 77a.

122. Voir Guillaume Linte « La couleur de la peau dans le discours médical (1730-1770) », *Dix-huitième siècle*, n° 51, 2019, p. 261-274.

123. Voir Anne Lafont, *L'Art et la Race*, ouvr. cité, et « How Skin Because a Racial Marker Art Historical Perspectives ou Race », *Eighteenth-Century Studies*, vol. 51, n° 1, 2017, p. 89-113.

124. Catherine Lanoë, *La Poudre et le Fard : une histoire des cosmétiques de la Renaissance aux Lumières*, Champ Vallon, 2008.

125. Ce qu'on appelle couramment le *Traité des couleurs* de Goethe correspond en fait à la partie « didactique » (*Didaktischer Teil*) du traité (la seule traduite dans l'édition française, éd. citée).

126. J. W. Goethe, *Traité des couleurs*, éd. citée, p. 239.

127. Voir Elsa Dorlin, *La Matrice de la race. Généalogie sexuelle et coloniale de la Nation française*, Paris, La Découverte, 2009, p. 210-230.

128. François Bernier, « Nouvelle division de la terre par les différentes espèces ou races d'hommes qui l'habitent », *Journal des Savants*, 24 avril 1684, p. 133-140, p. 138.

129. Faith Beasley, au rebours de toute une tradition historiographique, estime qu'il faut replacer le texte dans le contexte mondain et que la hiérarchisation n'est pas tant liée à la « race » ou espèce humaine qu'à l'étalon de la beauté féminine (Faith E. Beasley, *Versailles à la rencontre du Taj Mahal. Conversations éclairées sur l'Inde au temps du Roi-Soleil*, Patrick Graille (trad.), Paris, Les Belles Lettres, 2024, p. 184-191.)

130. Montesquieu, *De l'Esprit des lois* (XV, 5).

131. George-Louis Leclerc de Buffon, *Histoire naturelle générale et particulière servant de suite à l'Histoire naturelle de l'Homme*, Paris, Imprimerie royale, 1777, *Supplément*, t. IV, p. 577.

132. *Ibid.*, p. 561.

133. *Ibid.*, p. 570.

134. Jean-Baptiste Oudry, conférence du 7 juin 1749 « sur la manière d'étudier la couleur », *Conférences de l'Académie royale*, éd. citée, t. 5, vol. 1, 2012, respectivement p. 327 et 330.

135. *Ibid.*, p. 333.

136. Buffon, *Histoire naturelle…*, *Supplément*, 1777, t. IV, éd. citée, p. 566-567.

137. A. Lafont, ouvr. cité, p. 70.

138. Duc de Luynes, *Mémoires sur la cour de Louis XV* (1735-1758), Paris, Didot, 1863, t. 11 (1751-1752), p. 288.

## Notes sur le chapitre 3

1. Voir Madeleine Pinault-Sørensen, « Le *Traité de la pratique de la peinture* », A. Becchi, H. Rousteau-Chambon et J. Sakarovitch (dir.), *Philippe de la Hire, 1640-1718, entre architecture et sciences*, Paris, A. et J. Picard, 2013, p. 217-228.

2. Voir Michael Baxandall, *Shadows and Enlightenment* (New Haven, Yale University Press, 1995, p. 88 et suiv. et p. 99 et suiv.) et C. Michel, « Prologue. Les apories du discours théorique : lumière et couleur dans la littérature artistique et la pratique des peintres » (art. cité, p. 27-46).

3. Gérard de Lairesse, *Le Grand Livre des peintres, ou l'Art de la peinture considéré dans toutes ses parties*, Paris, Moutard, 1787 [trad. fr. par Jansen, 1re éd. néerl. 1707], p. 97.

4. Voir Christine Lehman, « L'art de la teinture à l'Académie royale des sciences au XVIIIe siècle », art. cité.

5. Louis-Guillaume de la Folie, *Le Philosophe sans prétention ou l'Homme rare. Ouvrage physique, chimique politique et moral, dédié aux savants*, Paris, Clouzier, 1775. Voir Joël Castonguay-Bélanger, « *Le philosophe sans prétention* ou le laboratoire romanesque de Louis-Guillaume de la Folie », dans Geneviève Goubier, Bérengère Parmentier et Daniel Martin (dir.), *Doute*

*et imagination. Constructions du savoir de la Renaissance aux Lumières*, Paris, Classiques Garnier, 2011, p. 239-255.

6. L.-G. de la Folie, *Le Philosophe sans prétention*, éd. citée, p. 225.

7. Jacob Christoph Le Blon, *Coloritto/L'Harmonie du coloris dans la peinture*, éd. bilingue fr.-angl., Londres, 1725, p. VI-VII.

8. L. B. Castel, « Clavecin pour les yeux, avec l'art de peindre les sons, et toutes sortes de pièces de musique », *Mercure de France*, novembre 1725, p. 2552-2577, p. 2560.

9. Diderot, *Les Bijoux indiscrets*, dans *Contes et romans*, éd. citée, p. 60.

10. Voir Corinna Gepner, *Le Père Castel et le clavecin oculaire* (Paris, H. Champion, 2014) et sur Le Blon, Florian Rodari, « Jacob Christoph Le Blon, l'œil trichrome », dans F. Rodari (dir.), *Anatomie de la couleur. L'invention de l'estampe en couleurs* (Paris, Lausanne, BnF, Musée olympique de Lausanne, 1996, p. 52-65), et Margaret Morgau Grasselli (dir.), *Colorful Impressions : the Print making revolution in eighteenth-century France*, Washington, D. C., National Gallery of Art, 2003.

11. *Le Pour et contre*, Paris, Didot, 1738, t. 16, p. 259-264, p. 263, voir F. Rodari, art. cité, p. 61.

12. J. C. Le Blon, *Coloritto*, éd. citée, p. 7-8.

13. *Philosophical Transactions*, Londres, juin-juillet 1731, n° 419, p. 101-107, cité par F. Rodari, art. cité, p. 60.

14. Voir Maxime Préaud, « Du coloriage à l'impression en couleurs », dans F. Rodari (dir.), *Anatomie de la couleur*, (ouvr. cité, p. 18-49) et Ad Stijnman et Elizabeth Savage (Upper), « "Material colours" : The heritage of colour knowledge in Seventeenth – and Eighteenth – Century printshops », dans Magdalena Bushart et Friedrich Steinle (dir.), *Colour Histories : Science, Art, and Technology in the 17th and 18th Centuries* (Berlin, De Gruyter, 2015, p. 95-113).

15. Voir « Lecture de l'ouvrage *L'Harmonie du coloris* de Jacques-Christophe Le Blon, 6 octobre 1725 », *Conférences de l'Académie royale de peinture et de sculpture*, éd. citée, t. 4, vol. 1, p. 263-272.

16. *Myologie complète en couleur et grandeur naturelle*, Paris, Gautier, 1746, planche 14.

17. L. B. Castel, *L'Optique des couleurs*, éd. citée, p. 38.

18. *Ibid.*, p. 4-5.

19. *Ibid.*, p. 104.

20. *Ibid.*, p. 1.

21. *Ibid.*, p. 105.

22. *Ibid.*, p. 215.

23. *Ibid.*, p. 22.

24. *Ibid.*, p. 128-130.

25. *Ibid.*, p. 28.

26. *Ibid.*, p. 32.

27. Œɪʟ : « Lustre couleur vive. [Ce drap a un bel œil.] » (Richelet, *Dictionnaire français*, Genève, J.-H. Widerhold, 1680)/ « se dit figur. du lustre des étoffes, de l'éclat des pierreries, et d'autres choses semblables ; et en ce sens il n'a d'usage qu'au singulier. *Ces étoffes-là ont un bel œil. Ces perles-là n'ont pas un bel œil. Cette étoffe a un œil verdâtre. Ce saphir blanc à l'œil d'un diamant* » (*Dictionnaire de l'Académie française*, 1740).

28. L. B. Castel, *L'Optique des couleurs*, éd. citée, p. 275-276.

29. Voir Marco Menin, « La philosophie des couleurs de Bernardin de Saint-Pierre », *Dix-huitième siècle*, n° 51, 2019, p. 127-140.

30. Voir Colas Duflo, « Le Hussard et l'inscription », introduction à Jacques-Henri Bernardin de Saint-Pierre, *Œuvres scientifiques : Études de la Nature et textes périphériques*, dans *Œuvres complètes*, Jean-Michel Racault (dir.), Paris, Classiques Garnier, 2019, t. 3, p. 27.

31. Bernardin de Saint Pierre invente apparemment le verbe « harmonier » (Étude X, *Études de la Nature*, éd. citée, p. 463) qui est présenté comme un néologisme dans *La Néologie ou Vocabulaire de mots nouveaux* de Louis-Sébastien Mercier : « Hᴀʀᴍᴏɴɪᴇʀ (s'). Pour exprimer des nuances qui se fondent. Un beau vert, une belle verdure s'harmonie avec l'azur des flots » (Paris, Moussard, 1801, p. 316). Le verbe attesté comme variante « d'harmoniser » (ce qu'il n'est pas chez Mercier qui lui confère un sens strictement coloriste), entre dans les dictionnaires pour la première fois dans le *Complément du Dictionnaire de l'Académie française* de Louis Barré (1842).

32. Voir Guilhem Armand, « *Le Spectacle de la nature* ou l'esthétique de la Révélation », *Dix-huitième siècle*, n° 45, 2013, p. 329-345

33. Jean-Michel Racault, « L'homme et la nature chez Bernardin de Saint-Pierre », *Dix-huitième siècle*, n° 45, 2013, p. 305-328, p. 322-326.

34. Sur la date de publication de *L'Arcadie*, généralement fixée en 1781, voir la mise au point faite par Jean-Michel Racault dans son « Introduction » à *L'Arcadie* de Bernardin de Saint-Pierre, dans *Œuvres complètes*, éd. citée, 2014, t. I, p. 437-438. *L'Arcadie* paraît dans l'éd. de 1788 des *Études de la Nature*, à la suite de *Paul et Virginie*.

35. Marco Menin, « La philosophie des couleurs de Bernardin de Saint-Pierre », art. cité, p. 128.

36. Sur tous ces points, voir l'introduction de Colas Duflo, aux *Études de la Nature*, « Le Hussard et l'inscription », éd. citée, p. 11-43.

37. Bernardin de Saint-Pierre, « De l'Harmonie », « Étude X », *Études de la Nature*, éd. citée, p. 457.

38. Voir l'analyse que fait Marco Menin de l'alliance des couleurs rouge et bleu dans *Paul et Virginie*, « La philosophie des couleurs de Bernardin de Saint-Pierre », art. cité, p. 137-140.

39. Bernardin de Saint-Pierre, « Des Couleurs », « Étude X », *Études de la Nature*, éd. citée, p. 460.

40. Toutes les citations sont issues du même passage, *ibid.*, p. 462.

41. Bernardin de Saint-Pierre, « De la Vue », « Étude XII », *Études de la Nature*, éd. citée, p. 747.

42. Bernardin de Saint-Pierre, *Voyage à l'Île de France*, Angélique Gigan et Vladimir Kapor (éd.), *Œuvres Complètes*, éd. citée, 2019, t. II, vol. 1, p. 547.

43. Bernardin de Saint-Pierre, « Des Contrastes », « Étude X », *Études de la Nature*, éd. citée, p. 513.

44. Voir A. Gigan et V. Kapor, « Introduction », Bernardin de Saint-Pierre, *Voyage à l'Île de France*, éd. citée, t. II, vol. 1, p. 307-415.

45. Bernardin de Saint-Pierre, « De la Vue », « Étude XII », *Études de la Nature*, éd. citée, p. 747.

46. J. W. Goethe, *Traité des couleurs*, éd. citée, p. 89. Si la partie didactique du traité (*Zur Farbenlehre*) paraît en 1810, l'auteur y travaille dès les années 1780 et y consacre même une première publication en 1791.

47. Bernardin de Saint-Pierre, « Des couleurs », « Étude X », *Études de la Nature*, éd. citée, p. 462-463.

48. *Ibid.*, p. 465.

49. Voir Valérie Kobi, « Harmonie et dissonance. La fonction de la couleur dans les collections du siècle des Lumières », *Dix-huitième siècle*, n° 51, 2019, p. 63-75.

50. Pour les ethnolinguistes Brent Berlin et Paul Kay, les trois couleurs fondamentales des sociétés primitives sont le blanc, le noir et le rouge (Br. Berlin et P. Kay, *Basic color terms*, ouvr. cité), p. 263, note 10. Pour la primauté symbolique et lexicale du rouge, voir Michel Pastoureau, *Rouge, Histoire d'une couleur*, Paris, Seuil, 2016.

51. Bernardin de Saint-Pierre, « Des couleurs », « Étude X », *Études de la Nature*, éd. citée, p. 463.

52. *Ibid.*

53. *Ibid.*

54. PÂLE, adj. PÂLEUR, s. f. (Gram.), *Encyclopédie ou Dictionnaire raisonné...*, éd. citée, vol. XI (1765), p. 776b.

55. Bernardin de Saint-Pierre, « Des couleurs », « Étude X », *Études de la Nature*, éd. citée, p. 466.

56. *Ibid.*

57. A.-J. Pernety, *Dictionnaire portatif de peinture, sculpture et gravure*, éd. citée, p. 408.

58. Bernardin de Saint-Pierre, « Harmonies élémentaires des plantes », « Étude XI », *Études de la Nature*, éd. citée, p. 582-583.

59. Bernardin de Saint-Pierre, *Voyage à l'Île de France*, éd. citée, t. II, vol. 1, p. 551.

60. Bernardin distingue les contraires, qui « n'agissent que dans un seul point » des contrastes, qui agissent « dans leur ensemble » : « un objet n'a qu'un contraire, mais il peut avoir plusieurs contrastes. Le blanc est le contraire du noir ; mais il contraste avec le bleu, le vert, le rouge, et plusieurs autres couleurs » (« Des Contrastes », « Étude X », *Études de la Nature*, éd. citée, p. 497).

61. *Ibid.*, pour l'ensemble des citations, p. 498-499.

62. Voir A. Gigan et Vl. Kapor, « Introduction », Bernardin de Saint-Pierre, *Voyage à l'Île de France*, éd. citée, t. II, vol. 1, p. 339-340.

63. Bernardin de Saint-Pierre, « Des couleurs », « Étude X », *Études de la Nature*, éd. citée, p. 468.

64. Sur les descriptions célèbres des nuages chez Bernardin de Saint-Pierre, voir Anne-Gaëlle Weber, « La forme des nuages : science et poésie au tournant des XVIIIe et XIXe siècles » (*Revue de littérature comparée*, n° 359, 2016, 3, p. 271-290) et André Weber, « L'ordre des nuages. Sur l'esthétisation d'un phénomène météorologique chez Bernardin de Saint-Pierre », dans Pierre Glaudes et Cornelia Klettke (dir.), *Nuages romantiques. Des Lumières à la Modernité*, (Berlin, Frank & Timme, 2018, p. 141-152).

65. Sur l'inscription de Bernardin de Saint-Pierre dans le courant néologue des Lumières et sa virtuosité stylistique tout spécialement dans les dénominations des couleurs, voir Jean-Claude Bonnet, « Bernardin néologue à l'épreuve de l'océan Indien », dans Jean-Michel Racault, Chantale Meure et Angélique Gigan (dir.), *Bernardin de Saint-Pierre et l'océan Indien*, Paris, Classiques Garnier, 2011, p. 405-422.

66. Voir Alain Guyot, « Avatars et métamorphoses de l'analogie dans le *Voyage à l'île de France* », dans *Bernardin de Saint-Pierre et l'océan Indien*, ouvr. cité, p. 301-316.

67. Bernardin de Saint-Pierre, « Des couleurs », « Étude X », *Études de la Nature*, éd. citée, p. 464.

## Deuxième partie

1. Brigitte Friant-Kessler, *La couleur/colour*, XVII-XVIII, n° 75, 2018 (https://journals.openedition.org/1718/944).

2. É. Bonnot de Condillac, *Traité des sensations* (1754), éd. citée, p. 77.

3. Voir Cécilia Bernez, *Grammaire des couleurs*, Frankfurt am Mein, Peter Lang, 2014, p. 274-320.

4. Sur l'importance de Caylus dans le champ artistique et littéraire du XVIIIe siècle et la complexité de sa pensée, voir Nicholas Cronk et Kris Peeters (dir.), *Le Comte de Caylus. Les Arts et les Lettres*, Amsterdam-New York, Rodopi, 2004, notamment l'étude de René Démoris, « Caylus entre théorie et critique d'art : une esthétique du "laissé" », p. 17-41.

5. *Conférences de l'Académie royale de peinture et de sculpture*, éd. citée, t. 5, vol. 1, 2012, p. 221.

6. Voir Michel Pastoureau, « Sur les marges du rouge : le rose », *Rouge*, Paris, Seuil, 2016, p. 144-151.

7. Selon l'ethnologue David Turton, la terminologie des couleurs dépend d'un modèle « que chaque locuteur d'une langue porte pour ainsi dire dans sa tête et qui le rend capable d'appliquer des termes de couleur à tous les objets de son milieu », (« La catégorisation de la couleur en mursi (Éthiopie) », art. cité, p. 348-9).

## Notes sur le chapitre 1

1. Voir également Aurélia Gaillard, « Le rose des Lumières (Identités visuelle, sociale et sexuée du rose) », *Lumières*, n° 36, 2020, p. 25-58.

2. Greta Gerwig, *Barbie*, film américano-britannique, 2023.

3. N'étant pas fondée sur « une codification physique » mais sur « une approche culturelle et linguistique », l'autonomie du rose ne « fait donc pas l'unanimité » (Annie Mollard-Desfour, *Le Dictionnaire des mots et expressions de couleur du XXe siècle. Le Rose*, Paris, CNRS éditions, 2002, p. 21). Des ouvrages récents aussi différents que ceux de Pierre-William Fregonese (*L'Invention du rose. Couleur Japon, histoire monde*, Paris, PUF, 2023) ou de Kévin Bideaux (*Rose. Une couleur aux prises avec le genre*, Paris, Éd. d'Amsterdam, 2023), témoignent à la fois de l'actualité du rose et de son inscription dans le champ culturel.

4. Depuis les travaux de B. Berlin et P. Kay (*Basic color terms*, ouvr. cité), voir p. 263, note 10.

5. Adeline Grand-Clément, *La Fabrique des couleurs,* ouvr. cité, p. 73, p. 103 et suiv.

6. Jacques André, *Études sur les termes de couleur dans la langue latine*, Paris, Klincksieck, 1949, p. 139-147.

7. A. Telesio de Cosenza, *Petit traité des couleurs latines*, éd. citée, p. 62. Sur Telesio, voir p. 38 et suiv.

8. INCARNAT, ATE, adj. « Espèce de couleur rouge qui ressemble à celle de la chair vive » (*Dictionnaire* de l'Académie, 1694).

9. « Ils [les rouges cramoisis] sont vrais cramoisis, vifs et beaux dans les quatre [degrés] moyens ; roses, chairs, blancs, dans les clairs » (L. B. Castel, *Optique des couleurs*, éd. citée, p. 276).

10. Voir *supra*, note 6.

11. Adeline Grand-Clément parle de « peau-couleur ». « Le terme *khrôma* dérive du mot *khrôs*, associé à *khroa* et *khroia*, qui désignent tous trois la peau, en tant que surface du corps humain. Ces mots servent aussi, par extension, à désigner la surface d'un objet, ainsi que sa couleur. Une telle intimité linguistique entre la peau et la couleur n'est pas propre au grec ancien. On la retrouve dans d'autres langues indo-européennes, mais aussi dans les langues sémitiques. » (A. Grand-Clément, *La Fabrique des couleurs*, ouvr. cité, p. 33-34).

12. « Rosette » est plus polysémique et peut désigner, soit une forme soit une matière colorante.

13. Voir Nathalie Ferrand, *Créateurs de roses. À la conquête des marchés (1820-1939)*, Grenoble, Presses universitaires de Grenoble, 2015.

14. Même Annie Mollard-Desfour, linguiste spécialisée dans le lexique français des termes de couleur, se laisse sans doute emporter par « notre » coloration rose lorsqu'elle écrit : « découvrir le pot aux roses, c'est-à-dire le pot contenant *le rose du fard* des femmes » (*Le Dictionnaire...Le Rose*, ouvr. cité, p. 29, je souligne).

15. « TULIPE. La Reine des parterres au gré des fleuristes [...] », Louis-Antoine Caraccioli, *Dictionnaire critique, pittoresque et sentencieux*, Lyon, Benoît Duplain, 1768, t. 3, p. 262.

16. Outre l'ouvrage de N. Ferrand, *Créateurs de roses* (ouvr. cité), voir Jack Goody, *La Culture des fleurs* (Paris, Seuil, 1994 [angl. 1993]) ; Christine Velut, *La Rose et l'Orchidée. Les usages sociaux et symboliques des fleurs à Paris au XVIIIe siècle* (Paris, Larousse, 1993) et, de la même, « L'opinion changée quant aux fleurs ? les historiens et la "culture des fleurs" : un terrain par trop délaissé » (*Revue d'histoire moderne et contemporaine*, vol. n° 47-4, n° 4, 2000, p. 815-827. DOI : https://doi.org/10.3917/rhmc.474.0815 ).

17. N. Ferrand, *Créateurs de roses*, ouvr. cité, p. 31.

18. Antoine Furetière, *Dictionnaire universel*, 1690 ; Pierre Richelet, *Dictionnaire*, 1680 ; *Dictionnaire de l'Académie*, 1694.

19. On la trouve ponctuellement dès l'époque médiévale dans le *Roman de Silence* au début du XIIIe siècle : « Color i voit de lis, de rose » (v. 2032), « Cil d'ersoir ot color de rose » (v. 2954). Dans les deux cas néanmoins le référent est la fleur et le contexte celui d'une comparaison de la peau humaine avec la fleur. Je remercie Danièle James-Raoul pour m'avoir signalé ces occurrences ainsi que celles de la note 23, *infra*.

20. Voltaire, *Zadig* (Paris, Gallimard, « Folio Classique », 1992, p. 125) ; Diderot, *Les Bijoux indiscrets*, dans *Contes et romans* (éd. citée, p. 122) ; Alain-René Lesage, *Le Diable boiteux* (Paris, Folioplus, 2015, p. 60) ; L.-A. Caraccioli, *Le Livre à la mode* (P.U. de Saint-Étienne, 2005, p. 61) ; Nicolas-Edme Rétif de La Bretonne, *Le Pied de Fanchette* (1re éd. 1767). En 1776, le titre devient *Le Pied de Fanchette ou le Soulier couleur de rose* (1776) : sur les modifications chromatiques du soulier au fil des éditions, voir Élodie Ripoll, *Penser la couleur en littérature. Explorations romanesques des Lumières au réalisme*, Paris, Classiques Garnier, 2018, p. 316-327.

21. L.-A. Caraccioli, *Le Livre à la mode*, ouvr. cité, p. 55.

22. Dans l'ordre, du plus foncé au plus clair puis aux orangés, on a : écarlate, écarlate feu, cerise, rose, incarnat, jujube, langouste. Sur A. Sanot, voir Dominique Cardon, *Des couleurs pour les Lumières. Antoine Janot, teinturier occitan. 1700-1778*, ouvr. cité.

23. Les dictionnaires étymologiques donnent comme 1re occurrence de l'adjectif de couleur celle du *Roman de Troie* de Benoît de Sainte-Maure (v. 1160-1170) (« Rose ot la chiere

e lentillose », v. 5531) mais cela semble un hapax (c'est le seul exemple donné par le dictionnaire de Matsumura) et une fois encore il s'agit de décrire la carnation féminine en lien ici avec l'adjectif « *lentillos* » (« qui a des taches de rousseur »). Plus significative est l'occurrence qu'on trouve en 1702 dans *La Princesse des Prétintailles* de Madame d'Auneuil. Le contexte de la mode et du vêtement peut laisser penser que le terme était déjà utilisé dans le lexique technique de la teinturerie, même si les traités consultés ne le mentionnent pas, mais l'occurrence est suffisamment isolée pour que je ne la prenne pas pour véritable point de départ, même si elle confirme le rôle « incubateur » des contes (voir p. 141 et suiv.).

24. Castel, *L'Optique des couleurs*, ouvr. cité, p. 199.

25. Diderot, ÉMAIL, s. m. (Art méch.), *Encyclopédie*, éd. citée, 1755, V, p. 533.

26. L.-A. Caraccioli, *Le Livre à la mode*, ouvr. cité, p. 54.

27. L.-A. Caraccioli, *Dictionnaire critique...*, ouvr. cité, t. 3, p. 101.

28. Voir Cécilia Bernez, *Grammaire des couleurs*, ouvr. cité, p. 274-310.

29. « *Fashions will alter, and Pink and Silver be the Mode again* » 1738, *Oxford English Dictionary* (https://www.oed.com/).

30. Caroline Kaufmann, *Zur Semantik der Farbadjektive* rosa, pink *und* rot, Inaugural-Dissertation, Herbert Utz Verlag München, 2006.

31. ROSENROT, Jacob et Wilhelm Grimm, *Deutsches Wörterbuch* (*DWB*), Leipzig, S. Hirtzel, 1854-1961.

32. D'après les dictionnaires et lexiques de la langue italienne les plus importants des XVII^e^-XIX^e^ siècles (*Vocabolario Accademici della Crusca*, 4 éd. de 1612 à 1738, *Dizionario della Lingua Italiana di Nicolò Tommaseo e Bernardo Bellini*, 1861). Je remercie mon collègue italien linguiste de l'université Parthénope de Naples, Claudio Grimaldi, pour m'avoir fourni ces informations.

33. Voir Simone Lupattelli, « Il cinquecento : il nudo ed il costume nell'iconografia e nella tradizione della cultura italiana », *Studi Vetrallesi*, n° 14, 2005, p. 57-59, p. 58.

34. Baldassare Castiglione, *Le parfait courtisan*, éd. bilingue, Gabriel Chapuis (trad.fr.), Paris, Bonfons, 1585.

35. En allemand contemporain il existe aussi « *pink* » mais avec un rétrécissement de sens par rapport à l'anglais « *pink* » puisqu'il désigne un rose spécifique, avec un degré de saturation élevé (Kaufmann, ouvr. cit., p. 37). De même, « pink » existe aussi en français contemporain avec le même rétrécissement mais il est néanmoins beaucoup moins usité (Mollard-Desfour, ouvr. cit., p. 115-117).

36. Respectivement : E. Despréaux, *Les Dîners du Vaudeville* (1801) (Centre National de Ressources Textuelles et Lexicales, ROSE, s. f.) et Brazier, *Le Chansonnier du vaudeville* (CNRTL, ROSE, adj.).

37. Voir PINK, Julia Cresswell, *Oxford Dictionary of Words Origins*, Oxford, Oxford University Press, 2021 (3^e^ éd.).

38. L'introduction du « bois de braise » se fait une première fois autour de 1400, mais le coût de l'importation et du traitement de cette matière colorante venue d'abord d'Asie, en fait un phénomène de mode éphémère, renseigne Michel Pastoureau (*Rouge*, ouvr. cité, p. 144-151).

39. Il s'agit de l'inventaire du fonds de commerce de Geneviève de Peyras, veuve d'un maître gantier-parfumeur du roi qui fait état de « deux grandes toilettes de senteur de taffetas couleur de rose » et d'« un grand déshabillé d'Angleterre de satin couleur de rose ». Précisons qu'il s'agit ici des objets et non des vêtements, la *toile* qu'on étend sur la table servant pour les soins de beauté et la boite ou le coffre doublé d'étoffe dans lequel on entrepose les accessoires de parure, coiffes, rubans, etc., pour la nuit. Catherine Lanoë a mis au jour un important corpus d'archives montrant l'importance de l'entreprise familiale artisanale des Gallois/Huet sur un grand siècle et leur rôle précurseur comme « pratiquants de la couleur » (C. Lanoë, « Une dynastie de parfumeurs du roi : les Gallois/Huet et la fabrique des apparences de la cour à la ville, 1686-1789 », *Artefact*, 12, 2020, p. 317-348, fig. 332 et 342-4). Je la remercie pour m'avoir communiqué l'information et la référence.

40. « La véritable Peinture est donc celle qui nous appelle (pour ainsi dire) en nous surprenant : et ce n'est que par la force de l'effet qu'elle produit que nous ne pouvons nous empêcher d'en approcher, comme si elle avait quelque chose à nous dire » (R. de Piles, *Cours de peinture par principes*, 1708, éd. citée, p. 8). Sur R. de Piles voir p. 49 et suiv.

41. Voir Guillaume Glorieux, *À l'Enseigne de Gersaint : Edme-François Gersaint, marchand sur le pont Notre-Dame (1694-1750)*, Seyssel, Champ Vallon, 2002.

42. Watteau, très attentif à la mode vestimentaire de son temps, a déjà réalisé, en 1709-1710, une série d'eaux-fortes, les *Figures de modes*, dans laquelle il puise pour la tenue des personnages de l'*Enseigne*. Par ailleurs, les différentes figures féminines du tableau illustrent les « innovations vestimentaires contemporaines en représentant les différentes dispositions de la robe volante », Axel Moulinier, « Des *Figures de modes* à l'*Enseigne* : Watteau illustrateur de modes à la mode », dans Generaldirektion der Stiftung Preußische Schlösser und Gärten Berlin-Brandenburg (dir.), *Antoine Watteau. L'art, le marché et l'artisanat d'art* [catalogue d'exposition, Berlin, Fondation des châteaux et jardins prussiens de Berlin-Brandebourg, 9 octobre 2021 – 9 janvier 2022], Bruxelles, Mercatorfonds, 2021, p. 89-100, p. 91.

43. « Watteau met en scène le déclin d'un règne, celui du tableau comme représentation, et l'avènement d'un autre : celui du tableau comme marchandise », Charlotte Guichard, *La Griffe du peintre*, Paris, Seuil, UH Illustré, 2018, p. 78.

44. « CRAMOISI. Rouge foncé qu'on peut porter à tout âge, et qui tient le milieu entre la couleur mordorée et la couleur

pompadour », L.-A. Caraccioli, *Dictionnaire critique*..., ouvr. cité, t. 1, p. 80.

45. Voir Melissa Hyde, *Making Up the Rococo : François Boucher and His Critics*, Los Angeles, Getty Research Institute, 2006 et A. Cassandra Albinson (éd.), *Madame de Pompadour. Painted Pink*, éd. citée.

46. Voir A. Cassandra Albinson, (« The Colour of Love – Pink and sensibility in Pompadour at Her Toilette », dans A. C. Albinson (dir.), *Madame de Pompadour. Painted Pink*, Cambridge (Mass.), Harvard Art Museums, 2022, p. 24-46.

47. « François Boucher did not invent pink, but he is perhaps the artist most associated with the color », A. Cassandra Albinson and Margaret S. Winthrop, « Preface », dans A. C. Albinson (dir.), *Madame de Pompadour*, ouvr. cité, p. 20.

48. André Félibien, *Entretiens sur les vies et sur les ouvrages des plus excellents peintres anciens et modernes*, Paris, S. Mabre-Cramoisy, 1666-1688, 5 vol., t. 4 (1685), p. 247-348.

49. *Conférences de l'Académie royale de peinture et de sculpture*, éd. citée, t. 1, p. 178.

50. Sur ces cercles, voir p. 193-194.

51. Daniel Roche, *La Culture des apparences. Une histoire du vêtement, XVIIe-XVIIIe siècle*, Paris, Seuil, « Points », 1991 [Fayard, 1989], p. 63-4.

52. Marie Chiozzotto, « Les apparences vestimentaires de Louis XV : la composition de la garde-robe du souverain pour l'année 1772 », *Apparence(s)*, n° 4, 2012, p. 25 (http://journals.openedition.org/apparences/1179).

53. Étienne La Font de Saint-Yenne, *Réflexions sur quelques causes de l'État présent de la peinture en France* (1747), Paris, ENSBA, 2001, p. 68.

54. Voir Florence Ferran, Fabrice Moulin, Élise Pavy-Guilbert (dir.), *La Font de Saint-Yenne : publier sur l'art, l'architecture et la ville et l'ambition d'une œuvre, Diderot Studies,* n° XXXVI, Genève, Droz, 2019.

55. L.-A. Caraccioli, *Le Livre à la mode*, ouvr. cité, p. 53.

56. *Ibid*., p. 52.

57. Charles-Joseph de Ligne, *Fragments de l'histoire de ma vie*, Jeroom Vercruysse (éd.), Paris, H. Champion, « L'âge des Lumières », 2001, t. 2, p. 154 (je souligne). Voir Valérie André et Manuel Couvreur, *Cinquante nuances de rose. Les Affinités électives du prince de Ligne*, Bruxelles, Éditions de l'université de Bruxelles, « Études sur le XVIIIe siècle », 45, 2017.

58. Louis de Jaucourt, FARD, s. m. (art cosmétique), *Encyclopédie*, éd. citée, 1756, VI, p. 410.

59. Voir Melissa Hyde, « Beautés rivales : les portraits de Mme Du Barry et de la Reine Marie-Antoinette », dans *Cultures de cour, Cultures du corps : XIVe-XVIIIe siècles*, Catherine Lanoë and Mathieu Da Vinha (dir.), Paris, Presses de l'université Paris-Sorbonne, 2011, p. 185-205.

60. C. Lanoë, *La Poudre et le Fard. Une histoire des cosmétiques de la Renaissance aux Lumières*, Seyssel, Champ Vallon, 2008, p. 115.

61. *Ibid*., p. 71.

62. *Ibid*., p. 126.

63. Le récent ouvrage de Kévin Bideaux, *Rose. Une couleur aux prises avec le genre* (ouvr. cité), se réclame des « *color studies* » et l'envisage, d'un point de vue culturaliste, dans une dimension plasticienne et en études de genre.

64. M. Pastoureau, *Rouge*, éd. citée, p. 151.

65. La position de Michel Pastoureau en 2007, lorsqu'il publiait avec Dominique Simonnet, *Le Petit Livre des couleurs*, paraissait pourtant plus nuancée (Paris, Seuil, Points, 2007, p. 115).

66. L.-A. Caraccioli, *Dictionnaire critique...*, ouvr. cité, t. 1, p. 76.

67. Voir Melissa Hyde, « Men in Pink : The Petit-Maître, Refined Masculinity and Whiteness », *Journal18, 17, Color* (Spring 2024), https://www.journal18.org/7284.

68. Voir A. Cassandra Albinson, ouvr. cité.

69. [Antoine Renou], *Dialogues sur la peinture*, imprimé chez Tartouillis, aux dépens de l'Académie, et se distribue à la porte du Salon, 1773-74, 2nde éd., p. 20.

70. « SEXE. absolument parlant, se dit des femmes. C'est un homme qui aime le *sexe*, c'est à dire, les femmes » (Furetière, *Dictionnaire universel*, 1690).

71. Voir Christophe Martin, *Espaces du féminin dans le roman français du 18e siècle*, Oxford, SVEC, 2004.

72. Melissa Hyde a montré comment, pour Boucher, ces jugements négatifs devaient néanmoins être intégrés dans une célébration de l'esthétique rococo du « beau fard » comme métaphore de la peinture elle-même (*Making Up the Rococo*, ouvr. cité).

73. Thomas Laqueur, *La Fabrique du sexe : essai sur le corps et le genre en Occident*, Paris, Gallimard, 1992 [*Making sex*, 1990], p. 170. La thèse de Thomas Laqueur, fondée pour l'essentiel sur une documentation de textes médicaux, a été depuis critiquée et nuancée : selon Karen Harvey, la construction du monde sexuel moderne est en fait un très long processus qui nécessite de prendre en compte l'ensemble des savoirs et des imaginaires d'une époque et leur circulation (« Le Siècle du sexe ? Genre, corps et sexualité au dix-huitième siècle (vers 1650-vers 1850) », *Clio. Femmes, Genre, Histoire*, n° 31, 2010 (https://doi.org/10.4000/clio.9683). Mais, même nuancée, la thèse générale du renforcement des frontières de genre à partir du XVIIIe siècle fait consensus.

74. Le concept de genre, mobilisé depuis les années 1980, d'abord dans les études américaines, s'appuie sur cette transformation d'une différence sexuée en une différence sociale ; les rapports sociaux se définissant alors à partir d'une perception d'une distinction entre les sexes, voir notamment Joan Scott, « Genre : une catégorie utile d'analyse historique »,

*Les Cahiers du GRIF*, n° 37-38, 1988. Voir également sur la notion de « corps construit », Colette Guillaumin, « Le corps construit », dans Colette Guillaumin, *Sexe, race et pratique du pouvoir. L'idée de nature*, Paris, Côté-femmes, 1992, p. 117-142. Enfin, pour un point sur ces questions à l'époque des Lumières, voir Stéphanie Genand (dir.) avec la coll. de Jean-Christophe Abramovici, Stefania Ferrando, Florence Lotterie et Anne Verjus, « Normes et genres dans l'Europe des Lumières », *Dix-huitième siècle*, n° 55, 2023, notamment l'« Introduction », p. 9-32.

75. Randolph Trumbach, *Sex and the Gender Revolution : Heterosexuality and the Third Gender in Enlightenment* London, London and Chicago, The University of Chicago Press, 1998.

76. Voir Élisabeth Bourguinat, *Persifler au siècle des Lumières*, Paris, Créaphis éditions, 2016 [PUF 1996].

77. Judith Butler, *Trouble dans le genre. Le Féminisme et la subversion de l'identité*, Paris, La Découverte, 2005 [angl. 1990].

78. « L'autre [jeune magistrat coquet] affiche la coquetterie, et toujours musqué comme une fouine, donne des vapeurs à nos petites maîtresses », Paul Antoine Nicolas Nolivos de Saint-Cyr, *Le Tableau du siècle*, Genève, 1759, p. 35.

79. Catherine Bernard, « Le Prince Rosier », dans M^lle^ Lhéritier, M^lle^ Bernard, M^lle^ de La Force et *al.*, *Contes*, Raymonde Robert (éd.), Paris, H. Champion, BGF, 2, 2005, p. 285.

80. Daniel Roche, *La Culture des apparences*..., ouvr. cité, p. 141.

81. « Petit Maître en chenille, frac de couleur à la mode, veste de soie en broderie de soie de diverses couleurs, les boutons du frac d'argent à jour. Il est coiffé d'un chapeau à la Pennsylvanie », dessin Le Clerc, *Galerie des modes et costumes français*, Paris, 1778-1785, estampe coloriée : eau-forte, burin, aquarelle ; 23 x16 cm.

82. Le fameux habit bleu et gilet jaune qu'enfile une dernière fois Werther avant de se suicider et qui engendre une mode « à la Werther ». Rappelons que le roman de Goethe, *Les Souffrances du jeune Werther*, a paru en 1774.

83. L.-S. Mercier, *Néologie*, éd. citée.

84. Connue longtemps sous le nom de Marguerite de Lubert : un tout récent ouvrage apporte les preuves que son nom était en fait Marie-Magdelaine de Lubert (Marie-Magdelaine de Lubert, *Correspondance avec Loppin de Gemeaux (1767-1782)*, Marie-Thérèse Inguenaud (éd.), suivie de trois réécritures éditées par Blandine Gonssollin, Paris, H. Champion, 2022).

85. [Marguerite de] Lubert, *La Princesse couleur-de-rose et le Prince Céladon*, Aurélie Zygel-Basso (éd.), Paris, H. Champion, BGF, 14, 2005, p. 179.

86. *Ibid.*, p. 186. Je souligne.

87. « Céladon. Couleur entre le bleu et le vert. Par le caprice des Dames de la Cour, cette couleur a été ainsi appelée de *Céladon*, personnage du Roman de l'*Astrée* » (Gilles Ménage, *Dictionnaire étymologique*, 1694). Dans la base de données Frautext, la première occurrence de « céladon » employé comme terme de couleur se trouve dans *Le Vert-Galant* de Dancourt (1714).

88. M. de Lubert, *La Princesse couleur-de-rose*..., éd. citée, p. 187.

89. *Ibid.*, p. 217-219.

90. *Ibid.*, p. 232. Je souligne.

91. Le terme linguistique plus approprié est « hyperonyme » : c'est un terme dont la signification inclut celle d'autres termes plus spécifiques, appelés hyponymes. Rose est l'hyperonyme (le terme de base qui exprime la teinte), rose pâle, bonbon, etc. en sont les hyponymes (nuances).

92. Ludwig Wittgenstein, *Remarques sur les couleurs*, éd. citée, p. 62.

93. L.-A. Caraccioli, *Dictionnaire critique*..., ouvr. cité, t. 1, p. 76.

94. La liste est innombrable, pour en avoir un aperçu, voir Kévin Bideaux, *Rose*... (ouvr. cité) et Hayley Edwards-Dujardin, *Rose. De Botticelli à Christo*, Paris, Chêne, 2021. Outre les enrobages roses spectaculaires de Christo, on peut penser à certaines toiles de Nicolas de Staël (*Table rose*, 1953, collection privée, *Paysage sur fond rose*, 1954, collection privée, dans Pierre Watt (dir.), *Nicolas de Staël*, Paris, Musée d'Art moderne de Paris, 2023) ou encore aux récents travaux d'Elissar Kanso sur le rose fluorescent (https://www.circleproart.com/en-gb/elissar-kanso), etc.

95. Diderot, *Lettres à Sophie Volland*, L. 43, Au Grandval, le 14 [12 ?] octobre 1760, Paris, Éd. D'Aujourd'hui, 1978, t. 1, p. 219.

## Notes sur le chapitre 2

1. L. B. Castel, *Optique des couleurs*, éd. citée, p. 43.

2. *Ibid.*, p. 42-43.

3. *Ibid.*, p. 45.

4. Élodie Ripoll s'intéresse ainsi aux « mots de la couleur » qu'elle distingue judicieusement des mots *de* couleur, en inventant notamment un néologisme, le « parachromatique », c'est-à-dire tout ce qui, à la lecture, entre dans une perception, un imaginaire coloré, mais qui n'est pas désigné par un terme de couleur (*Penser la couleur*..., ouvr. cité). Elle montre que non seulement le nuancier s'étend dans la langue du XVIII^e^ siècle mais aussi que les autres paramètres se développent et se diversifient : prenant l'exemple des mots de brillance dans les descriptions du regard, elle note que l'indication de luminosité dépasse ainsi le simple rapport mat/brillant pour intégrer des notations du degré de transparence ou des mentions haptiques (« "Ses yeux brillaient d'un éclat singulier". La quatrième dimension de la couleur dans la description du regard (XVIII^e^-XIX^e^ siècles) »,

dans Michel Menu, Jean-Marie Schaeffer et Romain Thomas (dir.), *La Couleur en question. Approches interdisciplinaires de la couleur*, Paris, Hermann, 2023, p. 103-112).

5. La base de données Frantext (https://www.frantext.fr) s'appuie d'abord sur un corpus des XIXe et surtout XXe siècles même si la base compte néanmoins autour de 600 et 700 textes pour les XVIIe et XVIIIe siècles, pour l'essentiel littéraires. Élodie Ripoll a ainsi établi des tableaux statistiques entre 1690 et 1869 par terme et champ de couleur principaux (blanc, noir, rouge, bleu, vert, jaune, brun, gris) qui tendent à montrer dans le corpus d'une cinquantaine de romans qui est le sien une nette inflation des mentions de couleur sur presque deux siècles avec une accélération très importante à partir des années 1780 et surtout au XIXe siècle (voir *Penser la couleur...*, ouvr. cité, « Annexes », p. 433-443).

6. Madeleine de Scudéry, *Clélie, histoire romaine* (1654-1660), Paris, Gallimard, 2013, p. 36.

7. L'outil Frantext est trop inadapté à ce type de recherche, notamment à cause de ses catégorisations (essais, fictions, non fictions) et du choix des corpus (aucun périodique par exemple), pour qu'on puisse en tirer autre chose qu'une tendance. Un exemple : pour les occurrences de « jaune », la catégorie « essais » pour le XVIIe siècle comprend 78 occurrences et 14 seulement pour le XVIIIe siècle mais, il est impossible d'en tirer autre chose qu'une vague tendance : outre l'ampleur moindre du corpus d'ouvrages du XVIIe siècle dans la base de données, la catégorie pour le XVIIe siècle (pour le jaune) retient pour titres *Le Théâtre d'agriculture* d'Olivier de Serres, Descartes, Bernier, et pour le XVIIIe siècle, les *Essais sur la peinture* de Diderot. Les autres catégories sont par ailleurs trop diversifiées (écrits fictionnels, romans, théâtre, poésie, non fictionnels, personnels, autobiographie, formes brèves fictionnelles) pour notre recherche et sont organisées en genres littéraires et non en types de public.

8. Diderot, Lettre de Grandval, du 20 octobre 1760, dans *Lettres à Sophie Volland,* André Babelon, Paris, Éd. d'Aujourd'hui, 1978, t. 1, p. 255-256.

9. Giacomo Casanova, *Histoire de ma vie* (1789-1798), Jean-Christophe Igalens et Érik Leborgne (éd.), Paris, Laffont, « Bouquins », 2013, t. 1, p. 35. Je souligne.

10. Jean-Jacques Rousseau, *Les Confessions*, Paris, Classiques Garnier, 2011, p. 259. L'épisode de la pervenche s'étend p. 260-261.

11. Voir par exemple le début du Livre 7 : « ma mémoire, qui me retrace uniquement les objets agréables [...] », *ibid.*, p. 322.

12. Voir A. Gaillard, « La vie chromatique des objets dans la fiction narrative au XVIIIe siècle », dans Myriam Marrache-Gouraud (dir.), *Poétiques de l'objet, Travaux de Littérature*, XXXIII, 2020, p. 137-150.

13. Voir Daniel Arasse, *Le Détail. Pour une histoire rapprochée de la peinture*, Paris, Flammarion, 1992. Daniel Arasse, distingue le *particolare* (partie d'un objet) et le *dettaglio*, façon dont est isolé un élément par un regard.

14. Respectivement Jean-Jacques Rousseau, *Les Confessions* (éd. citée, Livre II, p. 91) et Denis Diderot, *Jacques le fataliste et son maître* (dans *Contes et romans*, éd. citée, p. 878).

15. Louis-Sébastien Mercier, « Laitières », dans *Le Tableau de Paris* (1781-1788), Jean-Claude Bonnet (éd.), Paris, Mercure de France, 1994, t. 2, p. 206. Sur les couleurs chez Mercier voir Sophie Lefay, « Les couleurs de Paris à travers quelques « tableaux » parisiens (Caraccioli, Henrion, Pujoulx, Mercier) », dans *Lumières*, n° 36, 2020, p. 67-77.

16. Jacques-Henri Bernardin de Saint-Pierre, *Paul et Virginie* (1788), Paris, le Livre de Poche, « Classiques », 2019, respectivement p. 118 et 161.

17. Alain-René Lesage, *Histoire de Gil Blas de Santillane* (1715 pour les livres I à VI, puis 1724 et 1735), Paris, Garnier-Flammarion, 1977, p. 171.

18. Ce terme de couleur est attesté pour la 1re fois dans le *Dictionnaire français* de Richelet (1680) : « FEUILLE-MORTE. Sorte de couleur. Les marchands et les fleuristes font feuille-morte masculin, les marchands disent j'ai du beau feuille-morte, en voulez-vous ? Il faudrait dire j'ai du beau ruban feuille-morte. Les fleuristes disent les langues de l'Iris panaché de Picardie sont d'un feuille-morte enfumé. »

19. Lesage, *Le Diable boiteux* (1707), Paris, Gallimard, « folio classique », 1984, p. 34.

20. *Le Traité des sensations* (1754) de Condillac propose, pour démontrer la thèse sensualiste selon laquelle toute connaissance est le produit de l'expérience sensible, de suivre le modèle d'une statue d'abord fermée à toute sensation et dont on « ouvre » progressivement les sens (odorat, ouïe, goût, vue, toucher). La première expérience est, comme chez Du Laurens qui s'en inspire, celle d'une rose qu'on donne à sentir à la statue. Sur ces questions, voir Christophe Martin, *« Éducations négatives ». Fictions d'expérimentation pédagogique au dix-huitième siècle,* Paris, Classiques Garnier, 2010.

21. Henri-Joseph Du Laurens, *Imirce ou la Fille de la nature* (1765), P. université de Saint-Étienne, 1993, p. 75.

22. « Pour son plumart portait une belle grande plume bleue prise d'un onocrotal du pays de Hircanie la sauvage [pélican d'Asie centrale] » (François Rabelais, *Gargantua*, éd. citée, p. 49).

23. Paul Scarron, *Roman comique* (1651-1657), Paris, Gallimard, folio classique, 1985, p. 304.

24. Jean-Baptiste Louvet, *Une Année de la vie du chevalier de Faublas* (1787), dans *Les Amours du chevalier de Faublas, Romanciers du XVIIIe siècle*, Paris, Gallimard, « Bibliothèque de La Pléiade », 1965, t. 2, p. 428.

25. Dans l'édition de 1800, p. 27 [1[re] éd. 1769]. Je renvoie à l'analyse très convaincante d'Élodie Ripoll qui a déniché l'exemple et a mis en évidence l'amplification et l'élargissement de la palette chromatique dans les quatre versions du roman de Rétif (*Penser la couleur...*, ouvr. cité, p. 317 et suiv.).

26. Montesquieu, *Lettres persanes*, éd. citée, Lettre 52, p. 195.

27. Respectivement Diderot, *Salon de 1761* (éd. citée, p. 116) et La Font de Saint-Yenne, *Réflexions*..., (éd. citée, p. 67. Je souligne).

28. Diderot, *Jacques le fataliste et son maître*, éd. citée, p. 703.

29. « CAMAYEU. On appelle ainsi certains dessins et tableaux de clair-obscur », François-Marie de Marsy, *Dictionnaire abrégé de peinture et d'architecture*, Paris-Nevers, Nyons fils-Barois, 1746, t. 1, p. 93.

30. Florent Le Comte, *Cabinet des singularités d'architecture, peinture, sculpture, gravure*, Paris, Étienne Picart – Nicolas Le Clerc, 1699-1700, t. 1, p. 52.

31. Jacques Cazotte, « La Patte du Chat », Anne Defrance (éd.), dans *Contes*, Paris, H. Champion, BGF, 16, 2008, p. 987-1052, p. 1017. Il n'est pas indifférent qu'il soit qualifié de « naturaliste », le surgissement des couleurs est, de fait, pour une large part, lié aux descriptions des mondes « exotiques » par le biais des relations de voyage mais aussi de l'histoire naturelle, voir dans cette même partie, le chapitre 4, p. 149 et suiv. Amadil explore le monde des Camayeuls avec un œil de naturaliste qui voit la couleur d'un monde à l'altérité radicale.

32. Au XVIIIe siècle, l'orthographe courante de camaïeu est « camayeu » et on écrit indifféremment bleuâtre ou bluâtre.

33. Jacques Cazotte, « La Patte du Chat », BGF, 16, éd. citée, p. 1028.

34. Voir la note d'A. Defrance (*ibid.*, p. 1027, note 54) et A. Gaillard, « Contes en couleur » (art. cité).

35. Une fois encore, c'est dans un conte, le très chromatique *La Princesse couleur-de-rose et le Prince Céladon* de Lubert, analysé dans le chapitre précédent que le terme est déjà utilisé deux décennies plus tôt (1743, BGF, 14, éd. citée, p. 218). Notons en outre qu'un ciel « serein » n'est pas un ciel pâle ou clair mais sans nuage, « quand il fait beau temps » (Furetière, *Dictionnaire universel*, 1690).

36. Voir les échantillons fournis en vis-à-vis des teintes dans Antoine Janot, *Mémoire sur les opérations de la teinture du grand et bon teint des couleurs qui se consomment en Levant avec la quantité et qualité des drogues qui les composent* (1744), dans Dominique Cardon, *Des couleurs pour les Lumières. Antoine Janot, teinturier occitan, 1700-1778*, ouvr. cité.

37. À plusieurs reprises dans le *Magasin des modes nouvelles françaises et anglaises* (1786-1789).

38. Les lexicologues distinguent le lexique de base et le construit : dans le cas du bleu, le terme de base est « bleu », tandis que « bleu roi » ou « bleu de ciel » appartiennent au lexique résultant d'une opération de construction grammaticale. Voir Cécilia Bernez, *Grammaire des couleurs*, ouvr. cité, p. 23.

39. « Gros » s'utilise au XVIIIe siècle comme un intensif : gros bleu, gros jaune, signifient très bleu, très jaune, un bleu intense, très saturé ; un « chapeau de satin nakara [nacarat] (espèce de gros rouge tirant sur le ponceau) » précise le *Cabinet des modes, ou les Modes nouvelles* (15 janvier 1786, p. 35).

40. Voir p. 277, note 87.

41. Respectivement M. de Lubert, *La Princesse couleur-de-rose et le Prince Céladon* (BGF, 14, éd. citée, p. 216) et L. B. Castel, *L'Optique des couleurs* (éd. citée, p. 42).

42. J. Cazotte, « La Patte du Chat », BGF, 16, éd. citée, p. 1038.

43. Michel Pastoureau, *Bleu, Histoire d'une couleur*, Seuil, 2000.

44. Voir sur l'indigo, Marguerite Martin, « Pour des couleurs plus solides ? Transgression des règlements et diffusion de l'indigo dans la teinture des étoffes de qualité intermédiaire au 18e siècle » (art. cité) et sur le bleu de Prusse, Charlotte Guichard, Anne-Solenn Le Hô, Hannah Williams, « Prussian Blue... », art. cité.

45. Voir en Annexe, le petit lexique des mots de couleurs du XVIIIe siècle.

46. Sur les progrès de la teinturerie, voir notre 1re partie, chap. 2, p. 49 et suiv.

47. Antoine Janot, *Mémoire*, éd. citée, p. 100.

48. Chez Delormois, *Le nouveau teinturier parfait, ou Traité de ce qu'il y a de plus essentiel dans la teinture*..., Paris, Barrois l'aîné, 1799 [1re éd. 1769], t. 1, p. 74.

49. « Chemise à deux collets, et large de falbala de taffetas des Indes *lilas tendre* » (*Cabinet des modes, ou les Modes nouvelles*, 15 février 1786, p. 49) ; « dans *une teinte lilas* » (Bernardin de Saint-Pierre, *Voyage à l'Île de France*, éd. citée, vol. 1, p. 496) ; « un papier *couleur de lilas* » (Gabriel-François Coyer, *La Découverte de l'île Frivole* (1751), Jean-Alexandre Perras (éd.), Cambridge, Modern Humanities Research Association, 2022, p. 51) ; « Beaucoup de chapeaux à forme *couleur de lilas.* » (*Magasin des modes nouvelles françaises et anglaises*, 21 avril 1789, p. 116). Je souligne.

50. Voir Jean-Claude Bonnet, « Bernardin néologue à l'épreuve de l'océan Indien ou "l'art de rendre la nature" », Jean-Michel Racault, Chantal Meure et Angélique Gigan (dir.), *Bernardin de Saint-Pierre et l'océan Indien*, Paris, Classiques Garnier, 2011, p. 405-422.

51. Voir Cécilia Bernez, ouvr. cité, p. 223. Quant aux couleurs elles-mêmes, Michel-Eugène Chevreul (*De la loi du contraste simultané des couleurs*, 1839) recensait 14 400 tons (720 couleurs avec pour chacune 20 niveaux de saturation possible) et les cartes graphiques d'ordinateurs fournissent un choix de 32 millions de couleurs.

52. Voir Cécilia Bernez, ouvr. cité, p. 309-310.

53. Le terme de couleur « châtain » entre dans le dictionnaire en 1740 (*Dictionnaire de l'Académie française*, 3e éd.) : CHÂTAIN. adj. m. « Qui est de couleur d'écorce de châtaigne. Il n'est guère en usage qu'en ces phrases. *Poil châtain. Poil châtain clair. Cheveux châtains* ». On le trouve par exemple, de même que « marron », dans l'*Histoire philosophique et politique des établissements et du commerce des Européens dans*

*les deux Indes* (1770) : « [les castors sont] jaunes et couleur de paille chez les Illinois, châtains un peu plus haut, couleur foncée de marron au nord du Canada » (La Haye, Les Libraires associés, 1776, t. 6, p. 15). Ou, pour « marron » : « Ce marron de M. Guillaume est-il plus dans la nature que le bleu céleste et que le gris de lin ? » (Marmontel, « Le philosophe soi-disant », *Contes moraux*, 1761, t. 2, p. 45). Néanmoins, malgré ces mentions, « marron » comme terme de couleur n'apparaît pas dans les dictionnaires du XVIIIe siècle et ne fait son entrée dans le *Dictionnaire de l'Académie française* qu'en 1835 (6e éd.).

54. MORDORÉ. adj. indéclinable. « Couleur brune mêlée de rouge », *Dictionnaire de l'Académie française*, 1798, 5e éd.

55. Voir Madeleine Delpierre, avec la coll. de Françoise Tétart-Vittu, *Se vêtir au XVIIIe siècle*, Paris, Biro, 1996.

56. *Lettres iroquoises, ou correspondance politique, historique et critique entre un iroquois voyageant en Europe, et ses correspondants...* (30 juillet 1781), Londres, au berceau de la vérité, 1783, t. 3, p. 66.

57. « Rubans et couleurs : puce, demi-puce, soupirs de Vénus, soupirs étouffés, vive bergère, cuisse de nymphe émue », Charles-Simon Favart, *La matinée, la soirée, et la nuit des boulevards ; ambigu de scènes épisodiques, mêlé de chants et de danses, divisé en quatre parties : représenté devant Leurs Majestés, à Fontainebleau, le 11 octobre 1776*, Paris, Cailleau, 1776, p. 20.

58. François-Félix Nogaret, *Le Fond du sac, ou restant des Babioles de M. X.***, membre éveillé de l'Académie des Dormans*, Paris, Cazin, Hubert Martin, 1780, t. 2, p. 129.

59. Moyse Dalpuget, *Inventaire après décès* (1787), minutes du notaire parisien Jean Antoine Dosfant, Paris, Archives nationales de France, cote MC/ET/XXIV/957. Je remercie ici vivement Jacques Gerstenkorn pour m'avoir documentée sur cette source.

60. *Magasin des modes nouvelles françaises et anglaises* (1786-1789), 30 avril 1788, p. 130.

61. *Journal de politique et de littérature* du 1er juillet 1776, Bruxelles-Paris-province, n° 13, t. 2, p. 304.

62. *Ibid.* p. 305.

63. « Nous nous en applaudirions davantage si dans ce pays-ci la philosophie, les mœurs, les arts pouvaient jamais être autre chose qu'une affaire de mode, aussi mobile, aussi variable que les plumes du sieur Beaulard et les bonnets de la demoiselle Bertin », *Correspondance littéraire, philosophique et critique par Grimm, Diderot, Raynal, Meister, etc.*, décembre 1774, Maurice Tourneux (éd.), Paris, Garnier frères, 1879, t. 10, p. 522.

64. *Mémoires de Madame Campan. Première femme de chambre de Marie-Antoinette*, Jean Chalon et Carlos de Angulo (éd.), Paris, Mercure de France, 1988, p. 27-28.

65. Anecdote citée à l'identique dans les *Mémoires de Mlle Bertin sur la reine Marie-Antoinette* (Paris, Bossange frères, 1824, p. 207) et chez Edmond et Jules de Goncourt, *La Femme au XVIIIe siècle : nouvelle édition, revue et augmentée* (Paris, G. Charpentier, 1882, p. 17).

66. Voir Louis-Sébastien Mercier, *Tableau de Paris*, éd. citée, t. 1, p. 398.

67. Louis Petit de Bachaumont, *Mémoires secrets pour servir à l'histoire de la république des lettres en France depuis 1762 jusqu'à nos jours*, 13 novembre 1775, Londres, J. Adamson, t. 8, p. 248.

68. *Journal de politique et de littérature* du 1er juillet 1776, éd. citée, p. 305.

69. Charles-Simon Favart, *La matinée, la soirée, et la nuit des boulevards*, Paris, Cailleau, 1776, p. 20.

70. « Poésie. *Les Modes. Épitre à Beaulard* », *La Feuille sans titre*, 26 mars 1777, n° 54, p. 213.

71. *Galerie des modes et costumes français / dessinés d'après nature, gravés par les plus célèbres artistes en ce genre ; et colorés avec le plus grand soin par Madame Le Beau : ouvrage commencé en l'année 1778*, Paris, Esnauts et Rapilly, 1778-1785, 10e Cahier, 4e Suite, 1re figure.

72. *Cabinet des modes*, éd. citée, 1er janvier 1786, p. 28.

73. *Cabinet des modes, ou les Modes nouvelles...*, Buisson, 1er juin 1786, p. 106,

74. Louis-Sébastien Mercier, *Tableau de Paris*, éd. citée, t. 1, p. 398.

75. Théodore Agrippa d'Aubigné, *Les Avantures du baron de Faeneste. Comprinse en quatre parties. Les trois premieres reveües, augmentees, & distinguees par chapitres. Ensemble, la quatriesme partie nouvellement mise en lumiere. Le tout par le mesme autheur*, Au Dézert, 1630. Liv. 1, chap. 2, p. 12-13.

76. Voir par exemple André Mareschal, *Le Railleur, ou la Satyre du temps* où Clorinde vante les rubans d'Amador :

« À cause du faux jour, et d'un volet fermé/Je pensais que ce nœud fût de Diable enrhumé,/Je suis d'avecque vous pour l'Espagnol malade,/La couleur en est morne, insensible, et trop fade,/Astrée a fait son temps, Céladon est laissé ; /Vous êtes aujourd'hui dessus l'amant blessé,/Que vôtre assortiment mérite qu'on l'admire ! » (Paris, T. Quinet, 1638, sc. 2, p. 13). Certains termes sont d'ailleurs recyclés, comme des signatures du XVIIe siècle par Edmond Rostand dans *Cyrano de Bergerac* : *Cyrano de Bergerac* (1897) : « DEUXIÈME MARQUIS : les beaux rubans ! Quelle couleur, comte de Guiche ? *baise-moi-ma-mignonne* ou bien *ventre-de-biche* ? /DE GUICHE : c'est couleur *espagnol malade* » (I, 3).

77. Voir Sophie Raynard, *La Seconde Préciosité. Floraison des conteuses de 1690 à 1756* (Tübingen, Gunter Narr Verlag, 2005) et Nathalie Grande (prés et éd.), *Sexe, genre, et coutes de fees* (Saint-Étienné Presses universitaire de Saint-Étienne, 2024).

78. Voir Daniel Roche, *La culture des apparences. Une histoire du vêtement*, ouvr. cité.

79. Ce qu'Élodie Ripoll nomme le « parachromatique », *Penser la couleur...*, ouvr. cité, p. 42 et suiv.

80. « BIGARRER. Mettre sur un habit diverses couleurs mal assorties, et qui choquent la vue », Furetière, *Dictionnaire universel*, 1690.

81. L'historienne Marie Chiozzotto note ainsi : « Ces accords chamarrés peuvent paraître surprenants. Au début des années 1770, les teintes sourdes ou pastel du règne de Louis XVI ne constituent pas encore la mode dominante. Un habit complet mentionné dans le mémoire du tailleur Le Duc est à « fond blanc avec des pois blancs nués, et rayé en quinconce, en vert, noir, cramoisi, mordoré et jaune », soit cinq couleurs de rayures différentes. Il est ainsi très difficile de visualiser, de se rendre compte de l'apparence « en couleurs » de Louis XV, tant les teintes sont multiples. Le vestiaire royal pour l'année 1772 est donc multicolore, bien plus que ne le sont les habits du roi dans ses portraits officiels, tel celui peint par l'atelier de Van Loo en 1763 et qui privilégie le plus attendu et symbolique bleu de roi », « Les apparences vestimentaires de Louis XV : la composition de la garde-robe du souverain pour l'année 1772 », *Apparence(s)*, n° 4, 2012 (https://doi.org/10.4000/apparences.1179).

82. « GLACÉ. Se dit aussi de plusieurs choses polies et luisantes. Un taffetas *glacé*, pour dire, qui est bien lustré », Furetière, *Dictionnaire universel*, 1690.

83. « GLACÉ. *Taffetas glacé*, Du taffetas de deux couleurs, et extrêmement lustré, *Dictionnaire de l'Académie*, 1718.

84. Respectivement : *Magasin des modes nouvelles françaises et anglaises* (20 avril 1788, p. 123) ; Moyse Dalpuget, *Inventaire après décès* (1787) (arch. citée), Jacques-Henri Bernardin de Saint-Pierre, *Études de la nature* dans *Œuvres Complètes*, éd. citée, t. 3, p. 462 et p. 499.

85. *Le Cabinet des Modes*, 1er juillet 1786, p. 127.

86. L.-A. Caraccioli, *Dictionnaire critique...*, ouvr. cité, t. 2, p. 92-93.

87. Jonathan Richardson, *Traité de la peinture et de la sculpture*, Paris, Briasson, 1728, t. 1, p. 127. [angl. 1715].

88. Voir en Annexe, le lexique des mots de couleur du XVIIIe siècle.

89. *Cabinet des modes, ou les Modes nouvelles*, 15 juin 1786, p. 119.

90. Respectivement L.-A. Caraccioli, *Dictionnaire critique...*, ouvr. cité, t. 1, p. 267 et t. 2, p. 270.

91. VEINÉ : « Qui est plein de veines. Il ne se dit guère que du bois et du marbre » (*Dictionnaire de l'Académie française*, 1694). VEINES : « Les marques longues et étroites qui vont en serpentant dans du bois ou dans les pierres dures » (*ibid.*).

92. VEINER : « Imiter par des couleurs les veines du marbre ou du bois » (*Dictionnaire de l'Académie française*, 1835).

93. *Magasin des modes nouvelles françaises et anglaises*, 10 juillet 1788, p. 190 pour la femme et p. 187 pour l'homme.

94. *Ibid.*, p. 187.

95. Voir Michel Pastoureau, *Rayures. Une histoire culturelle*, Paris, Seuil, 2021. L'auteur lie directement, via l'américanophilie, le goût pour les rayures à partir des années 1770 et les « *stripes* » du drapeau américain, symboles de liberté (p. 66). Mais il accorde néanmoins une place aux rayures antérieures déjà valorisées dans le siècle, notamment exotiques (p. 63) : il nous semble que la rayure, au XVIIIe siècle, doit être intégrée au goût général pour la bigarrure et les motifs, qu'ils soient floraux (ceux des indiennes par exemple ou du damassé) ou géométriques.

96. Bernardin de Saint-Pierre, *Voyage à l'Île de France* dans *Voyages*, Ph. Robinson, I. Zatorska, A. Gigan, Vl. Kapor et J.-M. Racault (dir.), *Œuvres Complètes*, Paris, Classiques Garnier, 2019, t. II, vol. 1, p. 578-579.

97. Voir sur l'histoire des nomenclatures et la position de Buffon l'introduction au vol. 12 de Georges-Louis Leclerc de Buffon, *Œuvres complètes. Histoire naturelle, générale et particulière, avec la description du Cabinet du Roi* (1764), Stéphane Schmitt (éd.) avec la collaboration de Cédric Crémière, Paris, H. Champion, 2018, t. 12.

98. Buffon, *Œuvres complètes...* (1765), éd. citée, 2019, t. 13, p. 515-516.

99. « La femme [...] est vêtue d'un jupon et d'une veste de drap *zèbre* à larges raies gris foncé et blanches », *Magasin des modes nouvelles françaises et anglaises*, janvier 1788, p. 42. L'italique, qui est dans le texte, atteste du caractère néologique du terme.

100. Buffon, *Œuvres complètes...* (1764), éd. citée, 2018, t. 12, p. 203-204. Michel Pastoureau a montré le radical changement de conception entre l'animal qui était considéré comme un « âne sauvage » dangereux encore au début du XVIIe siècle et ce zèbre harmonieux chez Buffon, voir *Rayures*, éd. citée, p. 66.

## Notes sur le chapitre 3

1. Laurence Sterne, *Voyage sentimental en France et en Italie*, Alexis Tadié (éd.), Paris, folio Classique, 2022, p. 132. Le texte original dit : « I walked up gravely to the window in my dusty black coat, and looking through the glass saw all the world in yellow, blue, and green, running at the ring of pleasure. »

2. Voir Éric Méchoulan, « Le pouvoir féerique », *Féeries*, n° 3, 2006 (https://doi.org/10.4000/feeries.138). De façon plus générale, concernant la jonction entre pouvoir royal, fabuleux et merveilleux, voir A. Gaillard, *Fables, mythes, contes : l'esthétique de la fable et du fabuleux (1660-1724)*, Paris, H. Champion, « Lumière Classique », 1996.

3. *Mémoires de Madame Campan*, éd. citée, p. 185.

4. Voir Pauline Valade, « La couleur des réjouissances monarchiques (Paris, 18e siècle) », *Dix-huitième siècle*, n° 51, 2019, p. 31-48.

5. Expression consensuelle pour désigner l'engouement extraordinaire suscité par le genre du conte de fées à la fin du XVIIe siècle, voir Mary-Elizabeth Storer, *La Mode des*

*contes de fées (1685-1700)* (Paris, H. Champion, 1928) ; Raymonde Robert, *Le Conte de fées littéraire en France de la fin du XVII^e^ à la fin du XVIII^e^ siècle* (Paris, H. Champion, « Lumière classique », 2002 [1982]), Jean-Paul Sermain, *Le Conte de fées. Du classicisme aux Lumières* (Paris, Desjonquères, 2005) et notre synthèse dans le chapitre « Culture mondaine, culture moderne » dans *Charles Perrault,* Contes, *Marie-Catherine d'Aulnoy,* Contes de fées, (partie littérature) (Paris, Atlande, 2021).

6. Sur l'étroite liaison entre civilité mondaine, peinture (notamment par l'intermédiaire de ce que Pierre-Jean Mariette, pour qualifier l'ensemble de toiles à sujet galant exposé par Jean-François de Troy au Salon de 1725, a nommé des « petits tableaux de mode » et littérature (romans et contes), voir Guillaume Faroult, *L'Amour peintre,* ouvr. cité, p. 199-237.

7. Louise de Bossigny, comtesse d'Auneuil, *La Princesse des Pretintailles* (1702), BGF, 2, éd. citée, p. 713.

8. Voir B. Berlin et P. Kay, *Basic color terms*, ouvr. cité. Et sur l'usage symbolique des couleurs dans le conte, voir dans cet ouvrage, p. 173-174.

9. Voir notre article dont le propos est repris et développé ici, « Contes en couleur », *Féeries*, n° 17, 2021 (https://journals.openedition.org/feeries/3960 et notre contribution « Couleurs et contes », *Encyclopédie numérique des couleurs* (https://encyclopedienumeriquedescouleurs.com/2024/01/30/couleurs-et-contes/).

10. D'Aulnoy, « La Biche au bois », BGF, 1, éd. citée, t. 2, p. 719.

11. « La Princesse Printanière », *ibid.*, t. 1, p. 269 et 265.

12. « La Biche au bois », *ibid.*, t. 2, p. 699.

13. Charles-Antoine Coypel, *Aglaé ou Nabotine*, A. Gaillard (éd.), BGF, 11, éd. citée, t. 2, p. 1132.

14. D'Aulnoy, « Le Nain Jaune », BGF, 1, éd. citée, t. 1, p. 545.

15. Voir Michel Pastoureau, *Jaune. Histoire d'une couleur*, Paris, Seuil, 2019.

16. Caylus, « Nonchalante et Papillon » (dans *Féeries nouvelles*, 1741), Julie Boch (éd.), Paris, H. Champion, BGF, 12, 2005, respectivement p. 170-171 (je souligne).

17. Caylus, BGF, 12, éd. citée, p. 182.

18. Pour la promotion du bleu au XVIII^e^ siècle, je renvoie une nouvelle fois à Michel Pastoureau (*Bleu. Histoire d'une couleur*, éd. citée). Par contre, je ne souscris pas à son analyse du vert qui resterait selon lui encore « délaissé, discret, mal aimé » au milieu du siècle (*Vert. Histoire d'une couleur*, Paris, Seuil, 2013, p. 171) ni à l'assimilation dans le conte de fées moderne du vert à la seule couleur redoutable du surnaturel et des fées (*ibid.*, p. 165). Sur l'importance du vert en peinture au XVIII^e^ siècle, voir notamment Valérie Kobi, art. cité.

19. Charlotte Rose de Caumont La Force, « Vert et Bleu », BGF, 2, éd. citée, p. 373-387.

20. D'Aulnoy, « Gracieuse et Percinet », BGF, 1, éd. citée, t. 1, respectivement p. 154 et 164.

21. « La Biche au bois », *ibid.*, t. 2, p. 705.

22. « La Princesse Rosette », *ibid.*, t. 1, p. 287.

23. « Belle Belle ou le chevalier Fortuné », *ibid.*, t. 2, p. 804.

24. « Le Rameau d'or », *ibid.*, t. 1, p. 325, je souligne.

25. « La Petite Grenouille Verte », dans *Nouveau Recueil de contes de fées*, A. Defrance (éd.), Paris, H. Champion, BGF, 11, 2018, t. 1, p. 279-299.

26. *Ibid.*, p. 289-291.

27. « Le Prince Périnet ou L'Origine des Pagodes », BGF, 11, éd. citée, t. 1, p. 337.

28. Respectivement dans Henriette-Julie de Castelnau, *Prince des Feuilles* (1698) et Jean-Paul Bignon, *Les Aventures d'Abdalla* (1712-1714).

29. Caylus, « Bleuette et Coquelicot » (1741), BGF, 12, éd. citée, p. 216-217.

30. Catherine de Lintot, « Timandre et Bleuette » (1740), dans *Contes*, Raymonde Robert (éd.), Paris, H. Champion, BGF, 13, p. 601.

31. Marie-Antoinette Fagnan, *Minet Bleu et Louvette* (1750), BGF, 13, éd. citée, p. 713.

32. Voir Michel Pastoureau, *Vert. Histoire d'une couleur*, Paris, Seuil, 2013, p. 87-133.

33. Voir Jean Ehrard, *L'Idée de nature en France dans la première moitié du XVIII^e^ siècle* (Paris, SEVPEN, 1963) et sur la promotion du bleu au XVIII^e^ siècle, Michel Pastoureau, *Bleu* (ouvr. cité).

34. Anonyme, *Origine du rouge que portent les dames, conte, dédié au beau sexe,* Paris, P. de Lormel, 1759.

35. Voir la notice que lui consacre Raymonde Robert dans son édition, « Vert et Bleu », éd. citée, p. 302-303.

36. *Ibid.*, p. 386.

37. Nouvel indice qui contribue à nuancer fortement le propos de Michel Pastoureau selon lequel les progrès et transformations des domaines de la couleur au XVIII^e^ siècle « ne profitent guère à la couleur verte. Le siècle des Lumières est un grand siècle du bleu, pas du vert, tant s'en faut » (*Vert*, éd. citée, p. 168).

38. Pierre-François Godard de Beauchamps, *Funestine,* A. Gaillard (éd.), Paris, H. Champion, BGF, 11, 2018, t. 2, p. 1038-1042 pour la description du palais.

39. « Le Prince Arc-en-Ciel », BGF, 11, éd. citée, t. 1, p. 436.

40. « Le prince ne pouvait ni paraître ni se faire entendre que sous la figure d'un arc-en-ciel. Il fallait donc que le soleil parût, et qu'il se trouvât de l'eau pour produire cette agréable apparition », *ibid.*, p. 437.

41. *Ibid.*, p. 441.

## Notes sur le chapitre 4

1. Voir l'ouvrage fondateur des études postcoloniales d'Edward Saïd, *L'Orientalisme. L'Orient créé par l'Occident*, Paris, Seuil, 1980.

2. Voir Friedrich Wolfzettel, *Le Discours du voyageur. Pour une histoire littéraire du récit de voyage en France, du Moyen Âge au XVIII^e^ siècle* (Paris, PUF, 1996) et les travaux du Centre de recherche sur la littérature des voyages (https://www.crlv.org/) et de sa directrice Sylvie Requemora-Gros (*Voguer vers la Modernité. Le voyage à travers les genres au XVII^e^ siècle*, Paris, PUPS, 2012).

3. Jean de Léry, *Histoire d'un voyage faict en la terre du Brésil*, Frank Lestringant (éd.), Paris, Le livre de Poche, « classiques », 1994, p. 326.

4. *Ibid.*, p. 278-279.

5. *Ibid.*, p. 280-281.

6. *Ibid.*, p. 218-230.

7. *Ibid.*, respectivement, p. 310-311 et 231.

8. Antoine-Denis Raudot, *Relations par lettres de l'Amérique septentrionale*, Pierre Berthiaume (éd.), Canada, Presses de l'université Laval, 2018, lettre 29.

9. Claude-Charles Le Roy de Bacqueville de La Potherie, *Histoire de l'Amérique septentrionale qui contient l'histoire des Iroquois*, Paris, Nion et Didot, 1722, t. 3, p. 42-43.

10. Thomas Anburey, *Journal d'un voyage fait dans l'intérieur de l'Amérique septentrionale*, M. Noël (trad.), Paris, La Villette, 1793 [angl. 1789], t. 1, p. 210.

11. Pierre Pouchot, *Mémoires sur la dernière guerre de l'Amérique septentrionale entre la France et l'Angleterre*, Yverdon, 1781, t. 2, p. 300-301. Par ailleurs, sur le goût des Amérindiens pour les couleurs, voir George R. Hamell, « The Iroquois and the world's rim : speculations on color, and contact », *American Indian Quarterly*, vol. 16, n° 4, 1992, p. 451-469.

12. Jean-Baptiste Tavernier, *Les six voyages... qu'il a fait en Turquie, en Perse et aux Indes*, Paris, 1676, t. 2, p. 631.

13. Paul Hazard, *La Crise de la conscience européenne*, Paris, le Livre de Poche, 1994 [1935] : ce livre fondateur d'une longue historiographie critique consacrait aux « voyages lointains et leur influence sur l'évolution des idées » une part importante de sa démonstration sur les causes des grands changements « psychologiques » qui ont conduit à l'avènement des Lumières. Pour un bilan et débat autour de cette historiographie critique des Lumières, voir Antoine Lilti, *L'Héritage des Lumières*, Paris, EHESS, Gallimard, Seuil, 2019.

14. Charles de Ferriol (auteur) et Jean-Baptiste Vanmour (peintre), *Recueil de cent estampes représentant les diverses nations du Levant, tirées d'après nature en 1707 et 1708 par les ordres de M. de Ferriol, ambassadeur du Roy à la Porte*, Paris, Le Hay et Duchange, 1714.

15. Voir Françoise Le Borgne, « Costumes et parures des sauvages à la fin du XVIII^e^ siècle », dans *Sociopoétique du textile à l'âge classique*, Carine Barbafieri et Alain Montandon (dir.), Paris, Hermann, 2015, p. 207-230.

16. Voir par exemple la mise au point de Christelle Taraud, « L'exploration a préparé la conquête militaire », dans Christelle Taraud (dir.), *Idées reçues sur la colonisation. La France et le monde : XVI^e^-XXI^e^ siècles*, Paris, Le Cavalier Bleu, 2018, p. 33-39.

17. Voir Yves Laissus, « Les voyageurs naturalistes du Jardin du roi et du Muséum d'histoire naturelle : essai de portrait-robot », *Revue d'histoire des sciences*, t. 34, n° 3-4, 1981, p. 259-317 (https://doi.org/10.3406/rhs.1981.1768).

18. Voir Krzysztof Pomian, *Collectionneurs, amateurs et curieux. Paris-Venise : XVI^e^-XVIII^e^ siècle* (Paris, Gallimard, 1987) ; Charlotte Guichard, *Les Amateurs d'art à Paris au XVIII^e^ siècle* (ouvr. cité, notamment la 2^e^ partie « De la collection à l'amateur ») et Myriam Marrache-Gouraud, « L'Orient « systématique et raisonné » : L'exemple du cabinet parisien de don Pedro Davila (1767) » (*Études Épistémè*, n° 26, 2014, https://doi.org/10.4000/episteme.339).

19. Voir Buffon, *Œuvres complètes...* (1765), éd. citée, 2019, t. 13, p. 84 de l'introduction.

20. *Ibid.*, p. 90-92.

21. Anne Lafont, *L'Art et la Race*, ouvr. cité, p. 258 et suiv.

22. Thèse défendue par Joseph-François Lafitau (*Mœurs des sauvages américains...*, Paris, Saugrain, 1724, p. 29) et encore par l'abbé Raynal (*Histoire des deux Indes*, Genève, chez Jean-Leonard Pellet, 1780, t. 4, p. 11-12), voir A. Lafont, ouvr. cité, p. 263-5.

23. Voir Anne Lafont, ouvr. cité.

24. L'histoire de François Leguat comme le statut de son ouvrage, entre roman et récit de voyage sont complexes. Il s'agit pour Leguat de réaliser le projet de collectivité utopique protestante (« République de l'île d'Éden ») de Henri Duquesne (1689) fils d'un amiral réputé de Louis XIV. Duquesne envisageait son installation sur l'île Bourbon qu'il croyait déserte, Leguat et ses compagnons seront en fait débarqués sur l'île Rodrigues. Je renvoie aux explications données par Jean-Michel Racault dans son introduction à l'édition critique de François Leguat, *Voyage et aventures en deux îles désertes des Indes orientales*, Jean-Michel Racault (éd.), suivi de *Recueil de quelques mémoires pour l'établissement de l'île d'Éden*, Paolo Carile (éd.), Paris, Classiques Garnier, 2022.

25. *Ibid.*, p. 135. La note 63 établit par ailleurs que la description est plus vraisemblablement celle de Maurice.

26. Voir ÉMAIL, Richelet, *Dictionnaire français*, 1680.

27. « L'île nous parut extrêmement belle, et de loin et de près » (Leguat, éd. citée, p. 143).

28. *Ibid.*

29. Bernardin de Saint-Pierre, *Voyage à l'Île de France*, éd. citée, t. II, vol. 1, p. 496.

30. Voir Sophie Lefay (dir.), *Lectures du Panorama, Revue des Sciences humaines*, n° 294, 2009.

31. Auguste Billiard, *Voyage aux colonies orientales, ou Lettres écrites des îles de France et de Bourbon pendant les années 1817, 1818, 1819 et 1820, À M. le comte de Montalivet*, Paris, Ladvocat, 1822, p. 74-75.

32. Alexandre-Gui Pingré, *Voyage à Rodrigue. Le transit de Vénus de 1761...*, Sophie Hoarau, Marie-Paule Janiçon et Jean-Michel Racault (éd.), Paris, SEDES, Saint-Denis de La Réunion, CRLHOI, 2004, p. 16.

33. Guillaume Blanc a montré, à partir du concept de « colonialisme vert », hérité de celui « d'impérialisme vert » avancé par Richard Grove (*Green Imperialism : Colonial Expansion, Tropical Island Edens and the Origins of Environmentalism (1600-1860*), Cambridge, Cambridge University Press, 1995), l'enjeu jusqu'à nos jours des politiques coloniales environnementales issues de cet imaginaire d'une Afrique assimilée à un « éden vert » (*L'invention du colonialisme vert. Pour en finir avec le mythe de l'éden africain*. Paris, Flammarion, 2020).

34. « Effectivement ce petit monde nouveau, nous paraissait tout rempli de charmes et de délices [...] Nous ne pouvions nous lasser de regarder les petites montagnes dont elle est presque toute composée, tant elles étaient richement couvertes de grands et beaux arbres » (Leguat, éd. citée, p. 143).

35. *Ibid.*, p. 155.

36. Pingré, éd. citée, p. 165.

37. Leguat, éd. citée, p. 189-191.

38. Louis de Jaucourt, VERD, (*Physiq.*), *Encyclopédie*, t. XVII, 1765, p. 54a.

39. Voir Valérie Kobi, art.cité.

40. Pingré, éd. citée, p. 173.

41. Julien Tafforet, *Relation de l'île Rodrigue* (1726), dans François Leguat, éd. citée, « Annexe I », p. 351.

42. Jean Baptiste Oudry (1686-1755), *Perroquet* (étude), huile sur papier marouflé sur toile, Musée des Beaux-Arts de Strasbourg (voir illustration de couverture). Sur le *Canard blanc*, voir p. 57, fig. 10.

43. Jean-Baptiste-Louis Gresset, *Vair vert ou les Voyages du perroquet de la Visitation de Nevers*, poème héroï-comique, La Haye, Guillaume Niegard, 1734, p. 8.

44. Leguat, éd. citée, p. 175.

45. Pingré, éd. citée, p. 178.

46. « [...] les melons d'eau y viennent aussi fort bien, sont bons et rafraîchissants, ils ont l'écorce verte et la chair rouge comme du sang » (Leguat, éd. citée, p. 438). La précision « comme du sang » est devenu un cliché et se trouvait dans les *Mémoires* de Henri Duquesne (1689).

47. *Ibid.*, p. 256.

48. *Ibid.*

49. Jean de Léry, *Histoire d'un voyage faict en la terre du Brésil* (1578), Frank Lestringant (éd.), Paris, Le Livre de Poche, « classiques », 1994, p. 325-326. [Orth. modernisée par moi].

50. Auguste Billiard, *Voyage aux colonies orientales*, éd. citée, p. 80-81.

51. Les toiles peintes ou indiennes connurent un tel succès qu'elles subirent un embargo de 1686 à 1759 par crainte de la concurrence avec les productions nationales. En France, pour les marchés internationaux, le commerce en était seulement autorisé à Marseille. De nombreuses imitations et contrefaçons se développèrent. Par ailleurs, l'histoire de l'indiennage est amplement documentée, voir en particulier : Giorgio Riello, et Tirthankar Roy, *How India Clothed the World. The World of South Asian Textiles, 1500-1850* (Leiden, Brill, 2009) et les travaux d'Olivier Raveux, « Des réseaux marchands aux consommateurs : la diffusion des indiennes en Europe méditerranéenne dans la seconde moitié du XVIIe siècle » (*Liame*, n° 25, 2012, https://doi.org/10.4000/liame.227) et « La mode des indiennes à Marseille à travers la consommation des couvertures de lit et des robes de chambre (1664-1693) » (dans Nicolas Marty et Antonio Escudero, *Consommateurs et consommation, XVIIe-XXI[e] siècle : regards franco-espagnols*, Presses universitaires de Perpignan, 2015, p. 79-102, https://books.openedition.org/pupvd/4887). Enfin, sur l'espace indianocéanique en particulier, voir Pedro Machado, « Cloths of a new fashion : Indian Ocean networks of exchange and cloth zones of contact in Africa and India in the eighteenth and nineteenth centuries », dans Giorgio Riello, et Tirthankar Roy, *How India Clothed the World. The World of South Asian Textiles, 1500-1850*, Leiden, Brill, 2009, p. 53-84.

52. Patrick Verley, *L'Échelle du monde. Essai sur l'industrialisation de l'Occident*, Paris, Gallimard, 1997.

53. L'indienne a longtemps constitué une énigme chromatique d'où l'importance d'un texte comme le manuscrit dit de Beaulieu, mémoire rédigé par un capitaine de vaisseau parti à Pondichéry et accompagné d'échantillons pris à chacune des étapes de la teinture (Henry Nicolas Georges de Beaulieu [att. faussement à Antoine de Beaulieu], « Manière de fabriquer les toiles peintes dans l'Inde, telle que Mr de Beaulieu, capitaine de vaisseau, l'a fait exécuter devant luy à Pondichéry », Paris, Museum national d'histoire naturelle, Ms 193 (1, 2), s. l. ; s. d. [vers 1732]). Sur le manuscrit de Beaulieu et son enjeu dans le commerce international au cœur du système colonial, voir Ariane Fennetaux, « Géographie des savoir-faire des couleurs au XVIIIe siècle. L'Europe face au mystère chromatique indien » (dans Émilie Hammen (dir.), *Les Savoir-faire de la mode, vol. 2 : géographies*, Paris, B42, 2024, p. 76-87) et « Concurrence des figurations de la

couleur textile au XVIIIe siècle. Autour des toiles indiennes et du manuscrit de Beaulieu (1732) (dans *Un monde de couleurs. Représentations chromatiques au XVIIIe siècle*, Aurélia Gaillard et Charlotte Guichard (dir.), *Lumières*, n° 43, 2024, p. 105-130). Sur la complexité des procédés de fabrication des indiennes, voir Isabelle Bernier, « La technique de l'impression sur étoffes, de la théorie à la pratique », dans I. Bernier, *Négoce et industrie à Mulhouse au XVIIIe siècle (1696-1798)*, Toulouse, Presses universitaires du Midi, 2008 (https://doi.org/10.4000/books.pumi.34791).

54. Leguat, éd. citée, p. 23.

55. Pingré, éd. citée, p. 254.

56. « Lettre À la Compagnie du 31 X[bre] 1735 », *Correspondance du conseil supérieur de Bourbon et de la compagnie des Indes*, 10 mars 1732-23 janvier 1736, Albert Lougnon (éd.), Paris, Ernest Leroux, Paris, 1933, p. 297.

57. *Mercure de France*, 1er mars 1729, p. 612. La couleur café ne s'applique néanmoins pas encore au XVIIIe siècle à celle de la peau, mais le *continuum* qui se met en place l'anticipe.

58. « À l'Isle bourbon le 12 X[bre] 1733, À Mrs du Conseil supérieur de l'Isle Bourbon », *Correspondance du conseil supérieur de Bourbon et de la compagnie des Indes*, 10 mars 1732-23 janvier 1736, Albert Lougnon (éd.), Paris, Ernest Leroux, Paris, 1933, p. 81a-82a.

59. Bernardin de Saint-Pierre, *Voyage à l'Île de France*, éd. citée, t. II, vol. 1, p. 623. Je souligne.

60. Bernardin de Saint-Pierre, *Voyage à l'Île de France*, Annexe n° 25, [MS 82, f°59 B 7 recto], éd. citée, t. II, vol. 2, p. 964.

61. *Ibid.*, « Lettre XII », « Des Noirs », t. II, vol. 1, p. 611.

62. Cité par Valérie Kobi, art. cité, p. 68.

63. Hélène Blais a ainsi montré combien la création des jardins botaniques « joyaux d'empire » étaient des marqueurs de la domination coloniale (*L'Empire de la nature. Une histoire des jardins botaniques coloniaux, fin XVIIIe-années 1930*, Ceyzérieu, Champ Vallon, 2023).

64. « It was one of those beautiful mornings which the poets of all nations have attempted to describe, when we saw the isle of O-Tahitee, within two miles before us. The east-wind which had carried us so far, was entirely vanished, and a faint breeze only wafted a delicious perfume from the land, and curled the surface of the sea. The mountains, clothed with forests, rose majestic in various spiry forms on which we already perceived the light of the rising sun : nearer to the eye a lower range of hills, easier of ascent, appeared, wooded like the former, and coloured with several pleasing hues of green, soberly mixed with autumnal browns », Georg Forster, *A voyage round the world*, Nicholas Thomas et Oliver Berghof (éd.), Honolulu, University of Hawai'i Press, 1999, vol. 1, p. 143-144.

# Troisième Partie

## Notes sur le chapitre 1

1. C'est Alexander Wragge Morley, auteur de *Aesthetic Science* (éd. citée), qui a attiré mon attention sur la présence de ce terme dans l'ouvrage de Boyle, voir Alexander Wargge Morley, « Lovely Colours: Colour and Affect in the Early Royal Society of London », dans A. Gaillard et C. Guichard (dir.), *Un monde de couleurs. Représentations chromatiques du XVIIIe siècle*, ouvr. cité, p. 27-50.

2. *Experiments and considerations touching colours* (1664), éd. citée.

3. Respectivement, *ibid.*, p. 71, 115, 227, 234.

4. « the *Liquor will appear of a deep and lovely Coeruleus Colour* », *ibid.*, Expérience X, p. 201.

5. *Ibid.*, p. 258.

6. Nous ne disposons pas hélas de traduction en français à l'époque ni même maintenant.

7. D'Aulnoy, « La Biche au bois », *Contes Nouveaux ou les Fées à la mode*, éd. citée, t. 2, p. 713, je souligne. Voir égal. p. 10.

8. À la différence de la pomme empoisonnée, à moitié rouge, qu'on trouve, plus tard, dans le conte de « Blanche-Neige » (*Schneewittchen*) des frères Grimm (1812).

9. Rappelons que le fruit défendu du jardin d'Éden devient une pomme dans l'iconologie suite à un choix de traduction de la Vulgate (« *malum* », la pomme et le mal, voir Northrop Frye, *Le Grand Code. La Bible et la littérature*, Paris, Seuil, 1984) et que la pomme rouge des contes (en fait, moitié rouge, le côté empoisonné, et moitié blanche) est celle de la version de Blanche-Neige des *Contes de l'enfance et du foyer* des frères Grimm en 1812 qui relèvent d'un projet ethnologique comme l'atteste la triade noir-blanc-rouge qui structure ce conte. Il faudrait d'ailleurs analyser de plus près la couleur des pommes des Jardins d'Éden des peintres, dorées comme la chevelure d'Ève dans le tableau de Brueghel l'Ancien et Rubens (1615, La Haye, Mauritshuis) ou à peine rougissantes, vert jaune, noyées dans la verdure du *Printemps* de Poussin (1660-1664, Paris, musée du Louvre).

10. Voir à nouveau notre article dont une partie du propos est reprise ici, « Contes en couleur », *Féeries*, n° 17, 2021. https://journals.openedition.org/feeries/3960

11. M. Pastoureau, *Rouge*, Paris, Seuil, 2016, p. 135.

12. Symboliques amplement documentées dans les différents *opus* de M. Pastoureau, *Bleu* (2002), *Noir* (2008), *Vert* (2013), *Rouge* (2016), *Jaune* (2019), *Blanc* (2022), (Paris, Seuil).

13. Louis de Jaucourt, FARD, s. m. (art. cosmétique), *Encyclopédie…*, éd. citée, 1756, t. VI, p. 410.

14. L. A. Caraccioli, *Dictionnaire critique…*, ouvr. cité, t. 2, p. 92.

15. Charles Perrault, « La Belle au bois dormant », dans *Contes*, Tony Gheeraert (éd.), Paris, H. Champion, « Champion classiques », 2012, p. 182.

16. Le Prince de « La Belle au bois dormant » de Perrault raconte ainsi qu'en chassant, il s'était perdu dans la forêt et « qu'il avait couché dans la hutte d'un charbonnier, qui lui avait fait manger du pain noir et du fromage », *ibid.*, p. 188. La halte combine donc le noir (charbon, pain) et le blanc (fromage), comme dans « Le Petit Chaperon rouge ».

17. Voir M. Pastoureau, *Bleu*, ouvr. cité.

18. Catherine Velay-Vallantin, « Barbe-Bleue », dans *L'Histoire des contes*, Paris, Fayard, 1992, p. 43-93, p. 70. Rappelons que dans la version de Perrault, le point de départ du récit est l'histoire d'un nouveau riche roturier qui souhaite épouser une jeune noble.

19. On peut penser aux analyses psychanalytiques à la suite de Bruno Bettelheim, qui y voit un symbole de puberté et de sexualité (*Psychanalyse des contes de fées*, Paris, R. Laffont, coll. « Pluriel », 1976, p. 250-273), ou aux études historiennes qui insistent plutôt sur le « chaperon », sorte de bande de velours que portaient sur leur bonnet les filles ou femmes du peuple ou de la bourgeoisie, accessoire déjà démodé lorsqu'écrit Perrault, le rouge n'étant alors au départ qu'une indication réaliste rappelant la couleur des robes portées par les femmes du peuple lors des fêtes ou un vêtement de Pentecôte, ou encore la couleur dont on habille les enfants pour mieux les surveiller (voir M. Pastoureau, *Rouge*, ouvr. cité, p. 135-139). Par comparaison avec le folklore ou les autres versions écrites, Francisco Vaz da Silva suggère que Perrault justement transforme la référence sociale en symbole sexuel et donne ainsi une portée érotique à une symbolique vestimentaire sociale ou religieuse (« Charles Perrault and the Evolution of "Little Red Riding Hood" », *Marvels & Tales*, vol. 30, n° 2, 2016, p. 167-190).

20. M. Pastoureau, *Rouge*, ouvr. cité, p. 135-139. Sur la triade ethnologique, voir Marshall Sahlins, « Colors and Cultures », *Semiotica*, vol. 16, n° 1, 1976, p. 1-22 ; S. Tornay (dir.), *Voir et nommer les couleurs*, ouvr. cité. Rappelons aussi qu'en ethnolinguistique les trois premiers termes de base, selon la thèse de Berlin et Kay (voir p. 273, note 50) sont le blanc, le noir et le rouge et que les relations de l'opération de la cataracte faite par William Cheselden en 1728 sur un jeune aveugle rapportent que les seules trois couleurs qu'il discernait néanmoins étant (presque totalement) aveugle étaient également celles-ci (voir Condillac, *Traité des sensations*, 1754, éd. citée, p. 196).

21. Sur la triade blanc-rouge-noir dans les contes, voir Fr. Vaz da Silva, « *Red as Blood, White as Snow, Black as Crow : Chromatic Symbolism of Womanhood in Fairy Tales* », *Marvels & Tales*, vol. 21, n° 2, 2007, p. 240-252. Et sur « Incarnat, blanc et noir » en particulier, voir A. Defrance, « Un cas extrême de fétichisme chromatique : du *Cunto de li cunti* de G. Basile (1636) à "Incarnat, blanc et noir" » (anonyme, 1731), dans *Couleurs et identités à l'époque des Lumières*, ouvr. cité, p. 103-124.

22. « Incarnat Blanc et Noir », BGF, 11, éd. citée, t. 1, p. 347-351, p. 353.

23. *Ibid.*

24. Max Lüthi, *The European Folktale : Form and Nature*, Bloomington, Indiana University Press, 1986 [all, 1947], p. 27.

25. Je reprends ici le terme utilisé par Serge Tornay (« De la perception des couleurs à l'aperception symbolique du monde », *Communications*, 29, 1978, p. 119-140, p. 128 (https://doi.org/10.3406/comm.1978.1437) qui permet d'élargir le champ de la couleur à d'autres sens que celui de la vue et donc d'intégrer les phénomènes d'harmonies ou de correspondances entre les sens que nous verrons dans le dernier chapitre de cette partie.

26. Voir A. Gaillard, « Connaître sans savoir : esthétique de l'émotion et *mimèsis* au siècle des Lumières », dans A. Gefen et B. Vouilloux (dir.), *Empathie et esthétique*, Paris, Hermann, 2013, p. 311-327.

27. Voir Élisabeth Décultot, « *Ästhetik*/esthétique : Étapes d'une naturalisation (1750-1840) », *Revue de métaphysique et de morale*, 2002, 34, 7-28 (https://doi.org/10.3917/rmm.022.0007).

28. Voir Sylvette Larzul, *Antoine Galland écrivain. De l'érudition orientale aux* Mille et Une Nuits, Louvain, Peeters, 2023.

29. Antoine Galland, *Les Mille et Une Nuits*, Paris, GF Flammarion, 2004, t. 3, p. 19.

30. Voltaire, *Candide* (1759), dans *Candide et autres contes*, Paris, Gallimard, « folio classique », 1992, chap. 17, p. 54.

31. Voir (pas uniquement pour le XV^e siècle) Colette Sirat, « Les pierres précieuses et leurs prix au XV^e siècle en Italie, d'après un manuscrit hébreu », *Annales. Economies, sociétés, civilisations*, 1968, n° 5, p. 1067-1085 (https://doi.org/10.3406/ahess.1968.421989).

32. A. Galland, *Les Mille et Une Nuits*, éd. citée, t. 3, p. 19.

33. Il s'agit de la relation des obsèques de la reine de Sardaigne, Anne d'Orléans, aïeule de Louis XV, décédée le 28 août 1728.

34. Toile posée sur la table lors de la toilette et l'habillage.

35. « Extrait de la relation des obsèques de la reine de Sardaigne, Anne d'Orléans » dans *Le Journal de la cour, 1723-1785*, Stéphane Castelluccio (éd.), Paris, CNRS Éditions, 2022, p. 25.

36. Voir Daniel Roche, *La Culture des apparences*, éd. citée, p. 232-236.

37. John Muller, *A treatise containing the elementary part of fortification*, London, F. Wingrave, 1799 (5^e éd.) [1746], p. 14-18. Voir Bénédicte Miyamoto à qui j'emprunte l'exemple et qui indique sur la carte des environs de Bayonne reproduite ici les différents pigments utilisés (« *Colour-Coded Manuscript Maps...*, art. cité).

38. Jean-Baptiste Dupuy-Demportes, *Traité historique et moral du blason*, Paris, C.-A. Jombert, 1754, t. 1, respectivement p. III et p. 50.

39. Ce qui est conforme à la perspective du siècle marquée par un passage d'une pensée allégorique à une pensée de la sensation ou de l'analogie, voir A. Gaillard, *Fables, mythes, contes…* (ouvr. cité) ou « La fable (ou fiction fabuleuse) aux XVIIe et XVIIIe siècles entre allégorie et analogie : une écriture du détour ou de la conciliation ? », *Cahiers du GADGES* n° 11, 2013. *L'Art de la conciliation*. p. 155-172 (www.persee.fr/doc/gadge_1950-974x_2013_num_11_1_1155).

40. Sur la poétique très concertée des couleurs dans les fictions voltairiennes, voir Olivier Ferret, « Des personnages hauts en couleur ? », *Féeries*, n° 17, 2021 (https://doi.org/10.4000/feeries.3749).

41. Voltaire, *Les Lettres d'Amabed* (1769), dans *Candide et autres contes*, éd. citée, p. 201 et 220.

42. Charles-Nicolas Cochin, *Essai sur la vie de M. Chardin* (1780), cité par Marianne Roland Michel, *Chardin*, Paris, Hazan, 1994, p. 269. L'anecdote est également rapportée par Diderot, *Salon de 1769*, Paris, Hermann, 1995, t. 4, p. 45-46.

43. Voir Roger de Piles, *Cours de peinture par principes*, éd. citée, p. 8.

44. Diderot, *Essais sur la peinture* (1765), éd. citée, p. 21.

45. Sur ces arguments coloristes qui l'emportent au XVIIIe siècle, voir notre 1re partie, chap. 2, p. 49 et suiv. On trouve aussi un bon état des débats au sein de l'Académie royale de peinture et de sculpture à la fin du XVIIe siècle dans les *Sentimens des plus habiles peintres du tems* de Henri Testelin, secrétaire de l'Académie de 1648 à 1681, La Haye, Matthieu Rogguet, s.d. [1693 ou 1694], p. 35-36. Nous soulignons.

46. Diderot, *Essais sur la peinture* (1765), éd. citée, p. 19.

47. *Ibid.*, p. 18.

48. Diderot, *Salon de 1761*, dans *Essais sur la peinture*, *ibid.*, p. 136.

49. Condillac, *Traité des sensations* (1754), éd. citée, p. 79.

50. Condillac, *Traité des sensations* (1754), éd. citée, p. 78.

51. Roger de Piles, *Cours de peinture par principes* (1708), éd. citée, p. 181. Sur le thème des repos, réveillons et du papillotage en peinture, voir notre 1re partie, chap. 2, p. 52 et suiv.

52. Philippe de Champaigne, Conférence du 12 juin 1671 sur *La Vierge à l'enfant* de Titien, dans *Conférences de l'Académie Royale…*, éd. citée, t. 1, vol. 1, 2006, p. 407 (https://perspectivia.net/receive/ploneimport_mods_00000002). Je souligne.

53. Condillac, *Traité des sensations* (1754), éd. citée, p. 81-82.

54. Par exemple « Il y a au salon de l'Académie, un tableau de réception [de Chardin, *La Raie*] qui montre qu'il a entendu la magie des couleurs », Diderot, *Salon de 1761*, éd. citée, p. 143.

55. Diderot, *Salon de 1763*, dans *Essais sur la peinture*, éd. citée, p. 221.

56. *Ibid.*, p. 220.

57. Condillac, *Traité des sensations* (1754), éd. citée, respectivement p. 197 et 199.

58. *Ibid.*, p. 199.

59. *Ibid.*, p. 200.

60. *Ibid.*, p. 77.

61. *Ibid.*, p. 76.

62. Diderot, *Essais sur la peinture* (1765), éd. citée, p. 19.

63. Sur la légitimation de l'imitation des choses dégoûtantes, voir Carole Talon-Hugon, *Goût et dégoût : l'art peut-il tout montrer ?*, Nîmes, J. Chambon, 2003.

64. Diderot, *Salon de 1763*, éd. citée, p. 220.

65. L.-A. Caraccioli, *Dictionnaire critique…*, ouvr. cité, 1, p. 305.

66. Diderot, *Salon de 1763*, éd. citée, p. 212.

67. Je remercie Érika Wicky, spécialiste de l'histoire olfactive de la peinture, pour ces informations (voir notamment parmi ses travaux : « L'œil, le goût et le flair : les compétences sensorielles du collectionneur fin de siècle », *Sociétés & Représentations*, n° 44, 2017, p. 51-162, et « Atmosphères d'ateliers : qualité de l'air et perceptions sensorielles », *Romantisme*, n° 202, 2023, p. 41-52).

68. Condillac, *Traité des sensations* (1754), éd. citée, p. 200.

## Notes sur le chapitre 2

1. John Gage parle de « couleur sous contrôle » (*Couleur et culture*, éd. citée, chap. 9). Voir également A. Gaillard et C. Guichard, « Introduction » dans A. Gaillard et C. Guichard (dir.) « Un monde de couleurs… », ouvr. cité, p. 9-26.

2. Voltaire, IMAGINATION, IMAGINER, Logique, Métaphys. Littérat. & Beaux-Arts), *Encyclopédie ou Dictionnaire raisonné…*, éd. citée, t. VIII, 1765, p. 560.

3. Diderot, *Lettre sur les sourds et muets*, dans *Lettre sur les aveugles…*, Paris, GF, 2000, p. 111.

4. Diderot, *Lettre sur les aveugles*, *ibid.*, p. 41.

5. Voir Gerhardt Stenger, « La théorie de la connaissance dans la *Lettre sur les aveugles* », *Recherches sur Diderot et sur l'Encyclopédie*, n° 26, 1999 (https://doi.org/10.4000/rde.115).

6. Goethe, *Traité des couleurs*, éd. citée, p. 89.

7. Pour une histoire des diagrammes et cercles scientifiques aux XVIIIe et XIXe siècles, voir Rolf G. Kuehni et Andreas Schwarz, *Color ordered : A Survey of Color Order Systems from Antiquity to the Present* (Oxford, New York, Oxford University Press, 2008, chap. 3 (https://doi.org/10.1093/acprof:oso/9780195189681.001.0001) et pour l'ensemble des figurations chromatiques à partir du XVIIe siècle jusqu'à

nos jours, Alexandra Loske et Sarah Lowengard, *The Book of Colour Concepts* (Cologne, Taschen, 2024).

8. Voir Laurence Moulinier-Brogi, *L'uroscopie au Moyen Âge. « Lire dans un verre la nature de l'homme »* (Paris, H. Champion, 2012) et *La logique des listes dans les traités de médecine : À propos des « catalogues » d'urines (XIIe-XVe siècle)*, dans Étienne Anheim *et alii.*, *Le pouvoir des listes au Moyen Âge – II : Listes d'objets/listes de personnes*, Paris, Éditions de la Sorbonne, 2020 (https://doi.org/10.4000/books.psorbonne.88520).

9. *Ibid.*

10. Dans la traduction latine (Londres, 1706) : *aureus, flavus, viridis, coeruleus, indicus, violaceus, rubens*. La traduction est intéressante car elle montre aussi la stabilisation des termes dont certains ne sont pas à proprement parler des termes de couleur en latin (*indicus*, l'indigo désigne la plante ou le pigment) ou très rares (*violaceus*). Elle renseigne aussi sur la montée du orange/orangé qui remplace désormais le doré (*aureus*).

11. Voir Giulia Simonini, « From Experiments to Figuration. Pigment Powders, Newton's Colour Wheel and *Traité de la Peinture au Pastel* », *Lumières*, n° 43, 2024 ; p. 71-103.

12. Ignaz Schiffermüller, *Versuch eines Farbensystems*, Vienne, 1772.

13. *Blau, meergrün, grün, olivengrün, gelb, oran[g]ien gelb, feuerroth, roth, karmasinroth, veilenroth, veilenblau, feuerblau.*

14. Voir l'introduction de Rudolf Steiner dans Johann Wolfgang Goethe, *Traité des couleurs* (éd. citée, p. 44-46) ainsi que p. #.

15. Goethe, *Traité des couleurs*, éd. citée, p. 275.

16. *Ibid.*

17. *Ibid.*, p. 274-275.

18. Johann Heinrich Lambert, *Beschreibung einer mit dem Calauschen Wachse ausgemalten Farbenpyramide*, Berlin, Haude und Spener, 1772.

19. Sur Tobias Mayer et Johann Heinrich Lambert, voir Fokko Jan Dijkesterhuis, « Perceptions of Colours by Different Eyes », dans Magdalena Bushart et Friedrich Steinle (dir.), *Colour Histories : Science, Art, and Technology in the 17th and 18th Centuries*, Berlin, De Gruyter, 2015, p. 23-41.

20. I. Schiffermüller, *Versuch eines Farbensystems*, éd. citée.

21. En fait, Waller s'appuie sur une récente nomenclature trilingue (latin, français, allemand) mais beaucoup plus réduite élaborée en 1680 par Elias Brenner, artiste miniaturiste suédois. Sur la table des couleurs de Richard Waller, voir Sachiko Kusukawa, « Richard Waller's Table of Colours (1686) », dans Magdalena Bushart et Friedrich Steinle (dir.), *Colour Histories* (ouvr. cité, p. 3-21). Voir également Sarah Lowengard, « Color Tables or Color Graphs » dans *The Creation of Color in Eighteenth-Century Europe* (ouvr. cit) et Alexandra Loske et Sarah Lowengard, *The Book of Colour Concepts* (ouvr. cité t. 1, p. 80-85).

22. Richard Waller, « A catalogue of simple and mixt colours, with a specimen of each colour prefixt to its proper name », *Philosophical Transactions of the Royal Society of London*, XVI, 179, février 1686.

23. Comme l'a bien souligné Sarah Lowengard dans *The Creation of Color in Eighteenth-Century Europe*, ouvr. cité.

24. Voir notamment Patrick Baty, « Introduction. Les origines, le développement et l'influence de la nomenclature des couleurs de Werner », dans P. Baty (dir.), *Nuancier Nature*, (Rennes, Ouest-France, 2021 [angl., 2021], p. 16-35) et Patrice Bret, « Traduire les couleurs. Madame Picardet, le Président de Virly, la minéralogie wernerienne et les palettes chromatiques allemandes » (*Dix-huitième siècle*, n° 51, 2019, p. 235-259).

25. Le système exposé par le botaniste et zoologiste suédois Carl von Linné en 1735 dans son *Système de la nature* (*Systema naturae*) qui devient le système de référence, est de fait binominal : la dénomination est à deux termes, l'un pour le genre, l'autre pour l'espèce et permet ainsi de désigner tous les organismes. Si nous n'avons pas choisi de faire une place à Linné qui pourtant s'impose au XVIIIe siècle, c'est que la couleur n'est pas dans son *Système* un outil classificatoire aussi décisif que pour les minéraux. Il met d'ailleurs en garde dans sa *Philosophia botanica* (1751) contre l'identification des plantes par la couleur, étant donné son caractère instable.

26. À la même époque neamoins, un compatriote de Werner, l'orfèvre Johann Christian Neuber crée de véritables cabinets de minéralogie miniatures, sous forme de boîtes, tabatières et même une table, où sont insérés dans la mosaïque des échantillons de roches et minéraux multicolores et qui sont accompagnées de petits carnets décrivant la nature et l'origine des pierres. voir Alice Minter, « Une passion pour les tabatières : la collection de Rosalinde et Arthur Gilbert », dans *Luxe de poche : Petits objets précieux au siècle des Lumières*, Paris Musées / Musée Cognac-Jay, 2024, p. 70-71.

27. Sur l'ouvrage de Patrick Syme, voir *Nuancier Nature*, P. Baty (dir.) (éd. citée) et Giulia Simonini, « Organising Colours : Patrick Syme's Colour Chart and Nomenclature for Scientific Purposes », *XVII-XVIII*, n° 75, 2018 (https://doi.org/10.4000/1718.1327).

28. Patrick Syme, *Werner's nomenclature of colours*, Edinburgh, William Blackwood, 1821, p. 35.

29. David Turton, « Catégorisation de la couleur en mursi », art. cité, p. 347-367. Voir égal. notre introduction, p. 9.

30. A. Boogert, *Klaer lightende spiegel der verjkonst...* [Le miroir éclairé de la peinture...], Delft, 1692, Aix-en-Provence, Bibliothèque Méjanes, Ms. 1389.

31. Sur Antoine Quémizet et son « tableau coloré », voir Bruno Belhoste, *Paris savant. Parcours et rencontres au temps des Lumières*, (Paris, Armand Colin, 2011, p. 155-179) et « Dyeing at the Gobelins in the Eighteenth Century : The Challenge of Quémizet », dans *Colour Histories : Science, art, and technology in the 17th and 18th centuries* (ouvr. cité, p. 67-91).

32. Christian Friedrich Prange, *Farbenlexicon,* Halle, J. C. Hendel, 1782. Voir Patrice Bret, art. cité.

33. Voir Dominique Cardon, *Des couleurs pour les Lumières. Antoine Janot, teinturier occitan. 1700-1778* (ouvr. cité) et Corine Maitte, « Au cœur des manufactures lainières européennes du XVIIIe siècle. Le voyage de Gian Batta Moccafy, 1766-1767 », *Documents pour l'histoire des techniques*, n° 18, 2009 (https://doi.org/10.4000/dht.136).

34. Voir Corinne Le Bitouzé, « Capturer l'air du temps, les *Anecdotes* du comte de Maurepas », dans Marianne Grivel, Véronique Meyer, Estelle Leutrat et Pierre Wachenheim (dir.), *Curieux d'estampes. Collections et collectionneurs de gravures en Europe (1500-1815)*, Rennes, Presses universitaires, 2022, p. 273-283 et « La collection de tissus du maréchal de Richelieu » (https://www.bnf.fr/fr/mediatheque/la- -de-tissus-du-marechal-de-richelieu).

35. Sur tous ces aspects, voir John Gage, « La palette, "mère de toutes les couleurs" » dans *Couleur et culture* (ouvr. cité, p. 177-190), Philip Sohm, « Palettes as Signatures and Encoded Identities in Early-Modern Self Portraits », *Art History* (vol. 40, n° 5, nov. 2017, p. 994-1025 (https://onlinelibrary.wiley.com/doi/abs/10.1111/1467-8365.12291) et Charlotte Guichard, « Palettes et tableaux : des laboratoires de la couleur ? », art. cité.

36. Roger de Piles, *Les Premiers Éléments de la peinture*, Paris, N. Langlois, 1684, p. 49.

37. Philip Sohm (art. cité) étudie déjà des cas de « complication » antérieurs au XVIIIe siècle mais il semble que ce soit plus lié à une problématique auctoriale qu'à un discours sur les couleurs.

38. Paris, musée du Louvre, 1765 ; Saint-Pétersbourg, musée de l'Ermitage, 1766 ; Minneapolis, Minneapolis Institute of Arts, 1766.

39. Voir Charlotte Guichard, « Palettes et tableaux : des laboratoires de la couleur ? », art. cité.

40. Voir Anne Lafont, « Fabric, Skin, Color : Picturing Antilles'markets as an Inventory of Human Diversity », (*Anuario Colombiano de Historia Social y de la Cultura*, vol. 43, n° 2, 2016, p. 121-154, https://doi.org/10.15446/achsc.v43n2.59074) et Aurélia Gaillard et Charlotte Guichard, « Un monde de couleurs... », ouvr. cité

41. Charlotte Guichard montre également à quel point *Le Canard Blanc* de Jean-Baptiste Oudry, avec sa virtuosité dans le rendu des blancs, est l'occasion d'une réflexion picturale sur la valeur tonale des couleurs et a une valeur démonstrative qui vient en appui à sa conférence de l'Académie du 7 juin 1749 (« Palettes et tableaux... », art. cité, p. 191-192).

## Notes sur le chapitre 3

1. Marie-Anne de Roumier Robert, *Voyages de Milord Céton dans les sept planètes, ou le Nouveau Mentor*, dans *Voyages imaginaires, songes, visions et romans cabalistiques*, Amsterdam, 1789 [1[re] éd. 1765], t. 18, p. 4.

2. Charles Bonnet, *Essai analytique sur les facultés de l'âme*, Copenhague, les frères C. et A. Philibert, 1760, p. 154-155 (pour toutes les citations).

3. La synesthésie au sens scientifique actuel du terme est un état neurologique dans lequel la stimulation d'une seule modalité sensorielle conduit à la sensation qui serait produite par la stimulation d'une autre modalité sensorielle. Il s'agit d'une corrélation et non, comme l'étymologie semble l'indiquer d'une réunion (*syn*, union, et *aesthesis*, sensation). On distingue ainsi le sens producteur ou inducteur de la sensation du sens réacteur. Dans la dénomination des différents types de synesthésies, le sens inducteur est mentionné avant le sens réacteur : par exemple dans l'audition colorée, ce sont les sons qui produisent des couleurs ; dans la synesthésie graphème-couleur, les lettres ou les nombres qui produisent des couleurs. Voir Richard E. Cytowic, *Synesthesia* (ouvr. cité), les travaux de Edward M. Hubbard (notamment, avec Ilaria Berteletti et Marco Zorzi, « Implicit versus explicit interference effects in a number-color synesthete », *Cortex*, 46, 2, feb. 2010, p. 170-177, https://doi.org/10.1016/j.cortex.2008.12.009) et Oliver Sacks (*Musicophilia. La musique, le cerveau et nous*, Paris, Seuil, Points, 2009) qui évoque notamment le cas des synesthésies multimodales, musique-couleur et musique-goût à la fois (chap. 14).

4. Voir John Gage, *Couleur et culture*, ouvr. cité, « Le son de la couleur », chap. 13, p. 227-246.

5. Étant donné qu'il existe la distinction en musique entre gammes diatonique (échelle musicale de sept degrés qui correspondent aux sept notes) et chromatique (échelle de douze degrés qui correspondent aux demi-tons), nous réservons le terme de chromatique, dont se servent les Lumières, Castel en premier lieu, pour la gamme musicale et parlerons donc de gamme des couleurs pour celle des teintes.

6. Aristote, « De la Sensation et des sensibles » (*De Sensu*), éd. citée, 439b-440a, p. 75. Sur Aristote, voir p. 17 et suiv.

7. Voir John Gage, *Couleur et culture*, ouvr. cité, « Le son de la couleur », p. 229. Sur d'Aguilon, voir p. 23 et suiv.

8. Nicolas Poussin, *Lettres et propos sur l'art*, Paris, Hermann, 1989.

9. Voir Jennifer Montagu, « The Theory of the musical modes in the Académie royale de peinture et de sculpture », *Journal of the Warburg and Courtauld Institutes*, vol. 55, 1992, p. 233-248.

10. Antoine Coypel, « Commentaire de l'Épître à son fils », conférence du 8 juillet 1713, *Conférences de l'Académie royale de peinture et de sculpture*, éd. citée, t. IV, vol. 1, p. 77-78.

11. Marin Cureau de La Chambre, *Nouvelles observations et conjectures sur l'iris*, Paris, J. d'Allin, 1662 [1[re] éd. 1650], p. 217.

12. Louis Bertrand Castel, *L'Optique des couleurs*, éd. citée, p. 161-162.

13. *Ibid.*

14. Sur le père Castel et le clavecin oculaire, voir Corinna Gepner, *Le Père Castel et le clavecin oculaire* (ouvr. cité), Anne-Marie Chouillet-Roche, « Le clavecin oculaire du P. Castel » (*Dix-huitième siècle*, n° 8, 1976, p. 141-166) et Thomas L. Hankins, « The Ocular Harpsichord of Louis Bertrand Castel ; or, The Instrument That Wasn't » (*Osiris*, n° 9, 1994, p. 141–156).

15. Diderot, CLAVECIN OCULAIRE, (*Musiq. & Opt.*), *Encyclopédie ou dictionnaire raisonné...*, éd. citée, 1753, vol. 3, p. 512.

16. Nous reprenons l'expression à C. Gepner, ouvr. cité, p. 89.

17. Voir en particulier sur ce point Thomas L. Hankins, art. cité.

18. Il s'agit d'un recueil d'environ quatre cents illustrations satiriques qui a connu une diffusion très limitée dans les cercles de la famille Saint-Aubin. Voir Colin Jones, Juliet Carey and Emily Richardson (dir.), *The Saint-Aubin* Livre de caricatures, Oxford, Voltaire Foundation, SVEC, 2012, notamment la contribution de James H. Johnson, « Musical culture », p. 215-232.

19. Diderot parle de « cette machine ingénieuse, que peu de gens ont vue [et] dont plusieurs ont parlé » (*Lettre sur les sourds et muets*, Paris, GF, 2000, p. 99).

20. L. B. Castel, « Clavecin pour les yeux, avec l'art de peindre les sons et toutes sortes de pièces de musique », *Mercure de France*, novembre 1725, p. 2552-2577.

21. L. B. Castel, « Nouvelles expériences d'optique et d'acoustique adressées à M. le Président Montesquieu », *Mémoires de Trévoux*, août 1735, p. 1643.

22. *Ibid.*, p. 1807. Voir sur cette question C. Gepner, ouvr. cité, chap. 3.

23. Cité par C. Gepner, ouvr. cité, p. 11.

24. Mauclerc, *Traité des couleurs et vernis,* Paris, Ruault, 1773, p. 26-27.

25. Jean-Jacques Rousseau, *Essai sur l'origine des langues*, Paris, Gallimard, « Bibliothèque de La Pléiade », 1995, t. 5, p. 419.

26. Edmé-Gilles Guyot, *Nouvelles récréations physiques et mathématiques*, Paris, Gueffier, 4 vol., 1770, t. 3, p. 235-236.

27. *Ibid.*, p. 239.

28. Théophile Gautier, « Le hachisch » [*La Presse*, 18 juillet 1843], dans *Psychotropes*, 2014, 20, p. 111-118 (https://doi.org/10.3917/psyt.204.0111).

29. Diderot, *Le Rêve de D'Alembert*, dans *Œuvres philosophiques*, Michel Delon (éd.), Paris, Gallimard, « La Pléiade », 2010, p. 352. Sur la métaphore de l'homme-clavecin en particulier, voir Philippe Sarrasin Robichaud, *L'Homme-clavecin, une analogie diderotienne*, Paris, Classiques Garnier, 2018.

30. Diderot, *Le Rêve de D'Alembert*, éd. citée, p. 352.

31. Diderot, *Lettre sur les sourds et muets*, éd. citée, p. 98-99.

32. *Ibid.*

33. Diderot, *Les Bijoux indiscrets*, dans *Contes et romans*, éd. citée, chap. XIX, p. 61.

34. L'un des personnages apparaît sous la forme d'une architecture ambulante : « Sa coiffure pyramidale et ses mules en échasses l'avaient agrandie d'un pied et demi ; elle avait avec cela une palatine blanche, un mantelet orange, une robe de velours ras bleu pâle, un jupon couleur de chair, des bas soufre, et des mules petit-gris ; mais ce qui me frappa surtout, ce fut un panier pentagone à angles saillants et rentrants, donc chacun portait une toile de projection. Vous eussiez dit que c'était un donjon ambulant, flanqué de cinq bastions » (*ibid.*, p. 62). On est alors tout près de la description de la casquette de Charles lors de sa première apparition dans *Emma Bovary* de Flaubert.

35. Francesco Algarotti, *Le Newtonianisme pour les dames*, éd. citée, p. 271.

36. Polycarpe Poncelet, *Chimie du goût et de l'odorat*, Paris, Le Mercier, 1755.

37. La lignée des orgues à odeurs ou saveurs est longue : orgue à bouche de Des Esseintes chez Huysmans (*À Rebours,* 1884), « solfège olfactif » élaboré par le parfumeur britannique Septimus Piesse (1905, voir Érika Wicky, « Grammaire olfactive : les parfums au pluriel », *Littérature*, 185, 2017, p. 68-80) jusqu'au pianocktail de Boris Vian (*L'Écume des jours*, 1947).

38. Respectivement dans le catalogue après décès des porcelaines du grand collectionneur Jean de Jullienne établi par Claude-François Julliot en 1767 (cité par Élisabeth Tillerot, « Du "tact flou et séduisant des couleurs" chez Jullienne, ou de l'art de marier tableaux, porcelaines, laques, statuettes, meubles, et autres effets », dans Anne Perrin-Khelissa (dir.), *Corrélations. Les objets du décor au siècle des Lumières*, Bruxelles, Éditions de l'université de Bruxelles, 2015, p. 149-181, p. 163) et dans L. P. de Bachaumont, *Mémoires secrets pour servir à l'histoire de la république des lettres en France depuis 1762 jusqu'à nos jours*, Londres, J. Adamson, 1780-1786, t. 12, p. 149.

39. En médecine, les sens gustatif et olfactif sont de fait interdépendants, Richard E. Cytowic en fait d'ailleurs un seul ensemble synesthésique qu'il nomme « *chemosensation* » (sensation chimique), ouvr. cité, chap. 6. Buffon parlait d'ailleurs déjà pour le goût d'un « odorat intérieur » (*Œuvres*, S. Schmitt (éd.), Paris, Gallimard « Bibliothèque de la Pléiade », 2007, p. 305).

40. CHINER : « Donner des couleurs différentes aux fils de la chaîne, avant de tisser une étoffe, de manière qu'il en résulte un dessin quand l'étoffe est fabriquée » (*Dictionnaire de l'Académie française*, 1835).

41. « Il y a aussi beaucoup de Gilets de taffetas flambé ; et chargés de flammes très épaisses », *Cabinet des modes*, 1er juin 1786, p. 109.

42. L'effet du tableau, écrit Herder, est un « presque toucher », un « toucher de l'œil » qui fait appel au « doigt du sens interne », Johann Gottfried Herder, *La Plastique* (1778), Pierre Pénisson (éd.), Paris, Cerf, 2010, p. 24.

43. Élisabeth Tillerot, « Du "tact flou et séduisant des couleurs" chez Jullienne, », art. cité, p. 160. Toute l'analyse du cabinet de Jullienne lui est reprise.

44. Diderot, *Salon de 1767*, éd. citée, p. 162.

45. Conférence du 2 septembre 1719 d'Antoine Coypel, commentaire de l'*Épître à son fils*, suite, dans *Conférences...*, éd. citée, t. 4, vol. 1, p. 200.

46. Conférence du 6 mars 1745 Charles-Antoine Coypel sur la « Vie d'Antoine Coypel », dans *Conférences...*, éd. citée, t. 4, vol. 2, p. 541.

47. Jean-Florent-Joseph de Neufville de Brunaubois-Montador, *Description raisonnée des tableaux exposés au Louvre*, Paris, Claude-François Simon fils, 1739, p. 7.

48. *Lettre à Monsieur de Poiresson-Chamarande* [Texte imprimé], *Lieutenant-General Au Bailliage & Siege Présidial de Chaumont en Bassigny. Au sujet des Tableaux exposés au Salon du Louvre*. Paris, le 5 septembre 1741. [s. n.], p. 17.

49. Conférence du 3 avril 1751 de Claude-Henri Watelet sur la « Vie de Louis II de Boullogne », dans *Conférences...*, éd. citée, t. 5, vol. 2, p. 652.

50. La linguiste Chantal Kircher indique que « les adjectifs latins en – *osus* », à l'origine de la suffixation en « – eux », expriment le plus souvent une matérialité (« les adjectifs latins en – *osus* », *De Lingua Latina*, Revue de linguistique latine du Centre Alfred Ernout, n° 12, 2016).

51. J.-F.-J. de Neufville de Brunaubois-Montador, *Description raisonnée des tableaux exposés au Louvre, Lettre à Madame la marquise de S.P.R.*, Paris, 1738, p. 7-8.

52. Mot de métier caractérisant une peinture aux couleurs vives et au dessin bâclé. On trouve aussi au XIX^e^ siècle, « tartouillade », « tartouillage », « tartouille », « tartouiller ». Tartouillis est également le nom de l'éditeur fictif des *Dialogues sur la peinture* attribués à Antoine Renou (1773-4).

53. [Antoine Renou], *Dialogues sur la peinture*, Paris, Tartouillis, aux dépens de l'Académie, se distribue à la porte du Salon, 2^nde^ éd., 1773-4, p. 20-21.

54. Diderot, « Additions à la lettre sur les aveugles », dans *Lettre sur les aveugles*, éd. citée, p. 246.

55. *Ibid.*, p. 108.

56. « On servit au dessert des fruits excellents et l'on but d'un vin vieux, mais point de ces liqueurs colorées, distillées à l'esprit de vin et si à la mode dans mon siècle » (Louis-Sébastien Mercier, *L'An deux mille quatre cent quarante* (1771), Bordeaux, Éditions Ducros, 1971, p. 386.

57. Voir Y. Citton, M. Dubacq et Ph. Vincent (dir.), *Imagination scientifique et littérature merveilleuse. Charles-Tiphaigne de La Roche*, Pessac, PUB, « Mirabilia », 2014. Sur le repas coloré, voir également notre étude « La vie chromatique des objets dans la fiction narrative au XVIII^e^ siècle », art. cité.

58. Charles-François Tiphaigne de La Roche, *Giphantie*, dans *Œuvres complètes*, Paris, Classiques Garnier, 2019, t. 1, p. 789.

59. Cyrano de Bergerac, *L'Autre monde – La lune*, dans *Œuvres complètes*, Paris, Belin, 1977, p. 382.

60. Tiphaigne de La Roche, *Giphantie*, éd. citée, p. 791.

61. Marie-Anne Robert, *Voyages de Milord Céton dans les sept planètes, ou Le nouveau Mentor*, dans *Voyages imaginaires, songes, visions et romans cabalistiques*, Amsterdam, 1789 [1^re^ éd. 1765], t. 17-18.

62. Jonathan Richardson, *Traité de la peinture et de la sculpture*, éd. citée, respectivement t. 3, p. 264 et 561.

63. Joshua Reynolds, *Discours prononcés à l'Académie royale de peinture de Londres*, Paris, Moutard, 1787 [trad. fr.], 8^e^ discours, t. 1, p. 385-386. Sur la fonction proprement plastique des couleurs chaudes et froides, qui « avancent » ou « reculent », telle qu'elle se définit surtout à partir du XIX^e^ siècle, voir Georges Roque, « Couleurs et espace plastique : à propos des couleurs « chaudes » et « froides » », dans Michel Menu, Jean-Marie Schaeffer et Romain Thomas (dir.), *La couleur en question...*, ouvr. cité, p. 189-197.

64. Sur la perception sensorielle de la température, voir Érika Wicky, « Atmosphères d'ateliers : qualités de l'air et perceptions sensorielles », art. cité.

65. J. W. Goethe, *Traité des couleurs*, éd. citée, respectivement p. 270 et 268.

66. Richard E. Cytowic y consacre un chapitre de son livre (« Orgasms, aura, emotions, and touch », dans *Synesthesia*, ouvr. cité).

67. J. W. Goethe, *Traité des couleurs*, éd. citée, p. 267.

68. *Ibid.*

69. *Ibid.*

70. *Ibid.*, respectivement p. 267 et 269.

71. *Ibid.*, p. 268.

72. *Ibid.*, p. 273.

73. *Ibid.*, p. 274.

## Notes dans la conclusion

1. Christine Velut, *Décors de papier. Production, commerce et usages des papiers peints à Paris, 1750-1820*, Paris, Monum, Éd. du Patrimoine, 2005, p. 150.

2. Paolo Quintili, « La couleur, la *téchne*, la vie. L'esthétique épistémologique des *Salons* (1759-1781) », *Recherches sur Diderot et sur l'Encyclopédie*, n° 25, 1998, p. 21-39 (https://doi.org/10.4000/rde.1251).

3. Diderot, *Salon de 1765*, éd. citée, p. 22. La citation sert également d'appui à P. Quintili, *ibid.*, p. 35.

4. Diderot, *Salon de 1763*, éd. citée, p. 220.

5. Pour une approche phénoménologique des couleurs, voir Claude Romano, *De la couleur*, Chatou, Les Éd. de La Transparence, 2010 : « La couleur n'est ni subjective ni objective, non parce qu'elle serait un simple prélèvement d'information, mais parce qu'elle relève du monde phénoménal et de lui seul. Et ce monde phénoménal se définit comme le mode d'apparaître d'objets, de propriétés, d'événements, etc., pour un observateur, lui-même doué d'aptitudes pratiques en même temps que de buts vitaux » (p. 82). « La couleur est une *propriété du monde – mais du monde de la vie*. La couleur est une dimension de l'être des choses, mais telles qu'elles se présentent à nous dans notre environnement vital » (p. 172).

6. Goethe, *Traité des couleurs*, éd. citée, p. 266.

7. L. Wittgenstein, *Remarques sur les couleurs*, éd. citée, p. 57.

8. M. Pastoureau, *Bleu. Histoire d'une couleur*, Paris, Seuil, 2000, p. 123.

9. *Ibid.*, p. 169-170.

10. M. Pastoureau, *Vert*, ouvr. cité, p. 168.

11. *Ibid.*, p. 167.

12. *Ibid.*, p. 168.

13. L.-A. Caraccioli, *Dictionnaire critique*..., éd. citée, t. 3, p. 290.

14. Outre la thèse fondamentale de Jean Ehrard, *L'Idée de nature en France dans la première moitié du XVIII^e siècle* (ouvr. cité), voir Colas Duflo (dir.), « La Nature », *Dix-huitième siècle*, n° 45, 2013.

15. Giacomo Casanova, *Histoire de ma vie* (1789-1798), éd. citée, t. 1, p. 35. Je souligne.

16. *Ibid.*, t. 2, p. 372.

17. Louis de Jaucourt, VERD, (*Physiq.*), *Encyclopédie*, t. XVII, 1765, p. 54a.

18. Voir Valérie Kobi, art. cité.

19. Louis de Jaucourt, VERD, art. cité.

20. Voir Olivier Raveux qui compare, en s'appuyant sur les travaux de David M. Mitchell (« "My purple will be too sad for that melancholy room" : Furnishings for Interiors in London and Paris, 1660-1735 », *Textile History*, 40/1, 2009, p. 3-28) et Annick Pardailhé-Galabrun (*La naissance de l'intime. 3 000 foyers parisiens, XVII^e-XVIII^e siècles*, Paris, PUF, 1988), le goût pour les tissus rouges des Marseillais en opposition au goût dominant pour les verts (« La mode des indiennes à Marseille... », art. cité).

21. Voir en Annexe le lexique des termes de couleur du XVIII^e siècle.

22. L. B. Castel, *Optique des couleurs*, éd. citée, p. 42.

23. Louis de Jaucourt, PHILOSOPHIQUE (ESPRIT) (Morale) : « [...] Il suffit à une nation que certains grands génies le possèdent éminemment, et que la supériorité de leurs lumières les rende les arbitres du goût, les oracles de la critique, les dispensateurs de la gloire littéraire. L'esprit philosophique résidant avec éclat dans ce petit nombre de gens, il répandra pour ainsi dire, ses influences sur tout le corps de l'État, sur tous les ouvrages de l'esprit ou de la main, et principalement sur ceux de littérature. Qu'on bannisse les Arts et les Sciences, on bannira cet esprit philosophique qui les produit ; dès lors on ne verra plus personne capable d'enfanter l'excellence ; et les lettres avilies languiront dans l'obscurité », *Encyclopédie*..., éd. citée, vol. XII (1765), p. 515a.

24. La Font de Saint-Yenne, *Réflexions*..., éd. citée, p. 47. Sur la complexité des positionnements du critique dont on ne peut rendre compte ici voir Fl. Ferran, F. Moulin et É. Pavy-Guilbert (dir.), *Publier sur l'art, l'architecture et la ville. La Font de Saint-Yenne (1688-1771)*, ouvr. cité.

25. « Discours préliminaire des éditeurs », *Encyclopédie*..., éd. citée, vol. I (1751), p. xxvi-xxvii.

26. L. Wittgenstein, *Remarques sur les couleurs*, éd. citée, p. 29. Je souligne les derniers mots.

# Bibliographie

## I. Sources et auteurs avant 1900

### 1. Dictionnaires et encyclopédies

Barré, Louis, *Complément du Dictionnaire de l'Académie française*, 1842.

Caraccioli, Louis-Antoine, *Dictionnaire critique, pittoresque et sentencieux*, Lyon, Benoît Duplain, 1768.

Cresswell, Julia, *Oxford Dictionary of Words Origins*, Oxford, Oxford University Press, 2021.

*Dictionnaire de l'Académie française*, Paris, 1694 (1re éd.) – 1835 (6e éd.).

Diderot, D'Alembert et Jaucourt, *Encyclopédie ou Dictionnaire raisonné des sciences, des arts et des métiers*, (1751-1772), ENCCRE (Édition Numérique Collaborative et CRitique de l'*Encyclopédie*), http://enccre.academie-sciences.fr/encyclopedie/).

Furetière, Antoine, *Dictionnaire universel*, La Haye, A. et R. Leers,1690.

Godefroy, Frédéric, *Dictionnaire de l'ancienne langue française et de tous ses dialectes du IXe au XVe siècle*, Paris, F. Vieweg, 1881-1902.

Grimm, Jacob et Wilhelm, *Deutsches Wörterbuch* (*DWB*), Leipzig, S. Hirtzel, 1854-1961.

Marsy, François-Marie de, *Dictionnaire abrégé de peinture et d'architecture*, Paris-Nevers, Nyons fils-Barois, 1746.

Matsumura, Takeshi, *Dictionnaire du français médiéval*, Paris, Les Belles lettres, 2015.

Ménage, Gilles, *Dictionnaire étymologique ou Origines de la langue française*, 1694.

Mercier, Louis-Sébastien, *Néologie ou Vocabulaire de mots nouveaux*, Jean-Claude Bonnet (éd.), Paris, Belin, 2009.

*Oxford English Dictionary*, https://www.oed.com/.

Pernety, Antoine-Joseph, *Dictionnaire portatif de peinture, sculpture et gravure*, Paris, Bauche, 1757.

Richelet, *Dictionnaire français*, Genève, J.-H. Widerhold, 1680.

### 2. Périodiques

*Cabinet des modes, ou les Modes nouvelles*, Buisson, 1785-1786.

Diderot (Denis) et Grimm (Friedrich Melchior), *Correspondance littéraire, philosophique et critique* (1753-1790), Paris, Furne, 1829-1831, 16 vol.

*Extraordinaire du Mercure galant*, Paris, Palais, 1678-1685.

*La Feuille sans titre, contenant toutes les productions d'Esprit, les Pièces de Poésies fugitives...*, Amsterdam [Liège], chez les libraires associés, 1777.

*Galerie des modes et costumes français / dessinés d'après nature, gravés par les plus célèbres artistes en ce genre ; et colorés avec le plus grand soin par Madame Le Beau : ouvrage commencé en l'année 1778*, Paris, Esnauts et Rapilly, 1778-1785.

*Gazette (La) de France*, 1762 –

*Journal de Paris*, 1777 –

*Journal de politique et de littérature*, 1774-1778.

*Magasin des modes nouvelles françaises et anglaises*, 1786-1789.

*Mercure de France*, 1724 –

*Mercure galant*, 1678 –

Prévost, Antoine François, *Le Pour et contre, ouvrage périodique d'un goût nouveau*, Paris, Didot, 1738, t. 14-16.

*La Quintessence des nouvelles historiques, critiques, politiques, morales et galantes*, La Haye, 1710-1721.

### 3. Inventaires après décès

Dalpuget, Moyse, *Inventaire après décès* (1787), minutes du notaire parisien Jean Antoine Dosfant, Paris, Archives nationales de France, cote MC/ET/XXIV/957.

Julliot, Claude-François, *Catalogue raisonné des porcelaines de qualité supérieure*, Paris, 1767 [inventaire de la collection Jullienne à sa mort].

### 4. Anthologies

*Bibliothèque des Génies et des fées* [BGF], Paris, H. Champion, 2004 –, 19 t.

*Cabinet des fées (Le) ou Collection choisie des contes des fées et autres contes merveilleux*, Amsterdam [Paris], 1785-1789, 41 t.

*Tableaux de Paris* [Louis-Antoine Caraccioli, Charles Henrion, Jean-Baptiste Pujoulx], Sophie Lefay (éd.), Paris, Société d'étude du dix-huitième siècle, 2016.

*Trois récits utopiques classiques* [Foigny, Veiras, Fontenelle], Jean-Michel Racault (éd.), Saint-Denis de La Réunion, Presses universitaires indianocéaniques, 2020.

*Le Voyage en Polynésie – Anthologie des voyageurs occidentaux de Cook à Segalen*, Jean-Jo Scemla (éd.), Paris, Robert Laffont, « Bouquins », 1994.

## 5. Auteurs

Adanson, Michel, *Voyage au Sénégal* (1756), Denis Reynaud et Jean Schmidt (éd.), Saint-Étienne, Publications de l'université de Saint-Étienne, 1996.

Aguilon, François d', *Opticorum libri* sex, Anvers, Vve et fils Moreti, 1613.

Alberti, Leon Battista, *De Pictura* (1435) / *De la Peinture*, J.-L. Schefer (trad.), Paris, Macula, 2014

Albo, Jean, *Instructions générales pour la teinture des laines et manufactures de laine de toutes couleurs*, Paris, François Muguey, 1671.

Alciat, André, *Les emblèmes*, Cologne, Jean de Tournes, 1615 (trad. fr.).

Algarotti, Francesco, *Le Newtonianisme pour les dames, ou Entretiens sur la lumière, sur les couleurs et sur l'attraction*, Louis-Adrien Duperron de Castera (trad.), Paris, Montalant, 1738, 2 t.

Anburey, Thomas, *Journal d'un voyage fait dans l'intérieur de l'Amérique septentrionale*, M. Noël (trad.), Paris, La Villette, 1793 [angl. 1789], 2 t.

Aristote, *De l'Âme*, J. Tricot (trad.), Paris, Vrin, 1995.

—, *Petits traités d'histoire naturelle*, P.-M. Morel (trad.), Paris, Garnier Flammarion, 2000.

*Art d'enluminer (L') : manuel technique du XIV^e siècle*, A. Lecoy de la Marche (éd.), Nogent-le-Rotrou, 1887.

*Art d'enluminure (L') : traité du XIV^e siècle*, Louis Dimier (trad.), Paris, 1927.

Aubigné, Théodore Agrippa d', *Les Avantures du baron de Faeneste. Comprinse en quatre parties. Les trois premieres reveües, augmentees, & distinguees par chapitres. Ensemble, la quatriesme partie nouvellement mise en lumiere. Le tout par le mesme autheur*, Au Dézert, 1630.

Aulnoy, Marie-Catherine d', *Contes Nouveaux ou les Fées à la mode* (1697), Paris, Champion, « BGF », 1, 2020, 2 t.

Bachaumont, Louis Petit de, *Mémoires secrets pour servir à l'histoire de la république des lettres en France depuis 1762 jusqu'à nos jours*, Londres, J. Adamson, 1780-1786, 39 vol.

Bacqueville de La Potherie, Claude-Charles Le Roy de, *Histoire de l'Amérique septentrionale qui contient l'histoire des Iroquois*, Paris, Nion et Didot, 1722, 4 t.

Bernardin de Saint-Pierre, Jacques-Henri, *Œuvres complètes*, Jean-Michel Racault (dir.), Paris, Classiques Garnier, 2015-2020, t. I-III, 4 vol.

— *Paul et Virginie* (1787), Jean-Michel Racault (éd.), Paris, Le Livre de Poche, « Classiques », 2019.

Bernier, François, « Nouvelle division de la terre par les différentes espèces ou races d'hommes qui l'habitent », *Journal des Scavans*, 24 avril 1684, p. 133-140.

Berthollet, C. L et A. B., *Éléments de l'art de la teinture*, Paris, Didot, 1804.

Bertin, Marie-Jeanne, dite Rose, *Mémoires de Mlle Bertin sur la reine Marie-Antoinette*, Paris, Bossanges frères, 1824.

Billiard, Auguste, *Voyage aux colonies orientales, ou Lettres écrites des îles de France et de Bourbon pendant les années 1817, 1818, 1819 et 1820, À M. le comte de Montalivet*, Paris, Ladvocat, 1822.

Bonnet, Charles, *Essai analytique sur les facultés de l'âme*, Genève, Slatkine Reprints, 1970 [1760].

Boogert, A., *Klaer lightende spiegel der verjkonst...* [Le miroir éclairé de la peinture...], Delft, 1692, Aix-en-Provence, Bibliothèque Méjanes, Ms. 1389.

Boutet, Claude, *École de la mignature*, Paris, Bachelier, 1817.

—, *Traité de mignature, pour apprendre aisément à peindre sans maître. Avec le secret de faire les plus belles couleurs, l'or bruny, et l'or en coquille*, Paris, Christophe Ballard, 1696 (3^e éd.).

—, *Traité de la peinture en mignature*, La Haye, 1708.

Boyle, Robert, *Experiments and Considerations Touching Colours*, Londres, Henry Herringman, 1664.

Browne, Alexander, *Ars Pictoria : or an Academy Treating of Drawing, Painting, Limning, Etching [...]. Collected out of the most Eminent Italian, German, and Netherland Authors*, London J. Reydman, 1669.

Buffon, George-Louis Leclerc de, *Histoire naturelle générale et particulière servant de suite à l'Histoire naturelle de l'Homme, Supplément*, Paris, Imprimerie royale, 1777.

—, *Œuvres*, S. Schmitt (éd.), Paris, Gallimard « Bibliothèque de la Pléiade », 2007.

—, *Œuvres complètes. Histoire naturelle, générale et particulière, avec la description du Cabinet du Roi*, Stéphane Schmitt (éd.) avec la collaboration de Cédric Crémière, Paris, H. Champion, 2007 –.

Campan, Jeanne-Louise-Henriette, *Mémoires de Madame Campan. Première femme de chambre de Marie-Antoinette*, Jean Chalon et Carlos de Angulo (éd.), Paris, Mercure de France, 1988.

Caraccioli, Louis-Antoine, *Le Livre à la mode*, P.U. de Saint-Étienne, 2005.

Casanova, Giacomo, *Histoire de ma vie* (1789-1798), Jean-Christophe Igalens et Érik Leborgne (éd.), Paris, Laffont, « Bouquins », 20132028, 3 t.

Castel, Louis Bertrand, « Clavecin pour les yeux, avec l'art de peindre les sons, et toutes sortes de pièces de musique », *Mercure de France*, novembre 1725, p. 2552-2577.

—, *L'Optique des couleurs, fondée sur les simples observations, et tournée surtout à la pratique de la peinture, de la teinture et des autres arts coloristes*, Paris, Briasson, 1740.

—, *Le Vrai Système de Physique générale de M. Newton*, Paris, 1743.

Castiglione, Baldassare, *Le parfait courtisan*, éd. bilingue, Gabriel Chapuis (trad.fr.), Paris, Bonfons, 1585.

Caylus, Anne Claude Philippe de, *Contes*, Julie Boch (éd.), Paris, Champion, 2005.

Cazotte, Jacques, « La Patte du Chat », Anne Defrance (éd.), dans *Contes*, Paris, Champion, « Bibliothèque des génies et des fées », 16, 2008, p. 987-1052.

Cheselden, William, « An Account of Some Observations Made by a Young Gentleman Who Was Born Blind, or Lost His Sight so Early, that He Had no Remembrance of Ever Having Seen, and Was Couch'd Between 13 and 14 Years of Age », *Philosophical Transactions*, n° 35, 1729, p. 447-452

Claireville, Onésime Somain de, *Le Gascon extravagant*, Paris, Cardin Besogne, 1637.

Condillac, Étienne Bonnot de, *Traité des sensations* (1754), Paris, Fayard, 1984.

*Conférences de l'Académie royale de peinture et de sculpture*, Jacqueline Lichtenstein et Christian Michel (éd.), Paris, ENSBA, 2006 – (https://perspectivia.net/receive/ploneimport_mods_00000002).

*Correspondance du conseil supérieur de Bourbon et de la compagnie des Indes*, 10 mars 1732-23 janvier 1736, Albert Lougnon (éd.), Paris, Ernest Leroux, Paris, 1933.

Coyer, Gabriel-François, *Les Masques*, s. l., 1746-1748.

—, *L'Année merveilleuse*, s. l., 1748.

—, *La Découverte de l'île Frivole* (1751), Jean-Alexandre Perras (éd.), Cambridge, Modern Humanities Research Association, 2022.

Coypel, Godard de Beauchamps, Moncrif, Pajon, Saint-Hyacinthe, *Contes*, et anonyme, *Nouveau Recueil de contes de fées*, A. Defrance et A. Gaillard (éd.), Paris, H. Champion, BGF, 11, 2018, 2 t.

Crébillon fils, Claude-Prosper Jolyot de Crébillon, dit, *Les Égarements du cœur et de l'esprit* (1736), Paris, Gallimard, « folio », 1977.

Cureau de La Chambre, Marin, *Nouvelles observations et conjectures sur l'iris*, Paris, J. d'Allin, 1662 [1re éd. 1650].

Cyrano de Bergerac, Savinien de, *Œuvres complètes*, Paris, Belin, 1977.

Dalton, John, « Extraordinary facts relating to the vision of colours : with observations », *Memoirs of the Literary and Philosophical Society of Manchester*, vol. 5, 1798, p. 28–45.

Delormois, *Le Nouveau Teinturier parfait, ou Traité de ce qu'il y a de plus essentiel dans la teinture...*, nouv. éd., corrigée, 2 tomes, Paris, Barrois l'aîné, 1799 [1re éd. 1769].

Descartes, René, *Œuvres*, André Bridoux (éd.), Paris, Gallimard, « Bibliothèque de La Pléiade », 1953.

Diderot, Denis, *Essais sur la peinture* (1765) et *Salons*, Paris, Hermann, 1984-1995, 4 t.

—, *Lettre sur les aveugles à l'usage de ceux qui voient, Lettre sur les sourds et muets*, Paris, GF, 2000.

—, *Lettres à Sophie Volland*, Paris, éd. d'Aujourd'hui, 1978, 3 t.

—, *Œuvres philosophiques*, Michel Delon (éd.), Paris, Gallimard, « La Pléiade », 2010.

—, *Romans et contes*, Michel Delon (éd.), Paris, Gallimard, « Bibliothèque de la Pléiade », 2004.

Dodart, Denis, *Mémoires pour servir à l'histoire des plantes*, Paris, Imprimerie royale, 1676.

Dolce, Ludovico, *Dialogo della Pittura/Dialogue sur la peinture, intitulé l'Arétin* (Venise, 1557), éd. bilingue, Nicolas Vleughels (trad.), Florence, M. Nestenus et F. Moucke, 1735.

Du Bartas, Guillaume de Salluste, *La Sepmaine ou création du monde*, Paris, Jean Feurier, 1578.

Du Laurens, Henri-Joseph, *Imirce ou la Fille de la nature* (1765), Saint-Étienie, Presses université de Saint-Étienne, 1993.

Dupuy-Demportes, Jean-Baptiste, *Traité historique et moral du blason*, Paris, C.-A. Jombert, 1754, 2 t.

*Excellency (The) of the Pen and Pencil, Exemplifying The Uses of them in the most Exquisite and Mysterious Arts of Drawing, Etching, Engraving, Limning, Painting in Oyl, Washing of Maps & Pictures*, London, Dorman Newman, 1688.

Favart, Charles-Simon, *La matinée, la soirée, et la nuit des boulevards ; ambigu de scènes épisodiques, mêlé de chants et de danses, divisé en quatre parties : représenté devant Leurs Majestés, à Fontainebleau, le 11 octobre 1776*, Paris, Cailleau, 1776.

Ferriol, Charles de, (auteur) et Jean-Baptiste Vanmour (peintre), *Recueil de cent estampes représentant les diverses nations du Levant, tirées d'après nature en 1707 et 1708 par les ordres de M. de Ferriol, ambassadeur du Roy à la Porte*, Paris, Le Hay et Duchange, 1714.

*Florist (The) : containing sixty plates of the most beautiful flowers regularly dispos'd in their succession of blowing : to which is added an accurate description of their colours, with instructions for drawing & painting them according to nature : being a new work intended for the use & amusement of gentlemen and ladies delighting in that art*, London, Robert Sayer, John Bennett et Carington Bowles, [1770-1784 ?].

Fontenelle, Bernard Le Bovier de, *Entretiens sur la pluralité des mondes*, Christophe Martin (éd.), Paris, GF Flammarion, 1998.

—, *Œuvres diverses*, Paris, M. Brunet, 1724, t.1.

Forster, Georg, *A voyage round the world*, Nicholas Thomas et Oliver Berghof (éd.), Honolulu, University of Hawai'i Press, 1999, 2 t.

Furetière, Antoine, *Le Roman bourgeois* (1666), dans *Romanciers du XVII<sup>e</sup> siècle,* Paris, Gallimard, « Bibliothèque de la Pléiade », 1958.

Galland, Antoine, *Les Mille et Une Nuits*, J.-P. Sermain (éd.), Paris, GF Flammarion, 2004, 3 t.

Gautier, Théophile, « Le Hachisch » [*La Presse*, 18 juillet 1843], *Psychotropes*, 2014, 20, p. 111-118 (https://doi.org/10.3917/psyt.204.0111).

Gautier d'Agoty [Gautier-Dagoty], Jacques, *Myologie complète en couleur et grandeur naturelle*, Paris, Gautier, 1746.

Goethe, Johann Wolfgang, *Les Souffrances du jeune Werther* (*Die Leiden des jungen Werthers*) (1774), éd. bilingue, Paris, Gallimard, « Folio », 1990.

—, *Traité des couleurs*, Paul-Henri et Henriette Bideau (éd. et trad.), Laboissière-en-Thelle, Triades, 1980.

Goncourt, Edmond et Jules de, *La Femme au XVIII<sup>e</sup> siècle*, Paris, G. Charpentier, 1882 (nouv. éd. augm.).

Gresset, Jean-Baptiste-Louis, *Vair vert ou les Voyages du perroquet de la Visitation de Nevers*, poème héroï-comique, La Haye, Guillaume Niegard, 1734.

Guyot, Edmé-Gilles, *Nouvelles récréations physiques et mathématiques*, Paris, Gueffier, 1770, 4 t.

Kircher, Athanasius, *Ars magna lucis et umbrae,* Amstelodami, J. Janssonium, 1671 [1646].

Herder, Johann Gottfried, *La Plastique* (1778), Pierre Pénisson (éd.), Paris, Cerf, 2010.

Hogarth, William, *Analyse de la Beauté*, Paris, ENSB-A, 1991.

*Journal (Le) de la cour, 1723-1785*, Stéphane Castelluccio (éd.), Paris, CNRS Éditions, 2022.

La Fayette, Marie-Madeleine de, *La Princesse de Clèves* (1678), Paris, dans *Romanciers du XVII<sup>e</sup> siècle*, Paris, Gallimard, « Bibliothèque de la Pléiade », 1958.

La Folie, Louis-Guillaume de, *Le Philosophe sans prétention ou l'Homme rare. Ouvrage physique, chimique politique et moral, dédié aux savants,* Paris, Clouzier, 1775.

La Font de Saint-Yenne, Étienne, *Œuvre critique*, Étienne Jollet (éd.), Paris, ENSBA, 2001.

La Fontaine, Jean de, *Amours de Psyché et de Cupidon* (1669), Paris, GF-Flammarion, 1990.

Lahontan, Louis-Armand de Lom d'Arce, baron de, *Mémoires de l'Amérique septentrionale ou la Suite des Voyages de M. le Baron de Lahontan* (1703), *Œuvres Complètes*, Réal Ouellet et Alain Beaulieu (éd.), Montréal, Presses universitaires de Montréal, 1990, t. 1.

Lairesse, Gérard de, *Le Grand Livre des peintres, ou L'Art de la peinture considéré dans toutes ses parties*, Paris, Moutard, 1787 [trad. fr. par Jansen, 1<sup>re</sup> éd. néerl. 1707].

Lambert, Johann Heinrich, *Beschreibung einer mit dem Calauschen Wachse ausgemalten Farbenpyramide*, Berlin, Haude und Spener, 1772.

Le Blon, Jacob Christoph, *Coloritto/L'Harmonie du coloris dans la peinture*, éd. bilingue fr.-angl., Londres, 1725.

Le Brun, Charles, *Conférence sur l'expression générale et particulière* (1668), Paris, Dédale, 1994.

Le Comte, Florent, *Cabinet des singularités d'architecture, peinture, sculpture, gravure*, Paris, Étienne Picart – Nicolas Le Clerc, 1699-1700.

Leguat, François, *Voyage et aventures en deux îles désertes des Indes orientales*, Jean-Michel Racault (éd.), suivi de *Recueil de quelques mémoires pour l'établissement de l'île d'Éden*, Paolo Carile (éd.), Paris, Classiques Garnier, 2022.

Léonard de Vinci, *Traité de la peinture*, André Chastel (trad. et éd.), Paris, Berger-Levrault, 1995.

Léry, Jean de, *Histoire d'un voyage faict en la terre du Brésil*, Frank Lestringant (éd.), Paris, Le Livre de Poche, « classiques », 1994.

Lesage, Alain-René, *Le Diable boiteux*, Paris, Folioplus, 2015.

—, *Histoire de Gil Blas de Santillane* (1715-1735), Paris, Garnier-Flammarion, 1977.

*Lettre à Monsieur de Poiresson-Chamarande, Lieutenant-General Au Bailliage et Siege Présidial de Chaumont en Bassigny. Au sujet des Tableaux exposés au Salon du Louvre*, Paris, le 5 septembre 1741.

*Lettres iroquoises, ou correspondance politique, historique et critique entre un iroquois voyageant en Europe, et ses correspondants...*, Londres, au berceau de la vérité, 1783, 3 t.

Levesque, Gomez, Lussan et *al.*, *Contes*, Raymonde Robert (éd.), Paris, Champion, BGF, 13, 2007.

Lhéritier, M<sup>elle</sup>, M<sup>lle</sup> Bernard, M<sup>lle</sup> de La Force et *al.*, *Contes*, Raymonde Robert (éd.), Paris, Honoré Champion, BGF, 2, 2005.

Ligne, Charles-Joseph de, *Fragments de l'histoire de ma vie*, Jeroom Vercruysse (éd.), Paris, Champion, « L'âge des Lumières », 2001, 2 t.

Locke, John, *Essai sur l'entendement humain* (1689, trad. fr. Pierre Coste 1700), Philippe Hamou (éd.), Paris, Le Livre de Poche, 2009.

Louvet, Jean-Baptiste, *Les Amours du chevalier de Faublas*, dans *Romanciers du XVIII<sup>e</sup> siècle*, Paris, Gallimard, « Bibliothèque de La Pléiade », 1965, t. 2.

Lubert, [Marguerite ou Marie-Magdelaine], *La Princesse couleur-de-rose et la Prince Céladon*, Aurélie Zygel-Basso (éd.), Paris, H. Champion, BGF, 14, 2005.

—, *Correspondance avec Loppin de Gemeaux (1767-1782)*, Marie-Thérèse Inguenaud (éd.), suivie de trois réécritures éditées par Blandine Gonssollin, Paris, H. Champion, 2022.

Luynes, duc de, *Mémoires sur la cour de Louis XV* (1735-1758), Paris, Didot, 1860-1865, 17 t.

Macquer, Pierre-Joseph, « Sur une nouvelle espèce de Teinture bleue dans laquelle il n'entre ni Pastel, ni Indigo », dans *Histoire de l'Académie royale des sciences année 1749 avec les mémoires de mathématiques et de physique de la même année*, Paris, De l'Imprimerie royale, 1753, p. 255-263.

Mareschal, André, *Le Railleur, ou la Satyre du temps*, Paris, T. Quinet, 1638.

Marmontel, Jean-François, « Le Philosophe soi-disant » (1762), *Alcibiade ou le Moi, Les Quatre flacons et autres contes*, Pierino Gallo (éd.), Paris, L'Harmattan, 2019.

Mauclerc, (marchand épicier), *Traité des couleurs et vernis*, Paris, Ruault, 1773.

Ménestrier, Claude-François, *Le Véritable Art du blason*, Lyon, Benoît Coral, 1659.

Mercier, Louis-Sébastien, *L'An deux mille quatre cent quarante* (1771), Bordeaux, Éditions Ducros, 1971.

—, *Le Tableau de Paris* (1781-1788), Jean-Claude Bonnet (éd.), Paris, Mercure de France, 1994, 2 t.

Montesquieu, *Lettres persanes*, Paris, Le Livre de Poche, « Bibliothèque classique », 2005.

Muller, John, *A treatise containing the elementary part of fortification*, London, F. Wingrave, 1799 [1re éd. 1746].

Nabokov, Vladimir, *Autres rivages*, Y. Davet (trad.) et Y. Couturier (rév.), dans *Œuvres romanesques complètes*, Gallimard, « Bibliothèque de la Pléiade », Paris, 2010, t. 2.

Neufville de Brunaubois-Montador, Jean-Florent-Joseph de, *Description raisonnée des tableaux exposés au Louvre, Lettre à Madame la marquise de S.P.R.*, Paris, 1738.

—, *Description raisonnée des tableaux exposés au Louvre*, Paris, Claude-François Simon fils, 1739.

Newton, Isaac, « *A Letter of Mr. Isaac Newton, Professor of the Mathematicks in the University of Cambridge; Containing His New Theory about Light and Colors : Sent by the Author to the Publisher from Cambridge, Febr. 6. 1671/72 ; In Order to Be Communicated to the R. Society* », *Philosophical Transactions (1665-1678)*, vol. 6, The Royal Society, 1672.

—, *Optique*, Jean-Paul Marat (trad., 1787), M. Blay (éd.), Paris, Christian Bourgois, 1989.

Nogaret, François-Félix, *Le Fond du sac*, Venise, Pantalon-Phébus, 1780, 2 t.

Nolivos de Saint-Cyr, Paul Antoine Nicolas, *Le Tableau du siècle*, Genève, 1759.

*Origine du rouge que portent les dames, conte, dédié au beau sexe*, Paris, P. de Lormel, 1759.

Panon Desbassayns, Henri-Paulin, *Petit journal des époques pour servir ma mémoire (1784 - 1786)*, Saint-Gilles-les-Hauts/ Sainte-Clotilde, 1990.

—, *Voyage à Paris pendant la Révolution, 1790-1792*, Paris, Châtillon-sous-Bagneux, 1985.

Perrault, Charles, *Contes*, Tony Gheeraert (éd.), Paris, H. Champion, « Champion classiques », 2012.

Perrot, Catherine, *Traité de la miniature*, dans Félibien, *Entretiens sur les vies et sur les ouvrages des plus excellents peintres anciens et modernes*, Trévoux, 1725, t. 6.

Piles, Roger de, *L'Art de peinture de C.-A. Dufresnoy, traduit en français, enrichi de remarques et augmenté d'un Dialogue sur le coloris*, Paris, Nicolas Langlois, 1673.

—, *Cours de peinture par principes* (1708), Paris, Gallimard, « Tel », 1989.

—, *Les Premiers Élemens de la peinture pratique, enrichis de figures de proportions mesurées sur l'antique, dessinées et gravées par J-B Corneille, peintre de l'Académie royale*, Paris, Nicolas Langlois, 1684.

Pingré, Alexandre-Gui, *Voyage à Rodrigue. Le transit de Vénus de 1761...*, Sophie Hoarau, Marie-Paule Janiçon et Jean-Michel Racault (éd.), Paris, SEDES, Saint-Denis de La Réunion, CRLHOI, 2004.

Pluche, Noël-Antoine, *Le Spectacle de la nature*, Paris, Estienne, 1764-1770 [1732-1742], 8 t.

Poncelet, Polycarpe, *Chimie du goût et de l'odorat*, Paris, Le Mercier, 1755.

Pouchot, Pierre, *Mémoires sur la dernière guerre de l'Amérique septentrionale entre la France et l'Angleterre*, Yverdon, 1781, 3 t.

Poussin, Nicolas, *Lettres et propos sur l'art*, Paris, Hermann, 1989.

Prange, Christian Friedrich, *Farbenlexicon*, Halle, J. C. Hendel, 1782.

Pseudo-Aristote, *Des couleurs, des sons, du souffle*, Michel Federspiel et Jean-Yves Guillaumin (éd.), Paris, Les Belles Lettres, 2017.

Rabelais, François, *Gargantua*, dans *Les Cinq Livres*, Paris, Le Livre de Poche, « La Pochothèque », 1994.

Raudot, Antoine-Denis, *Relations par lettres de l'Amérique septentrionale*, Pierre Berthiaume (éd.), Canada, Presses de l'université Laval, 2018.

Raynal, Guillaume-Thomas, *Histoire philosophique et politique des établissements et du commerce des Européens dans les deux Indes*, Genève, chez Jean-Leonard Pellet, 1780, 4 t.

Renaudot, Théophraste, *Recueil général des questions traitées es conférences du bureau d'adresse, sur toutes sortes de matières ;*

*par les plus beaux esprits de ce temps*, Paris, L. Chamhoudry, 1656, 5 vol.

[Renou, Antoine], *Dialogues sur la peinture*, Tartouillis, aux dépens de l'Académie, et se distribue à la porte du Salon, 1773-74, 2nde éd.

Rétif de La Bretonne, Nicolas-Edme, *Le Pied de Fanchette ou le Soulier couleur de rose*, La Haye, 1786, 2 t.

—, *Monsieur Nicolas* (1796-1797), Paris, Pauvert, 1959, 6 t.

Richardson, Jonathan, *Traité de la peinture et de la sculpture*, Paris, Briasson, 1728.

Ripa, Cesare, *Iconologie* (trad. fr. J. Baudouin, 1643), Paris, Aux Amateurs de Livres, 1989.

Roumier Robert, Marie-Anne de, *Voyages de Milord Céton dans les sept planètes, ou le Nouveau Mentor*, dans *Voyages imaginaires, songes, visions et romans cabalistiques*, Amsterdam, 1789, t. 17-18, [1re éd. 1765].

Rousseau, Jean-Jacques, *Essai sur l'origine des langues*, Paris, Gallimard, « Bibliothèque de La Pléiade », 1995.

—, *Les Confessions* (1765), Paris, Classiques Garnier, 2011.

Salmon, William, *Polygraphice, Or The Art of Drawing, Engraving, Etching, Limning, Painting, Washing, Varnishing, Colouring and Dying*, London, E. T. et R. H., 1672.

Savigny, Christophe de, *Tableaux accomplis de tous les arts libéraux*, Paris, J. et F. Gourmont frères, 1587.

Scarron, Paul, *Roman comique* (1651-1657), Paris, Gallimard, folio classique, 1985.

Schiffermüller, Ignaz, *Versuch eines Farbensystems*, Vienne, 1772.

Scudéry, Madeleine de, *Clélie, histoire romaine* (1654-1660), Paris, Gallimard, 2013.

Sicile, Jean Courtois dit, *Le Blason des couleurs en armes, livrées et devises*, Paris, à l'enseigne Saint Nicolas, 1521-1547.

Sterne, Laurence, *Voyage sentimental en France et en Italie*, Alexis Tadié (éd.), Paris, folio classique, 2022.

Syme, Patrick, *Werner's nomenclature of colours*, Edinburgh, William Blackwood, 1821.

Tavernier, Jean-Baptiste, *Les six voyages... qu'il a fait en Turquie, en Perse et aux Indes*, Paris, 1676, 2 t.

Telesio de Cosenza, Antonio, *Petit traité des couleurs latines*, Michel Indergand et Christine Viglino (éd. et trad.), bilingue latin-français, Paris, Éd. Estienne, 2010.

Testelin, Henri, *Sentimens des plus habiles peintres du tems*, secrétaire de l'Académie de 1648 à 1681, La Haye, Matthieu Rogguet, s.d. [1693 ou 1694].

Tiphaigne de La Roche, Charles-François, *Œuvres complètes*, Paris, Classiques Garnier, 2019, 2t.

Violet, Pierre Noël, *Traité élémentaire sur l'art de peindre en miniature*, Rome, Paris, Guillot, 1788.

Voltaire, *Lettres philosophiques* (1734), Olivier Ferret et Antony McKenna (éd.), Paris, Classiques Garnier, 2019.

—, *Candide et autres contes*, Paris, Gallimard, « Folio Classique », 1992.

—, *Zadig et autres contes*, Paris, Gallimard, ...Folio Classique..., 1992.

Waller, Richard, « A catalogue of simple and mixt colours, with a specimen of each colour prefixt to its proper name », *Philosophical Transactions of the Royal Society of London*, XVI, 179, février 1686.

## II. Études critiques

1. Albert, Jean-Pierre et *alii.* (dir.), *Coloris corpus*, Paris, CNRS Éd., 2008.

2. Albertan-Coppola, Sylviane, « Des récits des voyageurs à l'*Histoire générale des voyages* : la représentation des Africaines », *Dix-huitième siècle*, 2012, n°46, p. 165-181.

3. Albinson, A. Cassandra, « The Colour of Love – Pink and sensibility in Pompadour at Her Toilette », dans A. C. Albinson (dir.), *Madame de Pompadour. Painted Pink*, Cambridge (Mass.), Harvard Art Museums, 2022, p. 24-46.

4. — (dir.), *Madame de Pompadour. Painted Pink*, Cambridge (Mass.), Harvard Art Museums 2022.

5. André, Valérie, *La Rousseur infâmante. Histoire littéraire d'un préjugé*, Bruxelles, Académie royale de Belgique, 2013.

6. — et Manuel Couvreur, *Cinquante nuances de rose. Les affinités électives du prince de Ligne*, Bruxelles, Éditions de l'université de Bruxelles, « Études sur le XVIIIe siècle », 45, 2017.

7. Arasse, Daniel, *Le Détail. Pour une histoire rapprochée de la peinture*, Paris, Flammarion, 1992.

8. Ardizzi, Martina et Vittorio Gallese, « The Sense of Color. Midway Between World, Body and Brain », *Colori. Emotions of color in art*, Carolyn Christov-Bakargiev et Marcella Beccaria (dir.), Milan, Silvana Editoriale, 2017.

9. Armand, Guilhem, *les fictions à vocation scientifique de Grands de Bergerac à Diderot : vers une poetique hybride*, Pessac, Presses universitaires de Bordeaux, 2013.

10. —, « *Le Spectacle de la nature* ou l'esthétique de la Révélation », *Dix-huitième siècle*, n° 45, 2013, p. 329-345.

11. Baker, Tawrin, « Colour in Three Seventeenth-Century Natural philosophy Textbooks », dans *Colour Histories : Colour in the 17th and 18th centuries, Connexions between Science, Arts, and Technology*, Berlin/Boston, Walter de Gruyter, 2015, p. 161-177.

12. —, et Sven Dupré, Sachiko Kusukawa, Karin Leonhard, *Early Modern Color Worlds*, Leiden, Brill, 2016.

13. Ball, Philip, *Bright Earth : Art and the Invention of Colour*, London, Viking, 2001.

14. —, « The Invention of Colour », dans « Definitions of Color/De la Couleur », *Interface – Image, Texte, Langage*, n°33, 2013, p. 1-32.

15. Barra, Edoarda, « Les couleurs du *Corpus Hippocraticum* », *Corps*, vol. 3, no. 2, 2007, p. 25-32.

16. Baty, Patrick (dir.) *Nuancier Nature*, Rennes, Ouest-France, 2021 [angl., 2021].

17. Baxandall, Michael, *Shadows and Enlightenment*, New Haven, Yale University Press, 1995.

18. Beasley, Faith, *Versailles à la rencontre du Taj Mahal. Conversations éclairées sur l'Inde au temps du Roi-Soleil*, Patrick Graille (trad.), Paris, Les Belles Lettres, 2024.

19. Becq, Annie, « Rhétoriques et littérature d'art en France à la fin du XVII^e siècle : le concept de couleur », *Cahiers de l'Association internationale des études françaises*, 1972, n°24, p. 215-232 :thttps://doi.org/10.3406/caief.1972.1011

20. Belhoste, Bruno, *Paris savant. Parcours et rencontres au temps des Lumières*, Paris, Armand Colin, 2011.

21. —, « Dyeing at the Gobelins in the Eighteenth Century : The Challenge of Quémizet », dans Magdalena Bushart et Friedrich Steinle (dir.), *Colour Histories : Science, Art, and Technology in the 17th and 18th Centuries*, Berlin, De Gruyter, 2015, p. 67-91.

22. Bell, Janis, « Aristotle as a Source for Leonardo's Theory of Colour Perspective after 1500 », *Journal of the Warburg and Courtauld Institutes*, vol. 56, Warburg Institute, 1993, p. 100–118 (https://doi.org/10.2307/751367).

23. Berlin, Brent et Paul Kay, *Basic color terms : their universality and evolution*, Berkeley and Los Angeles, University of California Press, 1969.

24. Bernez, Cécilia, *Grammaire des couleurs*, Frankfurt am Mein, Peter Lang, 2014.

25. Bernier, Isabelle, « La technique de l'impression sur étoffes, de la théorie à la pratique », dans Isabelle Bernier, *Négoce et industrie à Mulhouse au XVIII^e siècle (1696-1798)*, Toulouse, Presses universitaires du Midi, 2008 (https://doi.org/10.4000/books.pumi.34791).

26. Berrie, Barbara H., « Mining for Color : New Blues, Yellows, and Translucent Paint », *Early Science and Medicine*, n°20, 2015, p. 308-34.

27. Bettelheim, Bruno, *Psychanalyse des contes de fées*, Paris, R. Laffont, coll. « Pluriel », 1976.

28. Bideaux, Kévin, *Rose. Une couleur aux prises avec le genre*, Paris, Éd. d'Amsterdam, 2023.

29. Birren, Faber, *History of Color in Painting*, New York, Reinhold Pub. Corp., 1965.

30. —, *Light, Color and Environment. A Thorough Presentation of Facts on the Biological and Psychological Effects of Color*, New York, Van Nostrand Reinhold, 1969.

31. Blais, Hélène, *L'Empire de la nature. Une histoire des jardins botaniques coloniaux, fin XVIII^e-années 1930*, Ceyzérieu, Champ Vallon, 2023.

32. Blanc, Guillaume, *L'invention du colonialisme vert. Pour en finir avec le mythe de l'éden africain*. Paris, Flammarion, 2020.

33. Blay, Michel, *La Conceptualisation newtonienne des phénomènes de la couleur*, Paris, Vrin, 1983.

34. —, « Christiaan Huygens et les phénomènes de la couleur », *Revue d'histoire des sciences*, 37, n° 2, 1984, p. 127-150 (https://doi.org/10.3406/rhs.1984.1997).

35. —, *Les Figures de l'arc-en-ciel*, Paris, Éd. Carré, 1995.

36. —, « Couleur », *Dictionnaire d'histoire et philosophie des sciences*, D. Lecourt (dir.), Paris, PUF, « Quadridge », 1999, p. 297-301.

37. —, *Lumières sur les couleurs : le regard du physicien*, Paris, Ellipses, 2001.

38. —, « Marat et Castel : l'expérience du prisme revisitée », *Dix-huitième siècle*, n° 51, 2019, p. 111-126.

39. — et Robert Halleux (dir.), *La Science classique. XVI-XVIII^e siècle*, Paris, Aubier-Flammarion, 1998.

40. Bonnet, Jean-Claude, « Bernardin néologue à l'épreuve de l'océan Indien », dans J.-M. Racault, Chantale Meure et Angélique Gigan (dir.), *Bernardin de Saint-Pierre et l'océan Indien*, Paris, Classiques Garnier, 2011, p. 405-422.

41. Bosman, Françoise et Rosine Cleyet-Michaud (dir.), *Couleur, travail et société du Moyen Âge à nos jours*, Somogy, 2004.

42. Bourguinat, Élisabeth, *Persifler au siècle des Lumières*, Paris, Créaphis éditions, 2016 [PUF 1996].

43. Bouvrande, Isabelle, « Peindre le corps à la Renaissance : l'art de colorer chez Alberti », *Corps*, vol. 3, n° 2, 2007, p. 73-78.

44. Bret, Patrice, « Traduire les couleurs. Madame Picardet, le Président de Virly, la minéralogie wernerienne et les palettes chromatiques allemandes », *Dix-huitième siècle*, n° 51, 2019, p. 235-259.

45. Brusatin, Manlio, *Histoire des couleurs*, Flammarion, Champs, 1986 [Turin, 1983].

46. Bucklow, Spike, *Red : The Art and Science of a Colour*. London, Reaktion, 2016.

47. Bushart, Magdalena, et Friedrich Steinle (dir.), *Colour Histories : Science, Art, and Technology in the 17th and 18th Centuries*, Berlin, De Gruyter, 2015.

48. Butler, Judith, *Trouble dans le genre. Le Féminisme et la subversion de l'identité*, Paris, La Découverte, 2005 [angl. 1990].

49. Cardon, Dominique, *Le Monde des teintures naturelles*, Paris, Belin, 1999.

50. —, *Des couleurs pour les Lumières. Antoine Janot, teinturier occitan. 1700-1778*, Paris, CNRS Éditions, 2019.

51. — et Iris Brémaud, *Le Cahier de couleurs d'Antoine Janot*, Paris, CNRS Éditions, 2020.

52. Casini, Paolo, « Le "newtonianisme" au siècle des Lumières. Recherches et perspectives », *Dix-huitième Siècle*, n° 1, 1969, p. 139-159.

53. Castonguay-Bélanger, Joël, « *Le philosophe sans prétention* ou le laboratoire romanesque de Louis-Guillaume de la Folie », dans Geneviève Goubier, Bérengère Parmentier et Daniel Martin (dir.), *Doute et imagination. Constructions du savoir de la Renaissance aux Lumières*, Paris, Classiques Garnier, 2011, p. 239-255.

54. Caumon, Céline, *Nommer la couleur, usages et pratiques prospectives en cosmétique*, dans Georgeta Cislaru *et alii* (dir.), *L'acte de nommer : une dynamique entre langue et discours*, Paris, Presses Sorbonne Nouvelle, 2007, p. 87-100 (http://books.openedition.org/psn/2278).

55. Caye, Pierre, « Couleur et composition dans la théorie de la peinture à l'âge humaniste et classique (Ludovico Dolce et Roger de Piles) », *Lo Sguardo – Rivista di Filosofia*, n°10, 2012, p. 169-182.

56. Champy-Vinas, Cécile, « Pour une sculpture pittoresque : l'œuvre de Jean-Baptiste Lemoyne à l'église Saint-Louis-du-Louvre (1743-1768) », *Dix-huitième siècle*, n° 51, 2019, p. 219-233.

57. Chassot, Fabrice, *Le Dialogue scientifique au XVIII^e^ siècle. Postérité de Fontenelle et vulgarisation des sciences*, Paris, Classiques Garnier, 2011.

58. —, « Littérature et socialisation des sciences dans le dialogue scientifique », *Littératures classiques*, vol. 85, n° 3, 2014, p. 189-203.

59. Chiozzotto, Marie, « Les apparences vestimentaires de Louis XV : la composition de la garde-robe du souverain pour l'année 1772 », *Apparence(s)*, n° 4, 2012 (https://doi.org/10.4000/apparences.1179).

60. Choné, Paulette, « Alciat et la couleur », dans A. Rolet, S. Rolet (dir.), *André Alciat (1492-1550), un humaniste au confluent des savoirs dans l'Europe de la Renaissance*, Turnhout, Brepols, 2014.

61. Chouillet-Roche, Anne-Marie, « Le clavecin oculaire du P. Castel », *Dix-huitième siècle*, n° 8, 1976, p. 141-166.

62. Citton, Yves, Marianne Dubacq et Philippe Vincent (dir.), *Imagination scientifique et littérature merveilleuse. Charles Tiphaigne de La Roche*, Pessac, PUB, « Mirabilia », 2014.

63. Class, Nicolas, « Goethe et la méthode de la science », *Astérion*, n° 3, 2005 (https://doi.org/10.4000/asterion.413).

64. Collange-Perugi, Adeline et Pascale Gorguet Ballesteros, *À La Mode*, Gand, Éd. Snoeck, 2021.

65. « Les Couleurs du XIX^e^ siècle », *Romantisme*, 157 (3/2012).

66. Couloubaritsis, Lambros et Jean-Jacques Wunenburger (dir.), *La Couleur*, Bruxelles, Ousia, 1993.

67. Cronk, Nicholas et Kris Peeters (dir.), *Le Comte de Caylus. Les Arts et les Lettres*, Amsterdam-New York, Rodopi, 2004.

68. Crosio, Martina, « Les couleurs en bande dessinée ? *L'Exposition des couleurs* de Jean Robertet », dans Luca Sacchi et Cristina Zampese (dir.), *I colori del racconto, Biblioteca di Carte Romanze*, 10, Milan, Ledizioni LediPublishing, 2020, p. 139-153.

69. Curran, Andrew, « Buffon et l'histoire naturelle des Africains », *Dix-huitième siècle*, n° 44, 2012, p. 183-199.

70. —, *L'Anatomie de la noirceur : Science et esclavage à l'âge des Lumières*, Paris, Classiques Garnier, 2017 [angl. 2011].

71. Cussac, Hélène, « Corps noir, corps nègre, corps esclave chez Bernardin de Saint-Pierre. Contribution d'un intellectuel des Lumières à l'histoire de l'esclavage et de son abolition », dans Éric Saunier (dir.), « Villes portuaires du commerce triangulaire à l'abolition de l'esclavage », *Cahiers de l'histoire et des mémoires de la traite négrière, de l'esclavage et de leurs abolitions en Normandie*, Le Havre, CIRTAI, 2008, p. 167-197.

72. Cytowic, Richard E., *Synesthesia*, USA, The MIT Press, 2019.

73. Décultot, Élisabeth, « *Ästhetik*/esthétique : Étapes d'une naturalisation (1750-1840) », *Revue de métaphysique et de morale*, 2002, 34, 7-28 (https://doi.org/10.3917/rmm.022.0007).

74. Defrance, Anne « Un cas extrême de fétichisme chromatique : du *Cunto de li cunti* de G. Basile (1636) à "Incarnat, blanc et noir" », *Lumières*, n° 36, 2020, p. 103-124.

75. Delapierre, Emmanuelle, Matthieu Gilles, Hélène Portiglia (dir.), *Rubens contre Poussin*, Ludion, 2004.

76. Delon, Michel, « Les couleurs du corps », dans Angelica Gooden (dir.), *The Eighteenth-Century Body*, Peter Lang, 2002.

77. —, « Les couleurs du corps. Roman pornographique et débats esthétiques au XVIII^e^ siècle », dans Jackie Pigeaud (dir.), *La Couleur, les couleurs*, PUR, 2007, p. 215-224.

78. Delpierre, Madeleine, avec la coll. de Françoise Tétart-Vittu, *Se vêtir au XVIII^e^ siècle*, Paris, Biro, 1996.

79. Démoris, René, *Le Roman à la première personne. Du classicisme aux Lumières*, Genève, Droz, 2002 [1975].

80. —, « Le langage du corps et l'expression des passions de Félibien à Diderot », dans J.-P. Guillerm (dir.), *Mots et Couleurs*, Lille, PUL, 1986, p. 41-66.

81. —, « Couleur », *Dictionnaire européen des Lumières*, M. Delon (dir.), Paris, PUF, 1997, p. 281-283.

82. —, « Jean-Jacques Rousseau et le discours sur la peinture », dans *Annales de la Société Jean-Jacques Rousseau*, Genève, Droz, 2003, t. 45, p. 237-270.

83. —, « Caylus entre théorie et critique d'art : une esthétique du "laissé" », dans Nicholas Cronk et Kris Peeters

(dir.), *Le Comte de Caylus. Les Arts et les Lettres*, Amsterdam-New York, Rodopi, 2004, p. 17-41.

84. —, « Dessin et couleur chez Diderot (1749-66) », Vallongues, Méthodes, 2007.

85. Déribéré, Maurice, *La couleur*, Paris, PUF, « Que sais-je ? », 2014 [1964].

86. Devaux, Dorothée et Bernard Maitte, « Newton, les couleurs et la musique », *Alliage*, n° 59, 2006, p.126-138 (http://revel.unice.fr/alliage/index.html?id=3530).

87. Dijkesterhuis, Fokko Jan, « Perceptions of Colours by Different Eyes », dans Magdalena Bushart et Friedrich Steinle (dir.), *Colour Histories : Science, Art, and Technology in the 17th and 18th Centuries*, Berlin, De Gruyter, 2015, p. 23-41.

88. Dittmann, Lorenz, Farbgestaltung *und Farbtheorie in der abendländischen Malerei*, WBG, 1987.

89. Dollfus, P., F. Jacquesson et M. Pastoureau (dir.), *Histoire et géographie de la couleur*, Léopard d'Or 2013, p. 67-130.

90. Dorlin, Elsa, *La Matrice de la race. Généalogie sexuelle et coloniale de la Nation française*, Paris, La Découverte, 2009.

91. Draissma, Douwe, *Quand l'esprit s'égare*, Paris, Seuil, 2014.

92. Dubois, Arnaud, Jean-Baptiste Eczet, Adeline Grand-Clément et Charlotte Ribeyrol, *Arcs-en-ciel et couleurs : regards comparatifs*, Paris, CNRS Éditions, 2018.

93. Duflo, Colas (dir.), « La Nature », *Dix-huitième siècle*, n° 45, 2013.

94. Dulac, Anne-Valérie et Céline Cachaud, *La Miniature à l'époque moderne*, *Études Epistémè*, n° 36, 2019 (https://doi.org/10.4000/episteme.4622).

95. Edwards-Dujardin, Hayley, *Rose. De Botticelli à Christo*, Paris, Chêne, 2021.

96. Ehrard, Jean, *L'Idée de nature en France dans la première moitié du XVIII<sup>e</sup> siècle*, Paris, SEVPEN, 1963.

97. *Encyclopédie numérique des couleurs* (https://encyclopedienumeriquedescouleurs.com/)

98. Farge, Arlette, « Couleurs, sons ; espoirs et chagrins », *Communications*, 102(1), 2018, p. 211-217. https://doi-org.ezproxy.u-bordeaux-montaigne.fr/10.3917/commu.102.0211

99. Faroult, Guillaume, *L'Amour peintre. L'imagerie érotique en France au XVIII<sup>e</sup> siècle*, Paris, Cohen&Cohen, 2020.

100. Fau, Alexandra, *Histoire des tissus en France*, Rennes, Ouest-France, 2006.

101. Feeser, Andrea, Maureen Daly Goggin et Beth Fowkes Tobin (dir.), *The Materiality of Color : The Production, Circulation, and Application of Dyes and Pigments, 1400-1800*, Farnham, Ashgate, 2012.

102. Fennetaux, Ariane, « Géographie des savoir-faire des couleurs au XVIII<sup>e</sup> siècle. L'Europe face au mystère chromatique indien », dans Émilie Hammen (dir.), *Les Savoir-faire de la mode, vol. 2 : géographies*, Paris, B42, 2024, p. 76-87.

103. —, « Concurrence des figurations de la couleur textile au XVIII<sup>e</sup> siècle. Autour des toiles indiennes et du manuscrit de Beaulieu (1732) », dans Aurélia Gaillard et Charlotte Guichard (dir.) : *Un monde de couleurs. Représentations chromatiques au XVIII<sup>e</sup> siècle*, *Lumières*, n° 43, 2024, p. 105-130.

104. Ferran, Florence, Fabrice Moulin, Élise Pavy-Guilbert (dir.), *La Font de Saint-Yenne : publier sur l'art, l'architecture et la ville*, *Diderot Studies*, n° XXXVI, Genève, Droz, 2019.

105. Ferrand, Nathalie, *Créateurs de roses. À la conquête des marchés (1820-1939)*, Grenoble, Presses universitaires de Grenoble, 2015.

106. Ferret, Olivier, « Des personnages hauts en couleur ? », *Féeries*, n° 17, 2021 (https://doi.org/10.4000/feeries.3749)

107. Fischer, Hervé, *Les couleurs de l'Occident. De la préhistoire au XXI<sup>e</sup> siècle*, Paris, Gallimard, 2019.

108. —, *Mythanalyse de la couleur*, Paris, Gallimard, 2023.

109. Fox, Robert, Agustí Nieto-Galan (dir.), *Natural Dyestuffs and Industrial Culture in Europe, 1750-1880*, Canton, Science history publications, 1999.

110. Fregonese, Pierre-William, *L'Invention du rose. Couleur Japon, histoire monde*, Paris, PUF, 2023.

111. Friant-Kessler, Brigitte (dir.), *La couleur, colour*, *XVII-XVIII*, n° 75, 2018 (https://journals.openedition.org/1718/944)

112. Frye, Northrop, *Le Grand Code. La Bible et la littérature*, Paris, Seuil, 1984.

113. Gage, John, *Couleur et culture. Usages et significations de la couleur de l'Antiquité à l'abstraction*, Paris, Thames et Hudson, 2010 [angl. 1993].

114. Gaillard, Aurélia, *Fables, mythes, contes : l'esthétique de la fable et du fabuleux (1660-1724)*, Paris, H. Champion, « Lumière Classique », 1996.

115. —, *Le Corps des statues : le vivant et son simulacre à l'âge classique (de Descartes à Diderot)*, Paris, H. Champion, 2003.

116. —, « Mythologies de l'effraction : les repos en peinture dans la première moitié du 18<sup>e</sup> siècle », dans J. Berchtold, R. Démoris et Ch. Martin, (dir.), *Violences du rococo*, Bordeaux, PUB, « Mirabilia », 2012, p. 77-95.

117. —, « Connaître sans savoir : esthétique de l'émotion et *mimèsis* au siècle des Lumières », dans Alexandre Gefen et Bernard Vouilloux (dir.), *Empathie et esthétique*, Paris, Hermann, 2013, p. 311-327.

118. —, « La fable (ou fiction fabuleuse) aux XVII<sup>e</sup> et XVIII<sup>e</sup> siècles entre allégorie et analogie : une écriture du détour ou de la conciliation ? », Cahiers du GADGES n° 11, 2013. *L'Art de la conciliation*. p. 155-172.

119. —, « Le rose des Lumières (Identités visuelle, sociale et sexuée du rose) », *Lumières*, n° 36, 2020, p. 25-58.

120. —, « La vie chromatique des objets dans la fiction narrative au XVIIIe siècle », dans Myriam Marrache-Gouraud (dir.), *Poétiques de l'objet, Travaux de Littérature*, XXXIII, 2020, p. 137-150.

121. —, « Contes en couleur », *Féeries*, n° 17, 2021 (https://journals.openedition.org/feeries/3960).

122. — *Charles Perrault, Contes, Marie-Catherine d'Aulnoy*, Contes de fées, (partie littérature), Paris, Atlande, 2021.

123. —, « Couleurs et contes », *Encyclopédie numérique des couleurs*, 2024 (https://encyclopedienumeriquedescouleurs.com/2024/01/30/couleurs-et-contes/).

124. — et Catherine Lanoë (dir.), « La couleur des Lumières », *Dix-huitième siècle*, n° 51, 2019.

125. — et Charlotte Guichard (dir.) « Un monde de couleurs. Représentations chromatiques au XVIIIe siècle », *Lumières*, n° 43, 2024.

126. Genand, Stéphanie (dir.) avec la coll. de Jean-Christophe Abramovici, Stefania Ferrando, Florence Lotterie et Anne Verjus, « Normes et genres dans l'Europe des Lumières », *Dix-huitième siècle*, n° 55, 2023.

127. Gepner, Corinna, *Le Père Castel et le clavecin oculaire*, Paris, H. Champion, 2014.

128. Giacomotto-Charra, Violaine, *La Forme des choses. Poésie et savoirs dans* La Sepmaine *de Du Bartas*, Toulouse, P. U. du Mirail, 2009.

129. Gibson, James J., *Approche écologique de la perception visuelle*, Éd. Dehors, 2014, [angl. 1979].

130. Glorieux, Guillaume, *À l'Enseigne de Gersaint : Edme-François Gersaint, marchand sur le pont Notre-Dame (1694-1750)*, Seyssel, Champ Vallon, 2002.

131. Goody, Jack, *La Culture des fleurs*, Paris, Seuil, 1994 [angl. 1993].

132. Gottschalk, H. B., « The *De Coloribus* and Its Author », *Hermes*, 1964, vol. 92, p. 59-85.

133. Grand-Clément, Adeline, *La Fabrique des couleurs. Histoire du paysage sensible des Grecs anciens (VIIIe-début Ve siècle avant notre ère)*, Paris, Éd. de Boccard, 2011.

134. —, « Couleurs et polychromie dans l'Antiquité », *Perspective*, n° 1, 2018, p. 87-108 (https://doi.org/10.4000/perspective.9377).

135. Grasselli, Margaret Morgau (dir.), *Colorful Impressions : the Print making revolution in eighteenth-century France*, Washington, D. C., National Gallery of Art, 2003.

136. Grévy, Jérôme, Christine Manigaud et Denise Turrel, *Vert et Orange. Deux couleurs à travers l'histoire*, Limoges, PULIM, 2014.

137. Grove, Richard, *Green Imperialism : Colonial Expansion, Tropical Island Edens and the Origins of Environmentalism (1600-1860)*, Cambridge, Cambridge University Press, 1995.

138. Guichard, Charlotte, *Les Amateurs d'art à Paris au XVIIIe siècle*, Seyssel, Champ Vallon, 2008.

139. —, *La Griffe du peintre*, Paris, Seuil, UH Illustré, 2018.

140. —, « Palettes et tableaux : des laboratoires de la couleur ? », *Dix-huitième siècle*, n° 51, 2019, p. 187-204.

141. —, Anne-Solenn Le Hô et Hannah Williams, « Prussian Blue : Chemistry, Commerce, and Colour in Eighteenth-Century Paris », Art History, 2023 (https://doi.org/10.1111/1467-8365.12695).

142. Guillaumin, Colette, « Le corps construit », dans Colette Guillaumin, *Sexe, race et pratique du pouvoir. L'idée de nature*, Paris, Côté-femmes, 1992, p. 117-142.

143. Guyot, Alain, « Avatars et métamorphoses de l'analogie dans le *Voyage à l'île de France* », dans J.-M. Racault, Chantale Meure et Angélique Gigan (dir.), *Bernardin de Saint-Pierre et l'océan Indien*, Paris, Classiques Garnier, 2011, p. 301-316.

144. Hablot, L., « L'orange et le vert au Moyen Âge », dans Jérôme Grévy, Christine Manigaud et Denise Turrel, *Vert et Orange. Deux couleurs à travers l'histoire*, Limoges, PULIM, 2014, p. 21-42.

145. Hammel, George R., « The Iroquois and the world's rim : speculations on color, and contact », *American Indian Quarterly*, vol. 16, n° 4, 1992, p. 451-469.

146. Hamou, Philippe, « Algarotti entre Fontenelle et Voltaire : philosophie mondaine et vulgarisation scientifique dans le *Newtonianisme pour les Dames* » dans Ph. Beck et D. Thouard (dir.), *Popularité de la Philosophie*, Fontenay-aux-Roses, ENS Éditions, 1995, p. 13-39.

147. Hankins, Thomas L., « The Ocular Harpsichord of Louis Bertrand Castel ; or, The Instrument That Wasn't », *Osiris*, n° 9, 1994, p. 141–156.

148. Hasquin, Hervé et Roland Mortier, *Autour du Père Castel et du clavecin oculaire*, Éd. de l'université de Bruxelles, 1995.

149. Harvey, Karen, « Le Siècle du sexe ? Genre, corps et sexualité au dix-huitième siècle (vers 1650-vers 1850) », *Clio. Femmes, Genre, Histoire*, n° 31, 2010 (https://doi.org/10.4000/clio.9683).

150. Hazard, Paul, *La Crise de la conscience européenne*, Paris, le Livre de Poche, 1994 [1935].

151. Heurtel, Pascale et Michelle Lenoir, « Vélins de Paris et vélins de Vienne », *Bulletin du Centre de recherche du château de Versailles*, 2022 (https://doi.org/10.4000/crcv.21774).

152. Hochmann, Michel, *Colorito. La technique des peintres vénitiens à la Renaissance*, Éd. Brepols, 2015.

153. Homburg, Ernest, « From colour maker to chemist : Episodes from the rise of the colourist, 1670-1800 » dans Robert Fox et Agustí Nieto-Galan (dir.), *Natural Dyestuffs and Industrial Culture in Europe, 1750-1880*, Canton, Science history publications, 1999, p. 219-237.

154. Hubbard, Edward M., Ilaria Berteletti et Marco Zorzi, « Implicit versus explicit interference effects in a number-color synesthete », *Cortex*, 46, 2, feb. 2010, p. 170-177 (https://doi.org/10.1016/j.cortex.2008.12.009).

155. Hyde, Melissa, *Making Up the Rococo : François Boucher and His Critics*. Getty Publications, 2006.

156. —, « Beautés rivales : les portraits de Mme Du Barry et de la Reine Marie-Antoinette », dans *Cultures de cour, Cultures du corps : XIVe-XVIIIe siècles*, Catherine Lanoë and Mathieu Da Vinha (dir.), Paris, Presses de l'université Paris-Sorbonne, 2011, p. 185-205.

157. « Men in Pink : The Petit-Maître, Refined Masculinity and Whiteness », *Journal18, 17, Color* (Spring 2024), https://www.journal18.org/7284.

158. Imdahl, Max, *Couleur : les écrits des peintres français de Poussin à Delaunay*, Paris, Éd. de la Maison des sciences de l'homme, 1996.

159. Indergand, Michel et Philippe Fagot, *Bibliographie de la couleur*, Paris, 1984-1988, 2 vol.

160. —, Philippe Lanthony et Robert Sève, *Dictionnaire des termes de la couleur*, Avallon, Terra Rossa, 2007.

161. Laqueur, Thomas, *La Fabrique du sexe : essai sur le corps et le genre en Occident*, Paris, Gallimard, 1992 [angl., 1990].

162. Larzul, Sylvette, *Antoine Galland écrivain. De l'érudition orientale aux Mille et Une Nuits*, Louvain, Peeters, 2023.

163. Jacobson, Anita, « Symbolisme des couleurs et ordre social. Le culte Nkisi chez les Bakongo (Afrique centrale) », dans *Voir et nommer les couleurs*, Serge Tornay (dir.), Nanterre, Labethno, 1978, p. 525-551.

164. Jockey, Philippe, *Le Mythe de la Grèce blanche*, Paris, Belin, 2013.

165. Johnson, James H., « Musical culture », dans Colin Jones, Juliet Carey et Emily Richardson (dir.), *The Saint-Aubin* Livre de caricatures, Oxford, Voltaire Foundation, SVEC, 2012, p. 215-232.

166. Jollet, Étienne, *Figures de la pesanteur, Newton, Fragonard et les hasards de l'escarpolette*, Nîmes, Éd. Jacqueline Chambon, 1998.

167. Jones, Colin, Juliet Carey et Emily Richardson (dir.), *The Saint-Aubin* Livre de caricatures, Oxford, Voltaire Foundation, SVEC, 2012.

168. Kaufmann, Caroline, *Zur Semantik der Farbadjektive* rosa, pink *und* rot, Inaugural-Dissertation, München, Herbert Utz Verlag, 2006.

169. Kircher, Chantal, « les adjectifs latins en – *osus* », *De Lingua Latina*, Revue de linguistique latine du Centre Alfred Ernout, n° 12, 2016.

170. Kobi, Valérie, « Harmonie et dissonance. La fonction de la couleur dans les collections du siècle des Lumières », *Dix-huitième siècle*, n° 51, 2019, p. 63-75.

171. Kovács, Katalin, « La couleur et le sentiment de la chair dans les premiers *Salons* de Diderot », *Diderot Studies*, 30/2016, p. 125-141.

172. Kristol, Andres M., *Color. Les langues romanes devant le phénomène couleur*, Zurich, Francke Berne, 1978.

173. Kuehni, Ralph G. et Andreas Schwarz, *Color Ordered : A Survey of Color Order Systems from Antiquity to the Present*, Oxford, New York, Oxford University Press, 2008 (https://doi.org/10.1093/acprof:oso/9780195189681.001.0001).

174. Kusukawa, Sachiko « Richard Waller's Table of Colours (1686) », dans Magdalena Bushart et Friedrich Steinle (dir.), *Colour Histories : Science, Art, and Technology in the 17th and 18th Centuries*, Berlin, De Gruyter, 2015, p. 3-21.

175. Lafont, Anne, « Fabric, Skin, Color : Picturing Antilles'markets as an Inventory of Human Diversity », *Anuario Colombiano de Historia Social y de la Cultura*, vol. 43, n° 2, 2016, p. 121-154 (https://doi.org/10.15446/achsc.v43n2.59074).

176. —, « How Skin Because a Racial Marker Art Historical Perspectives ou Race », *Eighteenth-Century Studies*, vol. 51, n° 1, 2017, p. 89-113.

177. —, *L'Art et la Race. L'Africain (tout) contre l'œil des Lumières*, Dijon, Les Presses du réel, 2019.

178. Laissus, Yves, « Les voyageurs naturalistes du Jardin du roi et du Muséum d'histoire naturelle : essai de portrait-robot », *Revue d'histoire des sciences*, t. 34, n° 3-4, 1981, p. 259-317 (https://doi.org/10.3406/rhs.1981.1768).

179. Lamarre, Christine, « Le costume rutilant : les chevaliers des jeux militaires urbains au XVIIIe siècle en Bourgogne », dans *Vêture & Pouvoir : XIIIe-XXe siècle*, Toulouse, Presses universitaires du Midi, 2003.

180. Lanoë, Catherine, *La Poudre et le Fard : une histoire des cosmétiques de la Renaissance aux Lumières*, Seyssel Champ Vallon, 2008.

181. — et Laurence Moulinier, *Corps parés, corps parfumés*, *Artefact*, n° 1, 2014 (https://doi.org/10.4000/artefact.9415).

182. —, « Une dynastie de parfumeurs du roi : les Gallois/Huet et la fabrique des apparences de la cour à la ville, 1686-1789 », *Artefact*, 12, 2020, p. 317-348.

183. Laurent, Sylvie et Thierry Leclère, *De quelle couleur sont les Blancs ? Des « petits Blancs » des colonies au « racisme anti-Blancs »*, Paris, La Découverte, 2013.

184. Lavezzi, Élisabeth, « Catherine Perrot, peintre savant en miniature, *Les Leçons royales* de 1686 et de 1693 », dans Colette Nativel (dir.), *Femmes savantes, savoirs de femmes. Du crépuscule de la Renaissance à l'aube des Lumières,* Genève, Droz, 1999, p. 229-245.

185. —, « Théorie coloriste et question du lieu » dans *Les lieux de l'art, Dix-huitième siècle,* n° 50, 2018, p. 188-204.

186. —, « Gravure et conception coloriste de la peinture », *Dix-huitième siècle*, n° 51, 2019, p. 205-217.

187. Le Bitouzé, Corinne, « Capturer l'air du temps, les *Anecdotes* du comte de Maurepas », dans Marianne Grivel, Véronique Meyer, Estelle Leutrat et Pierre Wachenheim (dir.), *Curieux d'estampes. Collections et collectionneurs de gravures en Europe (1500-1815)*, Rennes, Presses universitaires, 2022, p. 273-283.

188. Le Borgne, Françoise, « Costumes et parures des sauvages à la fin du XVIIIe siècle », dans *Sociopoétique du textile à l'âge classique*, Carine Barbafieri et Alain Montandon (dir.), Paris, Hermann, 2015, p. 207-230.

189. Lécosse, Cyril, « Quelle légitimité pour les peintres en miniature ? Le petit format à l'épreuve des discours académiques », *Études Épistémè*, n° 36, 2019 (https://doi.org/10.4000/episteme.5384).

190. Lefay, Sophie, « Les couleurs de Paris à travers quelques « tableaux » parisiens (Caraccioli, Henrion, Pujoulx, Mercier) », dans *Lumières*, n° 36, n° 2, 2020, p. 67-77.

191. — (dir.), Sophie Lefay (dir.), *Lectures du Panorama*, *Revue des Sciences humaines*, n° 294, 2009.

192. Lehman, Christine, « L'art de la teinture à l'Académie royale des sciences au XVIIIe siècle », *Methodos*, n° 12, 2012 (https://doi.org/10.4000/methodos.2874).

193. Le Rider, Jacques, *Les Couleurs et les Mots*, paris, PUF, 1997.

194. Le Ru, Véronique, *Émilie du Châtelet philosophe*, Paris, Classiques Garnier, 2019.

195. Libral, Florent, « Vêtement et quête des sociétés idéales, entre ostentation et révélation (1600-1675) », dans Carine Barbafieri et Alain Montandon (dir.), *Sociopoétique du textile à l'âge classique*, Paris, Hermann, 2015, p. 27-46.

196. Lichtenstein, Jacqueline, *La Couleur éloquente*, Flammarion, « Champs Arts », 2013 [1989].

197. —, (dir.), *La Peinture*, Paris, Larousse, 1995.

198. Lilien, O. M., *Jacob Christoph Le Blon (1667-1741), lnventor of three and four colour printing*, Stuttgart, 1985.

199. Lilti, Antoine, *Le Monde des salons. Sociabilité et mondanité à Paris au XVIIIe siècle*, Paris, Fayard, 2005.

200. —, *L'Héritage des Lumières*, Paris, EHESS, Gallimard, Seuil, 2019.

201. Linte, Guillaume, « La couleur de la peau dans le discours médical (1730-1770) », *Dix-huitième siècle*, n° 51, 2019, p. 261-274.

202. Loske, Alexandra et Sarah Lowengard, *The Book of Colour Concepts*, Cologne, Taschen, 2024, 2 t.

203. Lowengard, Sarah, *The Creation of Color in Eighteenth-Century Europe*, New-York, Columbia University Press, 2006 (*www.gutenberg-e.org/lowengard*).

204. Lupattelli, Simone, « Il cinquecento : il nudo ed il costume nell'iconografia e nella tradizione della cultura italiana », *Studi Vetrallesi*, n° 14, 2005, p. 57-59.

205. Lüthi, Max, *The European Folktale : Form and Nature*, Bloomington, Indiana University Press, 1986 [all, 1947].

206. McClellan, James E., « L'Europe des académies », *Dix-huitième Siècle*, n° 25, 1993, p. 153-165.

207. Machado, Pedro, « Cloths of a new fashion : Indian Ocean networks of exchange and cloth zones of contact in Africa and India in the eighteenth and nineteenth centuries", dans Giorgio Riello, et Tirthankar Roy, *How India Clothed the World. The World of South Asian Textiles, 1500-1850*, Leiden, Brill, 2009, p. 53-84.

208. Maës, Gaëtane, « De Dezallier d'Argenville à Darwin : la question de la couleur dans la représentation des minéraux », E. Dueck et N. Vuillemin (dir.), *Entre l'œil et le monde : dispositifs d'une nouvelle épistémologie visuelle dans les sciences de la nature (1740-1840)*, *Épistémocritique*, 2017, p. 58-80 (https://epistemocritique.org/de-dezallier-dargenville-a-darwin-question-de-couleur-representation-mineraux/).

209. Magnus, Hugo, *Histoire de l'évolution du sens des couleurs*, Paris, C. Reinwald et Cie, 1878.

210. Maitte, Bernard, *Histoire de l'arc-en-ciel*, Seuil, 2005.

211. —, « Les couleurs en physique au 18e siècle : débats autour du renversement de leur statut par Newton », *Dix-huitième siècle*, n° 51, 2019, p. 93-109.

212. Maitte, Corine, « Le lustre du rouge. Demande sociale et problèmes techniques de l'Europe moderne », dans Françoise Bosman et Rosine Cleyet-Michaud (dir.), *Couleur, travail et société du Moyen Âge à nos jours*, Somogy, 2004, p. 42-47.

213. —, *Les Chemins de verre. Les migrations des verriers d'Altare et de Venise, XVIe-XIX[e] siècles*, Rennes, PUR, 2009.

214. —, « Au cœur des manufactures lainières européennes du XVIIIe siècle. Le voyage de Gian Batta Moccafy, 1766-1767 », *Documents pour l'histoire des techniques*, n° 18, 2009 (https://doi.org/10.4000/dht.136).

215. Marrache-Gouraud, Myriam, « L'Orient « systématique et raisonné » : L'exemple du cabinet parisien de don Pedro Davila (1767) », *Études Épistémè*, n° 26, 2014 (https://doi.org/10.4000/episteme.339).

216. Martin, Christophe, *Espaces du féminin dans le roman français du 18e siècle*, Oxford, SVEC, 2004.

217. —, *« Éducations négatives ». Fictions d'expérimentation pédagogique au dix-huitième siècle*, Paris, Classiques Garnier, 2010.

218. —, *L'Esprit des Lumières*, Paris, A. Colin, 2017.

219. —, « Des pouvoirs de la couleur dans *La Nouvelle Héloïse* », *Dix-huitième siècle*, 2019, n° 51, p. 321-333.

220. Martin, Marguerite, « Pour des couleurs plus solides ? Transgression des règlements et diffusion de l'indigo dans la

teinture des étoffes de qualité intermédiaire au 18e siècle », *Dix-huitième siècle*, n° 51, 2019, p. 141-158.

221. Masse, Isabelle, « Pastels suisses et *Swiss* crayons : les moyens matériels d'une vogue artistique du 18e siècle », *Dix-huitième siècle*, n° 53, 2021, p. 503-521.

222. Méchoulan, Éric, « Le pouvoir féerique », *Féeries*, n° 3, 2006 (https://doi.org/10.4000/feeries.138).

223. Menin, Marco, « La philosophie des couleurs de Bernardin de Saint-Pierre », *Dix-huitième siècle*, n° 51, 2019, p. 127-140.

224. Menu, Michel, Jean-Marie Schaeffer et Romain Thomas (dir.), *La Couleur en question. Approches interdisciplinaires de la couleur*, éd., Paris, Hermann, 2023.

225. Michel, Aurélia, *Un monde en nègre et blanc. Enquête historique sur l'ordre racial*, Éditions du Seuil, « Points Essais », 2020.

226. Michel, Christian, « Prologue. Les apories du discours théorique : lumière et couleur dans la littérature artistique et la pratique des peintres », dans Michèle-Caroline Heck (dir.) avec la coll. de Marianne Freyssinet et de Stéphanie Trouvé, *Lexicographie artistique : formes, usages et enjeux dans l'Europe moderne*, Montpellier, Presses universitaires de la Méditerranée, 2018, p. 27-46.

227. Minter, Alice, « Une passion pour les tabatières : la collection de Rosalinde et Arthur Gilbert », dans *Luxe de poche : Petits objets précieux au siècle des Lumières*, Paris Musées / Musée Cognacq-Jay, 2024, p. 58-91.

228. Mitchell, David M., « "My purple will be too sad for that melancholy room" : Furnishings for Interiors in London and Paris, 1660-1735 », *Textile History*, 40/1, 2009, p. 3-28.

229. Miyamoto, Bénédicte, « Colour-Coded Manuscript Maps in the Military Enlightenment », *XVII-XVIII*, n° 78, 2021 (https://doi.org/10.4000/1718.8039).

230. Molinier, Christian, « Les termes de couleur en français. Essai de classification sémantico-syntaxique », *Cahiers de grammaire*, 30 (2006), p. 259-275.

231. Mollard-Desfour, Annie, *Le Dictionnaire des mots et expressions de couleur du XXe siècle, Le Bleu*, Paris, CNRS éditions, 1998.

232. —, *Le Dictionnaire des mots et expressions de couleur du XXe siècle. Le Rouge*, Paris, CNRS éditions, 2000.

233. —, *Le Dictionnaire des mots et expressions de couleur du XXe siècle. Le Rose*, Paris, CNRS éditions, 2002.

234. —, *Le Dictionnaire des mots et expressions de couleur du XXe siècle. Le Noir*, Paris, CNRS éditions, 2005.

235. —, *Le Dictionnaire des mots et expressions de couleur du XXe siècle. Le Blanc*, Paris, CNRS éditions, 2008.

236. —, *Le Dictionnaire des mots et expressions de couleur du XXe siècle. Le Vert*, Paris, CNRS éditions, 2012.

237. —, *Le Dictionnaire des mots et expressions de couleur du XXe siècle. Le Gris*, Paris, CNRS éditions, 2015.

238. Montagu, Jennifer, « The Theory of the musical modes in the Académie royale de peinture et de sculpture », *Journal of the Warburg and Courtauld Institutes*, vol. 55, 1992, p. 233-248.

239. Moulinier, Axel, « Des *Figures de modes* à l'*Enseigne* : Watteau illustrateur de modes à la mode », dans Generaldirektion der Stiftung Preußische Schlösser und Gärten Berlin-Brandenburg (dir.), *Antoine Watteau. L'art, le marché et l'artisanat d'art* [catalogue d'exposition, Berlin, Fondation des châteaux et jardins prussiens de Berlin-Brandebourg, 9 octobre 2021 – 9 janvier 2022], Bruxelles, Mercatorfonds, 2021, p. 89-100.

240. Moulinier-Brogi, Laurence, *L'uroscopie au Moyen Âge. « Lire dans un verre la nature de l'homme »*, Paris, H. Champion, 2012.

241. —, « La logique des listes dans les traités de médecine : À propos des « catalogues » d'urines (XIIe-XVe siècle) », dans Étienne Anheim *et alii.*, *Le pouvoir des listes au Moyen Âge – II : Listes d'objets/listes de personnes*, Paris, Éditions de la Sorbonne, 2020 (https://doi.org/10.4000/books.psorbonne.88520).

242. Nieto-Galan, Agustí, *Colouring textiles. A History of natural dyestuffs in industrial Europe*, Dordrecht, Kluwer academic publ., 2001.

243. Ogée, Frédéric et Maurice Géracht (dir.), *Definitions of Color/de la Couleur. Interfaces : image, texte, langage* 33 (2013).

244. Papasogli, Benedetta, *Le « Fond du cœur ». Figures de l'espace intérieur au XVIIe siècle*, Paris, H. Champion, 2000.

245. Papet, Édouard, *En couleurs. La sculpture polychrome en France 1850-1910*, Vanves, Hazan, 2018.

246. Pardailhé-Galabrun, Annick, *La naissance de l'intime. 3 000 foyers parisiens, XVIIe-XVIIIe siècles*, Paris, PUF, 1988.

247. Parmentier, Marc, « Le problème de Molyneux de Locke à Diderot », *Recherches sur Diderot et sur l'*Encyclopédie, n° 28, 2000, p. 13-23.

248. Passeron, Irène, René Sigrist et Siegfried Bodenmann (dir.), « La République des Sciences », *Dix-huitième siècle*, n° 40, 2008.

249. Pastoureau, Michel, « Formes et couleurs du désordre : le jaune avec le vert », *Médiévales*, n° 4, 1983, p. 62-73.

250. —, *Couleurs, images, symboles*, Le Léopard d'Or, 1989.

251. —, *Rayures. Une histoire culturelle*, Paris, Seuil, 2021 [1991].

252. —, *Dictionnaire des couleurs de notre temps. Symbolique et société*, Chamalières, Chr. Bonneton, 1992.

253. —, « Mensonges et vérités de la couleur à l'aube des Lumières », dans Florian Rodari et Maxime Préaud (dir.), *Anatomie de la couleur. L'invention de l'estampe en couleurs*, Paris, Bibliothèque nationale de France, 1996, p. 91-93.

254. —, *Bleu. Histoire d'une couleur*, Paris, Seuil, 2002.

255. —, *Noir. Histoire d'une couleur*, Paris, Seuil, 2008.

256. —, *L'Art héraldique au Moyen Âge*, Paris, Seuil, 2009.

257. —, *Vert. Histoire d'une couleur*, Paris, Seuil, 2013.

258. —, « Le blanc, le bleu et le tanné », dans Florence Bouchet et Danièle James-Raoul (dir.), *Désir n'a repos*, Pessac, Presses universitaires de Bordeaux, 2015, p. 115-132, https://doi.org/10.4000/books.pub.15908.

259. —, *Rouge. Histoire d'une couleur*, Paris, Seuil, 2016.

260. —, *Jaune. Histoire d'une couleur*, Paris, Seuil, 2019.

261. —, *Blanc. Histoire d'une couleur*, Paris, Seuil, 2022.

262. — et Dominique Simonnet, *Le Petit Livre des couleurs*, Paris, Seuil, Points, 2007.

263. Pellegrin, Nicole, « Porter du vert en mai : parures textiles et végétales. France, XVe-XVIIIe siècles », dans Jérôme Grévy, Christine Manigaud et Denise Turrel, *Vert et Orange. Deux couleurs à travers l'histoire*, Limoges, PULIM, 2014.

264. Pelletier-Michaud, Lydia, « Aux origines poétiques de la couleur : pour une approche littéraire des lexiques chromatiques anciens. L'exemple des élégiaques latins et de leurs modèles grecs », *Anabases*, n° 23, 2016 (https://doi.org/10.4000/anabases.5673).

265. Petit, Laurence et Murielle Philippe, « La couleur », *Polysèmes*, n° 14, 2015 (https://doi.org/10.4000/polysemes.423).

266. Pierotti, Federico, *La Couleur. Une passion cinématographique*, Paris, Classiques Garnier, 2020.

267. Pigeaud, Jackie (dir.), *La Couleur, les couleurs : XIes Entretiens de La Garenne Lemot*, Rennes, PU de Rennes, 2007 (http://books.openedition.org/pur/29159).

268. Pinault-Sørensen, Madeleine, « Le *Traité de la pratique de la peinture* », A. Becchi, H. Rousteau-Chambon et J. Sakarovitch (dir.), *Philippe de la Hire, 1640-1718, entre architecture et sciences*, Paris, A. et J. Picard, 2013, p. 217-228.

269. Piselli, Francesca, « L'art tinctorial de la soie chez Macquer ou la couleur en mouvement », *Dix-huitième siècle*, n° 51, 2019, p. 159-185.

270. Pomian, Krzysztof, *Collectionneurs, amateurs et curieux. Paris-Venise : XVIe-XVIIIe siècle*, Paris, Gallimard, 1987.

271. Préaud, Maxime, « Du coloriage à l'impression en couleurs », dans Fl. Rodari et Maxime Préaud (dir.), *Anatomie de la couleur. L'invention de l'estampe en couleurs*, Paris, Lausanne, BnF, Musée olympique de Lausanne, 1996, p. 18-49.

272. Prigot, Aude, « Couleur / Coloris », dans Michèle-Caroline Heck (dir.), *LexArt. Les mots de la peinture (France, Allemagne, Angleterre, Pays-Bas, 1600-1750)*, Montpellier, Presses universitaires de la Méditerranée, 2018, p. 152-159.

273. Quintili, Paolo, « La couleur, la *téchne*, la vie. L'esthétique épistémologique des *Salons* (1759-1781) », *Recherches sur Diderot et sur l'Encyclopédie*, n° 25, 1998, p. 21-39 (https://doi.org/10.4000/rde.1251).

274. Racault, Jean-Michel, « L'homme et la nature chez Bernardin de Saint-Pierre », *Dix-huitième siècle*, n° 45, 2013, p. 305-328.

275. —, Chantale Meure et Angélique Gigan (dir.), *Bernardin de Saint-Pierre et l'océan Indien*, Paris, Classiques Garnier, 2011.

276. Raveux, Olivier, « Des réseaux marchands aux consommateurs : la diffusion des indiennes en Europe méditerranéenne dans la seconde moitié du XVIIe siècle », *Liame*, n° 25, 2012 (https://doi.org/10.4000/liame.227).

277. —, « La mode des indiennes à Marseille à travers la consommation des couvertures de lit et des robes de chambre (1664-1693) », dans Nicolas Marty et Antonio Escudero, *Consommateurs et consommation, XVIIe-XXIe siècle : regards franco-espagnols*, Presses universitaires de Perpignan, 2015, p. 79-102 (https://books.openedition.org/pupvd/4887).

278. Raynard, Sophie, *La Seconde Préciosité. Floraison des conteuses de 1690 à 1756*, Tübingen, Gunter Narr Verlag, 2005.

279. Requemora-Gros, Sylvie, *Voguer vers la Modernité. Le voyage à travers les genres au XVIIe siècle*, Paris, PUPS, 2012.

280. Rey, Anne-Lise, « La littérarisation de la science newtonienne au XVIIIe siècle : une littérature pour les dames ? », *Littératures classiques*, vol. 85, n° 3, 2014, p. 303-326.

281. Ribeyrol, Charlotte, « Les faiseurs d'arcs-en-ciel : variations chromatiques et poétiques à l'époque victorienne », dans *Arcs-en-ciel et couleurs : regards comparatifs*, CNRS Éditions, 2018.

282. —, « "Wedding archaeology with art" : the Rediscovery of Ancient Polychromy », dans Charlotte Ribeyrol, Matthew Winterbottom et Madeline Hewitson (dir.), *Colour Revolution. Victorian art, fashion and design*, Oxford, Ashmolean Museum, 2023, p. 131-141.

283. —, Matthew Winterbottom et Madeline Hewitson (dir.), *Colour Revolution. Victorian art, fashion and design*, Oxford, Ashmolean Museum, 2023.

284. Riello, Giorgio et Tirthankar Roy, *How India Clothed the World. The World of South Asian Textiles, 1500-1850*, Leiden, Brill, 2009.

285. Ripoll, Élodie, *Penser la couleur en littérature. Explorations romanesques des Lumières au réalisme*, Paris, Classiques Garnier, 2018.

286. —, « "Ses yeux brillaient d'un éclat singulier". La quatrième dimension de la couleur dans la description du regard (XVIIIe – XIXe siècles) », dans Michel Menu, Jean-Marie Schaeffer et Romain Thomas (dir.), *La Couleur en question. Approches interdisciplinaires de la couleur*, Paris, Hermann, 2023, p. 103-112.

287. Robert, Raymonde, *Le Conte de fées littéraire en France de la fin du XVIIe à la fin du XVIIIe siècle*, Paris, H. Champion, « Lumière classique », 2002 [1982].

288. Roche, Daniel, *Le Siècle des Lumières en province. Académie et académiciens provinciaux (1680-1789)*, Paris, La Haye, EHESS-Mouton, 1978.

289. —, *Les Républicains des lettres. Gens de culture et Lumières au XVIII^e siècle*, Paris, Fayard, 1988.

290. —, *La Culture des apparences. Une histoire du vêtement, XVII^e-XVIII^e siècles*, Paris, Fayard, « Points », 1991.

291. Rodari, Florian, « Jacob Christoph Le Blon, l'œil trichrome », dans Fl. Rodari et Maxime Préaud (dir.), *Anatomie de la couleur. L'invention de l'estampe en couleurs*, Paris, Lausanne, BnF, Musée olympique de Lausanne, 1996, p. 52-65.

292. — et Maxime Préaud (dir.), *Anatomie de la couleur. L'invention de l'estampe en couleurs*, Paris, Lausanne, BnF, Musée olympique de Lausanne, 1996.

293. Roland Michel, Marianne, *Chardin*, Paris, Hazan, 1994.

294. Romano, Claude, *De la couleur,* Chatou, Éditions de la Transparence, 2010.

295. Roque, Georges, *Art et science de la couleur : Chevreul et les peintres, de Delacroix à l'abstraction*, Paris, Gallimard, « TEL », 2009.

296. —, *Quand la couleur devient lumière*, Paris, Gallimard, 2018.

297. —, « Couleurs et espace plastique : à propos des couleurs « chaudes » et « froides » », dans Michel Menu, Jean-Marie Schaeffer et Romain Thomas (dir.), *La Couleur en question. Approches interdisciplinaires de la couleur*, Paris, Hermann, 2023, p. 189-197.

298. Roullet, Antoine, « Le Refus de la couleur : corps et mystique en Espagne au XVI^e siècle », *Corps* 2007/2, n° 3, p. 41-47.

299. Sacks, Oliver, *Musicophilia. La musique, le cerveau et nous*, Paris, Seuil, Points, 2009 [angl. 2007].

300. —, *L'odeur du si bémol. L'univers des hallucinations*, Paris, Seuil, « Essais », 2014 [angl. 2012].

301. Sahlins, Marshall, « Colors and Cultures », *Semiotica*, vol. 16, n° 1, 1976, p. 1-22.

302. Saïd, Edward, *L'Orientalisme. L'Orient créé par l'Occident*, Paris, Seuil, 1980.

303. Sarda, Marie-Anne, « Peinture et teinture, une histoire matérielle commune dans l'Europe des étoffes du XVIII^e siècle », dans Adeline Collange-Perugi et Pascale Gorguet Ballesteros (dir.), *À La Mode*, Gand, Éd. Snoeck, 2021 p. 93-97.

304. Sarrasin Robichaud, Philippe, *L'Homme-clavecin, une analogie diderotienne*, Paris, Classiques Garnier, 2018.

305. Scherf, Guilhem, « "on ne voit que la nature qui respire" : la réception critique des matériaux utilisés par les sculpteurs du XVIII^e siècle », dans *Jean-Antoine Houdon, la sculpture sensible*, Paris, Somogy, 2009, p. 125-143.

306. Scott, Joan, « Genre : une catégorie utile d'analyse historique », *Les Cahiers du GRIF*, n° 37-38, 1988.

307. Sermain, Jean-Paul, *Le Conte de fées. Du classicisme aux Lumières*, Paris, Desjonquères, 2005.

308. Sgamellotti, Antonio et Giulia Caneva, *Colours of prosperity fruits from the old and New World*, Rome, Bardi Edizioni, Villa Farnesina, 2018.

309. Shapiro, Alan E., « Artists' Colors and Newton's Colors", *Isis*, n° 85, 1994, p. 600-630.

310. Siebert, Harald, *Newton et Goethe : deux approches de la nature à l'exemple des phénomènes de la couleur*, Books on Demand, 2009.

311. Simon, Gérard, *Le Regard, l'Être et l'Apparence dans l'optique de l'Antiquité*, Paris, Seuil, 1988.

312. Simonini, Giulia, « Organising Colours : Patrick Syme's Colour Chart and Nomenclature for Scientific Purposes », *XVII-XVIII*, n° 75, 2018 (https://doi.org/10.4000/1718.1327).

313. —, « From Experiments to Figuration. Pigment Powders, Newton's Colour wheel and *Traité de la Peinture au Pastel* », *Lumières*, n° 43, 2024, p. 71-103.

314. Sirat, Colette, « Les pierres précieuses et leurs prix au XV^e siècle en Italie, d'après un manuscrit hébreu », *Annales. Économies, sociétés, civilisations*, 1968, n° 5, p. 1067-1085 (https://doi.org/10.3406/ahess.1968.421989).

315. Sofio, Séverine, « Les marchands de couleurs au XIX^e siècle, artisans ou experts ? (Paris, Tours) », *Ethnologie française*, vol. 47, n° 1, 2017, p. 75-86.

316. Sohm, Philip, « Palettes as Signatures and Encoded Identities in Early-Modern Self Portraits », *Art History*, vol. 40, n° 5, nov. 2017, p. 994-1025 (https://onlinelibrary.wiley.com/doi/abs/10.1111/1467-8365.12291).

317. Stenger, Gerhardt, « La théorie de la connaissance dans la *Lettre sur les aveugles* », *Recherches sur Diderot et sur l'Encyclopédie*, n° 26, 1999 (https://doi.org/10.4000/rde.115).

318. Stengers, Isabelle, *L'Invention des sciences modernes*, Paris, Flammarion, « Champs », 1995.

319. Stijnman, Ad et Elizabeth Savage (Upper), « "Material colours" : The heritage of colour knowledge in Seventeenth – and Eighteenth – Century printshops », dans Magdalena Bushart et Friedrich Steinle (dir.), *Colour Histories : Science, Art, and Technology in the 17^th and 18^th Centuries*, Berlin, De Gruyter, 2015, p. 95-113.

320. Stillo, Stephanie Elizabeth, « Putting the World in Its 'Proper Colour' : Exploring Hand-Coloring in Early Modern Maps. » *Journal of Map & Geography Libraries*, vol. 12, n° 2, 2016, p. 158-86.

321. Storer, Mary-Elizabeth, *La Mode des contes de fées (1685-1700)*, Paris, H. Champion, 1928.

322. Stroud, Barry, *The Quest for reality : subjectivism & the Metaphysics of colour*, Oxford, Oxford University Press, 2000.

323. Surlapierre, Nicolas (dir.), *Une des provinces du rococo : La Chine rêvée de François Boucher*, Paris, In Fine – éd. d'art, 2019.

324. Talon-Hugon, Carole, *Goût et dégoût : l'art peut-il tout montrer ?*, Nîmes, J. Chambon, 2003.

325. Taraud, Christelle, « L'exploration a préparé la conquête militaire », dans Christelle Taraud (dir.), Idées *reçues sur la colonisation. La France et le monde : XVIe-XXIe siècles*, Paris, Le Cavalier Bleu, 2018, p. 33-39.

326. Tautz, Birgit (dir.), *Colors 1800/1900/2000 : Signs of Ethnic Difference*, Rodopi, 2004.

327. Tillerot, Isabelle, *Jean de Jullienne et les collectionneurs de son temps*, Paris, Éd. de la Maison des sciences de l'homme, 2011.

328. —, « Du "tact flou et séduisant des couleurs" chez Jullienne, ou de l'art de marier tableaux, porcelaines, laques, statuettes, meubles, et autres effets », dans Anne Perrin-Khelissa (dir.), *Corrélations. Les objets du décor au siècle des Lumières*, Bruxelles, Éditions de l'université de Bruxelles, 2015, p. 149-181.

329. Tornay, Serge, « De la perception des couleurs à l'aperception symbolique du monde », *Communications*, 29, 1978, p. 119-140 (https://doi.org/10.3406/comm.1978.1437).

330. — (dir.), *Voir & Nommer les couleurs*, Nanterre, Labethno, 1978.

331. Touzery, Mireille, « Émilie Du Châtelet, un passeur scientifique au XVIIIe siècle », *La revue pour l'histoire du CNRS*, n° 21, été 2008, p. 34-38.

332. Travis, Antony S., *The rainbow makers : the Origins of the Synthetic Dyestuffs Industry in Western Europe*, Bethlehem, Lehigh University Press.

333. Trumbach, Randolph, *Sex and the Gender Revolution : Heterosexuality and the Third Gender in Enlightenment*, London and Chicago, The University of Chicago Press, 1998.

334. Turrel, Denise, « La mariée était en noir. Revêtir une identité sociale sous l'Ancien Régime », *Regards sur les sociétés modernes (XVIe-XVIIIe siècles). Mélanges offerts à Claude Petitfrère*, D. Turrel (dir.), Tours, CEHVI, 1997, p. 155-165.

335. Turton, David, « La catégorisation de la couleur en mursi (Éthiopie) », dans *Voir et nommer les couleurs*, Serge Tornay (dir.), Nanterre, Labethno, 1978, p. 347-367.

336. Twyman, Michael, *A History of Chromolithography : Printed Colour for All*, Londres, British Library, 2013.

337. Vago, Davide, *Proust en couleur*, Paris, H. Champion, 2015.

338. Valade, Pauline, « La couleur des réjouissances monarchiques (Paris, 18e siècle) », *Dix-huitième siècle*, n° 51, 2019, p. 31-48.

339. Valeur, Bernard, *Une belle histoire de la lumière et des couleurs*, Paris, Flammarion, 2016.

340. Vaz da Silva, Francisco, « *Red as Blood, White as Snow, Black as Crow : Chromatic Symbolism of Womanhood in Fairy Tales* », *Marvels & Tales*, vol. 21, n° 2, 2007, p. 240-252.

341. —, « Charles Perrault and the Evolution of "Little Red Riding Hood" », *Marvels & Tales*, vol. 30, n° 2, 2016, p. 167-190.

342. Velay-Vallantin, Catherine, *L'Histoire des contes*, Paris, Fayard, 1992.

343. Velut, Christine, *La Rose et l'Orchidée – Les usages sociaux et symboliques des fleurs à Paris au XVIIIe siècle*, Paris, Larousse, 1993.

344. —, « L'opinion changée quant aux fleurs ? les historiens et la « culture des fleurs » : un terrain par trop délaissé », *Revue d'histoire moderne & contemporaine*, vol. 47, n° 4, 2000, p. 815-827 (https://doi.org/10.3917/rhmc.474.0815 ).

345. —, *Décors de papier. Production, commerce et usages des papiers peints à Paris, 1750-1820*, Paris, Monum, 2005.

346. Verley, Patrick, *L'Échelle du monde. Essai sur l'industrialisation de l'Occident*, Paris, Gallimard, 1997.

347. Vernant, Jean-Pierre, *Mythe et pensée chez les Grecs*, Paris, La Découverte, 1996 [1965].

348. Von Duhn, Anita, « Les remarques de Bolzano sur les couleurs », *Revue de métaphysique et de morale*, vol. 40, n° 4, 2003, p. 463-488.

349. Watt, Pierre (dir.), *Nicolas de Staël*, Paris, Musée d'Art moderne de Paris, 2023.

350. Weber, André, « L'ordre des nuages. Sur l'esthétisation d'un phénomène météorologique chez Bernardin de Saint-Pierre », dans Pierre Glaudes et Cornelia Klettke (dir.) *Nuages romantiques. Des Lumières à la Modernité*, Berlin, Frank & Timme, 2018, p. 141-152.

351. Weber, Anne-Gaëlle, « La forme des nuages : science et poésie au tournant des XVIIIe et XIXe siècles » (*Revue de littérature comparée*, n° 359, 2016, 3, p. 271-290.

352. Wicky, Érika, « L'œil, le goût et le flair : les compétences sensorielles du collectionneur fin de siècle », *Sociétés & Représentations*, n° 44, 2017, p. 51-162.

353. —, « Grammaire olfactive : les parfums au pluriel », *Littérature*, 185, 2017, p. 68-80.

354. —, « Atmosphères d'ateliers : qualité de l'air et perceptions sensorielles », *Romantisme*, n° 202, 2023, p. 41-52.

355. —, « L'odeur des vernis ou la toxicité des décors au XVIIIe siècle », dans *Décoration intérieure et plaisir des sens (1700-1850)*, Noémi Duperron *et alii* (dir.), Artemide, 2023, p. 117-125.

356. Wittgenstein, Ludwig, *Remarques sur les couleurs*, Gérard Granel (trad.), Mauvezin, Éditions Trans-Europ-Repress, « T.E.R. bilingue », 1984 [all. 1977].

357. Wolfzettel, Friedrich, *Le Discours du voyageur. Pour une histoire littéraire du récit de voyage en France, du Moyen Âge au XVIIIe siècle*, Paris, PUF, 1996.

358. Wragge-Morley, Alexander, *Aesthetic Science. Representing Nature in the Royal Society of London, 1650-1720*, Chicago, The University of Chicago Press, 2020.

359. —, « Lovely Colours : Colour and Affect in the Early Royal Society of London », dans A. Gaillard et C. Guichard (dir.) : *Un monde de couleurs. Représentations chromatiques au XVIIIe siècle, Lumières*, n° 43, 2024, p. 27-50.

# Index des noms de personnes

citées dans le corps du texte

Adanson, Michel, 262
Adelaïde de France, 134
Aguilon, François d', 23-24, 190, 218
Albert, Charles-Philippe d', duc de Luynes, 70
Alberti, Leon Battista, 17, 19, 26-27, 29-30, 39
Albinson, Cassandra, 102
Alciat, André [Alciati, Andrea], 36, 39
Alembert, Jean Le Rond, d', 44, 66, 86, 97, 235
Algarotti, Francesco, 48-49, 228
Alhazen, 18
Anburey, Thomas, 150
Angennes, Julie d', duchesse de Montausier, 32, 165
Apelle, 28-29, 31
Aristote, 18-21, 23, 25, 27, 38, 49, 179, 218
Aubigné, Théodore Agrippa d', 136
Aulnoy, Marie-Catherine d', 143-145, 159, 172, 235, 259
Auneuil, Louise de Bossigny, comtesse d', 142, 146, 259
Aved, Jacques André Joseph, 229
Averroès, 20

Bachaumont, Louis Petit de, 261
Bacqueville de La Potherie, Claude-Charles Le Roy de, 150
Barante, Césarine d'Houdetot, baronne de, 165
Barker, Robert, 156
Basile, Giambattista, 173
Baümgartner, Alexander Gottlieb, 175
Beaulard, Jean-Joseph, 112, 132, 134-135
Beaulieu, Henry Nicolas Georges [Antoine], 161
Belon, Pierre, 122
Bennett, John, 60
Benoît XIV, 78
Berkeley, George, 65
Berlin, Brent, 85
Bernard, Catherine, 114
Bernardin de Saint-Pierre, Jacques-Henri, 11, 74, 81-88, 125, 138, 155-156, 163-164, 174, 182, 219, 235, 259, 261-262
Bernier, François, 67, 122
Bertin, Marie-Jeanne, dite Rose, 132, 134
Bignon, Jean-Paul, 145
Billiard, Auguste, 156
Blakey, Nicholas, 76
Blanchard, Gabriel, 50
Blay, Michel, 46
Bonnet, Charles, 65, 217
Bonnet, Louis-Marin, 115
Bonvallet, Louis, 204-205
Boogert, A., 179, 204
Bosse, Abraham, 61
Boucher, François, 53, 55, 102-104, 107, 112-113, 118, 127-128, 212
Bourdon, Sébastien, 107
Bouteiller, Louise, 165
Boutet, Claude, 32, 58-59, 106, 193
Bowles, Carington, 60
Boyle, Robert, 10, 44-45, 47, 171
Brémond, Claude, 173
Brunfels, Otto, 32

Brusatin, Manlio, 234
Buchotte, Nicolas, 178
Buc'hoz, Pierre-Joseph, 109
Buffon, George-Louis Leclerc de, 66, 69-70, 81, 138-139, 153-154, 259
Bunel, Jacob, 103, 105
Butler, Judith, 114

Calau, Benjamin, 199
Campan, Jeanne-Louise-Henriette, 134
Caraccioli, Louis-Antoine, 96-97, 108, 112, 114, 118, 259
Casanova, Giacomo, 123-124, 127, 235
Castel, Louis Bertrand, 46, 48, 74-75, 78-80, 83, 97, 121, 180, 195, 219, 221-227, 261
Castiglione, Baldassare, 37, 98
Caumont La Force, Charlotte Rose de, 144, 146, 260
Caylus, Anne Claude Philippe de, 92, 143, 146, 259
Cazotte, Jacques, 129-130, 144, 259
Champaigne, Philippe de, 50-51, 182
Chantelou, Paul Fréart de, 51, 218
Chardin, Jean, 149
Chardin, Jean Siméon, 62, 78, 123, 157, 180, 183, 185, 211-212, 233
Cheselden, William, 65, 184
Chevreul, Michel-Eugène, 56, 79
Chiozzotto, Marie, 107
Choisy, François-Timoléon, 123
Chrétien de Troyes, 173
Clairaut, Alexis Claude, 48
Claireville, Onésime Somain de, 12
Cochin, Charles-Nicolas, 61, 180
Coclers [Van Wyck], Philippe Henri, 212
Colbert, Jean-Baptiste, 141
Commerson, Philibert, 153
Condillac, Étienne Bonnot de, 65, 91, 125, 181-182, 184-186, 188
Cook, James, 166
Copernic, Nicolas, 42
Corneille, Jean-Baptiste, 208
Cossard, Pierre Guillaume, 212-213
Coste, Pierre, 48, 193
Coyer, Gabriel-François, 115, 259
Coypel, Antoine, 56, 143, 218-219, 229
Crébillon Fils, Claude-Prosper Jolyot de Crébillon, dit, 96, 145
Cromwell, Oliver, 178
Cureau de La Chambre, Marin, 219-220
Curran, Andrew, 65
Cyrano de Bergerac, Savinien de, 122, 231
Cytowic, Richard E., 7

Dalpuget, Moyse, 132, 260
Dalton, John, 65
Delormois, 260-261
Descartes, René, 10, 25, 42, 44-45, 122, 179, 190-191
Descourtis, Charles-Melchior, 164-165
Deshays, Jean-Baptiste, 181
Desray, Claude-Louis, 111, 115, 135, 139, 151-152
Devéria, Achille, 111
Diderot, Denis, 11, 49, 52-53, 56, 62, 65-66, 82, 86-87, 96-97, 118-119, 123-124, 126-127, 144, 157, 180-181, 183-184, 187, 221, 225, 227-230, 233, 235, 237, 259-261
Diesbach, Johann Jacob, 62
Diyâb, Hannâ, 175
Dodart, Denis, 259
Dodoens Rembert, 122
Dolce, Ludovico, 10, 29-31, 50-51
Donen, Stanley, 93
Du Barry, Jeanne Bécu, dite Madame, 108-109, 113, 230
Du Bartas, Guillaume de Salluste, 20
Du Bos, Jean-Baptiste, 52, 175
Du Châtelet, Gabrielle-Émilie Le Tonnelier de Breteuil, 48
Du Fay, Charles-François, 75
Duflo, Colas, 81, 259, 261
Dufresnoy, Charles-Alphonse, 50, 52
Du Laurens, Henri-Joseph, 125, 260
Dupleix, Scipion, 23
Dupuy-Demportes, Jean-Baptiste, 179

Euler, Leonhard, 45, 48

Fabretti, Raffaello, 112, 230, 241
Fagnan, Marie-Antoinette, 146

Fagon, Louis, 102
Falconet, Étienne Maurice, 62
Favanne, Henri-Antoine de, 56, 126
Favart, Charles-Simon, 135, 260
Félibien, André, 51, 59, 106
Ferriol, Charles de, 151
Fludd, Robert, 190, 192
Fontenelle, Bernard Le Bovier de, 41-43, 49, 211, 225, 260
Formey, Jean Henri Samuel, 66
Forsius, Aron Sigrid, 190, 192
Forster, Georg, 166
Fougeret de Monbron, Louis-Charles, 48
Fragonard, Jean-Honoré, 103, 112, 118, 215, 217, 230
Friant-Kessler, Brigitte, 91
Frisch, Johann Leonhard, 62
Furetière, Antoine, 11, 32, 95, 114, 146-147, 157, 240, 248, 250, 252, 255-258, 260

Gage, John, 234
Galien, Claude, 18, 34
Galland, Antoine, 175-176, 260
Gautier, Hubert, 178
Gautier, Théophile, 226
Gautier-Dagoty, Jacques-Fabien, 74, 78-79, 210-212
Geneviève, 69
Gerwig, Greta, 93
Giorgione, 231
Godard de Beauchamps, Pierre-François, 147, 259
Goethe, Johann Wolfgang, 8-9, 12, 46-47, 50, 67, 83-86, 182, 188, 196-197, 231-233
Goncourt, Edmond et Jules de, 134
Grand-Clément, Adeline, 9, 94
Grasset de Saint-Sauveur, Jacques, 151
Gresset, Jean-Baptiste-Louis, 159
Grimaldi, Francesco Maria, 10, 44-45
Grimm, W. et J., 173, 253-254, 260
Grossetête, Robert, 21
Guide, Guido Reni, dit Le, 231
Guyot, Edmé-Gilles, 225-226

Hagedorn, Christian Ludwig von, 164
Harris, Moses, 194-195
Helmholtz, Hermann von, 39, 76
Henri IV, 131, 240, 243, 245
Héraclius, 10, 31
Herder, Johann Gottfried, 229
Hogarth, William, 62
Holbach, Madame d', 118-119
Homère, 94
Hooke, Robert, 10, 44, 47
Houdetot, voir Barante, Césarine d'Houdetot, baronne de
Huygens, Christiaan, 45, 236
Hyde, Melissa, 112

Ibn Al-Haytham, voir Alhazen
Ibn Rochd de Cordoue, voir Averroès

Janot, Antoine, 97, 130-131, 159, 205-206, 260
Jockey, Philippe, 61
Journu, Olivier, 111-112
Jullienne, Jean de, 229, 260

Kant, Emmanuel, 175, 236
Kay, Paul, 85
Kepler, Johannes, 25
Kircher, Athanasius, 10, 23-24, 39, 190, 219, 224

La Fayette, Marie-Madeleine de, 11
La Folie, Louis-Guillaume de, 74
La Font de Saint-Yenne, Étienne, 53, 56, 107-108, 126, 236
La Fontaine, Jean de, 261
La Force, voir Caumont La Force, Charlotte Rose de
La Fosse, Charles, 51
La Hire, Laurent de, 73
La Hire, Philippe de, 73
Lahontan, Louis-Armand de Lom d'Arce, baron de, 260
Lairesse, Gérard de, 73, 113
Lambert, Johann Heinrich, 197-199
Lanoë, Catherine, 66, 109
Laqueur, Thomas, 113
La Tour, Maurice-Quentin de, 62, 230
Lavezzi, Élisabeth, 59
Le Blon, Jacob Christoph, 61, 74-79, 194, 210

Le Brun, Charles, 51-52
Le Cat, Claude-Nicolas, 66
Leczinska, Marie, 134, 143
Leguat, François, 155, 157-161
Lemoyne, Jean-Baptiste, 61, 76
Léonard de Vinci, 10, 20, 30
Le Paulmier, Julien, 122
Léry, Jean de, 122, 149, 160
Lesage, Alain-René, 96, 125, 260
Le Sueur, Eustache, 92
Ligne, Charles-Joseph de, 108, 235
Linné, Carl Von, 78, 81, 139
Lintot, Catherine de, 146, 260
Locke, John, 52, 64, 233, 236
Louis XIV, 32, 53, 99, 102, 134, 141-142, 236
Louis XV, 42, 76, 99, 102, 107-108, 134, 143, 206
Louis XVI, 111, 206
Louvet, Jean-Baptiste, 126
Lubert, [Marguerite ou Marie-Magdelaine], 116-117, 261
Lucas, Paul, 149
Lüthi, Max, 174
Luynes, duc de, voir Albert, Charles-Philippe d'

Macquer, Pierre-Joseph, 63, 74
Magirus, Johannes, 21
Mahé de La Bourdonnais, Bertrand-François, 164-165
Mahomet, 85
Maitte, Bernard, 46
Malevitch, Kasimir, 123
Malpighi, Marcello, 66
Maratti, Carlo, 103
Marie-Antoinette, Josèphe Jeanne de Habsbourg-Lorraine, 107-109, 132, 134, 142
Marie-Louise d'Orléans, 59
Marivaux, Pierre Carlet de Chamblain de, 114
Marmontel, Jean-François, 261
Martin, Les Frères, 62
Martinet, François Nicolas, 154
Mauclerc, marchand épicier, 225
Maupertuis, Pierre Louis Moreau de, 48
Maurepas, Jean-Frédéric Phélypeaux de, 206
Maxwell, James Clerk, 39
Mayer, Tobias, 197
Ménestrier, Claude-François, 37
Mercier, Louis-Sébastien, 91, 116, 125, 135, 261
Mersenne, Marin, 219
Michel, Christian, 52
Mignard, Pierre, 51
Moccafy, Gio Batta, 205-206
Molyneux, William, 64-65
Montausier, Charles de Sainte-Maure, duc de, voir Sainte-Maure, Charles de
Montausier, Julie d'Angennes, duchesse de, voir Angennes, Julie d'
Montesquieu, Charles Louis de Secondat, baron de La Brède et de, 46, 48, 67, 126, 149, 223-224
Morato, Fulvio Pellegrino, 37
Muller, John, 178
Murat, Henriette-Julie de Castelnau de, 145

Nabokov, Vladimir, 7
Natoire, Charles-Joseph, 53, 107
Nattier, Jean-Marc, 215
Neilson, Jacques, 204
Neufville de Brunaubois-Montador, Jean-Florent-Joseph de, 229-230
Newton, Isaac, 8, 10, 21, 39, 42, 44-49, 75-76, 79-81, 83-84, 158, 169, 179, 192-195, 219, 221, 223-224, 231, 233, 236
Nogaret, François-Félix, 132, 185, 261
Nolivos de Saint-Cyr, Paul Antoine Nicolas, 114

Oldenburg, Henry, 45
Orléans, Gaston d', 32
Oudry, Jean-Baptiste, 56-57, 69-70, 102, 159

Panon Desbassayns, Henri-Paulin, 261
Parrhasius [Parrahasios], 29
Pastoureau, Michel, 8, 33, 36-37, 85, 109, 130, 172-173, 176, 234-235
Pernety, Antoine-Joseph, 53, 256, 261
Perrault, Charles, 42, 116, 141, 146, 173
Perronneau, Jean-Baptiste, 110-112
Perrot, Catherine, 59, 61
Philippe d'Orléans, 134

Picardet, Claudine, 202
Pietra Santa, Silvestro, 37
Piles, Roger de, 10, 49-52, 56, 59, 100, 124, 172, 181, 208-211, 218
Pinder, Ulrich, 188-189
Pingré, Alexandre-Gui, 157-159, 161-162
Platon, 18, 25
Pline l'Ancien, 27-29, 31, 36
Pluche, Noël-Antoine, 81, 219, 261
Poivre, Pierre, 153
Pompadour, Jeanne-Antoinette Poisson, dite Madame de, 102-103, 132
Poncelet, Polycarpe, 228
Pouchot, Pierre, 150
Poussin, Nicolas, 51, 103, 106-107, 218-219
Prange, Christian Friedrich, 204-205
Prévost, Antoine François, 75, 151
Pseudo-Aristote, 27
Ptolémée, Claude, 18, 21

Quémizet, Antoine, 204
Quintili, Paolo, 233

Rabelais, François, 37, 122, 125
Racault, Jean-Michel, 81, 260-262
Raudot, Antoine-Denis, 150
Raynal, Guillaume-Thomas, 151, 260
Réaumur, René-Antoine Ferchault de, 153
Rémy, Pierre, 230
Renaudot, Théophraste, 25
Renou, Antoine, 112, 230, 241, 261
Rétif de La Bretonne, Nicolas-Edme, 11, 96, 126, 261
Reynolds, Joshua, 195, 231
Richardson, Jonathan, 137, 231
Richelieu, Louis-François-Armand de Vignerot du Plessis, Maréchal de, 206-207
Rigaud, Hyacinthe, 102
Rimbaud, Arthur, 7
Ripa, Cesare, 34
Robert, Hubert, 134-135
Robert, Nicolas, 32, 59
Robertet, Jean, 35-36
Roche, Daniel, 41, 107
Rodtchenko, Alexander, 123
Rondet, 224
Rosenberg, Pierre, 53
Rosetti, Giovanventura, 10
Rothko, Mark, 208
Roumier Robert, Marie-Anne de, 231, 261
Rousseau, Jean-Jacques, 11, 81, 83-85, 123-125, 127, 225
Roza, José Conrado, 70
Rubens, Pierre Paul, 51, 183
Runge, Philipp Otto, 50, 197-198

Saint-Aubin, Charles-Germain de, 221-222
Saint-Aubin, Gabriel-Jacques de, 221
Sainte-Maure, Charles de, 32
Savigny, Christophe de, 21-23, 190
Sayer, Robert, 58, 60
Scarron, Paul, 125
Schall, Jean Frédéric, 164
Schiffermüller, Ignaz, 195-196, 199, 201
Scudéry, Madeleine de, 122
Serres, Olivier de, 122
Sicile, Jean Courtois, dit, 33-34, 36-37, 188
Simon, Gérard, 17-18
Siriaco, 70
Sterne, Laurence, 141
Straton, 19
Syme, Patrick, 159, 202-204

Tafforet, Julien, 158-159
Tavernier, Jean-Baptiste, 123, 149
Telemann, Georg Philipp, 224
Telesio de Cosenza, Antonio, 10, 17, 38-39, 94-95, 159, 188
Testelin, Henri, 51, 181
Théophile [Theophilus Presbyter], 31
Théophraste, 19
Thévenot, Jean, 149
Thévet, André, 149
Tiphaigne de La Roche, Charles-François, 230, 261
Titien [Tiziano Vecellio], 30, 50, 103, 182
Tocqué, Louis, 229
Tournefort, Joseph Pitton de, 78

Tournière, Robert, 229
Touronde, 224
Trumbach, Randolf, 113-114
Turton, David, 9, 204

Urfé, Honoré d', 117, 130

Van Loo, Carle, 56, 126, 211-212, 215
Vanmour, Jean-Baptiste, 151-152
Vasari, Giorgio, 30
Velay-Vallantin, Catherine, 173
Vigarani, Carlo, 142
Vigée Le Brun, Élisabeth, 109
Viglino, Christine, 94
Vincent, Jacques, 122
Violet, Pierre-Noël, 61
Volland, Sophie, 123
Voltaire, François-Marie Arouet, dit, 48, 78, 163, 176, 180, 187, 259, 261

Waller, Richard, 199, 202
Walpole, Robert, 74
Watin, Jean-Félix, 63
Watteau, Antoine, 99-103, 118
Weiditz, Hans, Le Jeune, 32
Werner, Abraham Gottlob, 199, 202-203
Winckelmann, Johann Joachim, 61
Wittgenstein, Ludwig Josef Johann, 47, 233, 237

Young, Thomas, 39

Zarlino, Gioseffo, 218, 224
Zeuxis, 29

# Table des illustrations


Ill. de couverture : Jean-Baptiste Oudry, *Perroquet* (étude), v. 1740, huile sur papier marouflé sur toile, 65 x 48 cm. Musée des Beaux-Arts de Strasbourg. Photo Musées de Strasbourg, M. Bertola.

Ill. 1 : Christophe de Savigny, « Optique », dans *Tableaux accomplis de tous les arts libéraux*, Paris, J. et F. Gourmont frères, 1587, non pag., vue 17, BnF, département Arsenal, RESERVE FOL-S-2. . . . . . . . . . 22

Ill. 2 : François de Aguilon, « *Quinque sunt simplicium colorum species, ac tres compositae* », dans *Opticarum, libri sex*, Anvers, Vve et fils Moreti, 1613, L. I, p. 40, BnF, département Réserve des livres rares, V-1652. . . . . . . . . . 24

Ill. 3 : Athanasius Kircher, « *De multipli varietate colorum* », dans *Ars magna Lucis et Umbrae...*, Amstelodami, J. Janssonium, 1671 [1646], L. I, part. III, chap. I, p. 49, Bibliothèque numérique de Lyon, Rés 22853 . . . . . . . . . . 24

Ill. 4 : Sicile (Jean Courtois dit), « Blason sur les quatre éléments », dans *Le Blason des couleurs en armes, livrées et devises*, Paris, Saint Nicolas, (1521-1547), BnF, département Arsenal, 8-H-22459, fol. XXIv. . . . . . . . . . 33

Ill. 5 : Sicile (Jean Courtois dit), « Couleurs selon les vertus mondaines », dans *Le Blason des couleurs en armes, livrées et devises*, Paris, Saint Nicolas, (1521-1547), BnF, département Arsenal, 8-H-22459, fol. XXv. . . . . . . . . . 34

Ill. 6 : Jean Robertet, « L'Exposition des couleurs. Blanc, Bleue », dans *Recueil de 131 tableaux ou figures, Manuscrit fr*, parchemin, 128 feuillets, 1501-1600, Bibliothèque de l'Arsenal. Ms-5066 réserve, f. 108r . . . . . . . . . . 35

Ill. 7 : Bernard Le Bovier de Fontenelle, *Entretiens sur la pluralité des mondes*, dans *Œuvres diverses*, Paris, Michel Brunet, 1724, t. 1, vis à vis p. 241. . . . . . . . . . 43

Ill. 8 : Roger de Piles, « Noms des peintres les plus connus », dans *Cours de peinture par principes*, Paris, 1708, n. p. BnF, département Réserve des livres rares, V-23913 . . . . . . . . . . 52

Ill. 9 : François Boucher, *Le Lever* et *Le Coucher du Soleil*, 1753, pendants, 318x261, huile sur toile, Londres, The Wallace collection © Wallace Collection, London, UK / Bridgeman Images. . . . . . . . . . 55

Ill. 10 : Jean-Baptiste Oudry, *Le Canard Blanc*, Salon de 1753, huile sur toile, 95,2 x 63,5 cm, collection particulière . . . . . . . . . . 57

Ill. 11 : Robert Sayer, « Tulipes », v. 1770, grav. coloriée à la main, The Cleveland Museum of Art. Gift of The Print Club of Cleveland in honor of Mrs. William G. Mather 1955.478. . . . . . . . . . 58

Ill. 12 : Robert Sayer, « *Double violet* », dans *The Florist*, London, 1770, p. 64, pl. 9 . . . . . . . . . . 60

Ill. 13 : Anonyme, « Au bon broyeur », 1802, enseigne de marchand de couleurs à Paris, rue Saint-Martin, toile peinte tendue sur un panneau de bois épais, 170 x 91 cm, Paris, musée Carnavalet CC0 Paris Musées / Musée Carnavalet – Histoire de Paris.......... 63

Ill. 14 : Anonyme, tableau de castes « a cuadretes », 18e siècle, huile sur toile, 148 x 104 cm, Tepotzotlán, Mexique, museo nacional del Virreinato. Bridgeman Images............ 68

Ill. 15 : Jacob Christoph Le Blon, *Portrait de Louis XV*, d'après Nicholas Blakey, d'après une sculpture de Jean-Baptiste Le Moyne ?, 1739, estampe en couleurs gravée en manière noire en 3 (ou 4 ?) plaques, 40,5 cm x 33,5 cm, Londres, The British Museum (C) The British Museum, Londres, Dist. Grand Palais Rmn / The Trustees of the British Museum ........................................................ 77

Ill. 16 : Jacques- Fabien Gautier Dagoty, « La Tulipe orange », dans *Collection des plantes usuelles, curieuses et étrangères, selon les systèmes de MM. Tournefort et Linnaeus, tirées du Jardin du roi... et imprimées en couleur*, Paris, L'Auteur et Boudet, 1767, n. p., estampe en couleurs, pl. 2, BnF, département Réserve des livres rares, RES G-S-88....... 78

Ill. 17 : Jacques- Fabien Gautier Dagoty, « Femme vue de dos, disséquée de la nuque au sacrum », dite l'Ange anatomique, dans *Myologie complète en couleur et grandeur naturelle*, Paris, Gautier, 1746, estampe en couleurs, Bnf, RES ATLAS-T-1, pl. 14 ....... 79

Ill. 18 : « *Think Pink* », la chanson de Maggie (Kay Thompson), Stanley Donen, *Funny Face* (*Drôle de frimousse*) 1957 ................................................ 93

Ill. 19 : Louis-Antoine Caraccioli, « le plus beau des vermillons », *Le Livre à la mode*, En Europe, chez les libraires. 1000700509 [i.e. Liège, Jean-François Bassompierre, 1759], Épître dédicatoire.

Ill. 20 : Antoine Janot, *Mémoire*, avec coupons de tissu, 1744, Montpellier, Archives départementales de l'Hérault, folio 8 v. ......................................... 97

Ill. 21 : Jean-Antoine Watteau, *L'Enseigne de Gersaint*, v.1720-1721, huile sur toile, 163 x 308 cm, Berlin, château de Charlottenburg. Bridgeman Images................ 100

Ill. 22 : Jean-Baptiste Oudry, « La Promenade », *Les Divertissements champêtres,* 1720-1723, huile sur toile, 3,643 x 0,785 m, Paris, musée du Louvre. (C) Grand Palais Rmn (musée du Louvre) / René-Gabriel Ojeda ....................................... 102

Ill. 23 : François Boucher, *Portrait de madame de Pompadour à sa toilette*, 1758, huile sur toile, 81,2 x 64,9 cm, Cambridge (Mass.), Harvard Art Museum/ Fogg Museum © Harvard Art Museums / Bridgeman Images ....................... 103

Ill. 24 : François Boucher, *Portrait de madame de Pompadour*, 1756, huile sur toile, 201 x 157 cm, Munich, Alte Pinakothek. Bridgeman Images........................ 104

Ill. 25 : Jacob Bunel, *Portrait d'Henri IV en Mars,* 1605, huile sur toile, 186 x 135 cm, Pau, musée national, château de Pau. Wikicommons-Didier Descouens ................. 105

Ill. 26 : Nicolas Poussin, *Éliézer et Rebecca*, 1648, huile sur toile, 118 x197cm, Paris, musée du Louvre. (C) Musée du Louvre, Dist. Grand Palais Rmn / Angèle Dequier ..... 106

Ill. 27 : [Claude Boutet], *Traité de la peinture en mignature,* La Haye, 1708, grav. coloriée à la main, entre les p. 154 et 155, From the British Library archive / Bridgeman Images..... 106

Ill. 28 : Jean-Baptiste Perronneau, *Portrait d'Olivier Journu*, 1756, pastel, 58,1 x 47 cm, New York, The Metropolitan Museum of Art, Wrightsman Fund, 2003.............. 110

Ill. 29 : Claude-Louis Desrais (dess.) et Martial Deny (grav.), [Louis XVI] *Monarque juste et bienfaisant*, dans 1er *Cahier de Collection d'habillements modernes et galants avec les habillements des princes et des seigneurs*, Paris, Basset, 1780, gravure en taille-douce coloriée à la main, 25,2 x 19 cm, (C) Grand Palais Rmn (Château de Versailles) / Gérard Blot ......................................................... 111

Ill. 30 : Claude-Louis Desrais (dess.) et Martial Deny (grav.), [Louis XVI] *Monarque juste et bienfaisant*, dans 1er *Cahier de Collection d'habillements modernes et galants avec les habillements des princes et des seigneurs*, Paris, Basset, 1780, gravure en taille-douce coloriée à la main, 25,2 x 19 cm, BnF, département Estampes et photographie, RESERVE QB-370 (3)-FT 4 .......... 111

Ill. 31 : Achille Dévéria (dess.), Cattier (impr.), *Costume Louis XVI*, v. 1831-9, lithographie, 43,7 x 31,5 cm, Paris, musée Carnavalet CC0 Paris Musées / Musée Carnavalet – Histoire de Paris .......... 111

Ill. 32 : Joseph Duplessis, *Louis XVI, roi de France et de Navarre*, 1776, huile sur toile, 80 x 62 cm, Versailles, musée national des châteaux de Versailles et de Trianon (C) Grand Palais Rmn (Château de Versailles) / Gérard Blot .......... 112

Ill. 33 : Louis-Marin Bonnet (grav.) et J. Aug. Léveillé (dess.), « Le Petit Maître en Négligé d'Hiver », dans *Douze pièces d'une suite de Costumes*, Paris, Bonnet, [17. ], gravure à l'eau-forte et au pointillé, coloriée, 14,5 x 11 cm, BnF, département Estampes et photographie, RESERVE FOL-EF-69 (3) .......... 115

Ill. 34 : Louis-Marin Bonnet (grav.) et Claude-Louis Desrais (dess.), « La Bonne Fête », dans *Douze pièces d'une suite de Costumes*, Paris, Bonnet, [17.], gravure à l'eau-forte et manière de lavis, coloriée, 14,5 x 10,5 cm, BnF, département Estampes et photographie, RESERVE FOL-EF-69 (3) .......... 115

Ill. 35 : Louis-Marin Bonnet (grav.), « Le Bouquet accepté », dans *Douze pièces d'une suite de Costumes*, Paris, Bonnet, [17. ], gravure à l'eau-forte et au pointillé, coloriée, 14,5 x 11 cm, BnF, département Estampes et photographie, RESERVE FOL-EF-69 (3) .......... 115

Ill. 36 : François Boucher, *Psyché refusant les honneurs divins*, 1737-1739, grisaille, 42 x 54 cm, Blois, musée du château. © Château royal de Blois – F. Lauginie .......... 128

Ill. 37 : François Boucher, *Le Chinois galant*, 1742, huile sur toile en camaïeu bleu, 104 x 145 cm, Copenhague, The David Collection .......... 128

Ill. 38 : Hubert Robert, *L'Incendie de l'Opéra : vue d'une croisée de l'Académie de peinture, place du Louvre*, 1781, huile sur toile, 123,5 x 171 cm, coll. privée .......... 135

Ill. 39 : Desrais (dess.) et Étienne-Claude Voisard (grav.), « Jolie Femme en Circassienne de gaze d'Italie puce, avec la jupe de la même gaze », dans *Galerie des modes et costumes français...*, Paris, Esnauts et Rapilly, 1778-1785, 10e Cahier, 4e Suite, 1re figure, pl. 19, 40, 5 x 30 cm, © Bib. municipale de Versailles .......... 135

Ill. 40 : Desrais (dess.) et Duhamel (grav.), « Jeune homme vêtu d'un habit de taffetas vert », « Deux bustes de femmes » et « Jeune femme vêtue d'un pierrot à longues basques à la paysanne », dans *Magasin des modes nouvelles françaises et anglaises*, Paris, Buisson du 10 juillet 1788, planches 1-3, BnF, département Philosophie, histoire, sciences de l'homme, SMITH LESOUEF R-3405.......... 152

Ill. 41 : Jean-Baptiste Vanmour (peintre) et G. Scotin (grav.), « Tchingis ou danseuse turque », dans Charles de Ferriol (auteur) et Jean-Baptiste Vanmour (peintre), *Recueil de cent estampes représentant les diverses nations du Levant, tirées d'après nature en 1707 et 1708 par les ordres de M. de Ferriol, ambassadeur du Roy à la Porte*, Paris, Le Hay et Duchange, 1714, estampe n° 54, gravure en taille-douce coloriée, in fol., BnF, département Estampes et photographie, FOL-OD-11 .......... 152

Ill. 42 : Jean-Baptiste Vanmour (peintre) et C. Du Bosc (grav.), « Soulak, garde du Grand Seigneur », dans Charles de Ferriol (auteur) et Jean-Baptiste Vanmour (peintre), *Recueil de cent estampes représentant les diverses nations du Levant, tirées d'après nature en 1707 et 1708 par les ordres de M. de Ferriol, ambassadeur du Roy à la Porte*, Paris, Le Hay et Duchange, 1714, estampe n° 17, gravure en taille-douce coloriée, in fol., BnF, département Estampes et photographie, FOL-OD-12.......... 152

Ill. 43 : Claude-Louis Desrais (dess.) et Félix Mixelle (grav.), « Habitant de Madagascar », dans Jacques Grasset Saint-Sauveur et Sylvain Maréchal, *Costumes Civils actuels de tous les Peuples connus, dessinés d'après nature, gravés et coloriés*, t. 4, Paris, Pavard, 1788, non pag., vue 80, BnF, département Arsenal, 4-H-7572 (4) .................. 152

Ill. 44 : Claude-Louis Desrais (dess.), « Otaiti portant des présent[s] au roi », dans Jacques Grasset Saint-Sauveur et Sylvain Maréchal, *Costumes Civils actuels de tous les Peuples connus, dessinés d'après nature, gravés et coloriés*, t. 4, Paris, Pavard, 1788, non pag., vue 214, BnF, département Arsenal, 4-H-7572 (4) .................. 152

Ill. 45 : Georges-Louis Leclerc, comte de Buffon, « Toucan à gorge jaune du Brésil », *Histoire naturelle des oiseaux*, A Paris, de l'Imprimerie royale, (1770-1786, 10 vol, in 4), 1783, t. 8, BnF, département Arsenal, 4-S-1781 (8) .................. 154

Ill. 46 : Robert Barker, *Panorama coloré d'Édimbourg*, 1792, aquarelle, University of Edinburgh, Rare Books Collections © Edinburgh University Library / With kind permission of the University of Edinburgh / Bridgeman Images. .................. 156

Ill. 47 : Henry Nicolas Georges de Beaulieu [Antoine de Beaulieu], Toile peinte (indienne), *Manière de fabriquer les toiles peintes dans l'Inde, telle que Mr de Beaulieu, capitaine de vaisseau, l'a fait exécuter devant luy à Pondichéry* », (v. 1732), Paris, Museum national d'Histoire naturelle, Ms 193 (1, 2), p. 13.................. 162

Ill. 48 : Schall Jean-Frédéric (dess.) et Charles Melchior Descourtis (grav.), « Un jour, au lever du soleil Dominique les avertit... », ill. de *Paul et Virginie* de Bernardin de Saint-Pierre, 179., manière de lavis imprimé en couleurs, 32 x 41 cm, BnF, département Estampes et photographie, RESERVE AA-3 .................. 164

Ill. 49 : Louise Bouteiller, *Césarine d'Houdetot lisant* Paul et Virginie, 1818, huile sur toile, 193,5 x 143 cm, Melbourne, Musée national du Victoria .................. 165

Ill. 50 : Bureau de police d'Aix-en-Provence, « Interdiction du port des cravates vertes », « Proclamation de la municipalité d'Aix », le 20 octobre 1795, Aix-en-Provence, Antoine Henricy, affiche, 0,21 x 0,31 m, Bibliothèque Méjanes, Aix-en-Provence, Aff. 1795.10.20.................. 177

Ill. 51 : « Plan d'une partie des environs de Bayonne devant la ville haute et château vieux, ou sont marquez en couleur jaune les retranchements pour empêcher le bombardement de cette place », Service hydrographique de la marine consacré aux entrées du cours de l'Adour et à la ville de Bayonne, 1747, division 4 du portefeuille 58, plan ms col., encre et aquarelle, 37,5 x 94,5 cm, BnF, département Cartes et plans, GE SH 18 PF 58 DIV 4 P 5/1 D.................. 178

Ill. 52 : John Constable, *Vue à Epsom*, 1809, huile sur toile, 298 x 359 cm, Londres, Tate Britain. (C) Tate, Londres, Dist. Grand Palais Rmn / Tate Photography.......... 183

Ill. 53 : Ulrich Pinder, *Tabule urinarum* (Table des urines), dans *Epiphanie medicorum, Speculum videndi urinas hominum*, Nuremberg, 1506, gravure sur bois coloriée à la main, folio A1 verso || folio A2 recto, Washington, D.C., Folger Shakespeare Library, Folger Imaging Department.................. 189

Ill. 54 : Robert Fludd, *Colorum annulus* (Anneau des couleurs), dans *Medicina Catholica*, Frankfurt, 1629, t. 1, p. 154.................. 190

Ill. 55 : René Descartes, boules tournoyantes des couleurs, *Les Météores*, (discours huitième), dans *Discours de la méthode pour bien conduire sa raison et chercher la vérité dans les sciences, plus La dioptrique, Les météores et La géométrie qui sont des essais de cette méthode*, Leyde, Jan Maire, 1637, p. 258. BnF, département Réserve des livres rares, RESM-R-76 .................. 191

Ill. 56 : Isaac Newton, Cercle chromatique, *Opticks or, A Treatise of the reflections, refractions, inflections and colours of light,* London, S. Smith. and B. Walford, 1704, planche 3, fig. 11, n. p., entre les p. 122 et 123, BnF ........................................ 192

Ill. 57 : Moses Harris (dess. et grav.), « Prismatic » (le cercle prismatique), *The Natural System of Colours,* [Londres, vers 1769], non pag. après la p. 8, Washington, Library of Congress Rare Book and Special Collections Division, ND1280 .H3 1700z ........ 195

Ill. 58 : Ignaz Schiffermüller, l'anneau des couleurs, *Versuch eines Farbensystems,* Wien, Augustin Bernardi, 1772, planche vis à vis du frontispice, n. p., Getty Research Institute. ........................................ 196

Ill. 59 : Johann Wolfgang von Goethe, *Farbenkreis zur Symbolisierung des menschlichen Geistes und Seelenlebens* (Cercle des couleurs qui symbolise la vie mentale et spirituelle de l'homme), 1809, dessin à la plume aquarellé, 11,6 x 7,8 cm, Inv. Nr. III-14047, Francfort, Goethe-Museum. © Freies Deutsches Hochstift / Frankfurter Goethe-Museum, Foto: David Hall. ........................................ 196

Ill. 60 : Philipp Otto Runge, « Farbenkugel » (sphère de couleurs), dans *Farben-Kugel,* Hamburg, Perthes, 1810, n. p., entre les p. 15 et 16, Getty Research Institute .......... 198

Ill. 61 : Johann Heinrich Lambert, *Farbenpyramide* (Pyramide de couleurs), dans *Beschreibung einer mit dem Calauschen Wachse ausgemalten Farbenpyramide,* Berlin, Haude et Spener, 1772, planche n. p., finale, après la p. 126, Zürich, ETH-Bibliothek .... 198

Ill. 62 : Ignaz Schiffermüller, les nuances de bleus, dans *Versuch eines Farbensystems* [Essai d'un système chromatique] *Wien, Augustin Bernardi, 1772,* non p., entre p. 14 et 15., Getty Research Institute ........................................ 201

Ill. 63 : Richard Waller, « Tabula colorum physiologica » (Table des couleurs), « A Catalogue of Simple and Mixt Colours, with a Specimen of each Colour Prefixt to its Proper Name », *Philosophical Transactions of the Royal Society of London,* XVI, 179, février 1686, n. p., après la p. 32, Smithsonian Libraries and Archives ....... 202

Ill. 64 : Abraham Gottlob Werner, trad. Claudine Picardet, table 1 des couleurs des fossiles, dans *Traité des caractères extérieurs des fossiles, traduit de l'allemand de M. A. G. Werner,* Dijon, 1790, n. p., entre les p. 134 et 135. BnF, département Sciences et techniques, S-20551. ........................................ 202

Ill. 65 : Patrick Syme, « Greens », *Werner's nomenclature of colours,* Edinburgh, William Blackwood, 1821, n. p., entre les p. 34 et 35 ........................................ 203

Ill. 66 : A. Boogert, page de nuancier, *Klaer lightende spiegel der verjkonst...* (Le miroir éclairé de la peinture...), Delft, 1692, aquarelle et encre, Ms 1389 (1228), planche 26, Aix-en-Provence, bibliothèque Méjanes ........................................ 204

Ill. 67 : L. Bonvallet (grav.), *Nuancier de couleurs employées à la Manufacture des Gobelins,* 1780, [79] pl. et f. ms : ill. en coul (enluminé) ; 68 cm, p. 62, BnF, département Estampes et photographie, LH-31-FT 4 ........................................ 205

Ill. 68 : Christian Friedrich Prange, table de jaunes, *Farbenlexicon,* Halle, J. C. Hendel, 1782, tab. xvii, Yale University Library. Yale Collection : Haas Arts Library, QC4968 P73 1782 (LC) ........................................ 205

Ill. 69 : « Pluches de soye », *Échantillons d'étoffes et de rubans recueillis par le Maréchal de Richelieu,* 1732, n° 61-63, BnF, département Estampes et photographie, LH-40-PETFOL ........................................ 207

Ill. 70 : « Rubans à la crème », *Échantillons d'étoffes et de rubans recueillis par le Maréchal de Richelieu,* 1735, n° 147-153, BnF, département Estampes et photographie, LH-40-PETFOL ........................................ 207

Ill. 71 : « Ruban ressemblant à celuy de la Régence qui a paru en 1735 », *Échantillons d'étoffes et de rubans recueillis par le Maréchal de Richelieu*, 1735, n° 139-142, BnF, département Estampes et photographie, LH-40-PETFOL.......................... 207

Ill. 72 : Échantillons de satins, *Échantillons d'étoffes et de rubans recueillis par le Maréchal de Richelieu*,1736, n° 1186-1189, BnF, département Estampes et photographie, RESERVE LH-45 (B)-BOITE FOL .......................... 207

Ill. 73 : Roger de Piles, palette avec les couleurs capitales, *Les premiers éléments de la peinture*, Paris, N. Langlois, 1684, p. 41. BnF, département Littérature et art, V-23871.......... 209

Ill. 74 : Roger de Piles, palette avec toutes les teintes, *Les premiers éléments de la peinture*, Paris, N. Langlois, 1684, p. 47. BnF, département Littérature et art, V-23871.......... 210

Ill. 75 : Jacob Christoph Le Blon, palette des couleurs (VII, version « vermillon »), dans *Coloritto*, 1725, Londres, s. e., 1 est., manière noire en coul., rehauts de gouache, burin ; 27,8 x 23 cm, BnF, département Estampes et photographie, RESERVE 4-YC-1332 .......................... 210

Ill. 76 : Jacques-Fabien Gautier d'Agoty, *Système pratique des couleurs*, dans « Lettre à M. de Boze , *Mercure de France*, juillet 1749, », n. p., entre les pages 170 et 171, BnF.

Ill. 77 : Jean-Baptiste Siméon Chardin, *Les Attributs du peintre*, v. 1725, huile sur toile, 50 x 86 cm, Princeton University Art Museum. Gift of Helen Clay Frick............. 212

Ill. 78 : Philippe Henri Coclers, dit Van Wyck, *Autoportrait*, 1778, huile sur toile, 0,84 x 0,7 cm, Marseille, musée des Beaux-Arts. (C) Ville de Marseille, Dist. Grand Palais Rmn / Jean Bernard .......................... 212

Ill. 79 : Pierre Guillaume Cossard, *Nature morte en trompe-l'œil*, 1756, huile sur toile, 104 x 82 cm, Strasbourg, musée des Beaux-Arts. G. Dagli Orti /© NPL - DeA Picture Library / Bridgeman Images.......................... 213

Ill. 80 : Jean Raoux, *Diane au bain*, v. 1721, huile sur toile, 0,797 x 0,642 cm, Montpellier, musée Fabre. © Musée Fabre de Montpellier Méditerranée Métropole – photographie Frédéric Jaulmes.......................... 214

Ill. 81 : Carle Van Loo, *Deux sultanes faisant de la broderie*, 1752, huile sur toile, 120 cm x 127 cm, Saint-Pétersbourg, musée de l'Ermitage. DR.............. 215

Ill. 82 : Marin Cureau de La Chambre, « Harmonie des couleurs », dans *Nouvelles observations et conjectures sur l'iris*, Paris, J. d'Allin, 1662 [1re éd. 1650], p. 219. BnF, département Arsenal, 4-S-1085.......................... 220

Ill. 83 : Charles-Germain de Saint-Aubin, « Que n'ont-ils employés leurs tems à la même machine. Le Père Castel. Rapport des sons et des couleurs », v. 1755, *Livre de Caricatures tant bonnes que mauvaises*, p. 302, aquarelle, encre et crayon, 18,7 x 13,3 cm, Waddeston, National Trust, 675.302, Waddesdon Image Library, Bodleian Imaging Services.......................... 222

Ill. 84 : Edme-Gilles Guyot et Colubrier (grav.), « Musique oculaire », *Nouvelles récréations physiques et mathématiques*, Paris, Gueffier, 1770, 4 vol., t. 3, pl. 23, BnF, département Arsenal, 8-S-13008 (3).......................... 226

# Remerciements

À toutes celles et ceux qui, d'une façon ou d'une autre, ont contribué à ce livre.

Jean-Christophe Abramovici, Guilhem Armand, Marc André Bernier, Tristan Coignard, Floriane Daguisé, Anne Defrance, Élisabeth Décultot, Qinggang Du, Guillaume Faroult, Pauline Fauchère, Ariane Fennetaux, Nicolas Filicic, Jacques Gerstenkorn, Violaine Giacomotto-Charra, Claudio Grimaldi, Charlotte Guichard, Adeline Grand-Clément, Melissa Hyde, Térence Isart, Danièle James-Raoul, Catherine Lanoë, Élisabeth Lavezzi, Florence Magnot-Ogilvy, Bernard Maitte, Christophe Martin, Michel Montaudon, Élise Pavy-Guilbert, Jean-Michel Racault, Bruno Rattini, Charlotte Ribeyrol, Élodie Ripoll, Corentin Robinet, Maria-Susana Seguin, Emmanuelle Sempère, Catriona Seth, Giulia Simonini, Catherine Volpilhac-Auger, Alexandre Wenger, Érika Wicky, Alexander Wragge Morley, Hongmiao Wu.

# Table des matières


**Introduction** ........ 7

De Newton à Goethe : ce qu'inventer la couleur veut dire ........ 8

Désir de couleur, couleurs désirables ........ 10

Des chapeaux hauts « comme des pots à beurre » (1666) au « petit ruban couleur de rose et argent » (1765) et jusqu'à la couleur « impossible » (1788) ........ 11

**Concevoir Savoirs et pratiques de la couleur** ........ 15

**1. Au temps du partage des savoirs et des pratiques de la couleur** ........ 17

La tradition aristotélicienne ........ 17

Alberti et le partage des savoirs sur la couleur ........ 26

Pline l'Ancien : histoire artistique et matérielle des couleurs ........ 28

Les couleurs du discours sur la peinture ........ 29

La fabrique des couleurs : manuels et recueils de miniatures ........ 31

La symbolique des couleurs : héraldique et emblématique ........ 33

Telesio et le lexique des couleurs ........ 38

**2. Le renouvellement des savoirs et des pratiques** ........ 41

Discours physique sur la couleur et émerveillement scientifique ........ 41

Discours, savoirs et pratiques des coloristes : coloris et coloriage ........ 49

Discours et savoirs médicaux : perception chromatique et couleur de la peau ........ 64

**3. Circulation, diffusion, rencontres des savoirs et pratiques** ........ 73

Castel, Le Blon, Gautier-Dagoty : science du coloris, chromatique et trichromie ........ 74

Bernardin de Saint-Pierre, chromaticien et coloriste ........ 81

Voir, nommer, classer ........ 89

1. L'invention du rose par les Lumières : une nouvelle couleur ........ 93

Le mot et la chose : identifier le rose ........ 94
Et en Europe ? ........ 98
Vivre en rose ........ 99
Le genre du rose ........ 109
Trouble dans le genre ........ 116

2. Les couleurs dans la langue ........ 121

La teinte : « quelque chose de bleu dans la haie » ........ 122
Camaïeux et nuances ........ 127
Inventivité et néologismes : les années « puce » ........ 131
Bigarrures, mouchetures et rayures ........ 137

3. La fabrique de mondes colorés. Le monde féerique ........ 141

Mode et monde des fées ........ 141
Des contes bleus... et verts ........ 144
Des contes sur la couleur ........ 146

4. La fabrique de mondes colorés. Mondes lointains, nouveaux et coloniaux ........ 149

Colorisation, exploration et colonisation ........ 151
La couleur des Mascareignes ........ 155

L'épreuve des couleurs ........ 167

1. De la valeur à la couleur ........ 171

*Lovely* ........ 171
Régime symbolique ***versus*** esthétique des couleurs ........ 172
La persistance du symbolique ........ 176
L'effet chromatique : jouissance et dégoût ........ 180

2. Figurations chromatiques ........ 187

Diagrammes et figures ........ 188
Tables, catalogues et nuanciers ........ 199
Palettes ........ 208

**3. Harmonies des couleurs et synesthésies** ........ 217

Des tons et des sons ........ 218

Le clavecin oculaire ........ 221

Couleurs, saveurs, odeurs, tact et émotions ........ 229

**Conclusion** ........ 233

**Annexe. Petit lexique des mots de couleur du XVIII^e^ siècle** ........ 239

Lexique des termes de couleur ........ 240

Termes connexes : lexique autour des couleurs ........ 254

Références des abréviations ........ 259

**Notes de fin** ........ 263

**Bibliographie** ........ 293

**Index des noms de personnes** ........ 309

**Table des illustrations** ........ 315

**Remerciements** ........ 321

*Composition et mise en pages*
*Nord Compo, Villeneuve-d'Ascq*

*Ce volume,*
*publié aux Éditions Les Belles Lettres,*
*a été achevé d'imprimer*
*sur les presses*
*de l'imprimerie SEPEC*
*01960 Péronnas, France*

IMPRIM'VERT®

*N° d'éditeur : 10997*
*N° d'imprimeur : 05425240713*
*Dépôt légal : septembre 2024*
*Imprimé en France*